HANS REICHENBACH
Gesammelte Werke
in 9 Bänden

Band 4
Erfahrung und Prognose

HANS REICHENBACH

Gesammelte Werke in 9 Bänden

Band 1

Der Aufstieg der wissenschaftlichen Philosophie

Band 2

Philosophie der Raum-Zeit-Lehre

Band 3

Die philosophische Bedeutung der Relativitätstheorie

Band 4

Erfahrung und Prognose

Band 5

Philosophische Grundlagen der Quantenmechanik und Wahrscheinlichkeit

Band 6

Grundzüge der symbolischen Logik

Band 7

Wahrscheinlichkeitslehre

Band 8

Kausalität und Zeitrichtung

Band 9

Wissenschaft und logischer Empirismus

HANS REICHENBACH

Gesammelte Werke

in 9 Bänden

Herausgegeben von

Andreas Kamlah und Maria Reichenbach

Band 4

Erfahrung und Prognose

Eine Analyse der Grundlagen und der Struktur der Erkenntnis

Mit Erläuterungen von Alberto Coffa

Friedr. Vieweg & Sohn Braunschweig/Wiesbaden

CIP-Kurztitelaufnahme der Deutschen Bibliothek

Reichenbach, Hans:
Gesammelte Werke: in 9 Bd./Hans Reichenbach.
Hrsg. von Andreas Kamlah u. Maria Reichenbach. –
Braunschweig; Wiesbaden: Vieweg

NE: Reichenbach, Hans: [Sammlung]

Bd. 4. Erfahrung und Prognose: e. Analyse d.
Grundlagen u. d. Struktur d. Erkenntnis/mit
Erl. von Alberto Coffa. [Aus d. Engl. übers.
von Maria Reichenbach u. Hermann Vetter]. –
1983.
Orig.-Ausg. u. d. T.: Experience and prediction
ISBN 3-528-08364-6

Titel der amerikanischen Originalausgabe
Experience and Prediction

Aus dem Englischen übersetzt von Maria Reichenbach und Hermann Vetter

1983

Umschlagentwurf: Peter Morys, Wolfenbüttel
Satz: Friedr. Vieweg & Sohn, Wiesbaden
Druck und buchbinderische Verarbeitung: W. Langelüddecke, Braunschweig
Printed in Germany

ISBN 3-528-08364-6

Inhaltsverzeichnis

Vorbemerkung zum vierten Band

Erfahrung und Prognose
Eine Analyse der Grundlagen und der Struktur der Erkenntnis

Vorwort

Vorbemerkung zum vierten Band

In den *Gesammelten Werken* Hans Reichenbachs darf sein erkenntnistheoretisches Hauptwerk *Erfahrung und Prognose* (englisch: *Experience and Prediction*) nicht fehlen, wenn alle wichtigen Gedanken des Philosophen darin enthalten sein sollen. Hans Reichenbach schrieb das Buch in Istanbul, seiner ersten Zufluchtsstätte nach der Machtergreifung Hitlers in Deutschland, das ihm damals keine Arbeitsmöglichkeiten mehr bot.

Erfahrung und Prognose bildet im gewissen Sinne den Abschluß von Reichenbachs erster großen Schaffensperiode, die vor allem der Raum-Zeit-Lehre und der Wahrscheinlichkeitslehre gewidmet war. Nachdem er seine entscheidenden Beiträge zu diesen Gebieten publiziert hatte, konnte er einmal daran gehen, seine grundlegenden erkenntnistheoretischen Gedanken zu entwickeln und damit die noch fehlenden Fundamente seiner Wissenschaftsphilosophie der wissenschaftlichen Öffentlichkeit zugänglich zu machen. Das Buch schließt die erste Schaffensperiode ab, indem es seine bisherigen Thesen in einen allgemeineren Rahmen stellt und sich auch mit den Diskussionen auseinandersetzt, die in dieser Zeit im Wiener Kreis stattgefunden haben und an denen er selbst bisher nicht aktiv beteiligt gewesen war. Darin weist es zurück in seine biographische Vergangenheit. Er bediente sich aber darin nicht mehr seiner Muttersprache, in der er bisher hauptsächlich geschrieben hatte. Deutschland hatte er den Rücken kehren müssen. Er drückte sich nunmehr in derjenigen Sprache aus, die in der Welt die meisten Leser fand und deren Länder ihm eine Zukunft bieten konnten. So beginnt mit *Experience and Prediction* die Reihe seiner englischsprachigen Bücher. Bald nach Erscheinen des Buches erhielt er einen Ruf nach Los Angeles, wo er sich wiederum neuen Themen erfolgreich zuwandte, unermüdlich in seiner Schaffenskraft und seinem Ideenreichtum bis zu seinem allzu frühen Tod.

Erfahrung und Prognose ist für das Verständnis der Reichenbachschen Philosophie von zentraler Bedeutung. In diesem Buch findet man einen Schlüssel dazu. Gedanken, die der Philosoph in anderen Büchern auf bestimmte Probleme der Naturwissenschaften anwendet, sind hier geschlossen dargestellt. Damit gewinnt Hans Reichenbach, der in Deutschland vor allem als Wissenschaftstheoretiker der Physik und neuerdings auch als Begründer einer neuen Forschungsrichtung in der Linguistik bekannt ist, auch als Philosoph und Erkenntnistheoretiker ein eigenes Profil, mit dem er sich deutlich von seinen Freunden im Wiener Kreis abhebt. Die neue Übersetzung soll diesen anderen Reichenbach nun auch im deutschen Sprachbereich wieder zur Geltung bringen.

Die Übersetzung besorgten einer der Herausgeber, Maria Reichenbach, und Hermann Vetter. Die Erläuterungen verfaßte Alberto Coffa, Professor an der Indiana State University, in englischer Sprache. Sie wurden von Peter Schalmey ins Deutsche übersetzt.

Die Herausgeber danken allen, die das Erscheinen dieses Bandes ermöglicht haben, Herrn Hermann Vetter, Herrn Alberto Coffa, Herrn Albrecht A. Weis, dem zuständigen Mitarbeiter des Verlages, und Herrn Günter Anders* und Herrn Peter Meyer, die beim Abfassen des Registers und beim Lesen der Korrekturen behilflich waren.

Maria Reichenbach
Andreas Kamlah

Pacific Palisades und Osnabrück

* Günter Anders, der noch ein Student Reichenbachs gewesen war und uns aus Idealismus bei der Herausgabe geholfen hat, ist nach schwerer Krankheit vor einigen Monaten gestorben. Ihn wird unser Dank nicht mehr erreichen können.

Vorwort

Die in diesem Buch enthaltenen Gedanken sind dem Boden einer philosophischen Bewegung entsprossen, die, wenn auch nur in kleinen Gruppen, über die ganze Welt verbreitet ist. Der Ursprung dieser philosophischen Bewegung, die heute „logischer Empirismus" heißt, ist hauptsächlich auf die amerikanischen Pragmatisten und Behavioristen, die englischen logistischen Erkenntnistheoretiker, die österreichischen Positivisten, die deutschen Vertreter der Wissenschaftsanalyse und die polnischen Logistiker zurückzuführen. Die Bewegung ist nicht mehr auf ihre ursprünglichen Zentren beschränkt; ihre Anhänger befinden sich heute in vielen weiteren Ländern, in Frankreich, Italien, Spanien, der Türkei, Finnland, Dänemark und anderen. Obwohl es kein philosophisches System gibt, das diese Gruppen vereint, gibt es doch gemeinsame Gedanken, Grundsätze, kritische Gesichtspunkte und Arbeitsmethoden, die sich alle durch ihre gemeinsame Abstammung auszeichnen: eine strikte Ablehnung der metaphorischen Sprache der Metaphysik und eine Unterordnung unter die Forderungen geistiger Disziplin. Das Arbeitsprogramm dieser philosophischen Bewegung ist durch die Absicht gekennzeichnet, die empiristische Auffassung der modernen Wissenschaft und die formalistische Auffassung der Logik, wie sie sich in der symbolischen Logik widerspiegelt, zu vereinigen.

Da dieses Buch mit den gleichen Zielen geschrieben ist, könnte man fragen, wie sich ein solcher abermaliger Versuch der Begründung des logischen Empirismus rechtfertigen läßt. Man wird gewiß in diesem Buch vieles finden, das schon von anderen ausgesprochen worden ist, wie zum Beispiel die physikalistische Auffassung der Sprache; die Betonung der Sprachanalyse; die Beziehung zwischen Bedeutung und Verifizierbarkeit; die behavioristische Auffassung der Psychologie. Das läßt sich teilweise mit der Absicht rechtfertigen, über Ergebnisse zu berichten, die man heute als gesichertes Gedankengut der genannten philosophischen Bewegung ansehen kann; doch das ist nicht das einzige Ziel. Wenn das vorliegende Buch sich noch einmal auf die Diskussion dieser grundlegenden Probleme einläßt, dann liegt der Grund darin, daß frühere Untersuchungen sich nicht genügend mit einem Begriff beschäftigt haben, der bei allen logischen Beziehungen, die auf diesen Gebieten aufgestellt worden sind, eine Rolle spielt: der Begriff der Wahrscheinlichkeit. Der Zweck dieses Buches ist, die grundlegende Stellung aufzuzeigen, die dieser Begriff im System der Erkenntnis einnimmt, und auf die Konsequenzen hinzuweisen, die sich aus der Beachtung des Wahrscheinlichkeitscharakters der Erkenntnis ergeben.

Der Gedanke, daß die Erkenntnis ein approximatives System ist, das nie „wahr" sein wird, ist von fast allen empiristischen Autoren anerkannt worden; doch seine logischen Konsequenzen wurden nie ausreichend erkannt. Der Näherungscharakter der Wissenschaft wurde als notwendiges Übel angesehen, das für alles praktische Wissen unvermeidlich ist, das aber nicht zu den wesentlichen Zügen der Erkenntnis gehört. Das Wahrscheinlichkeitselement in der Wissenschaft wurde als etwas Provisorisches angesehen, das zu Tage tritt, solange sich die Untersuchungen noch auf dem Wege der Entdekkung befinden, das aber in einem endgültigen System der Erkenntnis verschwindet. So wurde ein fiktives endgültiges System der Erkenntnis zur Grundlage der erkenntnistheoretischen Untersuchungen, mit dem Resultat, daß der schematische Charakter dieser Grundlage schnell in Vergessenheit geriet und die fiktive Konstruktion als das wirkliche System angesehen wurde. Eines der elementaren Gesetze der Näherungsverfahren besteht darin, daß die Konsequenzen, die aus der schematischen Auffassung gezogen werden, nur im Rahmen der Näherung gelten und daß insbesondere keine Konsequenzen aus den Eigenschaften gezogen werden dürfen, die nur der Schematisierung und nicht dem zugeordneten Objekt zukommen. Die Mathematiker wissen, daß die Zahl π für viele Zwecke genau genug durch den Wert 22/7 wiedergegeben wird; daraus darf man aber keineswegs schließen, daß π eine rationale Zahl sei. Ich muß gestehen, viele Schlüsse der traditionellen Erkenntnistheorie und auch des Positivismus erscheinen mir nicht viel besser. Besonders das Gebiet, auf das die Verifizierbarkeitsauffassung der Bedeutung anzuwenden ist, auf dem Fragen auftreten wie das Problem der Existenz der Dinge in der Außenwelt, ist voll von Fehlschlüssen dieser Art.

Angesichts solcher grundlegenden Fehler wurde meine Überzeugung immer stärker, daß der Schlüssel zum Verständnis der wissenschaftlichen Methode im Wahrscheinlichkeitsproblem steckt. Darum habe ich lange Zeit auf eine umfassende Darstellung meiner erkenntnistheoretischen Ansichten verzichtet, obwohl meine speziellen Untersuchungen über verschiedene erkenntnistheoretische Probleme andere Grundlagen verlangten als die, von denen einige meiner Kollegen ausgingen. Ich konzentrierte mich auf das Wahrscheinlichkeitsproblem, das gleichzeitig eine mathematische und eine logische Analyse erforderte. Erst nach der Aufstellung einer logistischen Theorie der Wahrscheinlichkeit, die auch eine Lösung des Induktionsproblems enthält, wende ich mich nun einer Anwendung dieser Gedanken auf allgemeinere erkenntnistheoretische Fragen zu. Da meine Wahrscheinlichkeitslehre seit einigen Jahren vorliegt, mußte sie im vorliegenden Buch nicht noch einmal in allen mathematischen Einzelheiten dargeboten werden; das fünfte Kapitel gibt jedoch eine kurze Darstellung dieser Theorie – was notwendig schien, weil das Buch über die Wahrscheinlichkeit nur in deutscher Sprache erschienen ist.

Die Verbindung meiner Untersuchungen über die Wahrscheinlichkeit mit den Gedanken einer empiristischen und logistischen Auffassung der Erkenntnis lege ich hier nun als meinen Beitrag zur Diskussion des logischen

Empirismus vor. Mir scheint, die Bewegung ist weit genug fortgeschritten, um eine bessere Näherung anzustreben; mein Vorschlag für die Form dieser neuen Phase ist ein probabilistischer Empirismus. Wenn diese Fortführung in Widerspruch zu einigen Ideen gerät, die bisher, besonders von positivistischer Seite, als fest begründet angesehen worden sind, dann möge sich der Leser vor Augen halten, daß diese Kritik nicht die historischen Verdienste dieser Philosophen schmälern soll. Vielmehr möchte ich bei dieser Gelegenheit gern darauf verweisen, wieviel ich einer ganzen Anzahl von Autoren verdanke, deren Meinungen ich indessen nicht völlig teilen kann. Allerdings glaube ich, daß eine Klärung der Grundlagen unserer gemeinsamen Auffassungen die dringendste Aufgabe innerhalb unserer Bewegung ist und daß wir nicht davor zurückschrecken sollten, offen die Unzulänglichkeiten früherer Ergebnisse zuzugeben – selbst wenn diese noch in unseren Reihen Verteidiger finden sollten.

Die vorliegenden Ausführungen sind in Vorlesungen und Seminaren an der Universität Istanbul diskutiert worden. Ich benütze gern die Gelegenheit, meinen Kollegen und Studenten hier in Istanbul meinen herzlichen Dank für ihr aktives Interesse auszusprechen, das eine wertvolle Anregung für die Klärung meiner Gedanken war. Besonderer Dank gebührt meiner Assistentin Fräulein Neyire Adil-Arda, ohne deren dauernde Unterstützung mir die Formulierung meiner Auffassungen sehr viel schwerer gefallen wäre. Ich danke Fräulein Sheila Anderson von der englischen höheren Schule in Istanbul für ihre stilistische Hilfe und das Lesen der Korrekturen, ferner Professor Charles W. Morris, Lawrence K. Townsend, Jr., und Rudolph C. Waldschmidt von der University of Chicago, Max Black vom Institute of Education der University of London und Fräulein Eleanor Bisbee vom Robert College in Istanbul.

Hans Reichenbach

Universität Istanbul
Juli 1937

Kapitel 1 Bedeutung

§ 1 Die drei Aufgaben der Erkenntnistheorie

Jede Erkenntnistheorie muß von der Erkenntnis als einer gegebenen sozialwissenschaftlichen Tatsache ausgehen. Ob es sich um das System der Erkenntnis handelt, wie es von Generationen von Denkern aufgestellt worden ist, um Erkenntnismethoden vergangener oder moderner Zeiten, um Erkenntnisziele, die sich im wissenschaftlichen Forschungsverfahren widerspiegeln, oder um die Sprache, in welcher Erkenntnisse so formuliert werden — alles ist uns in gleicher Weise wie jede andere sozialwissenschaftliche Tatsache gegeben, wie z.B. Sitten, religiöse Gebräuche oder politische Institutionen. Der Philosoph hat keine andere Basis zur Verfügung als der Soziologe oder der Psychologe. Das beruht darauf, daß man keine Erkenntnis besäße, wenn sie nicht in Büchern, Reden und menschlichen Handlungen enthalten wäre. Erkenntnis ist also etwas ganz Konkretes, und die Untersuchung ihrer Eigenschaften bedeutet das Studium der Merkmale eines sozialwissenschaftlichen Phänomens.

Die erste Aufgabe der Erkenntnistheorie soll ihre *beschreibende Aufgabe* heißen — nämlich, eine Beschreibung der Erkenntnis zu liefern, wie sie wirklich ist. Daraus folgt dann, daß die Erkenntnistheorie in dieser Hinsicht Teil der Soziologie ist. Aber nur eine spezielle Gruppe von Fragestellungen der Erkenntnistheorie betrifft das soziologische Phänomen Erkenntnis. Es gibt nämlich auch Fragen wie: Was bedeuten die Begriffe, die bei der Erkenntnis benutzt werden? Was für Voraussetzungen sind in der wissenschaftlichen Methode enthalten? Wie kann man wissen, ob ein Satz wahr ist, und weiß man es überhaupt? und viele andere Fragen. Obwohl sich diese Fragen tatsächlich auf das sozialwissenschaftliche Phänomen „Wissenschaft" beziehen, sind sie im Vergleich zu den Fragen der sonst üblichen Sozialwissenschaft von ganz besonderer Art.

Worin besteht hier der Unterschied? Gewöhnlich sagt man, es handle sich um den Unterschied der inneren und äußeren Beziehungen zwischen den menschlichen Äußerungen, deren Ganzes „Erkenntnis" genannt wird. Innere Beziehungen sind solche, die zum Inhalt der Erkenntnis gehören und erkannt werden müssen, wenn man die Erkenntnis verstehen will, während äußere Beziehungen die Erkenntnis mit Äußerungen anderer Art verbinden, die nichts mit dem Inhalt der Erkenntnis zu tun haben. Erkenntnistheorie ist also nur an inneren Beziehungen interessiert, während die Soziologie zwar manchmal innere Beziehungen in Betracht zieht, sie aber immer mit äußeren Beziehungen verknüpft, für die sie sich ebenfalls interessiert. So könnte ein Sozialwissenschaftler berichten, daß die Astronomen große Observatorien bauen, die Fernrohre zur Beobachtung der Sterne beherbergen; auf diese Weise ginge die innere Beziehung zwischen Fernrohren und Sternen in eine soziologische Beschreibung ein. Der Bericht über die heutige Astronomie, der im vorhergehenden Satz begann, könnte mit der Aussage fortgesetzt werden, Astronomen seien oft musikalisch oder gehörten meistens der bürgerlichen Klasse an. Daß diese Beziehungen die Erkenntnistheorie nicht interessieren, rührt daher, daß sie nichts mit dem Inhalt der Wissenschaft zu tun haben — es sind sogenannte äußere Beziehungen.

Wenn diese Unterscheidung auch keine scharfe Trennungslinie liefert, kann man sie doch in einer ersten Formulierung unseres Untersuchungsplanes benutzen. Wir wollen also sagen, die beschreibende Aufgabe der Erkenntnistheorie beziehe sich auf die innere Struktur der Erkenntnis und nicht auf äußere Eigenschaften, die einem Beobachter auffallen, der sich nicht um ihren Inhalt kümmert.

Jetzt muß eine zweite Unterscheidung im Hinblick auf die Psychologie gemacht werden. Die innere Struktur der Erkenntnis ist das System von Verknüpfungen, denen das Denken folgt. Diese Definition könnte zu dem Schluß verleiten, die Erkenntnistheorie sei eine Beschreibung von Denkprozessen; das wäre aber ganz falsch. Es besteht ein großer Unterschied zwischen dem System logischer Verknüpfungen im Denken und der tatsächlichen Art und Weise, wie Denkprozesse ablaufen. Die psychischen Denkvorgänge sind recht unbestimmt und schwankend; sie halten sich fast nie an die Logik und überspringen sogar oft viele Schritte, die für die vollständige Formulierung eines Arguments nötig wären. Das gilt sowohl für das Denken im täglichen Leben als auch für das geistige Schaffen des Wissenschaftlers, der die Aufgabe hat, logische Beziehungen zwischen unterschiedlichen Hypothesen über neue Beobachtungsdaten aufzufinden; das wissenschaftliche Genie hat sich nie an die pedantischen Schritte und vorgeschriebenen Bahnen des logischen Denkens gebunden gefühlt. Es hätte daher keinen Sinn, eine Erkenntnistheorie konstruieren zu wollen, die gleichzeitig logisch vollständig wäre und den psychologischen Denkprozessen genau entspräche.

Man kann diese Schwierigkeit nur vermeiden, wenn man sorgfältig zwischen den Aufgaben der Erkenntnistheorie und denen der Psychologie unterscheidet. Die Erkenntnistheorie kümmert sich nicht darum, wie die Denkvorgänge wirklich ablaufen; diese Aufgabe überläßt sie gänzlich der Psychologie. Die Erkenntnistheorie möchte Denkprozesse so rekonstruieren, wie sie vor sich gehen sollten, wenn man sie zu einem widerspruchfreien System ordnen würde, oder Folgen wohlbegründeter Operationen aufstellen, die, zwischen Anfangs- und Endpunkt der Denkprozesse eingeschaltet, die tatsächlichen Zwischenglieder ersetzen können. Die Erkenntnistheorie behandelt also nicht den wirklichen Prozeß, sondern einen logischen Ersatz, für den der Ausdruck „*rationale Nachkonstruktion*" geprägt worden ist[1]. Er scheint mir

1) Der Ausdruck „rationale Nachkonstruktion" wird von Carnap in *Der logische Aufbau der Welt* (Berlin und Leipzig, 1928) gebraucht.

geeignet, die spezifische Aufgabe der Erkenntnistheorie im Gegensatz zur Aufgabe der Psychologie zu charakterisieren. Viele falsche Einwände und Mißverständnisse gegenüber der modernen Erkenntnistheorie haben darin ihren Ursprung, daß diese beiden Aufgaben nicht unterschieden werden; darum ist es auch nie ein triftiger Einwand gegen eine erkenntnistheoretische Konstruktion, sie entspreche nicht dem wirklichen Denken.

Obwohl sich die beschreibende Aufgabe der Erkenntnistheorie auf eine fiktive Konstruktion bezieht, muß man an dem Begriff einer Beschreibung festhalten. Die betreffende Konstruktion ist nicht willkürlich; sie ist an das wirkliche Denken durch die Forderung der Übereinstimmung gebunden. In gewissem Sinne ist sie sogar ein besseres Denken als das wirkliche. Wenn wir die rationale Nachkonstruktion betrachten, haben wir das Gefühl, erst jetzt zu verstehen, was wir eigentlich denken; wir geben zu, daß die rationale Nachkonstruktion das ausdrückt, was wir eigentlich sagen wollten. Es ist eine bemerkenswerte psychologische Tatsache, daß es ein solches besseres Verständnis unserer eigenen Vorstellungen gibt; nichts anderes lag der Sokratischen Maieutik zugrunde und ist bis heute Grund der philosophischen Methode geblieben. Ihr wissenschaftliches Gewand ist das Prinzip der rationalen Nachkonstruktion.

Um den Begriff der rationalen Nachkonstruktion auf einfachere Weise zu kennzeichnen, könnte man sagen, er entspräche eher der Art, wie Denkvorgänge anderen Menschen mitgeteilt werden, als der Art, wie sie sich subjektiv vollziehen. Die Art etwa, wie der Mathematiker einen neuen Beweis oder der Physiker seine logischen Überlegungen zu den Grundlagen einer neuen Theorie veröffentlicht, stimmt recht gut mit unserem Begriff der rationalen Nachkonstruktion überein; und der wohlbekannte Unterschied, wie jemand einen Lehrsatz findet und wie er ihn einem Publikum vorführt, ist wohl ein gutes Beispiel. Ich führe dafür die Ausdrücke „*Entdeckungszusammenhang*“ und „*Rechtfertigungszusammenhang*“ ein. Dann können wir sagen, daß sich die Erkenntnistheorie nur mit der Konstruktion des Rechtfertigungszusammenhangs beschäftigt. Aber selbst die Art und Weise, wie wissenschaftliche Theorien dargestellt werden, ist nur eine Annäherung an das, was wir mit Rechtfertigungszusammenhang meinen. Auch in schriftlicher Form erfüllen wissenschaftliche Abhandlungen nicht immer die Ansprüche der Logik und unterdrücken nicht immer die Spuren der subjektiven Motive, denen sie entstammen. Wenn die Darstellung einer Theorie erkenntnistheoretisch genau geprüft wird, lautet das Urteil noch ungünstiger. Denn die Sprache der Wissenschaft, die ebenso wie die Sprache des täglichen Lebens für praktische Zwecke bestimmt ist, enthält so viele Abkürzungen und stillschweigend geduldete Ungenauigkeiten, daß der Logiker mit der Form wissenschaftlicher Veröffentlichungen nie ganz zufrieden sein wird. Unser Vergleich wird wohl wenigstens die Art angeben, in der man das Denken durch legitimierbare Operationen ersetzt wissen möchte, und dabei auch zeigen, daß die rationale Nachkonstruktion der Erkenntnis zu der beschreibenden Aufgabe der Erkenntnistheorie gehört. Sie ist ebenso an tatsächliche Erkenntnisse gebunden wie die Darstellung einer Theorie an das wirkliche Denken ihres Autors.

Außer ihrer beschreibenden Aufgabe hat die Erkenntnistheorie noch ein anderes Ziel, das man ihre *kritische Aufgabe* nennen könnte. Das System der Erkenntnis wird kritisch betrachtet; es wird auf seine Gültigkeit und Zuverlässigkeit hin beurteilt. Das wird teilweise schon in der rationalen Nachkonstruktion geleistet, denn die fiktiven Operationen, die dabei vorkommen, werden unter dem Gesichtspunkt der Rechtfertigung gewählt; das wirkliche Denken wird durch legitimierbare Operationen ersetzt, das heißt, durch solche, deren Gültigkeit erwiesen werden kann. Aber das Bemühen, eine Übereinstimmung mit wirklichem Denken zu bewahren, ist etwas anderes als das Bemühen, zu gültigem Denken zu kommen. Darum muß man zwischen der beschreibenden und der kritischen Aufgabe unterscheiden. Beide wirken in der rationalen Nachkonstruktion zusammen. Die Beschreibung der Erkenntnis kann sogar zu dem Ergebnis führen, daß gewisse Ketten von Gedanken oder Operationen nicht zu rechtfertigen sind; mit anderen Worten, daß sogar die rationale Nachkonstruktion nicht vollständig gerechtfertigt werden kann oder daß es nicht möglich ist, eine legitimierbare Kette zwischen Anfangs- und Endpunkt des wirklichen Denkens einzuschalten. Dies zeigt, daß die beschreibende und die kritische Aufgabe verschieden sind; obwohl „Beschreibung" hier keine Kopie des wirklichen Denkens, sondern die Konstruktion von etwas Gleichwertigem bedeutet, ist sie doch durch die Forderung der Übereinstimmung gebunden und kann die Erkenntnis einer Kritik aussetzen.

Die kritische Aufgabe wird häufig *Wissenschaftsanalyse* genannt; und da das Wort „Logik" eben dasselbe ausdrückt, wenigstens, wenn man es in seiner gewöhnlichen Bedeutung gebraucht, kann man hier von der Logik der Wissenschaft sprechen. Die wohlbekannten Probleme der Logik gehören in dieses Gebiet; die Theorie des Syllogismus wurde aufgestellt, um das deduktive Denken dadurch zu rechtfertigen, daß man es auf gewisse begründbare Operationsschemata reduzierte, und die moderne Theorie des tautologischen Charakters der logischen Formeln ist als eine Rechtfertigung des deduktiven Denkens in allgemeinerer Form aufzufassen. Die Frage synthetischer Urteile a priori, die in der Geschichte der Philosophie eine so wichtige Rolle gespielt hat, gehört ebenfalls hierher, ebenso das Problem des induktiven Schließens, das zu mehr als einer „Untersuchung über den menschlichen Verstand" geführt hat. Die Wissenschaftsanalyse umfaßt alle grundlegenden Probleme der traditionellen Erkenntnistheorie; sie steht daher im Vordergrund, wenn wir von Erkenntnistheorie sprechen.

Die Untersuchungen dieses Buches gehören zum größten Teil in eben dieses Gebiet. Bevor ich mich ihnen zuwende, möchte ich jedoch ein ziemlich allgemeines Ergebnis früherer ähnlicher Forschungen erwähnen — es bezieht sich auf eine Unterscheidung, ohne die das Zustandekommen wissenschaftlicher Erkenntnis nicht richtig zu verstehen ist. Die wissenschaftliche Methode wird nicht bei jedem Schritt vom Grundsatz der Wahrheitsgeltung geleitet; es gibt andere Schritte, die Willensentscheidungen sind. Ich möchte diesen Unterschied gleich am Anfang meiner erkenntnistheoretischen Untersuchungen betonen. Es liegt auf der Hand, daß der Gedanke der Wahrheit oder Geltung einen entscheidenden Einfluß auf das wissenschaftliche Denken hat, und dessen waren sich auch Erkenntnistheoretiker zu allen Zeiten bewußt. Es ist den Philosophen aber weniger deutlich, daß es in der Erkenntnis Elemente gibt, die nicht von der Idee der Wahrheit beherrscht werden, sondern auf Willensentscheidungen beruhen und die Frage der Wahrheit des ganzen Systems der Erkenntnis nicht berühren, wenn sie auch seinen Gesamtcharakter wesentlich beeinflussen. Die Herausschälung von Willensentscheidungen, die im System der Erkenntnis enthalten sind, ist daher ein wesentlicher Teil der kritischen Aufgabe der Erkenntnistheorie. Als ein Beispiel für Willensentscheidungen kann man auf die sogenannten *Konventionen* verweisen, etwa bezüglich der Längeneinheit, des Dezimalsystems usw. Doch nicht alle Konventionen sind so offensichtlich, und manchmal sind sie recht schwierig zu entdecken. Der Fortschritt der Erkenntnistheorie wurde häufig durch die Entdeckung gefördert, daß gewisse Elemente Konvention sind und nicht, wie man bisher glaubte, Wahrheitscharakter haben. Helmholtz' Entdeckung der Willkürlichkeit der Definition der räumlichen Kongruenz und Einsteins Entdeckung der Relativität der Gleichzeitigkeit sind bezeichnend für die Einsicht, daß etwas, was bisher als eine Aussage angesehen wurde, als eine Entscheidung erkannt werden muß. Es ist eine der wichtigsten Aufgaben der Erkenntnistheorie herauszufinden, wo überall Entscheidungen vorliegen.

Die Konventionen bilden eine besondere Klasse von Entscheidungen; sie stellen die Wahl zwischen *äquivalenten* Beschreibungen dar. Die verschiedenen Maß- und Gewichtssysteme sind ein gutes Beispiel für eine solche Äquivalenz; sie zeigen, daß die Entscheidung zugunsten einer bestimmten Konvention den Inhalt der Erkenntnis nicht beeinflußt. Die oben genannten Beispiele aus der Raum-Zeit-Theorie müssen ebenfalls zu den Konventionen gerechnet werden. Es gibt aber auch Entscheidungen anderer Art, die nicht zu äquivalenten Beschreibungen, sondern zu verschiedenen Systemen führen; ich nenne sie *Willensverzweigungen.* Eine Konvention läßt sich mit einer Wahl zwischen verschiedenen Wegen vergleichen, die zum gleichen Ziel führen, eine Willensverzweigung ähnelt einer Gabelung von Wegen, die nie wieder zusammentreffen. Bereits bei den ersten Schritten der Wissenschaft treten wichtige Willensverzweigungen auf, nämlich die Entscheidungen über deren Ziele. Was ist der Zweck der wissenschaftlichen Forschung? Logisch gesehen hat die Antwort auf diese Frage keinen Wahrheitswert, sondern ist eine Willensentscheidung, und zwar eine vom Verzweigungstypus. Wenn uns jemand sagt, er beschäftige sich mit der Wissenschaft zu seinem Vergnügen und um seine Mußestunden auszufüllen, dann können wir nicht einwenden, diese Begründung sei „eine falsche Aussage", denn sie ist überhaupt keine Aussage, sondern eine Entscheidung, und jeder hat das Recht zu tun, was er will. Man könnte einwenden, eine solche Begründung entspreche nicht dem normalen Sprachgebrauch, und was jener das Ziel der Wissenschaft nenne, würde man gewöhnlich das Ziel der Erholung nennen — das wäre eine wahre Aussage. Diese Aussage gehört zum beschreibenden Teil der Erkenntnistheorie; man kann zeigen, daß das Wort „Wissenschaft“ in Büchern und Vorträgen immer mit „Wahrheitsfindung“, manchmal auch mit „Voraussage der Zukunft“ verknüpft ist. Logisch gesehen ist das aber eine Willensentscheidung. Offensichtlich ist eine solche Entscheidung keine Konvention, denn die beiden Ziel-Postulate führen nicht zu äquivalenten Wissenschaftsauffassungen; es liegt eine Verzweigung vor. Oder man nehme die Frage nach der Bedeutung eines bestimmten Begriffs – etwa der Kausalität oder der Wahrheit oder der Bedeutung selbst. Logisch ist das eine Frage der Entscheidung über die Abgrenzung eines Begriffs, obwohl natürlich die wissenschaftliche Praxis schon ziemlich genau darüber entschieden hat. In einem solchen Falle muß man sorgfältig prüfen, ob die betreffende Entscheidung eine Konvention oder eine Verzweigung ist. Die Abgrenzung eines Begriffs mag einen konventionellen Charakter haben, das heißt, verschiedene Abgrenzungen können zu äquivalenten Systemen führen.

Die Eigenschaft, wahr oder falsch zu sein, besitzen nur Aussagen, nicht Entscheidungen. Man kann jedoch einer Entscheidung gewisse Aussagen über sie zuordnen; hier kommen vor allem zwei Arten von Aussagen in Betracht. Zunächst gibt es Aussagen einer Art, wie wir sie schon besprochen haben; sie geben an, welche Entscheidung die Wissenschaft in der Praxis trifft. Sie gehören zur beschreibenden Erkenntnistheorie und damit zur Soziologie. Wir wollen sagen, eine derartige Entscheidung drücke eine *Gegenstandstatsache* aus, das heißt, eine Tatsache, die in den Bereich der Gegenstände der Erkenntnis gehört[2], und für soziologische Tatsachen ist das der Fall. Es handelt sich natürlich um die gleiche Art von Tatsachen wie in den Naturwissenschaften. Die zweite Art von Aussage bezieht sich, logisch gesehen, darauf, daß es sich um eine Entscheidung und nicht um eine Behauptung handelt; das kann man eine *logische Tatsache* nennen. Es ist kein Widerspruch, wenn man hier von einer Tatsache bezüglich einer Entscheidung spricht; obwohl eine Entscheidung keine Tatsache ist, ist doch ihre Eigenschaft, eine Entscheidung zu sein, eine Tatsache, und das kann in einer Aussage festgestellt werden. Das geht aus dem kognitiven Charakter einer solchen Aussage hervor; die Aussage kann wahr oder falsch sein, und in manchen Fällen ist die falsche Aussage jahrhundertelang aufrechterhalten worden, und die wahre Aussage wurde erst vor kurzem entdeckt. Die oben erwähnten Raum- und Zeit-Theorien Helmholtz' und Einsteins sind Beispiele dafür. Aber die Tatsachen, über die ich hier spreche, gehören nicht in das Gegenstandsgebiet der empirischen Wissenschaft, und darum nenne ich sie logische Tatsachen. Es ist eine unserer Aufgaben, diese logischen Tatsachen zu analysieren und ihren logischen Status zu bestimmen; vorläufig gebrauche ich aber den Ausdruck „logische Tatsache“ ohne weitere Erläuterung.

2) Der Ausdruck „objektive Tatsache“ im ursprünglichen Sinne des Wortes „objektiv“ würde dasselbe ausdrücken; wir vermeiden ihn aber, da das Wort „objektiv“ einen Gegensatz zu „subjektiv“ nahelegt, den wir nicht meinen.

Der Unterschied zwischen Aussagen und Entscheidungen macht uns auf einen Punkt aufmerksam, an dem die Unterscheidung zwischen der beschreibenden und der kritischen Aufgabe der Erkenntnistheorie größte Bedeutung hat. Die logische Analyse zeigt, daß es im System der Wissenschaft gewisse Probleme gibt, die mit der Wahrheit nichts zu tun haben, sondern Entscheidungen erfordern. Die beschreibende Erkenntnistheorie gibt an, welche Entscheidungen tatsächlich erfolgen. Viele Mißverständnisse und falsche Behauptungen in der Erkenntnistheorie haben hier ihren Ursprung. Man kennt die Behauptung der Kantianer und Neu-Kantianer, die euklidische Geometrie sei die einzig mögliche Basis für die Physik; die moderne Erkenntnistheorie hat gezeigt, daß die Formulierung der Kantianer das Problem falsch darstellt, da es mit einer Entscheidung zusammenhängt, die Kant übersehen hat. Man kennt die Kontroversen über die „Bedeutung der Bedeutung"; die Leidenschaftlichkeit, mit der sie geführt werden, beruht auf der Überzeugung, es gebe eine absolute Bedeutung der Bedeutung, die man entdecken müsse; doch die Frage ist nur für den Bedeutungsbegriff der Wissenschaft oder in anderen bestimmten Zusammenhängen sinnvoll. Ich möchte aber die Diskussion dieses Problems nicht vorwegnehmen; meine spätere Behandlung enthält eine eingehendere Erklärung meiner Unterscheidung zwischen Aussagen und Entscheidungen.

Der Begriff der Entscheidung führt zu einer dritten Aufgabe, die wir der Erkenntnistheorie zuweisen müssen. An vielen Stellen lassen sich die Entscheidungen der Wissenschaft nicht eindeutig bestimmen, da die verwendeten Ausdrücke oder Methoden zu vage sind; an anderen Stellen sind zwei oder sogar mehr als zwei verschiedene Entscheidungen in Gebrauch, werden im gleichen Kontext durcheinandergeworfen und erschweren die logische Analyse. Der Bedeutungsbegriff ist ein Beispiel dafür; einfachere Beispiele kommen in der Theorie des Messens vor. Die praktische wissenschaftliche Forschung vernachlässigt unter Umständen die Anforderungen der logischen Analyse; der Wissenschaftler trägt den Forderungen des Philosophen nicht immer Rechnung. Daher ist manchmal nicht klar, welche Entscheidungen die Wissenschaft voraussetzt. In diesem Falle ist es die Aufgabe der Erkenntnistheorie, eine Entscheidung vorzuschlagen; ich spreche daher von der *beratenden Aufgabe* der Erkenntnistheorie als ihrer dritten Aufgabe. Diese Funktion der Erkenntnistheorie kann einen großen praktischen Wert haben; man muß sich nur ganz klar darüber sein, daß es sich hier um einen Vorschlag und nicht um die Bestimmung eines Wahrheitsgehalts handelt. Wir können auf die Vorteile unseres Entscheidungsvorschlags hinweisen und ihn in unseren eigenen Darstellungen verwandter Themen verwenden; wir können aber nie im gleichen Sinne Zustimmung zu unserem Vorschlag verlangen wie für Aussagen, die wir als wahr bewiesen haben.

Es gibt aber eine Tatsachenfrage, die im Zusammenhang mit Entscheidungsvorschlägen in Betracht gezogen werden muß. Im System der Erkenntnis sind gewisse Entscheidungen miteinander verknüpft; eine Entscheidung zieht also eine andere nach sich, und man kann zwar die erste frei wählen, die folgende aber nicht mehr. Ich nenne Entscheidungen, die Konsequenzen einer anderen Entscheidung sind, ihre *Folgeentscheidungen*. Ein einfaches Beispiel: die Entscheidung für das englische Maßsystem macht es unmöglich, Maßzahlen nach den Regeln des Dezimalsystems zu addieren; der Verzicht auf diese Regeln wäre also eine Folgeentscheidung. Und ein komplizierteres Beispiel: die Entscheidung, die sich in der Annahme der euklidischen Geometrie in der Physik ausdrückt, kann zum Auftreten seltsamer „universeller Kräfte" führen, die alle Körper gleichmäßig deformieren, und sie kann sogar zu noch größeren Schwierigkeiten führen, die den Stetigkeitscharakter der Kausalität betreffen[3]. Die Aufdeckung solcher Verknüpfungen ist eine wichtige Aufgabe der Erkenntnistheorie, denn die Beziehungen zwischen den verschiedenen Entscheidungen bleiben wegen der Kompliziertheit des Problems oft verborgen; erst wenn man die Klasse der Folgeentscheidungen hinzufügt, wird ein Vorschlag zu einer neuen Entscheidung vollständig.

Die Aufdeckung von Folgeentscheidungen gehört zur kritischen Aufgabe der Erkenntnistheorie, denn die Abhängigkeitsverhältnisse der Entscheidungen voneinander sind logische Tatsachen. Man kann daher die beratende Aufgabe der Erkenntnistheorie auf ihre kritische Aufgabe durch folgendes systematische Verfahren reduzieren: Wir verzichten darauf, einen Vorschlag zu machen, und stellen dafür eine Liste aller möglichen Entscheidungen mit ihren jeweiligen Folgeentscheidungen auf. Wir überlassen die Wahl also dem Leser, nachdem wir ihm alle in den Tatsachen liegenden Abhängigkeitsverhältnisse gezeigt haben, an die er gebunden ist. Wir stellen eine Art von logischem Wegweiser auf; für jeden Weg geben wir die Richtung zusammen mit allen sich daraus ergebenden Richtungen an und überlassen dem Wanderer die Entscheidung für seinen Weg im Forste der Erkenntnis. Und vielleicht ist der Wanderer dankbarer für einen solchen Wegweiser als für einen Rat, der ihn auf einen bestimmten Pfad verwiese. Im Rahmen der modernen Wissenschaftstheorie gibt es eine Bewegung mit dem Namen *Konventionalismus*, die zu zeigen versucht, daß die meisten erkenntnistheoretischen Probleme keine Fragen nach der Wahrheit enthalten, sondern in Form willkürlicher Entscheidungen zu lösen sind. Diese Auffassung war, insbesondere bei ihrem Begründer Poincaré, historisch verdienstvoll, da sie die Philosophie dazu veranlaßte, die bisher vernachlässigten willkürlichen Bestandteile im System der Erkenntnis zu betonen. In ihrer weiteren Entwicklung hat diese Tendenz jedoch ihre angemessenen Grenzen überschritten und die Rolle der Entscheidungen bei der Erkenntnis weit übertrieben. Man vernachlässigte die Beziehungen zwischen verschiedenen Entscheidungen und die Aufgabe, die Willkürlichkeit durch Hinweise auf die logischen Verknüpfungen zwischen den willkürlichen Entscheidungen auf ein Minimum zu reduzie-

3) Vgl. des Verfassers *Philosophie der Raum-Zeit-Lehre* (Berlin, 1928; [Nachdruck Braunschweig, 1977]), § 12.

ren. Der Begriff der Folgeentscheidungen möge daher als ein Damm gegen den extremen Konventionalismus angesehen werden; er ermöglicht es, den willkürlichen Teil des Systems der Erkenntnis von seinem eigentlichen Inhalt zu trennen und somit die subjektive von der objektiven Komponente der Wissenschaft zu unterscheiden. Die Beziehungen zwischen den Entscheidungen hängen nicht von unserer Entscheidung ab, sondern sind von den Regeln der Logik oder den Naturgesetzen vorgeschrieben.

Es zeigt sich sogar, daß eine Aufdeckung der Folgeentscheidungen manchen Streit über Entscheidungen schlichtet. Gewisse Grundentscheidungen erfreuen sich einer fast allgemeinen Zustimmung; wenn sich nun zeigen läßt, daß eine umstrittene Entscheidung die Folge einer solchen Grundentscheidung ist, dann muß man der umstrittenen Entscheidung zustimmen. Grundentscheidungen dieser Art sind z.B. das Prinzip, Dingen gleicher Art den gleichen Namen zu geben, oder das Prinzip, die Wissenschaft solle Methoden ausarbeiten, um die Zukunft möglichst genau vorauszusagen (eine Forderung, der man zustimmen wird, auch wenn man der Wissenschaft noch andere Aufgaben überträgt). Ich möchte nicht behaupten, daß diese Grundentscheidungen für jede Entwicklungsphase der Wissenschaft akzeptiert und beibehalten werden müßten, sondern nur, daß diese Entscheidungen faktisch von den meisten Menschen aufrechterhalten werden und viele Streitfragen über Entscheidungen nur daher rühren, daß man die Folgebeziehung übersieht, die von den Grundentscheidungen zu der fraglichen Entscheidung führt.

Die objektive Komponente der Erkenntnis kann aber von den Willenselementen mit Hilfe der Reduktionsmethoden befreit werden, die die beratende Aufgabe der Erkenntnistheorie in ihre kritische Aufgabe überführt. Diesen Zusammenhang kann man als Implikation formulieren: Wenn man eine gewisse Entscheidung trifft, dann muß man einer gewissen Aussage oder einer gewissen anderen Entscheidung zustimmen. Als Ganzes ist diese Implikation frei von Willenselementen, und in dieser Form drückt sich die objektive Komponente der Erkenntnis aus.

§ 2 Die Sprache

Es ist fraglich, ob jeder Denkprozeß an die Sprache gebunden ist. Zwar ist bewußtes Denken fast immer an die Sprache gebunden, aber in ziemlich lockerer Weise: die Stilregeln sind aufgehoben, und statt ganzer Sätze werden oft unvollständige Wortgruppen gebraucht. Es gibt aber auch andere, intuitivere Arten des Denkens, die möglicherweise keine psychologischen Elemente enthalten, die man als Bestandteile einer Sprache auffassen könnte. Die Psychologen haben diese Frage noch nicht endgültig gelöst.

Ohne Frage aber geht dieses Problem nur die Psychologie an und nicht die Erkenntnistheorie. Wir sagten schon, daß sich die Erkenntnistheorie nicht mit dem wirklichen Denken, sondern mit der rationalen Nachkonstruktion der Erkenntnis befaßt. Eine rational nachkonstruierte Erkenntnis kann aber nur in sprachlicher Form vorgelegt werden – das bedarf keiner weiteren Erläuterung, man kann es als Bestandteil der Definition der rationalen Nachkonstruktion ansehen. Wir sind also berechtigt, uns auf das symbolische Denken, d.h. Denken in sprachlicher Form, zu beschränken, wenn wir mit der Analyse der Erkenntnis beginnen. Sollte jemand einwenden, wir ließen bei diesem Verfahren eine gewisse Art von Denken aus, die sich nicht in sprachlicher Form vollzieht, dann bezeugte das ein Mißverständnis der Aufgabe der Erkenntnistheorie; denn Denkvorgänge gehören zur Erkenntnis in unserem Sinne nur, soweit sie durch Ketten von sprachlichen Ausdrücken ersetzbar sind.

Die Sprache ist daher die natürliche Form der Erkenntnis. Eine Erkenntnistheorie muß infolgedessen mit einer Sprachtheorie beginnen. Erkenntnis wird mit Hilfe von Symbolen dargestellt – deshalb müssen die Symbole der erste Gegenstand einer erkenntnistheoretischen Untersuchung sein.

Was sind Symbole? Man kann gar nicht genug betonen, daß Symbole zunächst physikalische Gegenstände sind wie alle sonstigen materiellen Gebilde auch. Die Symbole in einem Buch bestehen aus geschwärzten Gebieten, die Symbole der gesprochenen Sprache aus Schallwellen, die physikalisch ebenso real sind wie die geschwärzten Flächen. Das Gleiche gilt für Symbole, die auf sogenannte „symbolische" Art gebraucht werden, z.B. Fahnen, Kruzifixe oder gewisse Begrüßungsgesten; alles sind physikalische Gegenstände oder Vorgänge. In seinen allgemeinen Eigenschaften ist also ein Symbol von anderen physikalischen Gegenständen nicht verschieden.

Außer ihren physikalischen Eigenschaften haben aber Symbole eine Eigenschaft, die man gewöhnlich ihre *Bedeutung* nennt. Was versteht man darunter?

Mit dieser Frage haben sich die Philosophen aller Zeiten beschäftigt, und sie steht auch im Vordergrund der heutigen Diskussion; man kann also nicht von uns erwarten, daß wir gleich am Anfang unserer Untersuchung eine abschließende Antwort darauf geben. Wir müssen mit einer vorläufigen Antwort beginnen, die unsere Analyse auf den richtigen Weg bringen soll. Ich möchte die erste Antwort folgendermaßen formulieren: *Die Bedeutung ist eine Funktion, die Symbole erwerben, wenn man eine gewisse Zuordnung von Tatsachen zu ihnen herstellt.*

Wenn jemand den Namen „Paul" hat, dann wird dieses Symbol in allen Sätzen vorkommen, die sich auf Handlungen oder den Zustand von Paul beziehen; wenn „nördlich" auf der Erde die Richtung zum Nordpol hin bedeutet, dann wird das Symbol „nördlich" in Verbindung mit den Symbolen „London" und „Edinburgh" vorkommen, wie z.B. in dem Satz „Edinburgh liegt nördlich von London", weil die Gegenstände London und Edinburgh in der Beziehung zum Nordpol stehen, die dem Wort „nördlich" entspricht. Das Druckerschwärzemuster „nördlich" vor den Augen des Lesers hat eine Bedeutung, weil es in einer solchen Beziehung zu anderen Druckerschwärzemustern steht, daß sich eine Zuordnung zu physikalischen Gegenständen wie Städten und dem Nordpol ergibt. Die Bedeutung ist genau diese Funktion des Druckerschwärzemusters, die ihm durch diese Zuordnung zufällt.

Wir müssen besonders einen Punkt ins Auge fassen, um die Sachlage wirklich zu verstehen. Ob ein Symbol eine Bedeutungsfunktion hat, hängt nicht allein von dem Symbol und den in Frage kommenden Tatsachen ab; es kommt noch der Gebrauch gewisser Regeln, nämlich der Sprachregeln, hinzu. Es liegt an einer Sprachregel, daß die Reihenfolge der Städtenamen in dem oben erwähnten Satz so und nicht umgekehrt sein muß; ohne diese Regel wäre die Bedeutung des Wortes „nördlich" unvollständig. Man könnte also sagen, daß erst die Sprachregeln einem Symbol eine Bedeutung geben. Man hat einst Steine gefunden, die mit keilförmigen Kerben bedeckt waren; es hat lange gedauert, bis man entdeckte, daß diese Keile eine Bedeutung haben und im Altertum die Schrift eines kultivierten Volkes waren, die Keilschrift der Assyrer. Diese Entdeckung enthält zwei Tatsachen: erstens die Möglichkeit, die Keile auf den Steinen mit einem bestimmten System von Regeln so zu verbinden, daß sie Beziehungen zu Tatsachen gewinnen, wie sie sich in der Geschichte der Menschheit ereignen; zweitens, daß die Assyrer diese Regeln angewandt und diese Keile eingeritzt haben. Die zweite Entdeckung hat einen großen Wert für die Geschichte, aber für die Logik ist die erste wichtiger. Um gewisse physikalische Gebilde Symbole nennen zu können, genügt es, daß man ihnen Regeln so hinzufügen kann, daß sich eine Zuordnung zu Tatsachen ergibt. Die Symbole brauchen nicht von Menschen geschaffen und benutzt zu werden. Manchmal verwittern große Steine, so daß es aussieht, als wären ihnen Worte aufgeprägt; diese Worte haben eine Bedeutung, obwohl sie nicht von Menschen geschaffen wurden. Doch das ist immer noch insofern ein Spezialfall, als die Symbole den Regeln der Umgangssprache genügen. Es könnte ja auch sein, daß physikalische Vorgänge Formen hervorbrächten, die uns die europäische Geschichte überlieferten, wenn ein *neues* Regelsystem hinzugefügt würde – was freilich nicht sehr wahrscheinlich sein dürfte. Es bleibt dann immer noch die Frage, ob wir diese Regeln auffinden könnten. Wir erfinden jedoch häufig neue Regelsysteme für spezielle Zwecke, für die spezielle Symbole gebraucht werden. Die Verkehrszeichen und Ampeln zur Regelung des Autoverkehrs bilden ein System mit anderen Symbolen und Regeln als die Umgangssprache. Das Regelsystem ist keine abgeschlossene Klasse; es wird ständig durch die Lebensanforderungen erweitert. Deshalb müssen wir zwischen bekannten und unbekannten, zwischen wirklichen und möglichen Symbolen unterscheiden. Nur die ersteren sind wichtig, denn nur wirkliche Symbole sind in Gebrauch, und darum wird das Wort „Symbol" im Sinne von „wirkliches Symbol" oder „verwendetes Symbol" benutzt. Es liegt auf der Hand, daß ein Symbol diesen Charakter nicht wegen seiner inneren Eigenschaften, sondern aufgrund von Sprachregeln erwirbt und daß jeder physikalische Gegenstand die Funktion eines Symbols gewinnen kann, wenn er bestimmte gegebene Sprachregeln erfüllt oder wenn passende Regeln aufgestellt werden.

§ 3 Die drei Eigenschaften von Aussagen

Nachdem jetzt die Sprache in ihren allgemeinen Zügen charakterisiert worden ist, müssen wir uns ihrer inneren Struktur zuwenden.

Zunächst fällt auf, daß Symbole aufeinander in einer linearen Anordnung folgen, die durch die Eindimensionalität des Sprechens als eines Vorgangs in der Zeit gegeben ist. Aber diese Reihe von Symbolen – und dies ist das zweite auffallende Merkmal – ist nicht gleichförmig; sie ist in Gruppen unterteilt, von denen jede eine Einheit bildet, die man Aussage nennt. Die Sprache hat also einen atomistischen Charakter. Wie die Atome der Physik sind die Atome der Sprache unterteilt: Aussagen bestehen aus Wörtern und Wörter aus Buchstaben. Die Aussage ist die wichtigste Einheit und erfüllt in der Tat die Funktion eines Atoms: so, wie jedes Stück Materie aus einer Zahl von ganzen Atomen bestehen muß, so muß jede Rede aus einer Zahl von ganzen Aussagen bestehen; „halbe Aussagen" gibt es nicht. Man kann noch hinzufügen, daß die Mindestlänge einer Rede die eines Satzes ist.

Dafür sagt man, die Bedeutung sei eine Funktion einer Aussage als Ganzer. Von der Bedeutung eines Wortes kann man nur sprechen, weil das Wort in Aussagen vorkommt; Bedeutung wird einem Wort durch eine Aussage übertragen. Das kann man daran erkennen, daß Gruppen isolierter Wörter keinen Sinn haben. Wenn man sagt „Baum Haus absichtlich und", dann ist das sinnlos. Nur, weil diese Wörter in sinnvollen Sätzen vorkommen, schreibt man ihnen die Eigenschaft zu, die man ihre Bedeutung nennt; es wäre aber richtiger, diese Eigenschaft „das Vermögen, in sinnvollen Sätzen vorzukommen" zu nennen. Dafür sage ich kurz „Symbolcharakter" und wende den Ausdruck „Bedeutung" nur auf ganze Aussagen an. Statt „Symbolcharakter" werde ich auch „Sinn" sagen. Nach dieser Sprechweise haben Wörter einen *Sinn* und Aussagen eine *Bedeutung*. Ich sage auch, die Bedeutung sei eine Eigenschaft von Aussagen.

Diese spezifische Satzform entspringt aus einer zweiten Eigenschaft, die ebenfalls nur Aussagen und nicht Wörtern zukommt, nämlich wahr oder falsch zu sein. Diese Eigenschaft ist der *Wahrheitswert* der Aussage. Ein Wort ist weder wahr noch falsch; diese Begriffe lassen sich nicht auf Wörter anwenden. Es handelt sich nur um eine scheinbare Ausnahme, wenn der Sprachgebrauch diese Regel gelegentlich verletzt. Wenn Kinder sprechen lernen, kann es vorkommen, daß sie auf einen Tisch zeigen, das Wort „Tisch" aussprechen und als Bestätigung ein „Ja" erhalten. Aber in diesem Fall ist das Wort „Tisch" nur eine Abkürzung für den Satz „Das ist ein Tisch", und es ist dieser Satz, der mit „Ja" bestätigt wird. (Das Wort „Ja" selbst ist ein Satz, der bedeutet: „Der vorher ausgesprochene Satz ist wahr.") Ähnliche Fälle treten im Gespräch mit Ausländern auf, deren Sprachkenntnisse unvollkommen sind. Streng genommen, besteht ein Gespräch aber aus Sätzen.

Die atomaren Sätze, die die Elemente der Sprache sind, können auf verschiedene Weise kombiniert werden. Die Logik zählt die Verknüpfungsoperationen auf; sie werden durch Wörter wie „und", „oder", „impliziert" usw. ausgedrückt. Mit Hilfe dieser Operationen lassen sich atomare Aussagen eng verknüpfen; man kann dann von molekularen Aussagen sprechen[4].

Macbeth wird nimmer untergehen, bis daß
Der große Wald von Birnam und der hohe Berg Dunsinane
Wider ihn aufstehn.

Die Erscheinung teilt hier Macbeth etwas in einer molekularen Aussage mit. Nach einer der Regeln der Sprache behauptet der Sprecher in einem solchen Fall nur die Wahrheit der ganzen molekularen Aussage und läßt die Frage nach der Wahrheit der atomaren Aussagen offen; Macbeth hat also recht, wenn er schließt, der atomare Satz über die merkwürdige Bewegung des Waldes werde von dem Geist nicht behauptet, die Implikation gehe ihn also nichts an. Alle Orakel haben die schlechte Angewohnheit, auf diese Weise von der Freizügigkeit der Logik Gebrauch zu machen, die es ihnen erlaubt, Aussagen ohne Wahrheitsanspruch auszusprechen und damit den Menschen über ein zukünftiges Ereignis zu täuschen, das ihre übermenschlichen Augen schon erspähen.

Die Sprache drückt diese Absicht, die Frage nach der Wahrheit offenzulassen, auf verschiedene Weise aus. Was die Implikation anbelangt, so wird dieser Verzicht gewöhnlich durch die Konjunktion „falls" angezeigt, während „dann wenn" dieselbe Implikation mit der zusätzlichen Bedingung ausdrückt, der Vordersatz werde zu einer bestimmten Zeit erfüllt sein. „Falls Peter kommt, gebe ich ihm das Buch" unterscheidet sich von „Dann wenn Peter kommt, gebe ich ihm das Buch" in dieser Hinsicht; nur im zweiten Fall wird der Vordersatz für sich behauptet, so daß man schließen kann, daß Peter kommen wird. Allein der Zeitpunkt des Kommens bleibt beim „dann wenn" offen. Das von der Erscheinung gebrauchte Wort „bis daß" ist nicht ganz klar, und wenn Macbeth ein Logiker gewesen wäre, dann hätte er das gekrönte Kind vielleicht gefragt, ob es seine molekulare Aussage auch mit „dann wenn" statt „bis daß" und nicht negiertem vorangehendem Hauptsatz formulieren könne. Ein anderes Zeichen dafür, daß ein Satz nicht als wahr behauptet wird, ist die Frageform. Eine Frage stellen heißt, einen Satz äußern, ohne ihn als wahr oder falsch hinzustellen, jedoch mit dem Wunsch, die Meinung eines anderen darüber zu hören. Grammatisch wird die Frageform durch Umstellung von Subjekt und Prädikat gebildet; manche Sprachen haben dafür eine besondere Partikel, die zu dem unveränderten Satz hinzutritt, wie das lateinische „ne" oder das türkische „mi". Dagegen wird ein molekularer Satz zwischen zwei Punkten als wahr behauptet.

In diesem Zusammenhang ist noch eine dritte Eigenschaft von Aussagen zu erwähnen. Nur von einem kleinen Teil der Aussagen, die in der Spra-

4) Man spricht auch von „Satz" oder von „Proposition". Da diese Unterscheidung nicht sehr wichtig und ziemlich vage ist, gebrauche ich „Proposition", „Satz" und „Aussage" im gleichen Sinne.

che vorkommen, ist der Wahrheitswert bekannt; für die meisten ist er im Augenblick ihrer Äußerung noch unbestimmt. Wir müssen jetzt also über den Unterschied zwischen verifizierten und unverifizierten Aussagen sprechen. Zunächst gehören alle Aussagen über zukünftige Ereignisse zur Klasse der unverifizierten Aussagen. Es handelt sich dabei nicht nur um Aussagen über wichtige Dinge, die nicht völlig analysiert werden können, wie z.B. Fragen, die unser persönliches Leben oder politische Ereignisse betreffen; häufiger beziehen sie sich auf recht unbedeutende Ereignisse wie das morgige Wetter, die Abfahrtszeit einer Straßenbahn oder die Lieferung des Fleisches für das Abendessen durch den Fleischer. Alle diese Aussagen sind noch nicht verifiziert, treten aber nicht mit völlig unbestimmtem Wahrheitswert auf; wir drücken auch eine gewisse Meinung über ihren Wahrheitswert aus, wenn wir sie aussprechen. Manche sind recht gewiß, etwa daß die Sonne morgen aufgehen wird oder daß Züge zur vorgesehenen Zeit abfahren; andere sind nicht so gewiß, etwa wenn sie sich auf das Wetter beziehen oder darauf, ob ein Handwerker kommt, den wir bestellt haben. Andere sind sehr ungewiß, wie etwa Aussagen, die jemandem eine gut bezahlte Stellung versprechen, wenn man die Anweisungen einer bestimmten Anzeige befolge. Solche Aussagen besitzen für uns ein ganz bestimmtes *Gewicht*, das an die Stelle des unbekannten Wahrheitswertes tritt; während der Wahrheitswert jedoch eine Eigenschaft ist, die nur zwei Werte annehmen kann, den positiven und den negativen, ist das Gewicht eine Größe auf einer kontinuierlichen Skala, die von der größten Ungewißheit über dazwischenliegende Grade der Glaubwürdigkeit bis zur höchsten Gewißheit reicht. Das genaue Maß des Glaubwürdigkeitsgrades, oder Gewichts, ist die Wahrscheinlichkeit; im täglichen Leben gebrauchen wir stattdessen Einstufungen, die nicht scharf abgegrenzt sind. Wörter wie „unwahrscheinlich", „wahrscheinlich", „sicher" bezeichnen diese Stufen.

Das *Gewicht* ist also die dritte Satzeigenschaft. Sie steht in einem gewissen Gegensatz zur zweiten, dem Wahrheitswert, indem nur entweder die eine oder die andere herangezogen wird. Wenn man weiß, ob ein Satz wahr oder falsch ist, braucht man keine Wahrscheinlichkeitsbegriffe; wenn man es aber nicht weiß, ist ein Gewicht erforderlich. Die Bestimmung des Gewichts ist ein Ersatz für die Verifikation, und zwar ein unentbehrlicher, da man nicht darauf verzichten kann, sich eine Meinung über unverifizierte Sätze zu bilden. Die Bestimmung des Gewichts fußt natürlich auf bereits verifizierten Sätzen, aber der Gewichtsbegriff bezieht sich auf unverifizierte Sätze. Mit Hilfe eines Systems von Gewichten für Aussagen spannen wir also eine Brükke vom Bekannten zum Unbekannten. Es wird eine unserer Aufgaben sein, die Struktur dieser Brücke zu analysieren, nach ihrem Prinzip zu forschen, das es uns ermöglicht, den Betrag des Aussagengewichts zu bestimmen und nach seiner Rechtfertigung zu fragen. Einstweilen wollen wir uns aber mit dem Hinweis begnügen, daß in der Wissenschaft wie im täglichen Leben unverifizierten Sätzen Gewichte zugeschrieben werden. Eines der Ziele dieser Untersuchung ist, die Theorie der Gewichte zu entwickeln, die, wie sich zeigen wird, mit der Wahrscheinlichkeitstheorie identisch ist. Die Theorie der zweiwertigen Aussagen ist von antiken Philosophen aufgestellt worden; sie heißt Logik. Die Wahrscheinlichkeitstheorie ist erst in den letzten Jahrhunderten von Mathematikern entwickelt worden. Wir werden aber sehen, daß diese Theorie in einer Form entwickelt werden kann, die der Logik analog ist; daß eine Theorie der Aussagen mit einem Wahrscheinlichkeitsgrad der Theorie der zweiwertigen Aussagen an die Seite gestellt werden kann und daß diese Wahrscheinlichkeitslogik als eine Verallgemeinerung der gewöhnlichen Logik gelten kann. Das wird zwar erst im fünften Kapitel des Buches gezeigt, doch ich gestatte mir, das Ergebnis vorwegzunehmen und Gewicht und Wahrscheinlichkeit miteinander zu identifizieren.

Eine Gewichtsbewertung ist besonders dann notwendig, wenn man Aussagen als Grundlage für Handlungen benutzen will. Jede Handlung setzt ein bestimmtes Wissen über zukünftige Ereignisse voraus und stützt sich daher auf das Gewicht noch unverifizierter Aussagen. Abgesehen von dem Fall, daß Handlungen nichts weiter sind als ein Muskelspiel, sind sie Vorgänge, die von Menschen absichtlich zur Verfolgung gewisser Ziele in Gang gesetzt werden. Das Ziel ist natürlich eine Sache der Willensentscheidung und hat nichts mit Wahrheit oder Falschheit zu tun; ob aber die eingeleiteten Vorgänge dazu angetan sind, das Ziel zu erreichen, ist eine Sache der Wahrheit oder Falschheit. Die Eignung der Mittel muß vor ihrer Verifikation bekannt sein und kann sich deshalb nur auf das Gewicht einer Aussage stützen. Ob wir einen schneebedeckten Berg besteigen wollen, bleibt natürlich unsere persönliche Entscheidung; wenn jemand das nicht gern tut, dann kann er sich dagegen entscheiden. Daß aber unsere Füße in den Schnee einsinken, wenn wir auf ihn treten, daß aber Bretter von zwei Metern Länge unsere Füße tragen und daß wir mit ihnen die Abhänge fast ebenso schnell und leicht hinabgleiten wie ein Vogel in der Luft – das muß in einem Satz ausgedrückt werden, der glücklicherweise ein hohes Gewicht hat, falls wir gut trainiert sind. Ohne das zu wissen, wäre es reichlich unvernünftig, wollte man versuchen, den Wunsch zu verwirklichen, die beschneiten Abhänge zu besteigen. Dasselbe gilt für alle anderen Handlungen, ob es sich nun um höchst wesentliche oder unwesentliche Dinge in unserem Leben handelt. Wenn man sich entscheiden muß, ob man eine bestimmte Medizin einnehmen soll, hängt die Entscheidung von zwei Dingen ab: ob man wieder gesund werden will und ob das Mittel dazu geeignet ist. Wenn man sich für einen Beruf entscheidet, hängt die Entscheidung von den persönlichen Wünschen zur eigenen Lebensgestaltung sowie davon ab, ob der betreffende Beruf zur Befriedigung dieser Wünsche führt. Jede Handlung setzt sowohl eine Willensentscheidung als auch eine gewisse Kenntnis zukünftiger Ereignisse voraus, die nicht von verifizierten Sätzen, sondern nur von Sätzen mit festgestelltem Gewicht geliefert werden kann.

Die bestehenden physikalischen Bedingungen können früheren ähneln, und es können früher analoge Aussagen verifiziert worden sein; aber die jetzige Aussage betrifft notwendigerweise ein zukünftiges Ereignis und ist daher noch nicht verifiziert. Es mag zwar stimmen, daß jeden Tag um neun Uhr der Zug auf dem Bahnsteig stand und mich zu meinem Arbeitsplatz brachte; wenn ich den Zug aber heute morgen nehmen will, dann muß ich wissen, ob dasselbe auch heute wahr ist. Die Bestimmung eines Gewichts ist deshalb nicht auf gelegentliche Voraussagen mit wichtigen Konsequenzen beschränkt, die sich nicht auf ähnliche vorhergehende Ereignisse stützen können; sie wird ebenso für Hunderte von unbedeutenden Voraussagen des täglichen Lebens gebraucht.

In den obigen Beispielen handelt der unverifizierte Satz von einem zukünftigen Ereignis; in solchen Fällen kann das Gewicht als der Voraussagewert des Satzes angesehen werden, das heißt, als sein Wert, seine Eignung als Voraussage. Der Gewichtsbegriff ist aber nicht auf Zukunftsereignisse beschränkt; er gilt ebenso für vergangene Ereignisse und umfaßt insofern ein weiteres Gebiet. Historische Berichte sind nicht immer verifiziert, und manche haben nur ein geringes Gewicht. Es ist nicht sicher, daß Julius Caesar in England war, man kann es nur mit einem Grad von Wahrscheinlichkeit behaupten. Die „Tatsachen" der Geologie und der Archäologie sind recht fragwürdig im Vergleich mit denen der modernen Geschichte; aber selbst in der modernen Geschichte gibt es unsichere Behauptungen. Auch im täglichen Leben kommen zweifelhafte Aussagen über die Vergangenheit vor und können sogar für Handlungen von beträchtlicher Tragweite sein. Hat mein Freund gestern meinen Brief an den Buchhändler in den Kasten geworfen, so daß ich damit rechnen kann, das Buch morgen zu bekommen? Es gibt Freunde, für die dieser Satz ein recht niedriges Gewicht besitzt.

Dieses Beispiel zeigt, daß zwischen den Gewichten von Aussagen über vergangene Ereignisse und von Voraussagen ein enger Zusammenhang besteht: erstere gehen in die Berechnung der Voraussagewerte für kommende Ereignisse ein, die mit vergangenen Ereignissen in einem Kausalzusammenhang stehen. Das ist eine wichtige Beziehung; sie wird in der logischen Theorie der Gewichte eine Rolle spielen. Man kann also die Gewichte sowohl zukünftiger als auch vergangener Ereignisse „Voraussagewert" nennen und von direkten und indirekten Voraussagewerten sprechen, wenn eine solche Unterscheidung notwendig sein sollte. In diesem Sinne ist der Voraussagewert eine Eigenschaft von Aussagen aller Typen.

Es besteht nun ein ersichtlicher Unterschied zwischen Wahrheitswert und Gewicht. Ob eine Aussage wahr ist, hängt allein von der Aussage oder vielmehr von den für sie einschlägigen Tatsachen ab. Ein Gewicht dagegen erhält ein Satz aufgrund unseres Wissensstandes, und es kann sich deshalb mit unserem Wissen ändern. Daß Julius Caesar in England war, ist entweder wahr oder falsch; doch die Wahrscheinlichkeit der entsprechenden Aussage hängt davon ab, was wir aufgrund der Geschichtsforschung wissen, und kann sich ändern, wenn weitere alte Manuskripte entdeckt werden. Es ist entweder wahr oder falsch, daß nächstes Jahr ein Weltkrieg ausbricht; daß dieser Satz für uns nur eine gewisse Wahrscheinlichkeit hat, liegt einfach an der Unvollkommenheit sozialwissenschaftlicher Voraussagen. Vielleicht kommt einmal der Tag, an dem eine wissenschaftlichere Soziologie das gesellschaftliche Wetter besser vorhersagen kann. Der Wahrheitswert ist also eine absolute Eigenschaft von Aussagen, das Gewicht eine relative.

Die Ergebnisse unserer bisherigen Untersuchung über die allgemeinen Eigenschaften der Sprache möchte ich in folgenden Punkten zusammenfassen. Die Sprache besteht aus bestimmten physikalischen Dingen, die Symbole heißen, weil sie eine Bedeutung haben. Die Bedeutung ist eine gewisse Zuordnung dieser physikalischen Dinge zu anderen physikalischen Dingen; sie wird mit Hilfe von Regeln – Sprachregeln – hergestellt. Symbole bilden keine kontinuierliche Reihe, sondern sind atomistisch gruppiert: die Grundbestandteile der Sprache sind Aussagen. Auf diese Weise wird die Bedeutung zu einer Eigenschaft von Aussagen. Diese haben außerdem noch zwei andere Eigenschaften: ihren Wahrheitswert, d.h. sie sind wahr oder falsch, und ihren Voraussagewert oder ihr Gewicht, als Ersatz für einen noch unbekannten Wahrheitswert. Von diesen drei Aussageneigenschaften muß eine logische Untersuchung ausgehen.

§ 4 Die Schachsprache als Beispiel und die beiden Prinzipien der Wahrheitstheorie der Bedeutung

Ich möchte meine Sprachtheorie jetzt an einem Beispiel erläutern. Es läßt eine sehr einfache Sprachform zu und macht daher die drei Satzeigenschaften besonders klar. Das Beispiel soll auch dazu dienen, die Theorie der drei Eigenschaften weiter auszubauen.

Ich habe dazu das Schachspiel gewählt mit seinen bekannten Regeln zur Bezeichnung der Stellungen, Figuren und Züge. Die Bezeichnung beruht auf einem zweidimensionalen Koordinatensystem mit den Buchstaben *a*, *b*, *c*, ... *h* für die eine Dimension und den Zahlen 1, 2, ... 8 für die andere; die Figuren werden gewöhnlich durch die Anfangsbuchstaben ihrer Namen angegeben. Eine Gruppe von Symbolen

S c 3

stellt einen Satz dar; er besagt: „Auf dem Feld mit den Koordinaten *c* und 3 befindet sich ein Springer.“ Ähnlich beschreibt die Symbolgruppe

S c 3 – *e* 4

einen Zug; sie bedeutet: „Der Springer ist von *c* 3 nach *e* 4 gezogen worden.“

Man kann nun nach der Rolle der beiden ersten Satzeigenschaften, von Bedeutung und Wahrheitswert, fragen. Die Einfachheit des Beispiels läßt uns eine enge Beziehung zwischen diesen beiden Eigenschaften erkennen: die angeführten Sätze dieser Sprache haben eine Bedeutung, weil sie als wahr oder falsch verifizierbar sind. Daß man die Symbolgruppe „*S c* 3“ als einen Satz gelten läßt, liegt daran, daß man seine Wahrheit nachprüfen kann. „*S c* 3“ bliebe auch dann ein Satz unserer Sprache, wenn sich kein Springer auf *c* 3 befände; der Satz wäre dann falsch, aber immer noch ein Satz. Andererseits wäre die Symbolgruppe

S c g

sinnlos, weil sie weder verifiziert noch falsifiziert werden kann. Man würde sie daher nicht einen Satz nennen; sie wäre eine Zeichengruppe ohne Bedeutung. Man kann die Sinnlosigkeit einer Gruppe von Zeichen daran erkennen, daß sie auch durch Hinzufügung eines Negationszeichens nicht in einen wahren Satz verwandelt wird. Schreiben wir ~ für die Negation; dann bleibt die Gruppe

~*S c g*

ebenso sinnlos wie die vorhergehende. Ein falscher Satz wird aber wahr, wenn man das Negationszeichen hinzufügt. Wenn also kein Springer auf dem Feld *c* 3 steht, dann ist die Symbolgruppe

~*S c* 3

ein wahrer Satz.

Diese Überlegungen sind wichtig, weil sie eine Beziehung zwischen Bedeutung und Verifizierbarkeit zeigen. Der Begriff der Wahrheit erscheint als der primäre Begriff, auf den der Begriff der Bedeutung zurückgeführt werden kann. Ein Satz hat eine Bedeutung, weil er verifizierbar ist, und er ist sinnlos, wenn er nicht verifizierbar ist.

Diese Beziehung zwischen Bedeutung und Verifizierbarkeit ist vom Positivismus und vom Pragmatismus betont worden. Ich möchte diese Gedanken vorläufig nicht diskutieren, sondern sie erst darstellen, ehe ich sie kritisiere. Nennen wir diese Theorie die *Wahrheitstheorie der Bedeutung*. Ich fasse sie in zwei Prinzipien zusammen.

Erstes Prinzip der Wahrheitstheorie der Bedeutung: Ein Satz hat eine Bedeutung dann und nur dann, wenn er als wahr oder falsch verifizierbar ist.

Durch diese Festsetzung werden die beiden Ausdrücke „eine Bedeutung haben" und „verifizierbar sein" äquivalent. Diese Bestimmung des Begriffs der Bedeutung führt zwar recht weit, ist aber doch nicht hinreichend. Wenn man weiß, daß ein Satz verifizierbar ist, dann weiß man, daß er eine Bedeutung hat; aber man weiß noch nicht, welche Bedeutung er hat. Das ändert sich auch dann nicht, wenn man den Wahrheitswert des Satzes kennt. Die Bedeutung eines Satzes ist nicht durch seinen Wahrheitswert bestimmt; das heißt, man kennt weder die Bedeutung, wenn der Wahrheitswert gegeben ist, noch ändert sich die Bedeutung, wenn sich der Wahrheitswert ändert. Man braucht deshalb noch eine andere Bestimmung, die auf den Inhalt der Bedeutung eingeht. Diese, die Intension einer Aussage, ist keine zusätzliche Eigenschaft, die gesondert angegeben werden müßte, sie ist mit der Aussage gegeben. Man muß aber bezüglich der Intension durch eine Definition eine formale Einschränkung hinzufügen, ohne die die Intension nicht festgelegt wäre. Diese zweite Definition wird mit Hilfe des Begriffs der *gleichen Bedeutung* gegeben. Alle Sätze haben eine Bedeutung, aber sie haben nicht alle die gleiche Bedeutung. Die Unterscheidung verschiedener Bedeutungen wird durch ein zweites Prinzip erreicht, das die Bedeutungsgleichheit definiert.

Zur Einführung dieses Begriffs muß man die Schachsprache in bestimmter Weise ändern. Bisher ist diese Sprache noch sehr starr, d.h., sie beruht auf sehr strengen Vorschriften, die jetzt gelockert werden sollen. Man könnte die Anordnung der Buchstaben und Zahlen offen lassen: der große Buchstabe, der die Figur bezeichnet, könnte ans Ende gestellt werden; statt eines Gedankenstrichs könnte ein Pfeil gebraucht werden, usw. Dann kann man mit verschiedenen Sätzen die gleiche Bedeutung ausdrücken; so haben die beiden Sätze

$S\,c\,3 - e\,4$
$c\,3\,S \rightarrow 4\,e$

die gleiche Bedeutung. Warum spricht man hier von gleicher Bedeutung? Man kann leicht ein *notwendiges* Kriterium für gleiche Bedeutung angeben: Die Beziehung zwischen den Sätzen muß derart sein, daß jede beliebige Beobachtung, die den einen Satz verifiziert, auch den anderen Satz verifiziert, und jede, die den einen Satz falsifiziert, auch den anderen falsifiziert. Die Positivisten glauben, dies sei auch ein *hinreichendes* Kriterium. Ich formuliere also folgendermaßen:

Zweites Prinzip der Wahrheitstheorie der Bedeutung: Zwei Sätze haben die gleiche Bedeutung, wenn sie den gleichen Wahrheitswert (wahr oder falsch) aufgrund jeder nur möglichen Beobachtung erhalten.

Ich möchte mich jetzt dem Problem der Wahrheit zuwenden. Wann nennen wir einen Satz wahr? Wir fordern in diesem Falle, daß die Symbole ihren Gegenständen in gewisser Weise zugeordnet sind; die Art dieser Zuordnung wird von den Sprachregeln vorgeschrieben. Wenn man den Satz „*S c* 3" prüft, dann blickt man auf das Feld, das die Koordinaten *c* und 3 hat; und wenn dort ein Springer steht, ist der Satz wahr. Die Verifikation ist also ein Vergleich zwischen Gegenständen und Symbolen. Sie ist aber kein „naiver Vergleich", der etwa eine gewisse Ähnlichkeit zwischen Gegenständen und Symbolen verlangen würde. Sie ist ein „gedanklicher Vergleich", bei dem man die Sprachregeln anwenden und ihren Inhalt verstehen muß. Dazu muß man wissen, daß die großen Buchstaben die Figuren bezeichnen, der Buchstabenindex die Spalte, usw. So ist der Vergleich selbst ein Denkakt. Er betrifft aber keinen imaginären „Inhalt" der Symbole, sondern die Symbole selbst als physikalische Gebilde. Die Zeichen aus Druckerschwärze „*S c* 3" stehen in einer bestimmten Beziehung zu den Figuren auf dem Schachbrett; darum bilden diese Zeichen einen wahren Satz. Die Wahrheit ist also eine physikalische Eigenschaft physikalischer Dinge, die Symbole heißen; sie besteht in einer Beziehung zwischen diesen Dingen, den Symbolen, und anderen Dingen, ihren Objekten.

Es ist wichtig, daß eine solche physikalische Wahrheitstheorie aufgestellt werden kann. Man braucht die Aussage nicht in ihre „gedankliche Bedeutung" und ihren „physikalischen Ausdruck" aufzuspalten, wie es die idealistischen Philosophen tun, und nur der „gedanklichen Bedeutung" Wahrheit zuzuschreiben. Die Wahrheit ist keine Funktion der Bedeutung, sondern der physikalischen Zeichen; umgekehrt ist die Bedeutung eine Funktion der Wahrheit, wie wir schon festgestellt haben. Der Ursprung der idealistischen Wahrheitstheorie ist vielleicht darin zu suchen, daß ein Urteil über die Wahrheit ein Denken voraussetzt; aber das Urteil bezieht sich nicht auf das Denken. Die Aussage „Satz ‚*a*' ist wahr" bezieht sich auf eine physikalische Tatsache, auf die Zuordnung der in „*a*" enthaltenen Zeichengruppe zu gewissen physikalischen Gegenständen.

Wir wenden uns jetzt der Frage nach der dritten Aussageneigenschaft in unserer Sprache zu. Wir haben es immer mit Voraussagewerten zu tun, wenn es um Handlungen geht; sie müssen also bei einem wirklichen Schachspiel in Erscheinung treten. Tatsächlich befinden sich die Spieler dauernd in einer Situation, die die Bestimmung eines Gewichts verlangt. Sie erstreben beim Bewegen der Figuren eine Anordnung, die „Matt" heißt; um dieses Ziel zu erreichen, müssen sie die Züge ihres Gegners voraussehen. Jeder Spieler schreibt also Sätzen Gewichte zu, die zukünftige Züge seines Gegners berücksichtigen, und ein guter Spieler sein heißt gute Gewichte finden, d.h. diejenigen Züge des Gegners als wahrscheinlich ansehen, die dieser später wirklich macht. Dieses Beispiel entspricht meiner Explikation des Gewichtsbegriffs; man erkennt, daß das Gewicht überflüssig wird, wenn ein Satz verifiziert ist, daß es aber unentbehrlich ist, solange keine Verifikation vorliegt. Ein Spieler, der nur Bedeutung und Wahrheit als Eigenschaften seiner Schachsätze heranzöge, würde nie ein Spiel gewinnen; sobald das Unbekannte für ihn bekannt wird, ist es für einen Eingriff zu spät. Der Voraussagewert ist die Brücke zwischen Wissen und Nichtwissen; darum ist er die Grundlage des Handelns.

Obwohl jedermann sich der Voraussagewerte bedient, ist es sehr schwierig aufzuklären, wie man sie berechnet. In dieser Beziehung unterscheidet sich die Bestimmung des Gewichts einer Aussage beträchtlich von der Bestimmung ihrer Wahrheit. Es wurde gezeigt, daß die Wahrheit für unsere Sprache verhältnismäßig einfach definiert werden kann. Für das Gewicht ist das nicht der Fall. Das Gewicht zukünftiger Schachzüge ist keine Frage des physikalischen Zustandes der Figuren allein, sondern hat auch mit Überlegungen über die psychischen Zustände des Spielers zu tun. Dieser Fall ist daher als Beispiel für die Entwicklung einer Theorie der Voraussagewerte bereits zu kompliziert. Wie schon gesagt, möchte ich diese Entwicklung auf einen späteren Teil der Untersuchung verschieben. Bis dahin möge einfach als Tatsache hingenommen werden, daß Gewichte sich bestimmen lassen.

§ 5 Ausdehnung der physikalischen Wahrheitstheorie auf Beobachtungsaussagen der Umgangssprache

Die Wahrheitstheorie der Bedeutung gründet sich auf die Annahme, daß Aussagen als wahr oder falsch verifiziert werden können. Deshalb habe ich diese Theorie an einem Beispiel entwickelt, für das die Frage der Verifizierbarkeit leicht gelöst werden kann. Es gibt jedoch viele verschiedene Arten von Sätzen in der Umgangssprache, und wenigstens bei manchen könnte man bezweifeln, daß eine Verifikation überhaupt möglich ist. Wenn man die Wahrheitstheorie der Bedeutung und die physikalische Wahrheitstheorie auf die Umgangssprache ausdehnen möchte, dann empfiehlt es sich, mit einer Art von Sätzen zu beginnen, bei der die Verifikation keine Schwierigkeiten bereitet.

Diese ziemlich einfache Satzart wird durch Beispiele veranschaulicht wie: „Dort steht ein Tisch", „Dieser Dampfer hat zwei Schornsteine", „Das Thermometer zeigt 15°Celsius an". Wir nennen sie *Beobachtungssätze*, weil sie von Tatsachen handeln, die einer direkten Beobachtung zugänglich sind – so, wie dieser Ausdruck heute gebraucht wird. Diese Frage wird später genauer untersucht werden; es wird sich erweisen, daß die Behauptung einer direkten Verifikation dieser Sätze eine gewisse Idealisierung der wirklichen Verhältnisse voraussetzt. Methodologisch ist es aber gut, mit einer gewissen Annäherung an die wirklichen Verhältnisse zu beginnen und nicht mit dem Erkenntnisproblem in seiner ganzen Kompliziertheit; wir gehen daher einstweilen von der Voraussetzung aus, Beobachtungssätze könnten absolut verifiziert werden, und wollen sie für den Rest dieses Kapitels beibehalten.

Wir fangen mit der Frage der physikalischen Wahrheitstheorie an und verschieben das Problem der Bedeutung auf den nächsten Abschnitt. Diese Reihenfolge der Untersuchungen wird durch das Ergebnis des vorigen Abschnitts festgelegt, der ja gezeigt hat, daß die Bedeutung eine Funktion der Wahrheit ist. Wir fangen also am besten mit dem Wahrheitsproblem an.

Wir könnten zwar den Gedanken verwenden, daß Wahrheit eine Korrespondenz zwischen Symbolen und Tatsachen ist, die durch die Sprachregeln hergestellt wird. Aber diese Zuordnung ist nicht immer klar ersichtlich. Sie ist es nur, soweit es sich um Ausdrücke handelt, die physikalische Gegenstände bezeichnen. Das geht aus der Art der Definition solcher Ausdrücke hervor. Man kann sich zu diesem Zweck ein „Lexikon" vorstellen, das auf der einen Seite die Wörter aufführt, auf der anderen Beispiele der wirklichen Gegenstände, so daß es eher einer Sammlung von Musterexemplaren, einem zoologischen Garten ähnelte als einem Buch. Für logische Ausdrücke, wie z.B. Zahlausdrücke, ist die Zuordnung schwieriger herzustellen. Oben erwähnten wir das Beispiel „Dieser Dampfer hat zwei Schornsteine". Für die Wörter „Dampfer" und „Schornstein" finden sich in unserer Sammlung von Musterexemplaren zugeordnete Gegenstände – aber wie ist es mit dem Wort „zwei"? In einem solchen Fall muß man die Definition des Wortes heranziehen und es dadurch ersetzen. Das ist recht kompliziert; doch die moderne Logik zeigt im Prinzip, wie es möglich ist. Ich kann das hier nicht ausführlich darstellen, sondern nur zusammenfassend die Methode andeuten, die in den Lehrbüchern der symbolischen Logik entwickelt wird. Dort wird gezeigt, daß ein Satz, der das Wort „zwei" enthält, in einen „Existenzsatz" umgewandelt werden muß, der die Variablen x und y enthält; wenn man diese Definition in unseren ursprünglichen Satz einsetzt, der über den Dampfer spricht, findet man zum Schluß eine Zuordnung der Symbole „x" und „y" zu den Schornsteinen. Auf diese Weise wird der Ausdruck „zwei" ebenfalls auf eine Zuordnung zurückgeführt.

Es bleibt noch das Wort „hat". Dies ist eine Aussagefunktion, die einen Besitz ausdrückt. Wir können uns vorstellen, daß Aussagefunktionen von so einfacher Art ebenfalls in unserer Sammlung von Musterexemplaren enthalten sind. Es sind Relationen, und Relationen werden durch Beispiele dargestellt. So kann die Relation des Besitzes etwa durch einen Mann, der einen Hut trägt, ein Kind, das einen Apfel in der Hand hält, eine Kirche mit einem Turm u.a. ausgedrückt werden. Dieses Definitionsverfahren ist nicht so einfältig, wie es zunächst aussieht. Es entspricht durchaus der Art, wie ein Kind die Bedeutung von Wörtern lernt. Kinder lernen dadurch sprechen, daß sie Wörter in unmittelbarer Verbindung mit Dingen oder Tatsachen hören, denen sie zugeordnet sind; sie lernen das Wort „hat" verstehen, weil dieses Wort unter den oben beschriebenen Umständen benutzt wird. Unsere Sammlung von Musterexemplaren gleicht dem großen zoologischen Garten des Lebens, durch den die Kinder von ihren Eltern geführt werden.

Man sieht, daß die Korrespondenz zwischen Satz und Tatsache hergestellt werden kann, wenn der Satz wahr ist. Die Sprachregeln werden natürlich vorausgesetzt; aber es wird noch mehr vorausgesetzt: Denken. Das Urteil „Der Satz ist wahr" kann ohne ein Verstehen der Sprachregeln nicht abgegeben werden. Dieses ist nötig, weil jede Korrespondenz nur in bezug auf gewisse Regeln besteht. Wenn man von Übereinstimmung oder von Zuordnung von menschlichen Körpern zu Kleidungsstücken spricht, dann setzt das eine Vergleichsregel voraus, denn in vieler Hinsicht unterscheiden sich Körper sehr stark von Kleidern. Unter Anwendung gewisser Regeln – in diesem Falle geometrischer Regeln – kann man also sagen, es gebe eine Zuordnung von diesen beiden Arten von Dingen. Dasselbe gilt für den Vergleich von Symbolen mit Gegenständen, und darum erfordert er Denken. Die physikalische Wahrheitstheorie kann uns also nicht vom Denken befreien. Aber nicht der ursprüngliche Satz „a", sondern der Satz „Der Satz ‚a' ist wahr" muß gedacht werden. Das mag zwar ein psychologisches Problem sein, und es ist vielleicht psychologisch unmöglich, das Denken von „a" und von „a ist wahr" zu unterscheiden; vielleicht ist es nur für einen sehr komplizierten Satz „a" möglich. Um dieses psychologische Problem auszuschalten, könnte man die Sachlage folgendermaßen beschreiben: Ein Satz von der Form „Dieser Satz ist wahr" betrifft eine physikalische Tatsache, nämlich eine bestimmte Relation zwischen Symbolen als physikalischen Dingen und ihren Objekten als physikalischen Dingen. Nehmen wir ein Beispiel: Der Satz „Dieser Dampfer hat zwei Schornsteine" betrifft eine physikalische Tatsache; der Satz „A": „Der Satz ‚Dieser Dampfer hat zwei Schornsteine' ist wahr" betrifft eine andere physikalische Tatsache, zu der die Zeichengruppe „Dieser Dampfer hat zwei Schornsteine" gehört. Darum nenne ich meine Theorie die physikalische Wahrheitstheorie. Aber diese Theorie zielt nicht darauf ab, das Denken überflüssig zu machen; sie behauptet nur, der Gegenstand eines Satzes, der etwas als wahr bezeichnet, sei selbst ein physikalischer Gegenstand.

Die physikalische Wahrheitstheorie bringt Schwierigkeiten mit sich, die nur in einer Typentheorie gelöst werden können. Eines dieser Probleme ist folgendes: Wenn der Satz „*a*" wahr ist, folgt daraus, daß der Satz „*A*", nämlich „Der Satz ‚*a*' ist wahr", auch wahr ist, und umgekehrt; „*a*" und „*A*" haben also nach dem zweiten Prinzip der Wahrheitstheorie der Bedeutung den gleichen Sinn. Aber die physikalische Wahrheitstheorie unterscheidet die beiden Sätze, als bezögen sie sich auf verschiedene Tatsachen. Um diese Unterscheidung zu rechtfertigen, muß man annehmen, daß die beiden Sätze von verschiedenem Typus sind und daß die Wahrheitstheorie der Bedeutung nur auf Sätze von gleichem Typus anwendbar ist. Der Satz „*a*" kann nicht über Tatsachen sprechen, in die der Satz „*a*" eingeht; von „*a*" auf „*A*" kann man nur schließen, weil die Aufstellung des Satzes „*a*" etwas schafft, worüber man in dem Satz „*A*" von höherem Typus sprechen kann. Tarski[5] hat aufgrund solcher Überlegungen den strengen Beweis erbracht, daß eine Theorie der Wahrheit nicht *in* der Sprache formuliert werden kann, auf die sie sich bezieht, sondern eine Metasprache erfordert. Diese Arbeiten konnten gewisse Zweifel beheben[6], die gegen die physikalische Wahrheitstheorie geäußert worden sind.

§ 6 Ausdehnung der Wahrheitstheorie der Bedeutung auf Beobachtungsaussagen der Umgangssprache

Nachdem wir gezeigt haben, daß die Beobachtungssätze der Umgangssprache sich in die physikalische Wahrheitstheorie einfügen, soll nun versucht werden, auch die Wahrheitstheorie der Bedeutung auf diese Art von Aussagen auszudehnen. Diese Erweiterung bedarf einer gewissen vorbereitenden Analyse der Begriffe, die in der bisher entwickelten Theorie der Bedeutung eine Rolle spielen.

Ich beginne mit dem ersten Prinzip. Es besagt, daß die Bedeutung an die Verifizierbarkeit geknüpft ist. Ich sagte oben, wir setzten die Möglichkeit der Verifikation voraus; diese Annahme soll im vorliegenden Abschnitt beibehalten werden. Das heißt jedoch nur, daß Einwände gegen den Ausdruck „Verifikation" beiseite gelassen werden; wir müssen aber jetzt den Ausdruck „Möglichkeit" analysieren.

Vorher ist aber festzustellen, daß die ins Auge gefaßte Möglichkeit nicht die zu prüfende Hypothese, sondern nur die Methode ihrer Verifikation be-

5) A. Tarski, „Der Wahrheitsbegriff in den formalisierten Sprachen", *Studia philosophica* (Warschau, 1936); vgl. auch *Actes du congrès international de philosophie scientifique* (Paris: Hermann & Cie., 1936) Bd. 3: *Langage*; enthält Beiträge von A. Tarski und Marja Kokoszynska über dasselbe Thema. Ein anderer Beitrag von Marja Kokoszynska findet sich in *Erkenntnis*, 6 (1936), S. 143 ff.

6) C. G. Hempel, „On the Logical Positivist's Theory of Truth", *Analysis*, 2, Nr. 4 (1935), S. 49 ff.

trifft[7]. Die Hypothese kann unmöglich sein; dann erweist sie sich eben bei der Verifikation als falsch. Das ist zulässig, weil „Verifikation" für uns eine neutrale Bedeutung hat: Bestimmung als wahr oder falsch. So ist der Satz „Herkules kann den Erdball auf seinen Schultern tragen" verifizierbar, wenn es einen Herkules gibt, der das von sich behauptet; wir sind zwar sicher, daß er seine Behauptung nicht wahr machen kann, aber sie ist verifizierbar und wird sich dabei eben als falsch erweisen.

Wir müssen jetzt fragen, was man unter der Möglichkeit der Verifikation verstehen soll. Der Ausdruck „Möglichkeit" ist mehrdeutig, es gibt verschiedene Begriffe der Möglichkeit; darum brauchen wir eine Definition der Möglichkeit.

Erstens gibt es den Begriff der *technischen* Möglichkeit. Er bezieht sich auf Tatsachen, deren Verwirklichung in der Macht von Menschen oder Menschengruppen steht. Es ist technisch möglich, eine Brücke über den Hudson zu bauen; es ist vielleicht auch schon technisch möglich, eine Brücke über den Ärmelkanal von Calais nach Dover zu bauen, aber es ist sicherlich technisch unmöglich, eine Brücke über den Atlantik zu bauen.

Zweitens gibt es den Begriff der *physikalischen* Möglichkeit. Er verlangt nur, daß die betreffenden Tatsachen mit den physikalischen Gesetzen vereinbar sind, ohne Rücksicht auf menschliche Fähigkeiten. Der Bau einer Brücke über den Atlantik ist physikalisch möglich. Eine Reise auf den Mond ist ebenfalls physikalisch möglich. Aber ein perpetuum mobile, das ständig Energie liefert, ist physikalisch unmöglich; und eine Reise auf die Sonne wäre auch physikalisch unmöglich, weil Mensch und Raumschiff verbrennen würden, ehe sie die Sonnenoberfläche erreichten.

Drittens gibt es den Begriff der *logischen* Möglichkeit. Er verlangt noch weniger, nämlich nur, daß man sich die Tatsachen vorstellen kann, oder, streng genommen, daß sie keine Widersprüche enthalten. Das perpetuum mobile und die Reise auf die Sonne sind logisch möglich. Es wäre aber logisch unmöglich, einen viereckigen Kreis zu zeichnen oder eine Eisenbahn ohne Schienen zu finden. Dieser dritte Begriff ist der weiteste; er schließt nur Widersprüche aus.

Diese Begriffe wollen wir nun auf das Problem der Verifizierbarkeit anwenden. Man muß im Auge behalten, daß diese drei Begriffe der Möglichkeit auf die Verifikationsmethode und nicht auf die im Satz beschriebene Tatsache anzuwenden sind.

Gewöhnlich meint man nicht den Begriff der technischen Möglichkeit, wenn man von der Verifikationsmöglichkeit spricht. Im Gegenteil, es wird betont, das Postulat der Verifizierbarkeit stelle an die Aussagen schwächere Bedingungen als die technische Möglichkeit. Der Satz „Von der Brücke über den Atlantik aus gemessen, würde der Gezeitenunterschied ungefähr

7) Das ist vor kurzem von Carnap betont worden, „Testability and Meaning", *Philosophy of Science*, 3 (1936), S. 419 ff.; 4 (1937), S. 1 ff.

zehn Meter betragen" wird als verifizierbar betrachtet, weil eine solche Brükke physikalisch möglich ist; man brauchte nur von dieser Brücke ein Lot auf die Wasseroberfläche hinunterzulassen und könnte so den Wasserstand messen – was von Schiffen aus nicht möglich ist, da sie mit dem Wasserspiegel steigen und fallen. Wir nehmen also die technische Möglichkeit nicht als Verifizierbarkeitskriterium.

Der Begriff der physikalischen Möglichkeit liefert einen ausreichend weiten Rahmen für die erwähnten Sätze; es gibt aber andere Sätze, die durch ihn ausgeschlossen werden. Dazu gehören Sätze, die von einer weit entfernten Zukunft handeln. Ich kann nicht verifizieren, daß es in zweihundert Jahren eine Welt geben wird, die der heutigen ähnelt; das wäre also ein sinnloser Satz, wenn man die physikalische Möglichkeit in der Definition der „Verifizierbarkeit" verwendete. Diese Schwierigkeit könnte durch eine kleine Änderung in der Definition der Verifizierbarkeit behoben werden; man könnte sich damit zufrieden geben, daß irgendein menschliches Wesen die Verifikation vornimmt und auf eine eigene Rolle dabei verzichten. Andere Sätze wären aber immer noch sinnlos, z.B. ein Satz, der von der Welt nach dem Tode des letzten Vertreters der Menschheit handelt. Oder nehmen wir einen Satz über das Innere der Sonne; man kann nicht verifizieren, daß das Zentrum der Sonne eine Temperatur von vierzig Millionen Grad hat, weil es physikalisch unmöglich ist, ein Meßinstrument in die Sonne zu stecken. Zu dieser Kategorie gehören auch Sätze, die von der Struktur der Atome handeln. Streng genommen ist es physikalisch nicht verifizierbar, daß sich die Elektronen auf elliptischen Bahnen um den Atomkern bewegen, daß sie dabei einen Spin haben usw. Wir wollen von *physikalischer Bedeutung* sprechen, wenn der Bedeutungsbegriff durch die Forderung der physikalischen Möglichkeit der Verifikation definiert ist. Dann haben die genannten Sätze keine physikalische Bedeutung.

Der Begriff der logischen Möglichkeit ist der umfassendste der drei Begriffe; bei seiner Anwendung auf die Definition der Verifizierbarkeit erhält man den Begriff der *logischen Bedeutung*. Alle angeführten Beispiele haben logische Bedeutung. Ein Satz über die Welt in zweihundert Jahren ist also sinnvoll, weil es logisch nicht unmöglich ist, daß ich dann noch lebe, d.h. weil das kein Widerspruch wäre. Und es ist sinnvoll, über die Welt nach meinem Tode oder nach dem Tode des letzten Menschen zu sprechen, weil es logisch nicht unmöglich ist, daß wir noch nach unserem Tode Wahrnehmungen haben könnten. Damit will ich nicht sagen, dieser Bedeutungsbegriff setze ein ewiges Leben voraus; er macht nur von der Tatsache Gebrauch, daß ewiges Leben kein Widerspruch ist, und enthält sich wohlweislich jeglicher Annahme, es bestehe irgendeine Aussicht, daß es wirklich der Fall sein könne. Ähnliche Überlegungen gelten für das Beispiel der Messung der Temperatur im Inneren der Sonne. Ich kann mir ein außerordentlich langes Thermometer im Zentrum der Sonne vorstellen, auf dem die Quecksilbersäule den Grad anzeigt, der durch die Zahl Vier mit sieben Nullen markiert ist; obwohl ich nicht glaube, ein Physiker werde jemals versuchen, ein solches Thermometer herzustellen, steckt doch kein logischer Widerspruch in dieser Vorstellung. Zwar widerspricht sie den physikalischen Gesetzen; aber letzten Endes sind physikalische Gesetze Tatsachen und keine logischen Notwendigkeiten. Was Sätze über die Struktur der Atome betrifft, so kann ich mir vorstellen, ich sei so klein geworden, daß Elektronen mir so groß wie Tennisbälle vorkommen; wenn jemand dagegen protestiert, könnte ich ihm antworten, daß eine solche Annahme keinen Widerspruch in sich berge.

Wenn man jetzt eine Wahl zwischen diesen beiden Definitionen – der physikalischen Bedeutung und der logischen Bedeutung – treffen soll, so darf man keinesfalls vergessen, daß dies eine Frage der Willensentscheidung und keine Frage der Wahrheit oder Falschheit ist. Es wäre völlig falsch zu fragen: welcher ist der wahre Bedeutungsbegriff? oder: welchen Begriff *habe* ich zu wählen? Solche Fragen wären sinnlos, denn der Begriff der Bedeutung kann nur durch eine Definition festgelegt werden. Wir könnten eine bestimmte Entscheidung vorschlagen. Mit der Entscheidung sind aber zwei Fragen der Wahrheit oder Falschheit verbunden. Wie in § 1 gezeigt wurde, sind es die Fragen, welche Entscheidung tatsächlich in der Wissenschaft getroffen wird und was die Folgeentscheidungen jeder Entscheidung sind. Ich will mit letzteren beginnen; statt Vorschläge zu machen, ziehe ich es vor, logische Wegweiser zu errichten, die die notwendigen Verkettungen jeder möglichen Wahl aufzeigen.

Die erwähnten Beispiele machen schon deutlich, daß beide Definitionen der Bedeutung große Nachteile haben. Die physikalische Bedeutung ist zu eng; sie schließt viele Sätze aus, die in der Wissenschaft und im täglichen Leben unverkennbar als sinnvoll anerkannt werden. Die logische Bedeutung ist in dieser Hinsicht besser; hier besteht aber die entgegengesetzte Gefahr, daß sie zu weit ist und Sätze als sinnvoll gelten lassen würde, die man ungern in diese Kategorie einbeziehen möchte.

In der Tat gibt es derartige Sätze. Die wichtigste Art sind solche, die unendlich viele Beobachtungssätze umfassen, z.B. Sätze, die das Wort „alle" mit Bezug auf eine unendliche Anzahl von Argumenten enthalten, oder Sätze über den Grenzwert der Häufigkeit in einer unendlichen Ereignisfolge, wie sie in der Statistik vorkommen. Es ist kein Widerspruch, sich einen Beobachter mit ewigem Leben vorzustellen, der eine solche Folge zählt. Aber die Verfechter der Wahrheitstheorie der Bedeutung haben eine natürliche Abneigung gegen Sätze dieser Art; sie begründen sie mit der Behauptung, solche Sätze seien sinnlos. Daran zeigt sich, daß sie von dem Begriff der physikalischen Bedeutung ausgehen. Auf der anderen Seite erscheint dieser Begriff als zu eng; wir möchten gerade mit der Physik im Einklang bleiben und sähen uns ungern dazu gezwungen, etwa Sätze über die Struktur der Atome oder über das Innere der Sonne zurückzuweisen.

Unsere Untersuchung führt also zu keiner Bevorzugung einer der beiden Auffassungen. Sie führt zu einem „weder–noch" oder vielmehr zu einem „sowohl–als auch". Beide Auffassungen haben ja einen gewissen Wert und dürfen benutzt werden; man muß nur in jedem Fall eine klare Angabe verlangen, welche der beiden Auffassungen man im Auge hat.

Das entspricht auch dem tatsächlichen Verfahren der Wissenschaft. Es gibt in der modernen Physik viele berühmte Beispiele für die Verwendung des Begriffs der physikalischen Bedeutung. Einsteins Ablehnung der absoluten Gleichzeitigkeit gehört dazu; sie stützt sich auf die Unmöglichkeit, daß sich Signale schneller als das Licht bewegen, und das ist natürlich nur eine physikalische Unmöglichkeit. Wenn man stattdessen den Begriff der logischen Bedeutung anwendet, kann man sagen, die absolute Gleichzeitigkeit sei sinnvoll, weil man sich vorstellen kann, man könne die Geschwindigkeit von Signalen beliebig erhöhen. Der Unterschied zwischen diesen beiden Begriffen der Bedeutung ist folgendermaßen formuliert worden: In unserer Welt hat die absolute Gleichzeitigkeit keinen Sinn, aber in einer anderen Welt könnte sie sinnvoll sein. Die Einschränkung „in unserer Welt" drückt die Anerkennung der physikalischen Gesetze für die Definition der Verifikationsmöglichkeit aus. Ebenso ist es nur in unserer Welt unmöglich, das Innere des Elektrons zu beobachten, und daher sind Sätze darüber nur in unserer Welt sinnlos. Wenn man sich so klar ausdrückt, gibt es keine Mehrdeutigkeit und beide Auffassungen können zugelassen werden.

Wenden wir uns jetzt der Anwendung des zweiten Prinzips der Wahrheitstheorie der Bedeutung auf Beobachtungssätze zu. Er besagt, daß zwei Sätze die gleiche Bedeutung haben, wenn jede mögliche Tatsache für beide zum gleichen Wahrheitswert führt. Wir wollen jetzt die Konsequenzen davon untersuchen.

Als wir das zweite Prinzip in unserem Schachbeispiel einführten, konnte man seine Tragweite nicht völlig übersehen, weil die benutzte Sprache sehr einfach war und sich nur auf sehr einfache Gegenstände bezog. In der Wissenschaftssprache hat das zweite Prinzip aber weitreichende Folgen. Es kommt häufig vor, daß gewisse Sätze sehr verschiedene Bedeutung zu haben scheinen, während eine spätere Überprüfung zeigt, daß sie durch dieselben Beobachtungen verifiziert werden. Der Begriff der Bewegung möge als Beispiel dienen. Wenn wir sagen, der Körper *A* bewege sich auf den Körper *B* zu, dann halten wir das für etwas anderes, als wenn *B* sich auf *A* zubewegt. Man kann aber zeigen, daß beide Sätze durch die gleichen Beobachtungstatsachen verifiziert werden. Einsteins berühmte Relativitätstheorie läßt sich als Konsequenz aus dem zweiten positivistischen Prinzip der Bedeutung auffassen. Dieses Prinzip soll ausschalten, was man subjektive Bedeutung nennen könnte, und die Bedeutung stattdessen auf objektive Weise bestimmen. Erst dieses Prinzip vervollständigt zusammen mit dem ersten Prinzip die antimetaphysische Haltung des Positivismus.

Es sind noch ein paar Bemerkungen über den Ausdruck „Möglichkeit" in der Formulierung des zweiten Prinzips vonnöten; dabei machen wir von unseren Unterscheidungen bezüglich der Definition der Möglichkeit Gebrauch.

Um Widersprüche zu vermeiden, benutzen wir für das zweite Prinzip dieselbe Definition der Möglichkeit wie für das erste. Das zweite Prinzip schreibt also zwei Sätzen die gleiche Bedeutung zu, wenn es physikalisch unmöglich ist, Tatsachen zu beobachten, die für die beiden in Frage kommenden Sätze zu verschiedenen Verifikationen führen; entsprechend ergibt sich die gleiche logische Bedeutung im Falle der logischen Unmöglichkeit, verschiedene Verifikationen zu finden. Unser Beispiel der Relativität der Bewegung entspricht der physikalischen Bedeutung. Es ist physikalisch unmöglich, Tatsachen zu finden, die die Aussage „*A* bewegt sich auf *B* zu", nicht aber die Aussage „*B* bewegt sich auf *A* zu" bestätigen – das ist der Inhalt des Einsteinschen Relativitätsprinzips. Einstein spricht hier nicht von logischer Notwendigkeit; er betont im Gegenteil den empirischen Ursprung seines Prinzips, und gerade in den Worten „physikalisch unmöglich" zeigt sich dieser empirische Ursprung. Die Analyse hat gezeigt, daß es logisch möglich ist, sich Tatsachen vorzustellen, die die beiden Sätze unterscheiden; es ist logisch möglich, sich eine Welt vorzustellen, in der das Relativitätsprinzip nicht gilt[8]. Der Begriff der absoluten Bewegung hat also logische Bedeutung. Nur in unserer Welt gilt er nicht.

Ich möchte auf diese Fragen hier nicht näher eingehen. Die Funktion des zweiten Prinzips hängt von der Auffassung des ersten ab; ich möchte deshalb die Darstellung des ersten Prinzips weiterführen und es der notwendigen Kritik unterziehen.

Unsere Diskussion dieses Prinzips war nicht zufriedenstellend. Wir kamen zu zwei Definitionen der Bedeutung und zeigten, daß beide annehmbar sind; unsere subjektiven Gefühle geben jedoch einer Definition den Vorzug, nämlich derjenigen, die die physikalische Möglichkeit der Verifikation fordert und einen dementsprechend strengeren Begriff der Bedeutung liefert. Der Begriff der physikalischen Bedeutung sieht vernünftiger aus als der der logischen Bedeutung, und der erkenntnistheoretische Fortschritt in der modernen Physik beruht tatsächlich auf seiner Wertschätzung. Einsteins Säuberung der Raum-Zeit-Lehren, die Erhellung der Atomphysik durch die Quantentheorie und viele ähnliche Klärungen kamen durch die Anwendung des strengen Begriffs der physikalischen Bedeutung zustande. Der Vorteil dieses Begriffs ist seine heilsame Tendenz, die Bedeutung auf Beschreibungen praktisch möglicher Operationen zu beschränken. Wir sprachen von dem Begriff der technischen Möglichkeit; dieser Begriff ist aber für die Definition der Verifizierbarkeit abzulehnen, weil er sich nicht scharf abgrenzen läßt und sich mit dem technischen Fortschritt der Menschheit ändern würde. Das Gebiet des technisch Möglichen hat als äußerste Grenze das physikalisch Mögliche; in diesem Sinne kann man sagen, die Entscheidung für die physikalische Bedeutung sei die Entscheidung anhand der ausführbaren Operationen. Damit wäre das Ziel der Erkenntnistheorie, eine physikalische Theorie aufzubauen, in der alle Aussagen über unsere Welt durch ihre physikalische Bedeutung gerechtfertigt sind und der logischen Bedeutung dafür nicht bedürfen.

8) Vgl. des Verfassers *Philosophie der Raum-Zeit-Lehre* (Berlin, 1928; [Nachdruck Braunschweig, 1977]), § 34.

Diese Forderung wird von den oben entwickelten Überlegungen nicht erfüllt. Wir sahen, daß Sätze über Ereignisse in weiter Zukunft oder über die Struktur der Atome die logische Bedeutung voraussetzen, weil sie nicht verifiziert werden können, wenn die physikalischen Gesetze gelten. Trotzdem haben wir das Gefühl, eine solche Rechtfertigung durch die logische Bedeutung tue dem, was wir eigentlich denken, Gewalt an. Wir würden nicht sagen, wir ließen einen Satz über die Temperatur im Inneren der Sonne nur gelten, weil wir uns ein Thermometer vorstellen könnten, das unter Bedingungen, unter denen alle anderen Körper verdampfen, weiter brav funktioniert. Wir glauben nicht, daß physikalische Aussagen über die Struktur der Atome nur einen Sinn haben, weil wir uns unseren eigenen Körper auf atomare Dimensionen verkleinert vorstellen können, so daß wir die Bewegung der Elektronen so beobachten könnten wie einen Sonnenaufgang. Es muß an unserer Theorie der Bedeutung etwas falsch sein, und wir wollen jetzt fragen, was.

§ 7 Die Bedeutung indirekter Aussagen und die beiden Prinzipien der Wahrscheinlichkeitstheorie der Bedeutung

Pragmatismus und Positivismus haben einen Ausweg aus den genannten Schwierigkeiten angegeben. Sie haben eine zweite Art der Verifikation eingeführt, die ich *indirekte Verifikation* nenne. Es gibt Aussagen, die nicht direkt verifizierbar sind, die jedoch in direkter Weise auf andere Aussagen zurückgeführt werden können, die direkt verifizierbar sind. Solche Aussagen sollen *indirekte Aussagen* heißen; dementsprechend kann man Beobachtungsaussagen *direkte Aussagen* nennen.

Mit Hilfe dieser Begriffe kommen wir zu folgender Lösung. Wir bleiben bei der Forderung der physikalischen Möglichkeit und damit allein beim Begriff der physikalischen Bedeutung. Nun werden die Sätze, die sich aufgrund dieser Definition als nicht verifizierbar erweisen, nicht mehr als Beobachtungssätze, als direkte Aussagen angesehen, sondern als indirekte. Damit erhalten sie eine indirekte Bedeutung; und das Vorkommen solcher Sätze in der Physik steht nicht mehr im Widerspruch zum Postulat der physikalischen Bedeutung.

Bevor ich mich im einzelnen mit diesem Plan befasse, möchte ich noch eine Bemerkung hinzufügen. Die Frage, ob ein Satz ein direkter ist oder nicht, läßt sich nicht eindeutig beantworten; es hängt von der Definition der Bedeutung ab. Nehmen wir unseren Satz über die Temperatur im Inneren der Sonne; vom Standpunkt der logischen Bedeutung aus ist er ein direkter, von dem der physikalischen Bedeutung aus ist er es nicht. Dasselbe gilt für den Ausdruck „Beobachtungssatz“. Er scheint einen klaren Sinn zu haben; man erkennt aber, daß dieser von der Definition der Möglichkeit der Beobachtung abhängt. Es ist logisch, aber nicht physikalisch möglich, die Temperatur im Inneren der Sonne in demselben Sinne zu beobachten wie die Temperatur unseres Zimmers. So haben denn diese Aussagenkategorien keine absolute Bedeutung, sondern nur eine relativ zur verwandten Bedeutungsdefinition.

Ich möchte jetzt die Frage nach der indirekten Verifikation behandeln. Die Definition dieses Begriffs wird durch die Verifikationsmethode der wissenschaftlichen Praxis nahegelegt. Die Sonnentemperatur wird auf sehr komplizierte Weise gemessen. Die Physiker beobachten die Energie der verschiedenfarbigen Lichtstrahlen, die von der Sonne ausgehen. Durch einen Vergleich der erhaltenen Verteilung mit entsprechenden Beobachtungen irdischer Lichtstrahlen berechnen sie die Temperatur der Sonnenoberfläche. Die Gesetzmäßigkeiten, die bei dieser Messung vorausgesetzt werden, ergeben sich aus den Strahlungsgesetzen. Und nachdem die Physiker die Temperatur der Sonnenoberfläche bestimmt haben, kommen sie schließlich mit Hilfe recht ungenauer und spekulativer Berechnungen zu dem Wert von vierzig Millionen Grad für das Innere der Sonne. In diese Berechnungen gehen verschiedenartige physikalische Beobachtungen ein, insbesondere solche aus der Atomtheorie.

So wird also der indirekte Satz auf eine Klasse direkter Sätze zurückgeführt. Die direkten Sätze handeln von elektrischen und optischen Meßinstrumenten, Thermometern, Farben usw., die sich aber alle in physikalischen Laboratorien auf der Erde befinden, so daß ein Aufsuchen der Sonne dazu nicht nötig ist. In der Tat gibt es eine solche Reduktion indirekter Sätze auf direkte Sätze. Was wir untersuchen müssen, ist die Beziehung zwischen diesen beiden Kategorien.

Die Pragmatisten und Positivisten haben versucht, diese Beziehung aufzuklären. Dabei gingen sie von der Voraussetzung aus, daß zwischen dem indirekten Satz und der Klasse direkter Sätze eine Äquivalenz besteht. Die Struktur dieser Klasse direkter Sätze kann recht kompliziert sein; sie ist nicht einfach als eine Konjunktion, d.h. eine „und"-Verknüpfung der direkten Sätze, aufgebaut, sondern kann Disjunktionen, Negationen, Implikationen usw. enthalten. Das wird schon an einem einfachen Beispiel deutlich: Um die Temperatur in unserem Zimmer zu messen, können wir ein Quecksilberthermometer, ein Alkoholthermometer oder ähnliches benutzen. Dieses „oder" findet in der Klasse der direkten Sätze, die der Aussage über die Temperatur unseres Zimmers äquivalent ist, seinen Niederschlag. Wir wollen die Gesamtheit der direkten Sätze mit $[a_1, a_2, \ldots, a_n]$ bezeichnen, den indirekten Satz mit A. Der Positivismus behauptet dann die Äquivalenz

$$A \equiv [a_1, a_2, \ldots, a_n] \tag{1}$$

Das Zeichen „≡" symbolisiert die Gleichheit der Wahrheitswerte; d.h., wenn die eine Seite wahr ist, ist die andere Seite auch wahr, und wenn die eine Seite falsch ist, ist die andere Seite auch falsch. Wendet man jetzt das zweite Prinzip der Wahrheitstheorie der Bedeutung an, so ergibt sich, daß der indirekte Satz A dieselbe Bedeutung hat wie die Klasse der direkten Sätze.

Ich möchte diese Methode zur Bestimmung der Bedeutung indirekter Sätze das *Retrogressionsprinzip* nennen. Nach ihm ergibt sich die Bedeutung indirekter Sätze durch Konstruktion der Beobachtungssätze, aus denen der indirekte Satz geschlossen wird; nach dem Retrogressionsprinzip beruht dieser Schluß auf einer Äquivalenz, und die Bedeutung der Konklusion des

Schlusses ist die gleiche wie die der Prämissen. Die Bedeutung des indirekten Satzes wird also durch eine Retrogression konstruiert, d.h. durch das umgekehrte Verfahren wie das des Wissenschaftlers. Dieser kommt von Beobachtungssätzen zu dem indirekten Satz; der Philosoph schreitet zum Zweck der Interpretation rückwärts vom indirekten Satz zu seinen Prämissen. Diesen Gedanken hat Wittgenstein in der Formel ausgedrückt: Die Bedeutung eines Satzes ist die Methode seiner Verifikation[9]. Die Pragmatisten haben den gleichen Gedanken schon früher geäußert, indem sie Beobachtungssätze den „Barwert" des indirekten Satzes nannten[10].

Diese Äquivalenztheorie der indirekten Bedeutung ist wegen ihrer Einfachheit und Klarheit sehr verführerisch. Wenn sie haltbar wäre, nähme die Erkenntnistheorie eine sehr einfache Form an: alles, was die Physik aussagt, wäre eine Zusammenfassung von Beobachtungssätzen. Darauf haben die Positivisten tatsächlich bestanden. Doch diese Theorie hält einer strengeren Kritik nicht stand.

Es stimmt nicht, daß die Klasse der direkten Sätze auf der rechten Seite der Äquivalenz (1) endlich ist. Das Äquivalenzzeichen „≡" bedeutet eine doppelte Implikation, d.h. eine Implikation von links nach rechts und eine andere von rechts nach links. Damit sind die Sätze $a_1, a_2, \ldots, a_n$ die ganze Folge von Sätzen, aus denen A gefolgert werden kann, und gleichzeitig alle Sätze, die aus A gefolgert werden können. Das ist aber zumindest praktisch eine unendliche Klasse, d.h. eine Klasse, die Menschen nie erschöpfend vorliegen kann. Nehmen wir als Beispiel den Satz A über die Temperatur der Sonne. Unter den Sätzen $a_1, a_2, \ldots, a_n$ haben wir dann Beobachtungen über die Ausstrahlung der Sonne und heißer Körper, über Spektrallinien usw. Die Klasse der Sätze, von der wir ausgehen, um A zu folgern, ist zwar endlich und sogar praktisch endlich, denn man hat ja immer nur mit einer endlichen Anzahl von Sätzen zu tun. Aber die Klasse von Sätzen, die wir aus A folgern können, ist nicht endlich. Wir können aus A schließen, daß die Temperatur eines bestimmten Körpers in einer kurzen Entfernung r von der Sonne T Grad betragen würde; wir können aber dieses Experiment

9) Diese Formel steht zwar nicht wörtlich in Wittgensteins *Tractatus logico-philosophicus* (London: Kegan Paul, 1922), drückt aber seine Vorstellungen sehr gut aus und wurde zu diesem Zweck im „Wiener Kreis" gebraucht.

10) Vgl. W. James, *Pragmatism* (New York, 1907), Vorlesung 6: „Wie gibt sich die Wahrheit zu erkennen? Welche Erfahrungen wären anders, wenn die fragliche Auffassung falsch wäre? Kurz, was ist der Barwert der Wahrheit auf der Ebene der Erfahrung?" Dieser Gedanke geht auf den pragmatistischen Grundsatz von C. S. Peirce zurück, den er zuerst 1878 aussprach: „Man frage sich, welche möglichen praktischen Wirkungen wir dem vorgestellten Gegenstand zuschreiben. Und die Vorstellung dieser Wirkungen erschöpft unsere Vorstellung von dem Gegenstand." (*Collected Papers of C. S. Peirce*, 5, Cambridge, Mass., 1934, S. 1). Die logische Entwicklung der Theorie, die mit dieser Formel eingeleitet wurde, ist hauptsächlich James, Dewey und Schiller zu verdanken.

nicht ausführen, weil wir die Oberfläche der Erde nicht verlassen können. Es gibt eine unendliche Klasse solcher Sätze; wenn man r alle möglichen Zahlenwerte durchlaufen ließe, wäre diese Klasse ja unendlich. Es ist daher ein großer Irrtum zu glauben, die rechte Seite von (1) könne jemals praktisch gegeben sein.

Dazu ist noch folgendes zu bemerken. Es gibt einen Fall, in dem die Unendlichkeit der aus A zu ziehenden Folgerungen keine Schwierigkeiten bereiten würde, nämlich, wenn die gleichen Folgerungen aus der endlichen Klasse $[a_1, a_2, \ldots, a_n]$ gezogen werden könnten. Unsere Kenntnis der Klasse $[a_1, a_2, \ldots, a_n]$ würde uns dann in die Lage versetzen, die gesamte Klasse der aus A zu ziehenden Folgerungen zu behaupten. Im Vergleich mit der Klasse $[a_1, a_2, \ldots, a_n]$ hätte A dann keine zusätzliche Bedeutung. Das ist aber in der Physik augenscheinlich nicht der Fall. Dort hat der Satz A eine Mehrbedeutung, und die Folgerungen aus A können nicht aus der Klasse $[a_1, a_2, \ldots, a_n]$ gezogen werden. Aus der Klasse $[a_1, a_2, \ldots, a_n]$ kann man nicht logisch folgern, daß die Temperatur in einer Entfernung r von der Sonne einen bestimmten Wert T hat; es ist logisch möglich, daß eine zukünftige Beobachtung für einen Ort der Entfernung r von der Sonne einen Wert liefern würde, der trotz der vorher beobachteten Klasse $[a_1, a_2, \ldots, a_n]$ von T verschieden wäre. Das liegt an der Unabhängigkeit empirischer Beobachtungen. Es besteht kein logischer Zwang für eine zukünftige Beobachtung, mit früheren Beobachtungen oder mit irgendeinem erwarteten Ereignis zu korrespondieren. Da die physikalische Aussage A Voraussagen über zukünftige Beobachtungen einschließt, hat sie einen Bedeutungsüberschuß, eine Mehrbedeutung gegenüber der Klasse $[a_1, a_2, \ldots, a_n]$; die Unbestimmtheit der Zukunft macht die positivistische Äquivalenztheorie der indirekten Sätze zunichte.

Die wirklichen Beziehungen sind komplizierter. Wir gehen von einer endlichen Klasse von Sätzen $[a_1, a_2, \ldots, a_n]$ aus; aber von dieser Klasse führt keine logische Folgerung zu A. Es besteht nur eine *Wahrscheinlichkeitsimplikation*[11]. Diese wollen wir mit $\ni\!\!\!-$ bezeichnen. Dann müssen wir schreiben

$$[a_1, a_2, \ldots, a_n] \ni\!\!\!- A \quad (2)$$

Andererseits sind sogar die Schlüsse von A auf $a_1, a_2, \ldots, a_n$ nicht absolut sicher, denn es kann vorkommen, daß A wahr ist, während $a_1, a_2, \ldots, a_n$ nicht wahr sind – wenn das auch sehr unwahrscheinlich ist. So haben wir es auch hier mit einer Wahrscheinlichkeitsimplikation und keiner logischen Implikation von A nach $a_1, a_2, \ldots, a_n$ zu tun:

$$A \ni\!\!\!- [a_1, a_2, \ldots, a_n] \quad (3)$$

Die logische Äquivalenz ist durch die doppelte Implikation definiert; ich möchte dementsprechend einen neuen Ausdruck für die beiderseitige Wahr-

11) Wegen der Regeln der Wahrscheinlichkeitsimplikation siehe des Verfassers *Wahrscheinlichkeitslehre* (1935), § 9 [1949, § 9].

scheinlichkeitsimplikation einführen und sie *Wahrscheinlichkeitsverbindung* nennen. Mit dem Zeichen „$\ominus$", für diese Beziehung ergibt sich

$$A \ominus [a_1, a_2, \ldots, a_n] \qquad (4)$$

Diese Wahrscheinlichkeitsverbindung tritt an die Stelle der Äquivalenz (1).

Die Ablehnung der Äquivalenz (1) fußte auf dem Gedanken, daß die Klasse der *A* zuzuordnenden Beobachtungssätze nicht endlich ist. Man könnte nun fragen, ob es überhaupt eine unendliche Klasse von Beobachtungssätzen gibt, die *A* äquivalent ist. Diese Frage wird später erörtert (§§ 15–17). Einstweilen genügt die Antwort, daß eine solche äquivalente Klasse, wenn sie existiert, jedenfalls unendlich ist.

Es ist allerdings nur physikalisch, nicht logisch unmöglich, eine unendliche Klasse von Beobachtungssätzen der Reihe nach zu durchlaufen. Wenn wir also einmal für einen Augenblick alle anderen Schwierigkeiten bei der Bestimmung der äquivalenten Klasse außer acht lassen (wir kommen später auf sie zurück), könnten wir sagen, die Zulassung der logischen Bedeutung würde es ermöglichen, einen indirekten Satz auf eine äquivalente Klasse von Beobachtungssätzen zu reduzieren. Man muß sich aber klar darüber sein, daß nach dieser Deutung der indirekten Sätze die meisten Sätze der Physik nur deswegen eine Bedeutung haben, weil es logisch nicht unmöglich ist, eine unendliche Klasse Glied für Glied abzuzählen*. Ich glaube, ein solches Argument wird niemanden überzeugen. Niemand würde eine solche formale Möglichkeit ernstlich in Betracht ziehen, denn man akzeptiert indirekte Sätze nicht allein der logischen Möglichkeit wegen als sinnvoll. Wollte man die Äquivalenztheorie der indirekten Sätze auf die logische Möglichkeit aufbauen, eine unendliche Klasse von Beobachtungen zu beherrschen, so würde man den Zusammenhang zwischen der rationalen Nachkonstruktion und der wissenschaftlichen Praxis aufheben und damit die Grundlage des Positivismus und Pragmatismus selbst zerstören.

Dieses Ergebnis bedeutet das endgültige Versagen der Wahrheitstheorie der Bedeutung. Man kann das Postulat der strengen Verifizierbarkeit für indirekte Sätze nicht aufrechterhalten, weil diese keiner endlichen Klasse von direkten Sätzen äquivalent sind. Das Retrogressionsprinzip gilt nicht, weil der Schluß von den Prämissen auf den indirekten Satz keine tautologische Transformation, sondern ein Wahrscheinlichkeitsschluß ist. Man wird daher zu einer Entscheidung gezwungen: wir haben entweder auf indirekte Sätze zu verzichten und sie als sinnlos anzusehen, oder die absolute Verifizierbarkeit als Kriterium der Bedeutung aufzugeben. Ich glaube, die Wahl ist nicht schwer, da sie in der wissenschaftlichen Praxis schon getroffen worden ist. Die Wissenschaft hat niemals auf indirekte Sätze verzichtet; sie hat

* [Handschriftlicher Zusatz des Verfassers zur englischen Ausgabe:] Vor allem läge dann logische Bedeutung vor, und unser Plan, die physikalische Bedeutung durchzuführen, wäre aufgegeben.

statt dessen einen Weg aufgezeigt, wie man die Bedeutung auf andere Weise als durch absolute Verifizierbarkeit definiert.

Diese Methode nimmt das Gewicht zu Hilfe. Wie in § 3 gezeigt wurde, tritt in allen Fällen, in denen der Wahrheitswert eines Satzes unbekannt ist, der Voraussagewert an die Stelle des Wahrheitswertes. Das kann er auch bei indirekten Sätzen. Die Wahrheitstheorie der Bedeutung muß also aufgegeben und durch die Wahrscheinlichkeitstheorie der Bedeutung ersetzt werden. Wir formulieren jetzt das

Erste Prinzip der Wahrscheinlichkeitstheorie der Bedeutung: Eine Aussage hat eine Bedeutung, wenn es möglich ist, für sie ein Gewicht, d.h. einen Wahrscheinlichkeitsgrad zu bestimmen.

Die Möglichkeit sei hier als die physikalische Möglichkeit definiert. Man kann leicht zeigen, daß diese Definition hinreichend ist, um alle unsere obigen Beispielsätze sinnvoll zu machen. Die logische Möglichkeit wird hier nicht gebraucht, denn diejenigen Aussagen, die die logische Möglichkeit erforderten, um nach der Wahrheitstheorie als sinnvoll zu gelten, erlangen nach der Wahrscheinlichkeitstheorie als indirekte Sätze Bedeutung. Das wird verständlich, wenn man sich etwa die Aussage über die Temperatur auf der Sonne ansieht. Es ist physikalisch möglich, dieser Aussage eine Wahrscheinlichkeit zuzuschreiben. Wir können zwar in diesem Fall den genauen Grad der Wahrscheinlichkeit nicht bestimmen, aber das liegt nur an technischen Schwierigkeiten. Zumindest verfügen wir über eine Schätzung der Wahrscheinlichkeit. Das zeigt sich daran, daß die Physiker die Aussage als recht zuverlässig ansehen und niemals Aussagen zustimmen würden, die der Sonne etwa eine Temperatur von nur einigen hundert Grad zuschrieben. Es ist natürlich unsere Aufgabe, die Frage der Bestimmung der Wahrscheinlichkeit ausführlicher zu untersuchen, und das wird später auch geschehen. Einstweilen möge diese vorläufige Bemerkung genügen.

Das zweite Prinzip der Wahrheitstheorie der Bedeutung wird jetzt durch das folgende ersetzt:

Zweites Prinzip der Wahrscheinlichkeitstheorie der Bedeutung: Zwei Sätze haben die gleiche Bedeutung, wenn sie aufgrund jeder möglichen Beobachtung das gleiche Gewicht (den gleichen Wahrscheinlichkeitsgrad) erhalten.

Auch jetzt ist der Begriff der Möglichkeit hier derselbe wie beim ersten Prinzip, die physikalische Möglichkeit.

Ich möchte die Bedeutung, die durch diese beiden Prinzipien definiert ist, die *Wahrscheinlichkeitsbedeutung* nennen; der zuvor entwickelte Begriff soll *Wahrheitsbedeutung* heißen. Durch die Unterscheidung zwischen physikalischer und logischer Möglichkeit zerfällt die Wahrheitsbedeutung in die *physikalische Wahrheitsbedeutung* und die *logische Wahrheitsbedeutung*. Spaltet sich auch die Wahrscheinlichkeitsbedeutung derart auf? Die Unterscheidung erweist sich jedoch hier als überflüssig, weil die Verbindung der logischen Möglichkeit und des Gewichts keinen Begriff liefert, der von der logischen Wahrheitsbedeutung verschieden wäre. Wenn es logisch möglich ist, für einen Satz ein Gewicht zu ermitteln, ist es auch logisch möglich, ihn zu verifizieren. Nur physikalische Gründe können eine Verifikation verhindern und gleichzeitig die Bestimmung eines Gewichts erlauben. Wenn wir die physikalischen Gesetze nicht in Betracht ziehen, dann sind wir in unserer Phantasie nicht an physikalische Experimente gebunden und brauchen die Möglichkeit der Bestimmung des Gewichts und der Verifikation nicht zu unterscheiden. Deswegen sind logische Wahrscheinlichkeitsbedeutung und logische Wahrheitsbedeutung identisch. Wahrscheinlichkeitsbedeutung ist darum immer physikalische Wahrscheinlichkeitsbedeutung. Ich kann also den Zusatz „physikalisch" weglassen und einfach von der Wahrscheinlichkeitsbedeutung sprechen. Sowohl die Wahrscheinlichkeitsbedeutung als auch die physikalische Wahrheitsbedeutung können unter der Bezeichnung *physikalische Bedeutung* zusammengefaßt werden.

Die Wahrscheinlichkeitstheorie der Bedeutung kann als Erweiterung der Wahrheitstheorie der physikalischen Bedeutung angesehen werden, in der das Postulat der Verifizierbarkeit in einem weiteren Sinne genommen wird, der die physikalische Möglichkeit der Bestimmung des Wahrheitswertes oder des Gewichts einschließt. Ich fasse daher beide Theorien unter dem Namen *Verifizierbarkeitstheorie der Bedeutung* zusammen. Die Verifikation im engeren Sinn soll „absolute Verifikation" heißen.

Diese Erweiterung rechtfertigt sich dadurch, daß diese Theorie, und nur sie, der wissenschaftlichen Praxis entspricht. Wenn ein Wissenschaftler von der Temperatur der Sonne spricht, dann hält er seine Sätze nicht deshalb für sinnvoll, weil es eine logische Möglichkeit direkter Verifikation gibt, sondern weil eine physikalische Möglichkeit besteht, die Temperatur der Sonne aus irdischen Beobachtungen zu erschließen. Der Wissenschaftler weiß außerdem, daß dieser Schluß kein logischer, sondern ein Wahrscheinlichkeitsschluß ist. Es kann sein, daß alle seine Prämissen $a_1, a_2, \ldots, a_n$ wahr sind, das Ergebnis A seines Schlusses aber falsch; darum kann er A nur mit einer gewissen Wahrscheinlichkeit behaupten.

Es sind noch einige weitere Bemerkungen nötig. Ich habe den Begriff der indirekten Aussage eingeführt, um Sätze sinnvoll werden zu lassen, die bei einer bestimmten Definition der Bedeutung sinnlos, jedoch bei einer anderen Definition der Bedeutung sinnvoll waren, bei der sie Beobachtungssätze werden. Es gibt daneben noch andere Aussagen,die bei keiner Definition der Bedeutung jemals Beobachtungssätze sind und unter jeder Theorie der Bedeutung als indirekte Sätze aufgefaßt werden müssen. Das gilt für Aussagen über die Entwicklung der Menschheit, über biologische Arten, über das Planetensystem – ganz allgemein für Sätze, deren Gegenstände räumlich oder zeitlich so ausgedehnt sind, daß in keinem Falle eine direkte Anschauung möglich ist. Dazu gehören auch Aussagen über abstrakte Gegenstände wie den Geist der Renaissance, den egoistischen Charakter eines Menschen und dergleichen. Alle diese Sätze müssen als indirekte behandelt werden.

Auch für diese Sätze gilt meine Behauptung, daß im allgemeinen keine logische Äquivalenz zwischen dem allgemeinen oder abstrakten Satz und der Klasse der Beobachtungssätze besteht, auf der er beruht. Das erkennt man daran, daß man des indirekten Satzes nie völlig sicher ist, auch wenn die zugrundeliegenden Sätze höchste Gewißheit haben. Die Tatsachen, aus denen wir auf den egoistischen Charakter eines Menschen schließen, können über jeden Zweifel erhaben sein; das schließt aber nicht aus, daß wir später irgendwelche Handlungen dieses Menschen beobachten, die mit der Hypothese des Egoismus nicht vereinbar sind. Solche Sätze bedürfen ebenfalls der oben eingeführten Erweiterung des Begriffs der Bedeutung; nur die Wahrscheinlichkeitstheorie der Bedeutung kann ihnen gerecht werden, ohne dem tatsächlichen Gebrauch solcher Sätze in der Wissenschaft oder im täglichen Leben Gewalt anzutun. Ich kann daher die positivistische Auffassung nicht akzeptieren, diese Sätze seien einer endlichen Klasse verifizierbarer Sätze äquivalent. Sie werden nur deshalb als sinnvoll angesehen, weil sie ein bestimmtes Gewicht besitzen, das aus Beobachtungen hergeleitet wird.

§ 8 Diskussion der Verifizierbarkeitstheorie der Bedeutung

Ich möchte jetzt auf einige Einwände gegen die Verifizierbarkeitstheorie der Bedeutung eingehen. Da dieser Ausdruck sowohl die Wahrheitstheorie als auch die Wahrscheinlichkeitstheorie der Bedeutung umfassen soll, sprechen wir hier von Einwänden, die gleichzeitig gegen beide Theorien erhoben worden sind. Man kann sie gemeinsam behandeln, weil die Wahrscheinlichkeitstheorie eine nahtlose Fortsetzung der Wahrheitstheorie der Bedeutung ist.

Die üblichen Einwände gehen davon aus, daß der Bedeutungsbegriff häufig ohne besonderen Rückgriff auf die Verifikation gebraucht wird. Dichter reden von alten Mythen, religiöse Menschen von Gott und dem Himmel, Wissenschaftler vom möglichen Ursprung der Welt, ohne sich für die Frage der Verifikation zu interessieren. Sie sind vielleicht darüber einig, daß in diesen Fällen eine Verifikation nicht menschenmöglich ist; sie sind aber davon überzeugt, daß ihre Ideen trotzdem jedenfalls sinnvoll sind. Ihrem „geistigen Auge" schweben sogar Bilder vor, und sie glauben fest, sie hätten eine klare Vorstellung davon, was sie meinen. Ist diese psychologische Tatsache nicht ein Beweis gegen die Verknüpfung von Bedeutung und Verifizierbarkeit?

Darauf ist zu antworten, daß die genannten Beispiele nicht gleichartig sind und sorgfältig auseinandergehalten werden müssen. Es gibt viele Fälle, denen nicht die Verifizierbarkeit, sondern die Wahrheit abgesprochen werden muß. Von Dichtern erfundene Geschichten und alte Mythen sind sicher nicht wahr, und gerade deswegen sind sie verifizierbar, denn darunter verstehen wir ja die neutrale Eigenschaft einer Entscheidbarkeit als wahr oder falsch. Diese Fälle sind also keine Beispiele für ein Auseinandergehen von Bedeutung und Verifizierbarkeit. Andererseits gibt es Fälle, in denen Verifizierbarkeit wirklich fraglich ist, z.B. viele religiöse Aussagen, die von ihren Anhängern oft mit der Behauptung verbunden werden, keine menschliche Erkenntnis könne je ihre Wahrheit ergründen.

Ich meine hier hauptsächlich die religiöse Mystik, die zu allen Zeiten einen großen Einfluß auf die Menschen ausgeübt hat, deren Lehren aber nicht mit dem Maßstab der wissenschaftlichen Wahrheit gemessen werden können. Die Äußerungen religiöser Propheten sind häufig so beschaffen, daß Außenstehende sie überhaupt nicht verstehen, während sie den Gläubigen höchste Erbauung vermitteln. Sollten diese Worte aber einen gewöhnlichen Sinn haben, dann bestehen die Anhänger darauf, dieser verifizierbare Teil der Lehre sei nicht das Wesentliche – es gebe eine „höhere" Bedeutung, die nichts mit Verifizierbarkeit zu tun habe.

Bevor ich diese Einstellung näher untersuche, möchte ich eine allgemeine Bemerkung voranschicken. Wenn ich den Mystikern das Recht bestreiten möchte, ihre Aussagen als sinnvoll hinzustellen, dann soll das nicht die Tragweite ihrer Äußerungen für sie selbst oder ihre Zuhörer in Frage stellen. Es wäre naiver Intellektualismus, den moralischen und ästhetischen Wert zu bestreiten, den die Mystik haben kann und tatsächlich in der Geistesgeschichte der Menschheit gehabt hat. Doch wenn mystische Äußerungen bedeutsam sind, heißt das noch nicht, daß sie etwas bedeuten. Auch die Musik hat eine ganz große Wirkung auf den Menschen und ist vielleicht eines der besten Mittel zur seelischen und ethischen Erziehung. Wir sprechen aber nicht von der Bedeutung der Musik. In diesem Fall ist das Fehlen einer Bedeutung klar, weil die Musik nicht die äußeren Formen der Sprache besitzt. Mystische Äußerungen haben indessen eine solche Form, und darum kann ihr emotionaler und erzieherischer Charakter mit dem verwechselt werden, was man Bedeutung nennt.

Natürlich wird die Sprache nicht immer dazu benutzt, anderen etwas mitzuteilen, sondern auch dazu, andere Menschen zu beeinflussen, in ihnen gewisse Gefühle zu erregen. Die Sprache ist wohl ein gutes Mittel dazu, manchmal sogar ein besseres als die Musik, die unter Umständen eine unvollständige Wirkung hat, wenn kein Text sie begleitet. Ein guter Prediger kann beim Zuhörer Andacht, Reue, Zerknirschung oder den Entschluß wachrufen, sein Leben von den moralischen Vorschriften der Kirche leiten zu lassen; die Wirkung der begleitenden Gesänge dürfte gegenüber der Predigt eine untergeordnete Rolle spielen. Ein Politiker kann mit seiner Rede eine Versammlung zu seiner Ansicht bekehren, selbst wenn vernünftige Überlegungen gegen seinen Standpunkt sprechen müßten. Auch die Umgangssprache ist nie völlig frei von suggestiven Beimischungen – sei es die Suggestion in dem, was ein Verkäufer dem Kunden, der Lehrer dem Schüler oder Freunde zueinander sagen. Aber die *suggestive* Funktion der Sprache muß logisch von ihrer *mitteilenden* Funktion unterschieden werden, d.h. von der Funktion, andere über gewisse Tatsachen oder Tatsachenzusammenhänge zu unterrichten.

Es gibt noch eine dritte Funktion der Sprache, die von der Mitteilungsfunktion zu unterscheiden ist. Die Sprache kann uns von innerer Belastung befreien, geistige Anspannung lösen, ob sie nun von psychischen oder physischen Schmerzen herrühren mag, von freudiger Gespanntheit oder von der nervlichen Anspannung bei schöpferischer Tätigkeit. Die *entspannende* Funktion drückt sich in vielen Formen aus – in dem „Au“, wenn man sich mit einer Nadel in den Finger sticht, in einem Liedchen, das man vor sich hinpfeift, in den Versen, die den Dichter von seiner Gefühlsspannung befreien. Diese entspannende Funktion der Sprache ist ebenso verschieden von der mitteilenden Funktion wie die suggestive; sie kann der letzteren ähneln, wenn sie eine autosuggestive Funktion übernimmt, z.B. wenn ein Kind, das allein ein dunkles Zimmer betritt, laut spricht. Man kann die suggestive und die entspannende Funktion als *emotionale* Funktionen zusammenfassen und damit andeuten, daß sie die Sphäre der Gefühle betreffen, wobei man die Möglichkeit offen läßt, daß es noch weitere ähnliche Funktionen geben könnte[12].

Es ist hier nicht unsere Aufgabe zu erklären, warum Äußerungen, die gleichzeitig Mitteilungen sind, eine so starke emotionale Wirkung haben; uns geht es um die logische Kennzeichnung der mitteilenden Funktion. Diese Bestimmung ist nicht frei von Willkür; es scheint mir aber, daß zwei Faktoren für jede solche Definition unentbehrlich sind, wenn sie dem Sprachgebrauch des täglichen Lebens entsprechen soll.

Erstens besteht eine mitteilende Funktion erst dann, wenn gewisse Regeln für den Wortgebrauch aufgestellt sind. Ich sprach von der entspannenden Funktion, die der Ausruf „Au“ für jemanden haben kann, der sich in den Finger gestochen hat; man stelle sich jetzt einen Menschen vor, der beim Zahnarzt auf dem Stuhl sitzt und die Anweisung erhält, etwaige Schmerzen beim Bohren anzuzeigen. Das „Au“, das in einem solchen Fall geäußert wird, besitzt – auch wenn es glücklicherweise seine entspannende Funktion nicht verliert – gleichzeitig eine mitteilende Funktion. Es sagt dem Zahnarzt, daß der Bohrer die dünne Schicht des Zahnschmelzes durchdrungen hat. Dieses „Au“ ist ein Satz mit Bedeutung, und zwar deswegen, weil es eine Äußerung gemäß den Regeln ist, die der Zahnarzt aufgestellt hat. Die Orientierung an Regeln verwandelt eine Äußerung entspannender Art in eine mitteilende, nämlich in eine Aussage (vgl. auch § 2).

Die Regeln, von denen wir sprechen, sind innerhalb weiter Grenzen willkürlich; aber eine Eigenschaft ist nötig – und das ist der zweite wesentliche Faktor, den ich hervorheben möchte – , damit man sie Regeln nennen kann, die eine Bedeutung festlegen: Diese Eigenschaft manifestiert sich darin, daß die Äußerungen Wahrheitswerte besitzen. Wir verlangen keine absolute Wahrheit; unser Gewicht genügt schon der Forderung. Aber eine derartige Bestimmung muß sich treffen lassen; man muß einen Satz bejahen oder verneinen können, wenigstens in einem gewissen Grade. Es hat noch nie eine Theorie der Bedeutung gegeben, die diesem Postulat widersprochen hätte. Mystische Äußerungen werden von ihren Anhängern mit diesem Anspruch, ja mit der Behauptung eines ganz besonders hohen Wahrheitsgrades gemacht;

12) Bei der Darstellung der verschiedenen Sprachfunktionen folgen wir den Gedanken von Ogden, Bühler und Carnap.

die Mystiker sprechen ja von der absoluten Wahrheit ihrer Lehren. Das ist gerade der Grund, warum sie ihre Reden von emotionalen Stimuli wie Musik unterscheiden. Musik kann suggestiv, aufregend, packend sein, aber sie ist nicht wahr, während der Mystiker seine Rede als wahr, ja absolut wahr hinstellt.

Wenn die Verifizierbarkeitstheorie der Bedeutung also von Philosophen in Frage gestellt wird, die sich für die Mystik oder irgendeine Art „nicht-physikalischer" Wahrheit einsetzen, ist es jedenfalls nicht der Wahrheitswert, den sie angreifen. Vielmehr bekämpfen sie die [Forderung der] Verifizierbarkeit solcher Aussagen; sie wollen nicht anerkennen, daß es immer möglich sein muß, den Wahrheitswert aufgrund von Beobachtung zu bestimmen. Der religiöse Mensch hält seine Aussagen über Gott, das Jüngste Gericht usw. für wahr, gibt aber zu, daß es keine Möglichkeit gibt, ihre Wahrheit empirisch zu erweisen. Bei allen Auseinandersetzungen über die Verifizierbarkeitstheorie der Bedeutung handelt es sich also um den Unterschied zwischen der Existenz eines Wahrheitswertes und seiner empirischen Bestimmbarkeit.

Mit dieser Formulierung nimmt das Problem der Definition der Bedeutung eine festere Form an. Wir haben drei Arten von Bedeutung unterschieden, die wir *physikalische Wahrheitsbedeutung*, *Wahrscheinlichkeitsbedeutung* und *logische Bedeutung* genannt haben. Ich möchte jetzt einen vierten Ausdruck für die Bedeutung einführen, die in der religiösen oder mystischen Sprache vorausgesetzt wird; ich nenne sie *überempirische Bedeutung*. Wie schon gesagt, leugnen die Verfechter dieser Art von Bedeutung nicht, daß eine Aussage wahr oder falsch sein muß; sie geben jedoch nicht zu, daß die üblichen Methoden der empirischen Wissenschaft die einzigen Mittel zur Bestimmung eines Wahrheitswertes sind. Sie stellen also die überempirische Bedeutung der empirischen Bedeutung gegenüber, wie ich die drei anderen genannten Arten der Bedeutung zusammenfassend nennen möchte. Die logische Anordnung dieser vier Arten von Bedeutung ist in Abb. 1 dargestellt.

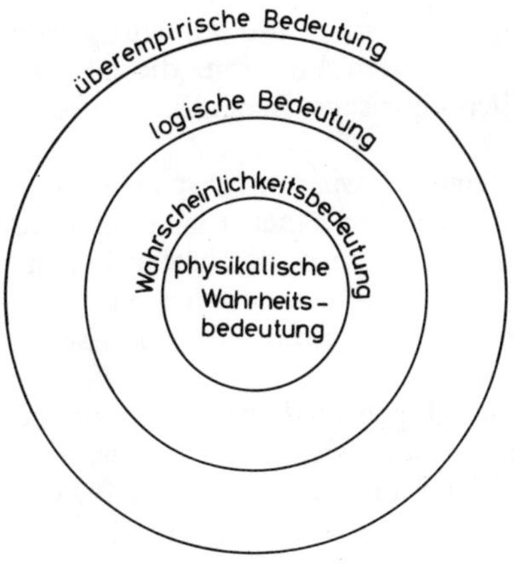

Abb. 1 Die verschiedenen Arten der Bedeutung

Wenn wir darin die Klassen der Sätze betrachten, die aufgrund der jeweiligen Definition als sinnvoll gelten, dann sehen wir dort, daß ihre Extensionen Felder bilden, die andere entweder einschließen oder in anderen eingeschlossen sind.

Ich wende mich jetzt der Frage nach der Entscheidung zwischen der empirischen und überempirischen Bedeutung zu. Natürlich kann man diese Frage nicht in der Form stellen, ob es erlaubt oder verboten sei, sich für die überempirische Bedeutung zu entscheiden. Wir haben ja klargestellt, daß die Frage der Bedeutung keine Frage der Wahrheit oder Falschheit, sondern der Definition und damit der Willensentscheidung ist. Also kann sich die Frage gar nicht erheben, ob wir zu dem einen oder anderen Gebrauch befugt sind oder nicht. Wie wir in § 1 zeigten, sind stattdessen zwei Fragen der Wahrheit oder Falschheit mit der Entscheidung verbunden. Sie beziehen sich auf die Entscheidung, die die Wissenschaft tatsächlich trifft, und auf das, was ich die „Folgeentscheidungen" genannt habe. Die erste dieser Fragen interessiert uns im Augenblick nicht; wir wollen eine Wahl treffen und uns für eine Definition entscheiden. Wir müssen uns darum mit der zweiten Frage, der nach den Folgeentscheidungen, beschäftigen; erst nach einer Antwort auf diese Frage kann man das Problem der Beziehung zwischen Bedeutung und Verifizierbarkeit lösen.

Die Positivisten haben Sätze mit überempirischer Bedeutung für leer gehalten; scheinbar besagten sie etwas, aber in Wirklichkeit besagten sie nichts. Meiner Ansicht nach läßt sich das nicht zwingend behaupten. Es ist schwer, einen Menschen davon zu überzeugen, daß seine Worte nichts bedeuten. Das liegt daran, daß die Anerkennung einer solchen Behauptung von der Definition der Ausdrücke „etwas bedeuten" und „nichts bedeuten" abhängt. Unter welchen Umständen ist ein Satz leer? Wenn er nicht verifizierbar ist? Dann ist die überempirische Bedeutung natürlich leer; wie können wir aber jemanden davon überzeugen, daß er diese Definition von „leer" annehmen sollte? Solche Argumente sind *argumenta ad hominem*; sie mögen manche Menschen überzeugen, aber das Problem klären sie nicht.

Die Frage nach den Folgeentscheidungen ist klar und eindeutig. Sie führt zu einer unanfechtbaren Unterscheidung in den Punkten, die bei der Entscheidung für die empirische oder die überempirische Bedeutung wesentlich sind.

Um diese Untersuchung durchzuführen, müssen wir zunächst eine Klassifikation der überempirischen Aussagen einführen. In einer Klasse möchte ich alle Aussagen zusammenfassen, für die behauptet wird, wir hätten keinerlei Möglichkeit, ihren Wahrheitswert zu erkennen; in der anderen alle Aussagen, deren Wahrheitswert bekannt ist, jedoch aufgrund überempirischer Methoden.

Für die erste Klasse kann man jetzt eine Eigenschaft angeben, die sie von empirischen Aussagen unterscheidet; sie bezieht sich auf die Anwendbarkeit solcher Aussagen bei Handlungen. Wenn man einen Satz im Zuge einer Handlung verwenden will, muß man seinen Wahrheitswert oder wenigstens sein Gewicht kennen. Damit möchte ich nicht sagen, Aussagen mit bekanntem Wahrheitswert seien eine hinreichende Grundlage für Handlungen; wir sahen (§ 3), daß eine Handlung immer eine Willensentscheidung für ein Ziel voraussetzt. Doch außer einem Ziel braucht man noch gewisse Kenntnisse, d.h. Sätze mit Wahrheitscharakter, um das Ziel zu erreichen; sie lehren uns die Mittel zu seiner Verwirklichung. Das können natürlich nur Sätze, deren Wahrheitswert oder Gewicht bekannt ist. Daraus folgt, daß die Aussagen unserer ersten Klasse überempirischer Sätze nie als Grundlage von Handlungen benutzt werden können.

Sehen wir uns nun die zweite Klasse an. Es sieht so aus, als könne man von diesen Aussagen nicht behaupten, sie seien für Handlungen untauglich. Der religiöse Glaube ist historisch Quelle vieler Handlungen gewesen, sogar von Handlungen größter Tragweite. Vorstellungen wie die, die Welt sei Gottes Schöpfung, Gott sei allmächtig und allgegenwärtig, es gebe ein Leben nach dem Tode usw., haben eine große Rolle in der menschlichen Geschichte gespielt. Es wird zugegeben, daß kein empirischer Beweis für diese Aussagen geliefert werden kann; doch zu allen Zeiten gab es Vertreter solcher Vorstellungen, die so stark von ihrer überempirischen Wahrheit überzeugt waren, daß sie nicht zögerten, Kriege zu führen, Menschen zu töten oder ihr eigenes Leben zu opfern, wenn das Bekenntnis zu diesen Aussagen es erforderte.

Bei der Untersuchung dieses Problems ist zunächst festzustellen, daß nicht alle religiösen Aussagen ohne empirische Bedeutung sind. Die Behauptung eines Lebens nach dem Tode handelt von zukünftigen Erlebnissen, die denen des täglichen Lebens ähneln; wenn man ihr auch die physikalische Wahrheitsbedeutung absprechen muß, so kann man doch ihre logische Bedeutung nicht bestreiten. Werden solche Aussagen für wahr gehalten, so können sie die Grundlage für Handlungen abgeben; denn dazu genügt es bereits, daß man glaubt, sie sei wahr. Wenn der primitive Mensch Gefäße mit Nahrung und Wasser in die Gräber seiner Freunde stellt, dann ergibt sich diese Handlung folgerichtig aus seinem Glauben, seine Freunde würden nach dem Tode weiterleben. In einem solchen Fall muß unsere Untersuchung eine andere Richtung einschlagen; man muß fragen, ob es Methoden zur Ermittlung des Wahrheitswertes von Aussagen gibt, die logische Bedeutung haben. Die Antwort ergibt sich aus der Erörterung der Methoden der Wissenschaft; dort wird gezeigt, daß man wenigstens mit Wahrscheinlichkeit auf solche Aussagen schließen können muß, d.h. die Aussagen müssen eine logische Bedeutung haben, die gleichzeitig auch eine Wahrscheinlichkeitsbedeutung ist. Dann aber kann man nicht zugeben, daß es eine überempirische Bestimmung ihres Gewichts gibt, die von der empirischen Bestimmung verschieden ist. Für Aussagen mit bloß logischer Bedeutung gibt es keine Möglichkeit einer Bestimmung des Wahrheitswerts oder Gewichts. Folglich sind Schlüsse aus solchen Sätzen, die zu Handlungen führen, falsch – es sind einfach falsche Handlungsbegründungen. Das heißt nicht, daß die Aussage falsch wäre, sondern daß die Begründung falsch ist; der Wahrheitswert der Aussage ist unbekannt, und eben deshalb lassen sich aus ihr keine Schlüsse ziehen, die für Handlungen von Interesse wären. Der Status solcher Aussagen wird daher durch Überlegungen entschieden, die mit der Frage der Wissenschaft zu tun haben, und daher brauchen wir hier nicht weiter auf sie einzugehen.

Von größerer Wichtigkeit ist eine Behandlung echter überempirischer Aussagen – solcher, die nicht einmal logische Bedeutung haben. Wir müssen uns jetzt mit der zweiten Klasse dieser Sätze beschäftigen, nämlich denen, die als wahr angesehen werden.

Fragen wir nach der Beziehung solcher Aussagen zu Handlungen. Es scheint, als ob solche Aussagen auf Handlungen angewandt werden könnten; man kann nicht, wie für die Aussagen mit logischer Bedeutung, beweisen, daß ihr Wahrheitswert notwendigerweise unbekannt bleiben muß – und zwar deshalb nicht, weil diese Aussagen nicht den Methoden der Wahrscheinlichkeitsrechnung unterworfen werden. Wenn Menschen glauben, die Katze sei ein göttliches Tier, so erheben sie nicht den Anspruch, dies empirisch beweisen zu können. Trotzdem kann ein solcher Glaube ihre Handlungen leiten. Er kann sie z.B. davon abhalten, Katzen zu töten. In diesem Fall kann ein überempirischer Satz für Handlungen relevant werden.

Um dieses Problem richtig zu verstehen, wollen wir uns dieses Beispiel einmal näher ansehen. Zunächst könnten wir unseren Katzenanbeter nach den Gründen seines Glaubens fragen. Er antwortet uns vielleicht, es gebe gewisse Anzeichen für den göttlichen Charakter der Katze wie z.B. funkelnde Augen, es könne aber kein vollständiger empirischer Beweis dafür geliefert werden. Er sagt, er erkenne den göttlichen Charakter der Katzen unmittelbar, weil sie Ehrfurcht in ihm erweckten – kurz, er *fühlt* die Göttlichkeit der Katze. Diese unmittelbare Erkenntnis veranlaßt ihn, nie eine Katze zu töten.

Es ist nicht meine Absicht, unserem Katzenanbeter seinen Glauben auszureden. Ich stelle seiner religiösen Überzeugung eine sehr bescheidene Aussage gegenüber: Was er ein göttliches Tier nenne, könne man ein Tier nennen, das in manchen Menschen Ehrfurcht erweckt – kurz, ein „Gefühle erregendes" Tier. Seinem überempirischen Begriff der Göttlichkeit ordnen wir so den empirischen Begriff „Gefühle erregend" zu; er ist empirisch, denn er wird mit Hilfe gewisser psychischer Reaktionen von Menschen definiert, die in das Gebiet der Beobachtungstatsachen gehören[13]. Unser zugeordneter Begriff ist dem seinen im folgenden Sinne äquivalent: Jede Handlung, die er aus seiner überempirischen Bedeutung ableiten kann, läßt sich auch aus unserer zugeordneten empirischen Bedeutung ableiten. Sein Grundsatz, z.B. daß göttliche Tiere nicht getötet werden dürfen, heißt bei uns: Gefühle erregende Tiere dürfen nicht getötet werden.

Unser Gegner wird vielleicht einwenden, diese Äquivalenz bestehe für ihn nicht. Er meint, er habe oft beobachtet, daß man Menschen überzeugen

13) Wir ziehen hier psychologische Tatsachen heran, verschieben jedoch die Frage nach ihrer Eigenart auf später (§ 26).

könne, wenn man ihnen sagt: „Göttliche Tiere dürfen nicht getötet werden"; aber die profanen Worte: „Gefühle erregende Tiere dürfen nicht getötet werden" bekehrten sie nicht. Das mag stimmen; es beweist aber lediglich einen besonderen suggestiven Einfluß, der von dem Wort „göttlich" ausgeht – sonst nichts. Wir sprachen oben von der suggestiven Sprachfunktion. Jetzt erkennt man, daß zwei Aussagen, die logisch die gleichen Konsequenzen haben, verschiedene suggestive Wirkung haben können. Die überempirische Bedeutung beschränkt sich also auf eine zusätzliche Suggestivwirkung; sie veranlaßt uns jedoch nicht zu anderen Handlungen als denen, die auf der empirischen Bedeutung beruhen, sofern die Willensentscheidungen auf entsprechende Weise getroffen werden.

Ich verbiete niemandem, sich für die überempirische Bedeutung zu entscheiden; er kann aber der Konsequenz nicht entgehen, daß man seinen Sätzen andere mit empirischer Bedeutung zuordnen kann, die sich auf unsere Handlungen in gleicher Weise auswirken. Der „überempirische Gehalt" des Satzes ist daher nicht nutzbar; überempirische Sätze gleichen nicht-konvertierbaren Wertpapieren, die wir in unserem Geldschrank aufheben, ohne sie später einmal verkaufen zu können. Das ist das Ergebnis unserer kritischen Analyse der verschiedenen Definitionen der Bedeutung anhand der Folgeentscheidungen.

Man könnte diese Charakterisierung mit dem Hinweis in Frage stellen, daß es viele verifizierbare, ja sogar als wahr bekannte Sätze gebe, die nie als Handlungsgrundlage dienten. Das stimmt; es kommt daher, daß unser Wissen viel umfangreicher ist als das Gebiet praktisch brauchbarer Sätze. Wir wissen, daß Karl der Große im Jahre 814 gestorben ist, daß der Mond eine Entfernung von 383000 km von der Erde hat oder daß die englische Sprache ungefähr 400000 Wörter besitzt; aber wir machen davon keinen praktischen Gebrauch. Wir könnten es aber tun; und vielleicht tritt eines Tages einmal eine Situation ein, die den Gebrauch dieses Wissens erfordert. Was Karl den Großen betrifft, so könnte ein Streit über eine Erbschaft oder das Recht auf einen bestimmten Titel von seinem Todesjahr abhängen. Die Entfernung des Mondes erlangt praktische Bedeutung, sobald die Raumschiffahrt möglich wird, und der Umfang des Wortschatzes der englischen Sprache macht sich praktisch geltend, wenn ein vollständiges englisches Lexikon zusammengestellt werden soll. Ich sage nicht: Bedeutung *ist* Nützlichkeit, oder Wahrheit *ist* Nützlichkeit; ich sage nur, daß Sätze mit empirischer Bedeutung nützlich werden *können*. Ferner sage ich nicht, sie seien wahr, weil sie nützlich werden können; ich sage, sie können nützlich werden, weil sie verifizierbar sind. Hier soll keine Definition der Wahrheit oder des Gewichts gegeben werden; diese Begriffe werden in der jetzigen Erörterung vorausgesetzt. Ich diskutiere die Definition der Bedeutung und die Frage, ob dieser Begriff eine Funktion der Wahrheit oder des Gewichts sein soll. Ich stütze die Entscheidung darauf, daß die Verifizierbarkeitsdefinition der Bedeutung zu einem Hand-in-Hand-Gehen von Bedeutung und Nutzbarkeit führt und solche Sätze als sinnvoll gelten läßt, die als Grundlage von Handlungen dienen können.

Ist das Pragmatismus? Das möge jemand beantworten, der den Pragmatismus besser kennt als ich. Für die hier entwickelte Theorie ist wesentlich, daß die Bedeutung nicht mit Hilfe der Nützlichkeit definiert wird, sondern mit Hilfe von Wahrheit und Gewicht; nur die Begründung dieser Definition beruht auf ihrer Beziehung zur Nützlichkeit. Diese Beziehung selbst ist eine Aussage, die wir als wahr behaupten; daran kann man erkennen, daß Theorien über die Beziehung zwischen Bedeutung und Nutzbarkeit den Wahrheitsbegriff voraussetzen, der nicht durch die Nutzbarkeit definiert werden kann. Soweit ich sehe, haben die Pragmatisten diese recht verwickelten Beziehungen nicht geklärt. Doch meine Auffassung läßt sich vielleicht als eine Weiterentwicklung von Gedanken sehen, die im Pragmatismus ihren Ursprung hatten. Die Begründer des Pragmatismus haben das große Verdienst, eine antimetaphysische Theorie der Bedeutung zu einer Zeit bereits aufrechterhalten zu haben, als die logischen Hilfsmittel der Erkenntnistheorie noch nicht so weit entwickelt waren wie heute.

Meine Auffassung der Verifizierbarkeitstheorie der Bedeutung hat den Vorteil, daß sie nicht die Verifizierbarkeitsdefinition der Bedeutung vorschreibt, sondern diese zusammen mit ihren Folgeentscheidungen klärt. Ich verwende dabei die Methode des logischen Wegweisers und überlasse die Entscheidung jedem nach seinem persönlichen Geschmack. Wenn ich mich selbst für die Verifizierbarkeitstheorie entscheide, so deshalb, weil mir ihre Konsequenzen, nämlich die Verknüpfung von Bedeutung und Handlung, als so wichtig erscheint, daß ich nicht auf sie verzichten möchte.

Es fragt sich nun, ob die Begründung, die ich hier für die empirische Bedeutung gegeben habe, auf alle drei Arten der Bedeutung anwendbar ist, die ich unter dem Begriff der empirischen Bedeutung zusammengefaßt habe. Diese Untersuchung wird zu bemerkenswerten Ergebnissen führen.

Ich habe schon gezeigt, daß der Bereich der bloß logischen Bedeutung Sätze umfaßt, die nie für Handlungen verwertet werden können, weil ihr Wahrheitswert unzugänglich ist. In dieser Beziehung ähnelt dieser Bereich also dem der überempirischen Bedeutung; sowohl Sätze mit bloß logischer Bedeutung als auch überempirische Sätze sind nicht umsetzbar, nicht nutzbar für Handlungen.

Wenn man sich andererseits die physikalische Wahrheitsbedeutung ansieht, so findet man, daß diese Definition ebensowenig mit Hilfe der Nützlichkeit gerechtfertigt werden kann. In § 3 habe ich den Unterschied zwischen Wahrheit und Gewicht besprochen und gezeigt, daß die Wahrheit nur für Sätze über die Vergangenheit festgestellt werden kann, während Sätze über die Zukunft nur auf der Gewichtsskala angeordnet werden können, da ihr Wahrheitswert unbekannt ist. Ich fügte hinzu, daraus folge ein Vorrang des Gewichts vor der Wahrheit, sobald es um Handlungen geht, denn Handlungen müssen sich auf Aussagen über die Zukunft stützen. Aussagen über vergangene Ereignisse werden für Handlungen nur wichtig, sofern sie zu Aussagen über die Zukunft führen, sofern sie also eine Grundlage für die Bestimmung des Gewichts von Aussagen schaffen. Das Problem dieser Schlüsse auf

Zukunftsaussagen enthält das Induktionsproblem und wird später analysiert. Unabhängig vom Ergebnis dieser Analyse ist deutlich, daß nur Sätze mit einem zugeschriebenen Gewicht eine unmittelbare Grundlage für Handlungen liefern, nicht Sätze, die als wahr bekannt wären. Das Argument, das ich für die Verifizierbarkeitstheorie der Bedeutung angeführt habe – daß Sätze, die eine Grundlage für Handlungen abgeben, als sinnvoll angesehen werden sollen – entpuppte sich daher als ein Argument für die Wahrscheinlichkeitstheorie der Bedeutung, zum Unterschied von der Wahrheitstheorie. Die Wahrheitstheorie ist zu eng; für sie ist nur ein Teil der Sätze sinnvoll, die als Grundlage für Handlungen dienen, und nur der Teil, der die indirekte Grundlage bildet; in jedem Fall ist eine Vervollständigung durch Sätze einer anderen Klasse nötig, nämlich Sätze mit zugeschriebenem Gewicht. Es wäre ein Irrtum zu sagen, diese Sätze bildeten nur deshalb eine mögliche Grundlage für Handlungen, weil sie schließlich einmal als wahr oder falsch verifiziert werden; denn sobald sie es sind, bilden sie keine Handlungsgrundlage mehr – die Ereignisse, von denen sie handeln, gehören dann der Vergangenheit an und sind keiner Handlung mehr zugänglich. Deswegen stellt nichts anderes als das Gewicht die Verbindung von Handlung und Aussage her.

Unsere Analyse zeigt also, daß der Wahrscheinlichkeitstheorie der Bedeutung eine Sonderstellung zukommt. Genau diese Theorie zeichnet sich durch das Postulat einer Beziehung zwischen Bedeutung und Handlung aus. Die Trennungslinie im Bereich der Bedeutung, soweit sie durch die Forderung der Nutzbarkeit der Aussagen bestimmt ist, teilt das Gebiet der empirischen Bedeutung auf; sie läßt die bloß logische Bedeutung auf derselben Seite wie die überempirische Bedeutung, nämlich dort, wo die uneinlösbaren Aussagen liegen. Auf der anderen Seite der Linie finden sich die physikalische Wahrheitsbedeutung und die Wahrscheinlichkeitsbedeutung, aber die erste nur, weil sie mit der zweiten zusammenhängt; nur, weil wahre Sätze zu Sätzen mit Gewicht führen können, sind sie als Grundlage für Handlungen brauchbar. Faßt man, wie in § 7, physikalische Wahrheitsbedeutung und Wahrscheinlichkeitsbedeutung als *physikalische Bedeutung* zusammen, so kann man sagen, der Bereich der physikalischen Bedeutung sei der nutzbare Bereich. Deshalb gestattet uns allein die Wahrscheinlichkeitstheorie der Bedeutung, das Postulat der Verknüpfung von Bedeutung und Nützlichkeit zu erfüllen[14].

14) Von meinen früheren Veröffentlichungen über die Wahrscheinlichkeitstheorie der Bedeutung möchte ich folgende erwähnen: Der Gedanke, daß empirische Aussagen nicht als zweiwertig aufgefaßt werden sollten, sondern als mit einem „Wahrheitswert" auf einer stetigen Wahrscheinlichkeitsskala versehen (eine Auffassung, die die Behandlung der Aussagen in einer Wahrscheinlichkeitslogik erfordert), ist von mir zum erstenmal auf dem ersten „Kongreß für Erkenntnislehre der exakten Wissenschaften" 1929 in Prag dargestellt worden (1930[b], S. 170–173). Eine Fortführung dieser Überlegungen wurde auf dem folgenden Kongreß vorgelegt, der 1930 in Königsberg stattfand (siehe 1931[d]). Die Konstruktion der Wahrscheinlichkeitslogik, die ich vorschlug, ist von mir in Form eines logischen Kalküls (der auch eine Theorie der Modalitäten ent-

Das ist für die Kritik des Positivismus wichtig. Die Positivisten haben ihren Bedeutungsbegriff damit verteidigt, daß er der einzig sinnvolle sei. Wir sahen darin einen nicht zu rechtfertigenden Absolutismus und wiesen darauf hin, daß man nach den Folgeentscheidungen der betreffenden Definition der Bedeutung fragen muß. Wir versuchten zu zeigen, daß eine Definition, die die Bedeutung mit der Verifizierbarkeit verbindet, einen Vorzug aufweise, müssen jetzt aber bei genauerer Überlegung feststellen, daß dieser Vorzug nicht in eine Theorie paßt, die nur absolut verifizierbaren Sätzen Bedeutung zuerkennt – Sätzen, die eindeutig als wahr oder falsch verifizierbar sind. Auf unserer Suche nach triftigen Argumenten für die Verifizierbarkeitstheorie der Bedeutung erkennen wir also, daß diese Argumente zu einer Erweiterung dieser Theorie führen; sie sollten die Positivisten veranlassen, die Bedeutung mit dem weiteren Gewichtsbegriff statt mit dem Wahrheitsbegriff zu verbinden.

Unsere Theorie der Bedeutung könnte deshalb als Weiterentwicklung sowohl des Positivismus als auch des Pragmatismus gelten. Diese Verbindung zum Positivismus hat eine psychologische Grundlage. Es scheint mir, daß die psychologischen Motive, die zu der positivistischen Theorie der Bedeutung führten, in der Verknüpfung von Bedeutung und Handlung zu suchen sind und daß hinter der positivistischen und pragmatistischen Theorie der Bedeutung immer das Postulat der Nützlichkeit stand; in letzterer wird das ausdrücklich betont. Aber mindestens von den Positivisten wurde übersehen, daß man niemals wahre Sätze über die Zukunft haben kann. Das hängt mit dem Stand der Erkenntnistheorie zur Zeit der Gründung des Positivismus zusammen. Der Wahrscheinlichkeitscharakter der Erkenntnis war noch nicht erkannt; die physikalischen Gesetze wurden als streng gültig für empirische Erscheinungen angesehen, und man nahm stillschweigend an, sie lieferten Sätze über die Zukunft, die als absolut wahr anzusehen seien. Man liest in den Büchern der älteren Positivisten, es sei die Aufgabe der Wissenschaft, die Zukunft vorauszusagen, und das verleihe ihr ihre eigentliche Bedeutung. Dabei wurde aber nicht berücksichtigt, daß Zukunftsvoraussagen Induktionen voraussetzen und daß das Problem der Induktion gelöst werden muß, ehe eine Theorie der Bedeutung aufgestellt werden kann, in die die Voraussagefunktion der Wissenschaft eingeht. Obwohl das Induktionsproblem von Hume in seiner ganzen Strenge entfaltet worden war, wurde seine Tragweite nicht erkannt. Ein naiver Absolutismus im Hinblick auf Zukunftsaussagen verband sich mit der Verifizierbarkeitsauffassung der Bedeutung. Aber

Fortsetzung Fußnote 14

hält) in meiner Schrift „Wahrscheinlichkeitslogik" (1932[d]) durchgeführt worden; vgl. auch mein Buch *Wahrscheinlichkeitslehre* (1935). Die beiden Prinzipien der Wahrscheinlichkeitstheorie der Bedeutung, die oben in § 7 aufgestellt werden, sind zuerst in „Logistic Empiricism in Germany and the Present State of its Problems" (1936[f]), S. 147–148 und 154, formuliert worden.

gerade wegen dieser Verbindung führte die Auffassung zu keinen großen Einschänkungen für den Inhalt der Wissenschaft.

Eine kritischere Einstellung entwickelte sich in der zweiten Phase des Positivismus – seiner entscheidenden. Humes skeptische Argumente gegen die Induktion wurden anerkannt, und das Scheitern aller Versuche, zu einer logischen Lösung des Induktionsproblemes zu gelangen, wurde angesichts der Präzisionsansprüche der modernen Logik immer deutlicher. Man erkannte, daß es kein sicheres Wissen von Zukunftsereignissen geben kann, und diese Erkenntnis führte in Verbindung mit dem Postulat der Zweiwertigkeit der Logik zu einer Zurückweisung aller Versuche, wissenschaftliche Sätze als Voraussagen zukünftiger Erfahrungen aufzufassen. Daraus entstand die moderne positivistische Theorie, eine seltsame Mischung aus gesundem Menschenverstand und doktrinärem Radikalismus, die jeder unvoreingenommenen Auffassung von den Zielen der Wissenschaft widersprach. Wenn das Postulat der absoluten Verifizierbarkeit in der Wissenschaft verkündet wurde, wurde es durch inkonsequente Handhabung abgeschwächt und konnte daher keinen Schaden anrichten; aber die Philosophen übertrieben es so radikal, daß die Legitimität des grundlegenden Ziels der Wissenschaft in Zweifel geriet – die Voraussage der Zukunft. Wittgenstein, der radikalste Geist unter den modernen Positivisten, schreibt: „Daß die Sonne morgen aufgehen wird, ist eine Hypothese; und das heißt: wir *wissen* nicht, ob sie aufgehen wird."[15] Er verkennt, daß es im Bereich des Unbekannten Grade gibt, wie wir sie durch das Gewicht ausgedrückt haben. Er hält streng am Postulat der absoluten Verifizierbarkeit fest und kommt so zu dem Schluß, man könne nichts über die Zukunft aussagen.

Daraus folgt für ihn nicht, daß Sätze über die Zukunft sinnlos wären; sie haben Bedeutung, aber ihr Wahrheitswert ist unbekannt. Das zeigt jedoch, daß er keine Verbindung zwischen Bedeutung und Handlung herstellen kann. Wenn man seiner Theorie ihr dogmatisches Gewand abstreift und unser Kriterium der Folgeentscheidungen anwendet, ergibt sich folgendes: Für Wittgenstein ist ein Satz sinnvoll, wenn man auf seine Verifizierung warten kann. Der Ton liegt auf „warten"; man kann den Satz nicht aktiv benutzen, sondern nur passiv auf Erkenntnisse über ihn warten. Für diesen Zweck ist natürlich seine Definition der Bedeutung als Verifizierbarkeit ausreichend. Doch offenbar wird damit auch eine wichtige und gesunde Tendenz des älteren Positivismus aufgegeben – die Tendenz, Bedeutung und Handlung zu verknüpfen. Der analytischen Zerlegung folgt hier nichts Konstruktives; man übersah die Möglichkeit, die Bedeutung auf das Gewicht zu gründen, weil man diese Eigenschaft nicht befriedigend präzisieren konnte. Der Schlüssel zu einer Theorie der Bedeutung, die den Absichten der Physik entgegenkommt, liegt im Wahrscheinlichkeitsproblem. Es war das Schicksal der positivistischen Lehren, daß sie von der logischen Kritik in eine geistige Askese getrieben wur-

15) *Tractatus logico-philosophicus* (London, 1922), 6.36311.

den, die jegliches Verständnis für die ,,Überbrückungs''-aufgabe der Wissenschaft erstickt hat – die Aufgabe, eine Brücke vom Bekannten zum Unbekannten, von der Vergangenheit zur Zukunft zu schlagen. Der Grund für diese ungesunde Prinzipienreiterei liegt in der Unterschätzung des Wahrscheinlichkeitsbegriffs. Die Wahrscheinlichkeit ist keine Erfindung für Spieler oder Sozialstatistiker; sie ist die prinzipielle Form aller Urteile über die Zukunft und vertritt die absolute Wahrheit immer, wenn diese nicht ermittelt werden kann.

Diese mangelnde Einsicht in die Bedeutsamkeit des Wahrscheinlichkeitsbegriffs hat noch eine weitere Konsequenz: die falsche Auffassung der Beziehung zwischen direkten und indirekten Sätzen. Das Retrogressionsprinzip beruht darauf, daß die Wahrscheinlichkeitsbeziehung zwischen diesen beiden Satzarten verkannt und durch eine Äquivalenz ersetzt wurde. Dieses Prinzip kann daher als typisch gelten für den zu engen Logizismus, diese Form des Positivismus für eine nicht zu rechtfertigende Vereinfachung, die der tatsächlichen Struktur der Wissenschaft Gewalt antut. Dieser radikale Positivismus ist keine Deutung der indirekten Sätze, die der Praxis der Physik entspräche.

Tolerantere Vertreter des Positivismus erkannten diese Diskrepanz zwischen ihrer Theorie und der wirklichen Wissenschaft, und so suchten sie nach einer Erweiterung der bis dahin akzeptierten engen Definition der Bedeutung. Carnap hat in jüngeren Veröffentlichungen[16] eine Erweiterung des Sinnkriteriums entwickelt, die die Forderung nach absoluter Verifizierung aufgibt. Stattdessen führt er den ,,Bestätigungsgrad" ein, der Sätze auf einer Skala anordnet und auf Voraussagungen wie auch auf Sätze über vergangene Ereignisse anwendbar ist. Dieser ,,Bestätigungsgrad" entspricht in vieler Hinsicht unserem ,,Gewicht", nur mit dem Unterschied, daß Carnap zweifelt, ob er mit der ,,Wahrscheinlichkeit" identisch ist. Es scheint mir ein erheblicher Fortschritt zu sein, daß mit Carnaps neuer Theorie die Entwicklung der Auffassungen des Wiener Kreises zu einer engeren Anlehnung an die Physik führt und dem wirklichen Stand der Erkenntnis näher kommt. Mit dieser Änderung wird eine alte Meinungsverschiedenheit zwischen Carnap und mir, die Gegenstand vieler Diskussionen war[17], erheblich verringert. Eine Erörterung von Carnaps neuer Idee ist allerdings erst möglich, wenn er mehr über die Bestimmung seines ,,Bestätigungsgrades" und die Regeln seiner Anwendung bekanntgegeben hat. Ich stehe auf dem Standpunkt, daß alle diese Fragen von der Wahrscheinlichkeitslehre beantwortet werden, und ich stelle meine Antwort ausführlich in Kapitel 5 dar. Wenn Carnap aber die Deutung im Sinne der Wahrscheinlichkeit nicht annimmt, muß er eine eigene Theorie

16) ,,Wahrheit und Bewährung", *Actes du congrès international de philosophie scientifique, 1935* (Paris, 1936), 4, S. 18 ff.; ,,Testability and Meaning", *Philosophy of Science*, 3 (1936), S. 419 ff., und *ebenda*, 4 (1937), S. 1 ff.

17) Vgl. die Diskussion auf dem Prager Kongreß von 1929, wiedergegeben in *Erkenntnis*, 1 (1930), S. 268–270.

des Bestätigungsgrades entwickeln. Deren Hauptschwierigkeit wird in der Anwendung des Bestätigungsgrades auf Handlungen liegen; das Induktionsproblem wird sich für Carnap in neuer Form stellen, falls er die Lösung dieses Problems im Rahmen einer Wahrscheinlichkeitslogik, wie ich sie entwickelt habe, für seine Auffassung des „Gewichts" von Sätzen ablehnt.

Ich möchte noch einige Bemerkungen über das zweite Prinzip der Verifizierbarkeitstheorie der Bedeutung anfügen. Wie ich gezeigt habe, hat dieses Prinzip die logische Funktion, jegliche Mehrbedeutung auszuschalten, die einem Satz über seinen verifizierbaren Inhalt hinaus zugeschrieben werden könnte. Es erfüllt diese Funktion auf sehr „höfliche" Weise: es verbietet keine „metaphysischen" Begriffe wie Kräfte, Tendenzen, Substanzen und Götter, sondern sagt: wenn es einen äquivalenten nichtmetaphysischen Satz gibt, d.h. einen Satz, in dem diese Ausdrücke nicht vorkommen, der aber bei allen überhaupt möglichen Tatsachen den gleichen Wahrheitswert hat, dann haben die beiden Sätze die gleiche Bedeutung. So wird der „metaphysische" Satz seiner angeblichen Mehrbedeutung entkleidet und auf einen äquivalenten nichtmetaphysischen Satz reduziert. Dieses Verfahren der Beseitigung metaphysischer Behauptungen wurde zum erstenmal von den Nominalisten des Mittelalters nachdrücklich vertreten. Wilhelm von Ockham formulierte das Prinzip in der Form „Entia non sunt multiplicanda praeter necessitatem", und seitdem ist „Ockhams Rasiermesser" das Programm jedes konsequenten Empirismus und Logizismus gewesen. Leibnizens „principium identitatis indiscernibilium" und seine Anwendung auf die Probleme des Raumes und der Bewegung, Humes Reduktion der Kausalität auf eine unveränderliche Abfolge in der Zeit, Machs Kritik des Kraftbegriffs und der Newtonschen Raumtheorie sind Beispiele für die Anwendung des zweiten Prinzips der Verifizierbarkeitstheorie der Bedeutung, d.h. des Ockhamschen Prinzips; in der modernen Physik hat ihm vor allem Einsteins Relativitätstheorie einen neuen Anwendungsbereich eröffnet. Nicht nur die Relativität der Bewegung ist hier zu erwähnen; viele andere Teile der Einsteinschen Theorie, wie sein Begriff der Gleichzeitigkeit und sein Prinzip der Äquivalenz von Gravitation und Beschleunigung sind ebenfalls als Konsequenzen des zweiten Prinzips der Verifizierbarkeitstheorie der Bedeutung anzusehen. Deshalb kann man dieses Prinzip als wesentlichste Grundlage einer antimetaphysischen Einstellung ansprechen.

Was ich über die notwendige Erweiterung des ersten Prinzips der Verifizierbarkeitstheorie der Bedeutung sagte, gilt auch für das zweite. Würde man auf dem Postulat der absoluten Verifizierbarkeit bestehen, dann müßte man auf jegliche Anwendung des Prinzips verzichten, denn es gibt keine absolut verifizierbaren Sätze. Wenn es Sätze mit gleicher Bedeutung geben soll, muß man sich mit dem Nachweis begnügen, daß sie für alle beobachtbaren Tatsachen das gleiche Gewicht erhalten. Das braucht nicht weiter untersucht zu werden, denn die Argumente wären die gleichen wie bei der Analyse des ersten Prinzips.

Was das erste Prinzip anbetrifft, so führte der Übergang vom Postulat der absoluten Verifikation zum Postulat der Bestimmbarkeit eines Gewichts zu einer Erweiterung des Bereichs physikalischer Bedeutung; Sätze, die nach der ersten Auffassung keine Bedeutung hatten, wurden nach der zweiten sinnvoll. Entsprechend führt derselbe Übergang beim zweiten Prinzip zu einer Vergrößerung der *Unterschiede* in der Bedeutung; Sätze, die nach der physikalischen Wahrheitstheorie der Bedeutung die gleiche Bedeutung haben, können nach der Wahrscheinlichkeitstheorie der Bedeutung verschiedene Bedeutung haben. Dazu kommt es, wenn die Tatsachen, die für die absolute Verifikation eines Satzes nötig sind, aus physikalischen Gründen nicht hergestellt werden können, während es aber physikalisch mögliche Tatsachen gibt, die für den betreffenden Satz verschiedene Wahrscheinlichkeitsgrade liefern. Ich werde weiter unten solche Beispiele untersuchen (§ 14); sie werden zeigen, wie wichtig eine solche Verfeinerung unserer logischen Mittel für die Analyse der Sprache der Wissenschaft und des täglichen Lebens sein kann.

Es wäre völlig abwegig, meine Erweiterung des Bedeutungsbegriffs mit der Begründung anzugreifen, sie öffne der Metaphysik Tür und Tor. Meine Theorie der Bedeutung kann sich Ockhams Rasiermesser in passender Form zu eigen machen; meine Formulierung des zweiten Prinzips schneidet den Sätzen ebenso alle leeren Zusätze ab wie die Formulierung in der Wahrheitstheorie der Bedeutung. Die Wahrscheinlichkeitstheorie der Bedeutung bewahrt daher die antimetaphysische Haltung des Positivismus und Pragmatismus, ohne die zu enge Auffassung der Bedeutung zu übernehmen, an der diese Theorien leiden, wenn sie sich wörtlich an ihre Programme halten.

Umgekehrt muß ich sagen, daß allein die Wahrscheinlichkeitstheorie der Bedeutung eine befriedigende Begründung für das zweite Prinzip der Verifizierbarkeitstheorie der Bedeutung liefern kann. Wir zeigten, daß eine Begründung der Verifizierbarkeitstheorie der Bedeutung in einer Verknüpfung von Bedeutung und Handlung besteht; das Beispiel des „göttlichen Tieres" hat gezeigt, daß man einem gegebenen „überempirischen" Satz einen empirischen zuordnen kann, der zu den gleichen Handlungen führt. Das zweite Prinzip formuliert nur die Konsequenzen dieses Gedankens für eine Theorie der Bedeutung, die von der Beziehung zwischen Bedeutung und Handlung ausgeht. Das läßt sich folgendermaßen ausdrücken: Wenn uns zwei Aussagen unter allen möglichen Umständen zu den gleichen Handlungen führen, haben sie die gleiche Bedeutung. Diese Formulierung ist aber nur in der Wahrscheinlichkeitstheorie der Bedeutung möglich; nur wenn man das Gewicht einführt, kann man die Beziehung zwischen Bedeutung und Handlung aufzeigen. Andererseits geht aus dieser Formulierung klar hervor, daß die antimetaphysische Funktion des Prinzips erhalten bleibt. Auch in meiner Formulierung lehnt das Prinzip jegliche „überempirische Bedeutung" ab und besagt: *Eine Aussage hat so viel Bedeutung, wie für das Handeln nutzbar gemacht werden kann.* In dieser Formulierung wird die enge Beziehung der Wahrscheinlichkeitstheorie der Bedeutung zum Pragmatismus noch deutlicher; ich glaube aber, daß meine Theorie mittels des Wahrscheinlichkeits- und Gewichtsbegriffs eine bessere Rechtfertigung für die Beziehung zwischen Bedeutung und Handlung liefern dürfte, als es dem Pragmatismus möglich ist. Dieses Ergebnis der Wahrscheinlichkeitstheorie der Bedeutung – die Verknüpfung von Bedeutung und Handeln – scheint mir die beste Garantie dafür zu sein, daß sie der empirischen Wissenschaft und der Funktion der Sprache im täglichen Leben entspricht.

Kapitel 2 Sinneswahrnehmungen und Außenwelt

§ 9 Das Problem der absoluten Verifizierbarkeit von Beobachtungsaussagen

Das vorhergehende Kapitel ging von einer Einteilung der Aussagen in direkte und indirekte aus. Direkte Sätze handeln von unmittelbar beobachtbaren physikalischen Tatsachen; sie sind – das war die Voraussetzung – absolut verifizierbar, d.h., ihr Wahrheitswert ist im Rahmen einer zweiwertigen Logik bestimmbar. Nur für indirekte Sätze war das Gewicht nötig; solche Sätze können nicht unmittelbar geprüft werden, sondern gewinnen durch ihre Beziehungen zu direkten Sätzen einen gewissen Wahrscheinlichkeitsgrad.

Diese besondere Stellung der Beobachtungssätze als direkte Sätze soll jetzt untersucht werden. Ich halte es für fraglich, ob sie direkt verifizierbar sind. Sie handeln von sogenannten *physikalischen Tatsachen*; wir müssen also fragen, ob man physikalische Tatsachen verifizieren kann.

Ehe ich ins einzelne gehe, möchte ich darauf hinweisen, daß das Wort „Tatsache" in mehr als einem Sinn gebraucht wird. Manchmal nennt man physikalische Gesetze Tatsachen, weil sie aus der Erfahrung stammen und nicht deduziert werden; aber nicht das ist es, was ich hier eine Tatsache nennen will. Gesetze beziehen sich wegen ihres Allgemeinheitsanspruchs auf eine unendliche Anzahl von Tatsachen; ich will sie deshalb von Tatsachen unterscheiden und dem Wort eine engere Bedeutung geben.

Um meine Absicht klar zu machen, möchte ich die Unterscheidung auf einige umstrittene Beispiele anwenden. Wir wissen, daß die Lichtgeschwindigkeit die obere Grenze aller Geschwindigkeiten einer Wirkungsübertragung ist; ist das eine Tatsache oder ein Gesetz? Nach meiner Definition charakterisiert die Allgemeinheit ein Gesetz und nicht eine Tatsache, also muß man hier von einem Gesetz sprechen. Aus demselben Grund muß man es ein Gesetz nennen, daß das Michelsonsche Interferometer die Gleichheit der Lichtgeschwindigkeit in verschiedenen Richtungen zeigt, weil dieses Ergebnis für alle solchen Apparate behauptet wird. Eine Tatsache ist das spezielle Experiment, das Michelson 1883 mit seinem speziellen Apparat durchgeführt hat. Um den Begriff noch genauer zu fassen, wollen wir von einer *Einzeltatsache* sprechen; es ist ein einzelnes Ereignis, das an einem bestimmten Raum-Zeit-Punkt stattfindet.

Wir müssen jetzt unsere Kritik an den Einzeltatsachen ansetzen und fragen, ob sie absolut sicher festgestellt werden können, d.h. ob Sätze über Einzeltatsachen absolut verifizierbar sind.

Nehmen wir als Beispiel den Michelson-Versuch. Jeder Physiker weiß, daß die Aussage über die Gleichheit der Lichtgeschwindigkeit in verschiedenen Richtungen beim Michelson-Versuch nicht direkt beobachtet, sondern erschlossen wird. Ein solches physikalisches Experiment ist ein recht kompliziertes Verfahren. Direkt beobachtet werden Abbildungen in Fernrohren oder auf photographischen Platten oder Anzeigen von Thermometern, Galvanometern usw. Geht man von diesen experimentellen Daten zu der Aussage über die Lichtgeschwindigkeit über, so ist das eine Schlußfolgerung, die auch noch Induktionen enthält. Sie enthält z.B. die Voraussetzung, daß die Temperatur, die von Zeit zu Zeit am Thermometer abgelesen wird, auch für die Zeitabschnitte zwischen den Beobachtungen gilt, daß die Gesetze der geometrischen Optik für das Licht gültig sind, das durch das Fernrohr hindurchgeht, daß sich die Länge der Messingstangen des Apparats während der Beobachtung nicht ändert (wenn man sie mit anderen Stangen vergleicht, die sich relativ zu ihnen in Ruhe befinden), usw. Es ist daher klar, daß die Aussage über die Lichtgeschwindigkeit nicht absolut sicher ist, sondern von der Gültigkeit der Induktionen abhängt. Obwohl dieser Satz über einen Einzelfall spricht, ist er doch nicht absolut verifizierbar. Man erkennt, daß das bloße Vorliegen eines Einzelfalls nicht genügt, um die absolute Verifizierbarkeit einer Aussage zu garantieren.

Man kommt zu einem günstigeren Ergebnis, wenn man von dem Satz über die Lichtgeschwindigkeit zu Sätzen über die einzelnen Messungen mit den benutzten Instrumenten übergeht. Es scheint absolut sicher zu sein, daß wenigstens das Thermometer z.B. 15°C registriert hat. Es ist vielleicht ein schlechtes Instrument, die Zimmertemperatur ist vielleicht von der angezeigten verschieden; aber ist nicht die Einzeltatsache absolut sicher, daß dieses bestimmte Thermometer in diesem bestimmten Augenblick die Linie erreicht hat, die 15°C entspricht?

Diese Frage führt von den ziemlich abstrakten Tatsachen der Physik zu den konkreten Tatsachen des täglichen Lebens. Ein Thermometer besteht aus Glas, Quecksilber und Holz; es ist Tischen, Stühlen, Häusern, Bäumen, Steinen vergleichbar – kurz, es ist ein Gegenstand aus unserer Alltagswelt. Um die Existenz solcher Gegenstände festzustellen, braucht man keine theoretischen Schlüsse; es scheint also möglich zu sein, wenigstens in diesem Fall zu absoluter Wahrheit zu kommen.

Es ist bekannt, daß diese Annahme von fast allen Philosophen seit Descartes angegriffen worden ist, und ich möchte sagen, mit guten Gründen. Die richtige Begründung dieses Angriffs scheint mir folgende zu sein.

Ein Satz über eine physikalische Tatsache, selbst wenn es sich um eine einfache Tatsache des täglichen Lebens handelt, bezieht sich nie auf eine Einzeltatsache allein, sondern enthält immer gewisse Voraussagen. Wenn man sagt: „Um 19.15 Uhr befand sich in meinem Zimmer vor meinen Augen ein Tisch“, so enthält dieser Satz die Voraussage: „Wenn zwischen 19.15 und 19.20 Uhr kein Tisch durch die Tür getragen wird und kein Feuer oder Erdbeben auf meine Wohnung einwirkt, dann wird um 19.20 Uhr ein Tisch in meinem Zimmer stehen." Oder noch einfacher: „Wenn ich ein Buch auf den Tisch lege, dann fällt es nicht zu Boden." Weil solche Voraussagen in dem Satz enthalten sind, ist er nicht absolut wahr, denn die Voraussagen können nicht als absolut zuverlässig garantiert werden.

Man könnte den Vorschlag machen, diese Voraussagen von dem Satz zu trennen und ihn auf einen reinen Tatsachensatz zu reduzieren, also Konsequenzen, die den Tisch nach fünf Minuten oder auf den Tisch gelegte Bücher betreffen, auszuschließen und den Satz auf den Tisch, wie er eben gesehen wird, zu beschränken. Eine solche Reduktion ist möglich, aber sie nimmt dem Satz seine Eindeutigkeit. Wenn man sagt: „Dort ist ein Tisch", meint man gewöhnlich das, wovon die Rede ist, sei ein materieller Gegenstand, der dem Druck anderer physikalischer Gegenstände widersteht; das wird in der Folgerung bezüglich des Buches gesagt. Wenn man auf solche Folgerungen verzichtet, dann kann man nicht wissen, ob der Gegenstand, den man gesehen hat, nicht ein Bild in einem Hohlspiegel sein könnte; jeder weiß ja, daß es Täuschungen gibt, bei denen das Hohlspiegelbild für einen materiellen Gegenstand gehalten wird. Der Unterschied zwischen dem materiellen Gegenstand und der Täuschung läßt sich auf keine andere Weise formulieren; nur die Konsequenzen – d.h. zukünftige Beobachtungen – machen den Unterschied. Das ist der wesentliche Punkt. Man könnte einwenden, zukünftige Beobachtungen könnten durch vergangene Beobachtungen ersetzt werden – ich hätte ja auch einen Augenblick vorher das Buch auf den Tisch legen oder den Tisch mit der Hand berühren können. Wenn ich aber daraus schließe, der Tisch, wie ich ihn jetzt sehe, ohne ein Buch darauf und nicht von mir angefaßt, sei ein materieller Tisch und kein Spiegelbild, dann mache ich folgende Induktion: „Wenn ich ihn jetzt berühren würde, würde ich einen Widerstand fühlen", oder „Wenn ich das Buch jetzt auf den Tisch legte, würde es nicht zu Boden fallen" – Sätze, die von zukünftigen Beobachtungen und nicht von vergangenen handeln. Zwar können besagte Beobachtungen in der Vergangenheit zur Begründung meiner Aussage genügen, aber nur, weil ich Induktionen auf sie gründe; die Aussage über den Tisch als einen materiellen Gegenstand läßt sich nicht von Voraussagen trennen, ohne ihre Eindeutigkeit zu verlieren, d.h., sie würde nicht mehr von einem bestimmten physikalischen Gegenstand handeln.

Das scheint mir unbezweifelbar zu beweisen, daß es keine absolut verifizierbaren Sätze über physikalische Gegenstände gibt. Sätze über einfache physikalische Gegenstände sind sehr gewiß, aber nicht absolut gewiß. [Sie sind nicht sicher, denn selbst wenn sie einmal getestet sind, kann man sie immer wieder testen.*] Wenn man zugibt, daß eine spätere Beobachtung eine Aussage über eine gegenwärtige Beobachtung nachprüfen kann, dann kann man ein negatives Ergebnis dieser Nachprüfung nicht ausschließen –

* Handschriftlicher Zusatz des Autors

das heißt, unsere Aussage kann nicht mit Sicherheit behauptet werden. Wenn man trotzdem solche Aussagen für sicher hält, ist das eine Idealisierung; man setzt einen hohen Wahrscheinlichkeitsgrad mit der Gewißheit gleich. Streng genommen, handelt es sich aber nicht um Wahrheit, sondern um ein Gewicht; selbst die Beobachtungssätze des Alltags sind nicht als direkte Sätze anzusehen, sondern als indirekte, die in Form des Gewichts und nicht der Wahrheit beurteilt werden. Die Wahrscheinlichkeitstheorie der Bedeutung ist daher sogar auf die Beobachtungssätze der Physik und des täglichen Lebens anzuwenden, wenn diese einen Sinn haben sollen.

Man hat zu zeigen versucht, daß eine physikalische Aussage in gewissen Fällen wenigstens als falsch bewiesen werden könne, wenn sie auch nie als absolut wahr behauptet werden kann. Wenn ein auf einen Tisch gelegtes Buch dort nicht liegen bleibt, sondern senkrecht herunterfällt, dann kann man mit Sicherheit damit rechnen, daß das Beobachtete kein materieller Tisch ist. Man könnte also annehmen, das Prinzip der absoluten Verifikation sei durch ein Prinzip der absoluten Falsifikation ersetzbar[18]. Dieser Gedanke ist aber nicht haltbar. Jede Falsifikation setzt ebenfalls gewisse Induktionen voraus, die auf Beobachtungen anderer Dinge beruhen, und kann nur mit einer Wahrscheinlichkeit angenommen werden. In unserem Beispiel kann es das Buch sein, das kein materieller Gegenstand ist oder sich nach dem Zurückziehen meiner Hand entsprechend verwandelt hat; der Satz über den materiellen Tisch würde dann wahr bleiben. Unsere Aussagen über physikalische Gegenstände sind so miteinander verflochten, daß die Zurückweisung einer von ihnen immer durch die Zurückweisung einer anderen ersetzt werden kann. Unsere Entscheidung, welcher Satz zurückgewiesen wird, beruht gänzlich auf Überlegungen, die von den Wahrscheinlichkeitsregeln bestimmt werden. Es gibt daher keine absolute Falsifikation, ebensowenig wie eine absolute Verifikation. Alles, was bleibt, ist die Wahrscheinlichkeitstheorie der Bedeutung, wenn man Beobachtungssätze in dem Sinne rechtfertigen will, wie sie tatsächlich in der Wissenschaft und im täglichen Leben gebraucht werden.

§ 10 Die Sinneswahrnehmungen und das Existenzproblem

Das Ergebnis des vorhergehenden Abschnittes kann nicht als Beweis dafür angesehen werden, daß es überhaupt keine verifizierbaren Sätze gibt. Die erwähnte Ungewißheit betrifft nur Beobachtungssätze, die sich auf physikalische Gegenstände beziehen. Philosophen, die meine Auffassung dieser Sätze teilen, stehen auf dem Standpunkt, es gebe eine andere Art von Beobachtungssätzen, die absolut verifizierbar seien, nämlich Sätze über Sinneswahrnehmungen. Ich möchte jetzt diesen Begriff ins Auge fassen und auf seine erkenntnistheoretische Bedeutung untersuchen.

18) Das versucht K. Popper in *Logik der Forschung* (Berlin, 1935); vgl. auch meine Kritik dieses Buches in *Erkenntnis* (1935[e]).

Die sogenannten Sinneswahrnehmungen kommen durch eine Weiterführung der Überlegungen herein, die die Wahrheit der Beobachtungssätze in Frage stellten.

Es stimmt, daß aus einem Satz über die Existenz eines materiellen Tisches Voraussagen folgen und daß seine Reduktion auf einen bloßen Bericht seine Beziehung auf etwas Physikalisches zerstören würde. Doch was wäre nun das Resultat einer solchen Reduktion? Es wird behauptet, man gelange zu einer andersartigen Tatsache: man erklärt, man sehe jedenfalls einen Tisch. Das ist richtig, ob es sich nun um einen materiellen Tisch oder um das Hohlspiegelbild eines solchen Tisches handelt; endlich haben wir eine unbezweifelbare Tatsache. Solche Tatsachen heißen „Sinneswahrnehmungen"[19]. Es gibt also, so wird argumentiert, absolut verifizierbare Aussagen; aber sie beziehen sich nicht auf physikalische Tatsache, sondern auf Sinneswahrnehmungen.

Ich möchte diese Auffassung erst einmal akzeptieren. Ich werde zunächst einräumen, daß es solche unmittelbar gegebene Tatsachen gibt, die als „Sinneswahrnehmungen" oder „Sinnesempfindungen" bezeichnet werden – Tatsachen, die wir mit absolut verifizierbaren Sätzen beschreiben. Eine Kritik dieser Auffassung wird auf das folgende Kapitel verschoben. Genau wie das erste Kapitel von der Voraussetzung der absoluten Verifizierbarkeit der Beobachtungssätze ausging, geht das jetzige Kapitel von der Voraussetzung der absoluten Verifizierbarkeit der Empfindungssätze aus. Im Augenblick möchte ich nur die Konsequenzen dieser Voraussetzung, nicht ihre Gültigkeit selbst untersuchen, und zwar mit Hilfe der Ergebnisse des vorhergehenden Kapitels, das die Relevanz des Wahrscheinlichkeitsbegriffes gezeigt hat; in ähnlicher Weise soll gezeigt werden, daß der Wahrscheinlichkeitscharakter der auftretenden Schlüsse einen Einfluß auf die Konsequenzen hat, die sich ergeben, wenn Sinnesempfindungen als Erkenntnisgrundlage genommen werden.

Nach der üblichen Auffassung sind Wahrnehmungen Erscheinungen in meinem Bewußtsein, die aber von physikalischen Gegenständen außerhalb desselben verursacht werden. So führt der Begriff der Sinneswahrnehmung zu der Unterscheidung zwischen meinem Bewußtsein und der Außenwelt. Sinneseindrücke sind Geschehnisse in meiner persönlichen Sphäre, meiner privaten Welt. Es sei ein schwerer Fehler, sagen die Vertreter dieser Auffassung, sich das, was ich beobachte, als etwas unabhängig Existierendes vorzustellen – ich beobachte nur die Eindrücke, die die Gegenstände hervorbringen, d.h. die Wirkungen äußerer Dinge auf meine private Welt.

Ich sagte, ich würde Empfindungssätze als absolut sicher zulassen; man erkennt aber, daß diese absolute Gewißheit auf Geschehnisse in einer privaten Welt beschränkt ist. Beim Übergang von meiner subjektiven Erfahrung

19) Die Wörter „Vorstellung", „Sinnesempfindung", „Sinneseindruck" und „Sinnesdatum" werden in der gleichen Bedeutung gebraucht.

zur objektiven Außenwelt kommt wieder Ungewißheit in meine Aussagen hinein. Es handelt sich aber nicht nur um die Ungewißheit spezieller Aussagen; darüber hinaus herrscht eine allgemeine Ungewißheit bezüglich der Welt der äußeren Gegenstände überhaupt. Woher weiß man, daß es eine solche Außenwelt jenseits unserer privaten Welt gibt? Hier erhebt sich das Problem der Existenz der äußeren Gegenstände.

Solange man Beobachtungssätze als Grundlage der Erkenntnis ansieht, tritt das Existenzproblem nicht auf. Es gibt keinen Unterschied der Existenzweise zwischen Beobachtungstatsachen und anderen Tatsachen, die indirekt erschlossen werden; nur wenn man die eigenen psychischen Erlebnisse als Grundlage nimmt, erhebt sich das Existenzproblem. Dieses Problem ergibt sich also aus einem gewissen Fortschritt der philosophischen Analyse: aus dem Versuch, die Erkenntnis auf eine absolut sichere Grundlage zu stellen.

Für eine naive Weltauffassung gibt es gar kein Existenzproblem. Im täglichen Leben plagt man sich nicht mit der Frage, ob die Dinge, die wir in unserer Umwelt beobachten, wirklich existieren; es erschiene als lächerlich, daran zu zweifeln, als höchst unnatürliche Abweichung von den klaren Vorstellungen des Alltagslebens. Der gesunde Menschenverstand ist überzeugt, daß die Tische, Häuser, Bäume und Menschen um ihn herum genau so existieren wie die eigene Person. Das glaubt man nicht nur von den Gegenständen der eigenen Erfahrung, sondern die Mitteilungen von anderen Menschen und von Wissenschaftlern werden ebenfalls als gewiß hingenommen. Daß es andere Kontinente außer dem unsrigen gibt, daß andere Planeten und Fixsterne existieren, die unvergleichlich viel größer sind als unsere kleine Insel im Weltall, daß es unsichtbare physikalische Gebilde gibt wie Elektrizität, Atome und Röntgenstrahlen – das alles wird als selbstverständlich betrachtet; Zweifel wären einfach unvernünftig. Diese Welt der konkret existierenden Gegenstände wird noch durch andere bereichert, die „abstrakt" heißen, aber trotzdem auch als existierend aufgefaßt werden. Da gibt es den Staat als politische Körperschaft, der nie direkt als Ganzes sichtbar ist, dessen Realität aber jeder in der täglichen Erfahrung zu spüren bekommt; da gibt es den Geist der Nation, dessen Existenz uns täglich in den Leitartikeln der Zeitungen nahegebracht wird; da gibt es die Seele, unsere eigene und die anderer Menschen, und ein Zweifel daran kann zu unangenehmen Zusammenstößen mit der Kirche führen; da gibt es die finanzielle Krise, deren Realität keiner Bestätigung durch heilige Autoritäten bedarf. Kurz, es gibt eine dauerhafte und kompakte Welt um uns herum, die mit weniger dauerhaften, aber nicht weniger realen Dingen angefüllt ist. Diese Welt ist uns von frühester Kindheit an gegeben, und es besteht kein Zweifel an ihrer Existenz.

Wenn man anfängt, an dieser selbstverständlichen Welt zu zweifeln, dann bedeutet das wirklich ein Abweichen von dem natürlichen Verhalten im täglichen Leben. Diese Abweichung führt von kritikloser Übernahme traditioneller Auffassungen zur geistigen Durchdringung von Begriffsbildungen und kennzeichnet den ersten Anfang philosophischen Denkens. Es handelt sich um den Versuch zu verstehen, was wir denken, und die Bedeutung und Berechtigung menschlicher Vorstellungen zu klären. Es ist daher ein ebenso gesundes Unterfangen wie die Beschäftigung mit den täglichen Notwendigkeiten. Es ist der heilsame Wunsch, dem Existenzkampf ein Verständnis dieses Kampfes und der Existenz überhaupt hinzuzufügen, und wenn der Alltagsverstand die Philosophie angreift, weil sie grundlegende Lebensanschauungen in Frage stelle, dann geschieht das nur, weil er nicht begreift, daß das Bedürfnis nach Verstehen ebenso dringend werden kann wie das Bedürfnis nach wirtschaftlicher Existenz.

Ich habe diese allgemeine Bemerkung der folgenden Untersuchung vorausgeschickt, um der Meinung gewisser Philosophen zu begegnen, eine Untersuchung der Frage nach der Existenz der äußeren Gegenstände sei unvernünftig und lächerlich. Eine solche Auffassung wäre selbst eine Antwort und erforderte eine Begründung. Es ist richtig, daß die Frage nach der Existenz, wie sie gewöhnlich formuliert wird, einer Korrektur bedarf; und es ist gerade die Aufgabe des Philosophen, erst die Frage zu klären, bevor man sich an eine Antwort machen kann. Es geht aber nicht an, die Frage mit sophistischen Bemerkungen abzutun. Einige Philosophen haben gemeint, man solle jemanden, der an der Existenz der äußeren Gegenstände zweifelt, mit dem Kopfe gegen eine Wand stoßen, um ihn von der Realität der Wand zu überzeugen. Das halte ich nicht für ein philosophisches Argument. Was der Mann gesehen hat, könnte ihn eher von den äußeren Gegenständen überzeugen als das, was er gefühlt hat, denn was er gesehen hat, befand sich außerhalb seines Körpers, während er die Schmerzen *in* seinem Körper empfand; und der Mann wollte ja gerade das Problem lösen, ob es etwas außerhalb seines Körpers gebe.

Mit dieser Bemerkung sind wir am Kernpunkt des Existenzproblems angelangt. Die Erfahrung, schon die Alltagserfahrung, zwingt uns, zwischen Träumen und Wachen zu unterscheiden; es gibt eine Traumwelt, die ebenso lebendig ist wie die Welt in unserem wachen Leben – trotzdem wissen wir, daß wir diese Welt nur als eine innere Welt auffassen dürfen, der keine äußeren Gegenstände entsprechen. Sind wir sicher, daß die Welt unseres sogenannten wachen Lebens besser ist? Es ist kein überzeugendes Argument, daß diese Welt von größerer Regelmäßigkeit ist; ebensowenig, daß wir in dieser Welt sogar gelegentlich über ihre Realität nachdenken. Das kann auch in der Traumwelt geschehen; es gibt tatsächlich Träume, in denen wir zu entscheiden versuchen, ob wir träumen, und zu dem Schluß kommen, es sei nicht der Fall – nur, um beim Aufwachen zu entdecken, daß diese Entscheidung selbst zu dem Traum gehörte. Die Frage nach der Realität der Welt unseres wachen Lebens läßt sich also nicht als unvernünftig abtun; sie ist genau so vernünftig wie die Unterscheidung zwischen der Welt unseres wachen Lebens und der Traumwelt.

§ 11 Die Existenz abstrakter Gegenstände

Es gibt ein zweites Existenzproblem, das sich von dem der Sinneswahrnehmungen unterscheidet, nämlich das Problem der abstrakten Gegenstände. Was kann man über die Existenz von Dingen wie dem Staat, dem Geist der Nation, der Seele und dem Charakter eines Menschen sagen? Existieren solche Gegenstände? Und wenn sie existieren, sind sie von der gleichen Art wie konkrete Gegenstände, wie Häuser oder Bäume? Oder sind es Gegenstände eines anderen Existenzbereichs? Aber was für ein Bereich sollte das sein? Seit der Zeit der griechischen Philosophie ist diese Frage ständig diskutiert worden; sie war der Gegenstand der berühmten Auseinandersetzung zwischen Nominalismus und Realismus, und sie hat die Philosophie ebenso tief in Lager gespalten wie die Frage nach der Realität der Außenwelt.

Trotz aller Unterschiede haben die beiden Existenzprobleme strukturell etwas gemeinsam. Das eine beschäftigt sich mit der Frage der Existenz der abstrakten im Gegensatz zu den konkreten Gegenständen, das andere mit der Existenz der Konkreta im Gegensatz zu den Sinneswahrnehmungen. Dieser Beziehungscharakter ist beiden Problemen gemeinsam, und ich möchte daher diese Beziehungen untersuchen. Da sie beim Problem der abstrakten Gegenstände einfacher sind, möchte ich mit diesem beginnen.

Mir scheint der Standpunkt der Realisten bezüglich der Existenz der Abstrakta nie besonders überzeugend gewesen zu sein. Sie vertraten zwar die Existenz von abstrakten Gegenständen, waren aber immer gezwungen, sich damit zu verteidigen, daß diese Dinge in eine besondere Sphäre gehörten; das Reich der platonischen „Ideen" ist das berühmte Urbild dieser Art von Existenz. Dagegen besteht aber ein starker natürlicher Widerwille; um solchen Begriffen einen Sinn abzugewinnen, muß der menschliche Geist erst durch eine sophistische Schulung verbogen werden. Der Standpunkt der Nominalisten, daß nur konkrete Dinge existieren, sieht viel vernünftiger aus, wenn ich damit auch nicht sagen will, die alten Nominalisten hätten schon die richtige Lösungsform gefunden.

Die Nominalisten glauben, daß Abstrakta auf Konkreta reduzierbar seien; das heißt in der Sprache der modernen Logik: Alle Sätze über Abstrakta lassen sich in Sätze übersetzen, die nur von Konkreta sprechen. Ein Beispiel: Statt zu sagen: „Die Negerrasse hat ihre Heimat in Afrika", kann man sagen: „Alle Neger stammen von Vorfahren ab, die in Afrika gelebt haben." So werden die Abstrakta „Negerrasse" und „Heimat" durch Konkreta wie „abstammen" und „Vorfahren" ersetzt; die neuen Ausdrücke, die bei diesem Verfahren auftreten, sind logische Ausdrücke wie z.B. „alle". Ebenso lassen sich komplexe Ausdrücke wie „Staat" auf Konkreta reduzieren. Im allgemeinen wird die logische Behandlung etwas komplizierter sein. Für einen Satz, der ein Abstraktum enthält, kann mehr als ein Satz, der Konkreta enthält, nötig sein. So muß die Aussage „Der Staat führt Krieg" in viele Sätze über Soldaten, Schießen, Verwundetwerden und Sterben, über Menschen, die in Waffenfabriken arbeiten, andere, die Büroarbeit leisten, usw. übersetzt werden. Ich nenne das ganz allgemein eine *Reduktion durch Zuordnung von Aussagen*; einem abstrakten Satz wird eine Gruppe konkreter Sätze so zugeordnet, daß der Sinn der Gruppe der gleiche ist wie der Sinn des abstrakten Satzes.

Die Bedeutungsgleichheit der beiden Seiten der Zuordnung ergibt sich aus der in Kapitel I entwickelten Theorie der Bedeutung. Auf beiden Seiten ist der Wahrheitswert der gleiche; wenn der abstrakte Satz wahr ist, dann ist die Gruppe der konkreten Sätze wahr, und wenn der abstrakte Satz nicht wahr ist, dann ist die Konjunktion aller konkreten Sätze nicht wahr. Man könnte einwenden, daß in manchen Fällen abstrakte Sätze wahr seien, auch wenn nicht alle konkreten Sätze wahr sind; dann etwa, wenn dieselbe abstrakte Tatsache durch verschiedene konkrete Tatsachen verwirklicht werden kann. So kann die abstrakte Tatsache, daß schönes Wetter ist, durch einen klaren Himmel und Windstille, durch einen zum Teil bedeckten Himmel und etwas frischen Wind usw. realisiert sein. Dieser Fall wird logisch durch Disjunktionen ausgedrückt, die uns gestatten, die Äquivalenz in erweiterter Form aufrechtzuerhalten. Wenn a der abstrakte Satz ist und $c_1, c_2, \ldots,$ die konkreten Sätze, dann muß die Äquivalenz folgendermaßen formuliert werden[20]:

$$a \equiv [c_1 \,.\, c_2 \,.\, \ldots \,.\, c_m] \vee [c_{m+1} \ldots c_n] \vee \ldots \vee [c_{r+1} \ldots c_s] \qquad (1)$$

Auf diese Weise wird die exakte logische Form der Abstrakta dargestellt. Es folgt sowohl aus der Wahrheitstheorie der Bedeutung als auch aus der Wahrscheinlichkeitstheorie der Bedeutung, daß beide Seiten die gleiche Bedeutung haben.

Man sieht, daß der Standpunkt des Nominalismus mit der Verifizierbarkeitstheorie der Bedeutung zusammenhängt. Das ist natürlich keine moderne Entdeckung, sondern der entscheidende Grund, warum beide Theorien in wechselseitiger Beziehung entwickelt worden sind. Wir erwähnten schon, daß der Nominalist Ockham der Vater unseres zweiten Bedeutungsprinzips ist. Die Nominalisten hatten damit recht, daß die Existenz der Abstrakta auf die Existenz von Konkreta reduzierbar sei.

Was die Nominalisten früher nicht erkannten, war die Tatsache, daß aus ihrer Theorie die Nichtexistenz der Abstrakta keineswegs folgt. Ob man einem Abstraktum Existenz zuschreibt oder nicht, ist eine Frage der Konvention. Wir können sagen: „Die Negerrasse existiert." Wir wissen dann, daß es dasselbe bedeutet wie: „Viele Neger existieren, und ihnen sind gewisse biologische Eigenschaften gemeinsam, die sie von anderen Menschen unterscheiden." Wir können auch sagen: „Die Negerrasse existiert nicht." Dann müssen wir hinzufügen: „Viele Neger existieren, und jeder Satz mit dem Ausdruck ‚Negerrasse' kann in einen Satz über diese Neger übersetzt werden." Wir erkennen also die Frage, ob Abstrakta existieren oder nicht, ob nur das Wort existiert oder auch ein dazugehöriges Etwas, als ein Scheinproblem. Die Frage hat nichts mit Wahrheit oder Falschheit, sondern mit einer Entscheidung zu tun – einer Entscheidung über den Gebrauch des Wortes „existieren" in Verbindung mit Ausdrücken höherer logischer Ordnung.

20) Ich benutze die Russellsche Symbolik: einen Punkt „." für „und", „∨" für das einschließende „oder" und „≡" für die logische Äquivalenz.

Fragt man nun, welche Entscheidung in der Praxis bezüglich der Existenz der Abstrakta getroffen wird, so kommt man zu dem bemerkenswerten Ergebnis, daß es dafür keine allgemeine Regel gibt, daß sich der Sprachgebrauch manchmal für und manchmal gegen die Existenz von Abstrakta entscheidet. Um einige Beispiele zu nennen: Das Mobiliar einer Familie wird gewöhnlich als existierend angesehen; ebenso die Gesellschaft, die in ein Haus eingeladen ist, wie auch ein Regiment Soldaten oder ein Gerichtshof. Die Entscheidung wird fraglich, wenn es sich um Wörter wie „Staat", „menschliche Gesellschaft" oder „Bürgertum" handelt. In anderen Fällen weigert man sich ganz offen, von Existenz zu sprechen: weder die Höhe eines Berges noch die Kindersterblichkeit noch die Linkshändigkeit existiert. Die Frage nach den Motiven zu diesen Entscheidungen muß psychologisch behandelt werden. Es scheint, daß diejenigen Abstrakta als existierend aufgefaßt werden, mit denen wir im praktischen Leben in Berührung kommen und die gewöhnlich durch Substantive bezeichnet werden. Wir haben es manchmal mit linkshändigen Menschen zu tun, benutzen aber den Ausdruck „Linkshändigkeit" selten; dieser Ausdruck bleibt also ein Wort ohne ein existierendes Objekt. Vom „Mobiliar" jedoch spricht man oft, und deshalb wird das Mobiliar als ein existierender Gegenstand aufgefaßt. Die Entscheidung kann sogar vom Beruf des Sprechers abhängen. Für einen Kaufmann können Angebot und Nachfrage existieren, während ein Elektriker eine elektrische Spannung als existierend auffassen würde. Es ist eine bemerkenswerte psychologische Tatsache, daß dieses „Gefühl der Existenz", das bestimmte Ausdrücke begleitet, wechselt und von den Verhältnissen beeinflußt wird. Eine Untersuchung dieser Frage ist von großem psychologischem Interesse; für die Logik liegt aber überhaupt kein Problem vor.

Die Möglichkeit, abstrakten Gegenständen Existenz zuzuschreiben, rechtfertigt jedoch nicht den Realismus. Das Abstraktum ist kein Gegenstand einer anderen „Sphäre", sondern ein Gegenstand, der in der gewöhnlichen Welt existiert. Das Mobiliar existiert in derselben Welt wie die Tische und Stühle, aus denen es besteht; genau wie diese ist das Mobiliar ein Gegenstand, der ein Gewicht hat und mit Geld bezahlt werden kann. Der Realist führt die andere Sphäre ein, weil er an eine Mehrbedeutung des abstrakten Ausdrucks glaubt. Ich vermute, das hängt mit dem Mißverständnis einer logischen Tatsache zusammen, die die alten Logiker gestört zu haben scheint, die aber der Nominalismus ohne Schwierigkeiten verarbeiten kann. Es ist die Tatsache, daß der abstrakte Gegenstand und seine konkreten Bestandteile nicht „addiert" oder nebeneinandergestellt werden können. Man darf z.B. nicht einen Tisch, drei Stühle und einen Schrank als sechs Dinge aufzählen, indem man das Mobiliar, das aus diesen fünf Dingen besteht, als sechstes zu ihnen rechnet. Das ist aber nur eine Sache der Sprachregeln; diese enthalten Vorschriften über den Gebrauch der Ausdrücke „Addition", „zählen", „Zahl" usw. – Vorschriften, die zwischen dem Abstraktum und seinen Bestandteilen unterscheiden. Wenn man aus dieser Unterscheidung schließt, man müsse die Abstrakta in eine andere Sphäre versetzen, dann verwechselt man ein sprachliches Problem mit einem Existenzproblem. Das ist eines der Mißverständnisse, die für die Entstehung der sogenannten „Ontologie“ verantwortlich sind. Die Theorie der Abstrakta ist eine Art Irrgarten voll von Scheinproblemen geworden.

Ein anderes Scheinproblem auf diesem Gebiet ist die Frage nach der räumlichen Lokalisierung gewisser Abstrakta. Nimmt der Staat als politische Körperschaft einen Ort im Raume ein? Man könnte darauf antworten, daß nur das Land, das zu dem Staat gehört, und nicht der Staat als politische Institution eine räumliche Ausdehnung hat. Das ist jedoch nur eine Frage der Konvention; es kommt darauf an, wie wir räumliche Eigenschaften definieren. Alle Eigenschaften des Abstraktums „Staat“ müssen als Beziehungen zwischen seinen konkreten Bestandteilen definiert werden; man könnte die räumliche Ausdehnung eines Staates auch als den Raum definieren, der von seinen Einwohnern eingenommen wird. Die Frage, ob eine physikalische Kraft im Raum existiert oder eine Melodie oder die Elastizität einer Feder, ist von der gleichen Art und muß mit einer Definition entschieden werden.

Mit diesen Bemerkungen findet das Problem der Existenz abstrakter Gegenstände seine Lösung. Es ist eine Sache der Entscheidung und nicht der Wahrheit oder Falschheit. Unabhängig von der Entscheidung kann man sagen, daß die Existenz der Abstrakta auf die Existenz anderer Gegenstände zurückführbar ist. Dieser logische Vorgang heißt „Reduktion“. Das Abstraktum soll ein „Komplex“, die Konkreta auf der rechten Seite der Formel (1) sollen „innere Bestandteile“ des Komplexes heißen. Der umgekehrte Vorgang soll „Komposition“ heißen. Die Bestandteile fügen sich zum Komplex zusammen; der Komplex wird auf seine Bestandteile reduziert. Beide Beziehungen mögen unter dem Ausdruck „Reduzierbarkeitsbeziehung“ zusammengefaßt werden; sie wird durch die Äquivalenz (1) definiert.

Ich möchte eine Bemerkung über eine Beziehung anfügen, mit der man sich in diesem Zusammmenhang beschäftigen muß: die des Ganzen zu seinen Teilen. Sie ist als Spezialfall der oben definierten Reduzierbarkeitsrelation anzusehen. Die Teile sind innere Bestandteile des Ganzen als eines Komplexes. Es gibt aber keine strenge Definition des Begriffes des Ganzen. Wir gebrauchen ihn, wenn der Komplex eine räumliche Ausdehnung hat, ebenso die Bestandteile, die im geometrischen Sinne Teile der geometrischen Ausdehnung des Komplexes bilden, wie im Falle einer Wand und ihrer Ziegelsteine oder eines Landgutes und seiner Wiesen und Felder. In diesem Fall wird der Begriff des Ganzen und seiner Teile auf den Begriff des geometrischen Ganzen und seiner Teile reduziert. Doch das ist nicht immer so, und der Wortgebrauch schwankt manchmal; soll man die Bäume als Teile des Waldes ansehen? Die Definition der Beziehung des Ganzen zu seinen Teilen ist nicht streng genug, um das eindeutig zu entscheiden. Ein Beispiel für eine solche nichträumliche Beziehung ist ein Vermögen und seine Teile, die aus barem Geld, Aktien und Grundstücken bestehen mögen. Es scheint, daß man von einem Ganzen und seinen Teilen spricht, wenn man den Bestandteilen gewisse Zahlen- oder geometrische Werte zuschreibt, deren arithmetische

Summe dem Komplex zugeschrieben wird. Das ist aber keine hinreichende Bedingung. Wenn der Komplex außerdem noch viele andere Eigenschaften hat, die diese Bedingung nicht erfüllen, dann sehen wir ihn nicht als ein aus seinen Elementen bestehendes Ganzes an. Der Staat wird gewöhnlich nicht als ein Ganzes und seine Einwohner als seine Teile angesehen, obwohl die Größe „Gesamtbevölkerung" die Summe der Einwohner ist; der Grund liegt darin, daß der Summenbegriff für viele andere Eigenschaften des Staates nicht gilt.

Ein anderes Beispiel der Reduzierbarkeitsbeziehung ist die *Gestalt*. Eine Melodie ist eine aus Tönen aufgebaute *Gestalt*; eine Zeichnung liefert eine *Gestalt*, die aus Bleistiftstrichen auf dem Papier besteht. Dieser Begriff spielt eine große Rolle in der modernen Psychologie, und aus guten Gründen; aber sein logischer Charakter als ein Spezialfall der Beziehung eines Komplexes zu seinen inneren Bestandteilen ist von den Psychologen nicht immer klar gemacht worden. Sie haben recht, wenn sie sagen, daß die *Gestalt* nicht die „Summe" ihrer Bestandteile ist, d.h. daß sie nicht zu diesen in der Beziehung eines Ganzen zu seinen Teilen steht; das bedeutet aber nicht, daß Sätze über die *Gestalt* eine Mehrbedeutung über die Sätze hinaus haben, die von den Bestandteilen handeln. Im Gegenteil, die Äquivalenz (1) gilt hier wie in allen anderen Fällen der Reduzierbarkeitsrelation. Wenn das bestritten wird, kommt es daher, daß die Aussagen über die Bestandteile nicht ausreichend formuliert sind, denn man darf die Beziehungen zwischen ihnen nicht vergessen. Die speziellen Bedingungen, die ein Komplex erfüllen muß, um als *Gestalt* zu gelten, sind bisher noch nicht so klar angegeben worden, daß jeder Einzelfall eindeutig entschieden werden konnte. Das schließt aber eine praktische Anwendung des Begriffs der *Gestalt* in vielen anderen Fällen nicht aus.

Die folgenden logischen Untersuchungen sind unabhängig von den Spezialfällen des Ganzen und seiner Teile oder der *Gestalt*. Sie beziehen sich auf den allgemeinen Fall des Komplexes und seiner inneren Bestandteile, wie er sich in der in (1) formulierten Reduzierbarkeitsrelation ausdrückt.

§ 12 Der positivistische Aufbau der Welt

Ich wende mich nun dem zweiten Existenzproblem zu – dem der Existenz der Konkreta. Ich beginne meine Untersuchung mit der Betrachtung der positivistischen Lösung des Problems.

Die positivistische Auffassung des Existenzproblems läßt sich in einem Satz zusammenfassen: Die Existenz der Konkreta muß auf die Existenz von Sinneswahrnehmungen reduziert werden, so wie die Existenz der Abstrakta auf die der Konkreta reduziert wird.

Dieser Gedanke ergibt sich aus der positivistischen Auffassung von den Sinneswahrnehmungen als Grundtatsachen der Erkenntnis (§ 10) in Verbindung mit der Wahrheitstheorie der Bedeutung (§ 7). Alle Beobachtungen müssen, so heißt es, auf Sinnesempfindungen reduziert werden, weil man nur diese direkt beobachten kann. Sätze über konkrete physikalische Gegenstände sind deshalb indirekte Sätze, die auf Empfindungssätze als zugeordnete direkte Sätze reduziert werden können; nur die letzteren sind direkt verifizierbar. Nach dem Retrogressionsprinzip haben diese zugeordneten Sätze die gleiche Bedeutung, und daher ist die Zuordnung eine Reduktion im Sinne der Definition in § 11.

Ein einfaches Beispiel möge das verdeutlichen. Der Satz „Dort steht ein Tisch" wird aus gewissen Sinneswahrnehmungen erschlossen, die wir haben, wenn wir den Tisch von verschiedenen Seiten betrachten, ihn anfassen usw. Nach dem Retrogressionsprinzip wird dieser Schluß als Bedeutungsgleichheit aufgefaßt. Darum bedeutet der Satz „Der Tisch existiert" dasselbe wie der Satz „Ich habe die und die Sinnesempfindungen". Es ist dieselbe Beziehung wie bei der Reduktion der Abstrakta; der Tisch ist als ein Komplex anzusehen, dessen Bestandteile Sinneswahrnehmungen sind.

Diese Auffassung gestattet es den Positivisten, die Existenz der Konkreta auf die gleiche Art zu deuten wie die Existenz der Abstrakta. Es gibt, so wird behauptet, kein echtes Existenzproblem für die Dinge in der Außenwelt; es handelt sich um ein Scheinproblem. Wir können sagen, daß Dinge in der Außenwelt existieren; das heißt dann dasselbe wie: „Es existieren Sinnesempfindungen der und der Art." Man kann auch sagen, daß keine Dinge in der Außenwelt existieren. Dann muß man aber zugeben, daß der Ausdruck „Dinge in der Außenwelt" trotzdem gebraucht werden darf und dasselbe aussagt wie Sätze über Sinnesempfindungen. Die Entscheidung für die erste oder die zweite Sprechweise ist nur eine Konvention. Es wäre sinnlos, darüber hinaus zu fragen, ob Dinge in der Außenwelt „jenseits" der Sinnesempfindungen existieren. Hier haben wir die berühmte positivistische Auffassung von der Existenz der Außenwelt.

Einer der Vorteile dieser Auffassung ist, daß kein Zweifel über die „Realität" der Außenwelt verbleibt. Die Existenz der Welt ist so sicher wie die Existenz meiner Wahrnehmungen, weil ja die erste Behauptung nichts anderes bedeutet als die zweite. Jeder Zweifel an der Realität der Außenwelt beruht auf einer sinnlosen Frage, die die Existenz von Gegenständen „jenseits" meiner Sinneswahrnehmungen voraussetzt. Diese Frage wäre genau so sinnlos wie die, ob die Negerrasse neben den einzelnen Negern existiert. Eine Leugnung der Existenz der Außenwelt wird folglich nicht als falsch, sondern als sinnlos zurückgewiesen; die positivistische Lösung erhebt daher den Anspruch, die Außenwelt mit absoluter Gewißheit nachzuweisen.

Trotz dieser Schlußfolgerung braucht die positivistische Auffassung einen Unterschied zwischen Träumen und Wachen nicht zu leugnen. Er muß aus einem Unterschied in den Wahrnehmungen erschlossen werden; dieser besteht vielleicht in der großen Regelmäßigkeit der Sinneswahrnehmungen des Wachzustands im Vergleich mit der Unregelmäßigkeit der Traumwahrnehmungen. Alle meine Sinneseindrücke können daher in zwei Klassen eingeteilt werden, derart, daß abwechselnd Gruppen von Wahrnehmungen der einen oder der anderen Klasse aufeinander folgen; nennen wir diese die „regelmäßige Klasse" und die „unregelmäßige Klasse". Wenn man das Retrogressionsprinzip anwendet, bemerkt man, daß der Satz „Ich habe geträumt" bedeutet: „Meine Wahrnehmungen haben zur unregelmäßigen Klasse gehört", und der Satz „Ich bin wach" bedeutet: „Meine Wahrnehmungen gehören zur regelmäßigen Klasse". Der Unterschied zwischen Träumen und Wachen wird also von der Theorie gewahrt; wenn jemand mehr verlangt, wenn er behaupten möchte, die Dinge, die er sieht, wenn er wach ist, seien „wirkliche" Dinge, während die Dinge im Traum „unwirklich" seien, dann sagt er nichts, weil eine solche Mehrbehauptung sinnlos wäre. Alles, was er mit solchen Worten behaupten möchte, ist hinreichend durch den schon getroffenen Unterschied zwischen Träumen und Wachen erfaßt – mehr *kann* gar nicht behauptet werden.

Dies sind die Grundgedanken des Positivismus, wie sie gewöhnlich von seinen Anhängern entwickelt werden. Sie haben etwas sehr Suggestives, das der überzeugenden Klarheit einer religiösen Bekehrung ähnelt; und der Eifer, mit dem diese Auffassung des Existenzproblems von den Predigern des Positivismus verfochten worden ist, erinnert tatsächlich an den Fanatismus einer religiösen Sekte. Ich sage das nicht in der Absicht, den Positivismus zu diskreditieren; im Gegenteil, gerade diese Überzeugungskraft weckt unsere Sympathie wegen ihrer unverkennbaren Intensität, Offenheit und des übermächtigen Wunsches, den Forderungen geistiger Disziplin nachzukommen. Aber bei fanatischen Lehren besteht die Gefahr, daß sie die nötige kritische Distanz zu ihren Grundauffassungen verlieren; man muß darauf achten, daß die Bewunderung der Klarheit der Theorie einen nicht von einer nüchternen Prüfung ihrer logischen Grundlagen abhält.

Die vorhergehenden Untersuchungen über die Bedeutung haben uns zu einem Angriff auf einen der Eckpfeiler der positivistischen Lehre veranlaßt: das Retrogressionsprinzip. In § 7 sahen wir, daß der Zusammenhang zwischen direkten und indirekten Sätzen nur eine Wahrscheinlichkeitsbeziehung und keine Äquivalenz ist. Der Hauptgedanke der positivistischen Reduktion ist also nicht haltbar. Zwischen Abstrakta und Konkreta stellt die Zuordnung von Sätzen eine Äquivalenz her; nur deshalb ist die Existenz der Abstrakta auf die Existenz von Konkreta reduzierbar. Wenn es sich nun herausstellt, daß die Zuordnung für die Beziehung zwischen Konkreta und Sinneswahrnehmungen anders geartet ist, so gilt die Analogie nicht; man kann dann nicht sagen, die Existenz der Konkreta sei auf die Existenz von Wahrnehmungen reduzierbar. Das heißt, daß der Satz „Der Tisch existiert" nicht dieselbe Bedeutung hat wie der Satz „Ich habe die und die Sinnesempfindungen". Die instinktive Abneigung gegen die religiöse Bekehrung hat auch eine solide logische Grundlage. Die positivistische Auffassung der Existenz ist nicht stichhaltig; in der Aussage über die Existenz der Dinge in der Außenwelt steckt eine Mehrbedeutung. Der Positivist zeigt sich als Opfer der Schematisierung, die eine hohe Wahrscheinlichkeit durch die Wahrheit ersetzt und die Zusammenhänge zwischen Sätzen als Beziehungen ansieht, die von Wahrheit und Falschheit beherrscht werden. Diese Schematisierung ist nur für gewisse Zwecke zulässig; wenn sie als Grundlage der Entscheidung von Grundsatzfragen gemacht wird, etwa der Frage nach der Auffassung der Existenz, führt sie zu einem Auseinanderklaffen der erkenntnistheoretischen Konstruktion und der wirklichen Erkenntnis.

Es wird nun unsere Aufgabe sein, eine andere Lösung für das Existenzproblem zu entwickeln – eine Lösung, die mit dem Wahrscheinlichkeitscharakter der Beziehunge zwischen Aussagen vereinbar ist. Um diese Lösung darzustellen, müssen wir zunächst die Art der Wahrscheinlichkeitsbeziehungen ausführlicher untersuchen.

§ 13 Reduktion und Projektion

Wir haben gesehen, daß der Übergang von Dingen in der Außenwelt zu Sinneswahrnehmungen nicht als eine Reduktion aufgefaßt werden kann; er hat eine andere logische Struktur. Um diese verständlich zu machen, beginne ich mit der Analyse zweier Beispiele.

Die Reduktionsbeziehung läßt sich veranschaulichen durch die Beziehung zwischen einer Mauer und den Ziegelsteinen, aus denen sie aufgebaut ist. Jeder Satz über die Mauer kann durch einen Satz über die Ziegelsteine ersetzt werden. Wenn man sagt, die Mauer sei drei Meter hoch, dann heißt das in der Übersetzung, es seien Ziegelsteine mit Mörtel zusammengefügt und bis zu einer Höhe von drei Metern aufgeschichtet. Die Mauer ist ein Komplex von Ziegelsteinen; die Ziegelsteine sind die inneren Elemente der Mauer. Die Mauer ist nicht die „Summe" der Ziegelsteine; die Mauer existiert nicht mehr, wenn die Ziegelsteine auseinandergenommen und über den Boden verstreut werden, während die einzelnen Ziegelsteine dabei unverändert bleiben können. Die Mauer erfordert eine bestimmte Anordnung der Ziegelsteine. Der Begriff des Komplexes schließt das ein; da alle Sätze über den Komplex Sätzen über die Elemente äquivalent sind, ändern sich die Eigenschaften des Komplexes, wenn sich die Beziehungen zwischen den Elementen ändern. Die Existenz des Komplexes hängt von gewissen Beziehungen unter den Elementen ab; der Komplex kann aufhören zu existieren, auch wenn die Elemente noch vorhanden sind.

Die umgekehrte Beziehung besteht nicht. Wenn die Elemente aufhören zu existieren, kann der Komplex auch nicht mehr existieren. Wenn die Ziegelsteine zerstört werden, ist die Mauer auch zerstört. Das meinen wir mit der Reduzierbarkeit der Existenz: die Existenz des Komplexes hängt so von der Existenz der Elemente ab, daß die Nichtexistenz der Elemente die Nichtexistenz des Komplexes zur Folge hat. Mit anderen Worten, die Existenz des Komplexes setzt die Existenz der Elemente voraus. Dieser Satz ist nur eine andere Formulierung des vorhergehenden. Er muß aber von der umgekehrten Beziehung unterschieden werden, nach der die Nichtexistenz des Komplexes die Nichtexistenz der Elemente oder die Existenz der Elemente die Existenz des Komplexes zur Folge hätte; wie wir sahen, gilt diese Umkehrung nicht. Folglich besteht zwischen dem Komplex und seinen inneren Elementen eine asymmetrische Beziehung. Gerade diese Asymmetrie unterscheidet die beiden Begriffe voneinander und liegt in dem Satz: „Die Existenz des Komplexes wird auf die Existenz seiner inneren Elemente reduziert". Die umgekehrte Aussage machen wir nicht; die Elemente haben sozusagen eine solidere Existenz.

Man könnte einwenden, ein geschickter Architekt könnte die Ziegel einen nach dem anderen gegen andere so vorsichtig austauschen, daß die Existenz der Mauer unberührt bleibt; die Originalziegel könnten sogar zu Staub zermahlen werden, so daß die Elemente nicht mehr existieren, während der Komplex weiterbesteht. Diesem Einwand kann man aber mit einem genaueren Wortgebrauch begegnen. Die Mauer, die aus den ausgetauschten Ziegeln besteht, ist ein Komplex aus anderen Elementen; wenn man trotzdem von derselben Mauer spricht, dann muß dieser Komplex „Mauer" so definiert werden, daß er aus dem einen *oder* dem anderen System von Elementen besteht. Das heißt, der Komplex muß mit einer Disjunktion aus den Bestandteilen aufgebaut werden; die Sätze über den Komplex sind einer Disjunktion von Sätzen über Elemente äquivalent, wie es die allgemeine Formel (1) in § 11 ausdrückt. Die meisten Komplexe der Umgangssprache sind von dieser komplizierten Art. Eine Melodie kann in verschiedenen Tonarten gespielt werden; sie ist durch eine Disjunktion von Aussagen definiert. Das Existenztheorem muß also folgendermaßen formuliert werden: aus der Existenz eines Komplexes folgt die Existenz *eines* Systems von Elementen, aber nicht die Existenz eines bestimmten Systems; aus der Nichtexistenz *aller* Elementensysteme folgt die Nichtexistenz des Komplexes. Ich nenne einen solchen Komplex einen *disjunktiven Komplex*.

Man kann den Beziehungen der Elemente zum Komplex eine genauere Form geben. Wir sahen, daß die Existenz der Elemente keine hinreichende Bedingung für die Existenz des Komplexes ist. Aber die Bedingung wird hinreichend, wenn weitere Beziehungen zwischen den Elementen erfüllt sind. Wenn die Ziegel in einer bestimmten Weise angeordnet sind, dann existiert die Mauer. Ich möchte diese zusätzlichen Beziehungen die *konstitutiven Beziehungen* zwischen den Elementen nennen. Dann kann man sowohl für den einfachen als auch für den disjunktiven Komplex sagen: Der Komplex existiert, wenn eines der entsprechenden Elementensysteme existiert und die konstitutiven Beziehungen erfüllt. Diese Formulierung drückt das aus, was ich die Abhängigkeit des Komplexes von seinen Elementen nenne. Die Elemente können den Komplex erzeugen; ob sie ihn erzeugen, hängt nur von ihren inneren Beziehungen ab. Man muß natürlich hinzufügen, daß dazu die Elemente vollständig gegeben sein müssen; nur dann brauchen wir keine weiteren Elemente einzuführen, um den Komplex zu erzeugen. Das heißt, nur dann können die konstitutiven Beziehungen als solche allein zwischen diesen Elementen formuliert werden. Ich nenne eine derartige Klasse von Elementen eine *vollständige Klasse von Elementen*. Die Töne, die der Musiker auf dem Klavier spielt, bilden eine solche vollständige Klasse, das heißt, eine Klasse, die für die Existenz der Melodie hinreicht. Man braucht keine weiteren Töne zu spielen. Die konstitutiven Beziehungen sind hier die Beziehungen, die die zeitliche Abfolge der Töne, die zeitlichen Abstände zwischen ihnen usw. betreffen.

Nach dieser Untersuchung des Reduktionsbegriffs möchte ich mich jetzt einer anderen logischen Struktur zuwenden, die ebenfalls durch eine Zuordnung von Sätzen charakterisiert ist, aber andere Eigenschaften hat.

Stellen wir uns eine Anzahl von Vögeln vor, die in einem bestimmten Raumgebiet fliegen. Die von oben einfallenden Sonnenstrahlen projizieren je eine Schattenfigur eines jeden Vogels auf den Boden, die den horizontalen Ort des Vogels angibt. Um auch den vertikalen Ort zu markieren, stellen wir uns ein zweites System von Lichtstrahlen vor, die waagerecht einfallen und die Vögel auf eine senkrechte Ebene projizieren, etwa eine Filmleinwand. Dann haben wir ein zusammengehöriges Schattenpaar für jeden Vogel; welche Schatten zu demselben Vogel gehören, ergebe sich aus der Form der Schatten. Diese Zuordnung gestattet uns, den Ort jedes Vogels mit Hilfe der Position seines Schattenpaares zu bestimmen und die raumzeitliche Bewegung der Vögel anhand der raumzeitlichen Veränderungen der Schattenpaare zu verfolgen. Das läßt sich in Form einer Zuordnung von Sätzen ausdrücken: jedem Satz über die Bewegung der Vögel ist ein Satz über die Veränderungen der Schattenpaare zugeordnet.

Auf diese Weise wird die raumzeitliche Stellung der Vögel auf ein System von Kennzeichen projiziert, das als Darstellung der ursprünglichen Vögel gelten kann. Mit ähnlichen Methoden könnte man Kennzeichen für andere Eigenschaften der Vögel herstellen; dazu müßte man andere Wirkungen heranziehen, die von den Vögeln ausgehen. Man könnte den Gesang der Vögel aufnehmen, und dann wären die Rillen der Schallplatte die Kennzeichen für den Gesang. Alles, was von außen beobachtet werden kann, muß uns durch einen physikalischen Vorgang übermittelt werden und daher in ein physikalisches Gebilde außerhalb der Vögel umgesetzt werden; dieses ist dann unser Kennzeichen für die fragliche Eigenschaft. So erhält man ein System von Kennzeichen, das jede Eigenschaft der Vögel wiedergibt, die von unten beobachtet werden kann und das eine Zuordnung von Sätzen ermöglicht: jedem Satz über die Vögel wird ein Satz, oder eine Klasse von Sätzen, über die Kennzeichen zugeordnet.

So kommt man zu einer Zuordnung ähnlich der Reduktion in dem Beispiel von der Wand und den Ziegelsteinen. Es gibt aber bestimmte Unterschiede; zählen wir die Eigenschaften auf, in denen sich der zweite von dem ersten Fall unterscheidet.

Erstens sind die zugeordneten Sätze nicht äquivalent, weil nur eine Wahrscheinlichkeitsbeziehung zwischen den Vögeln und den Kennzeichen besteht; wenn man nur die Kennzeichen sieht, kann man mit einer gewissen Wahrscheinlichkeit schließen, daß sie von den Vögeln herrühren, und wenn man nur die Vögel sieht, kann man mit einer gewissen Wahrscheinlichkeit schließen, daß sie die Kennzeichen erzeugen werden. Dieser Mangel an Gewißheit kommt daher, daß Naturvorgänge nie mit Sicherheit vorausgesehen werden können. Ob die Schattenfiguren zustandekommen, hängt, außer von der

Gegenwart der Vögel, von zahlreichen anderen physikalischen Faktoren ab, zum Beispiel von der Beschaffenheit der Leinwand. Umgekehrt kann man nicht mit Sicherheit wissen, ob Vögel die Ursache der beobachteten Schattenfiguren sind, denn es könnten andere physikalische Vorgänge mit gleicher Wirkung auf die Leinwand vorliegen. Es besteht also keine strenge Beziehung zwischen den Wahrheitswerten der zugeordneten Sätze. Der Satz über die Vögel kann wahr sein und der über die Kennzeichen falsch; umgekehrt kann der Satz über die Vögel falsch sein und der über die Kennzeichen wahr.

Zweitens gibt es keine Reduktion der Existenz. Die Vögel existieren unabhängig von der Existenz der Kennzeichen. In Anlehnung an die Sprechweise bei der Beschreibung der Existenzeigenschaften im Falle der Reduktion kann man sagen: weder folgt aus der Existenz der Vögel die Existenz der Kennzeichen, noch folgt aus der Existenz der Kennzeichen die Existenz der Vögel. Dasselbe gilt für die Nichtexistenz. Das kann als eine Definition dafür genommen werden, daß die Existenz der Vögel nicht auf die Existenz der Kennzeichen reduzierbar ist. Die Schattenfiguren können verschwinden, während die Vögel weiterexistieren, weil Störungen eintreten können; und die Vögel können zugrunde gehen, ohne daß die Schattenfiguren verschwinden, denn diese können durch andere physikalische Ursachen hervorgebracht werden.

In dem Beispiel von der Mauer und den Ziegelsteinen wurde der Übergang eine *Reduktion* genannt; im Gegensatz dazu nenne ich den Übergang von den Vögeln zu den Kennzeichen eine *Projektion*. Um die Parallelität hervorzuheben, spreche ich in beiden Fällen von einem Komplex und seinen Elementen; um aber den Unterschied klar zu machen, soll der eine ein reduzierbarer Komplex und der andere ein projektiver Komplex heißen. Die Elemente des ersten nenne ich *innere Elemente*, die des zweiten *äußere Elemente*. Die Vögel müssen also als projektiver Komplex bezeichnet werden, der mit den Kennzeichen als äußeren Elementen entsteht. Die wichtigste Eigenschaft der Projektion besteht darin, daß sie nicht zu einer Reduktion der Existenz führt; das liegt daran, daß die Beziehungen zwischen dem projektiven Komplex und seinen Elementen nur Wahrscheinlichkeitsbeziehungen sind. Der Wahrscheinlichkeitscharakter dieser Beziehungen läßt sich zu einer Definition der Projektion heranziehen: Eine Projektion ist eine Zuordnung von Sätzen durch eine Wahrscheinlichkeitsbeziehung, derart, daß ein Ausdruck oder eine Klasse von Ausdrücken, „Komplex" genannt, nur auf einer Seite der Zuordnung vorkommt und ein anderer Ausdruck oder eine Klasse von Ausdrücken, „äußere Elemente" genannt, nur auf der anderen Seite der Zuordnung vorkommt. Da die Wahrscheinlichkeitsbeziehung symmetrisch ist (vgl. § 7), gibt es keinen absoluten Unterschied zwischen den [äußeren] Elementen und dem Komplex einer Projektion; die Ausdrücke können vertauscht werden: man kann die Schattenfiguren einen projektiven Komplex nennen, dessen äußere Elemente die Vögel sind. Welche Seite als die der Elemente bezeichnet wird, hängt von psychologischen Umständen ab; gewöhnlich wählt man die leichter beobachtbare Seite.

Um den Unterschied zwischen diesen beiden Arten des Übergangs zu erkennen, wollen wir einen Übergang betrachten, bei dem die Vögel ein reduzierbarer Komplex sind: wenn man etwa als Elemente die Zellen oder die Atome ansieht, aus denen die Vögel bestehen. Diese wären innere Elemente. Man könnte versuchen, den projektiven Komplex als einen disjunktiven Komplex aufzufassen, indem man sich eine Disjunktion von Elementenklassen denkt, von denen die inneren Elemente eine Klasse sind. Es ist aber leicht einzusehen, daß die oben für disjunktive Komplexe genannten Beziehungen hier nicht erfüllt sind. Die Existenz des Komplexes setzt also die Existenz einer bestimmten Klasse von Elementen voraus, nämlich die der inneren Elemente; und einer Klasse äußerer Elemente kann man keine konstitutiven Bedingungen so hinzufügen, daß die Existenz des Komplexes folgt. Die Projektion ist von anderer logischer Struktur als die Reduktion.

Wenden wir jetzt die entwickelten Begriffe auf das Problem der Beziehung zwischen Sinnesdaten und äußeren Gegenständen an. Wir betonten, daß keine Äquivalenz zwischen Sätzen über äußere Gegenstände und Sätzen über Sinneswahrnehmungen besteht; es besteht nur eine Wahrscheinlichkeitsbeziehung. Dieses Verhältnis ist also eine Projektion und keine Reduktion; die Existenz der Gegenstände in der Außenwelt ist nicht auf die Existenz von Sinnesdaten reduzierbar. Die äußeren Gegenstände haben eine unabhängige Existenz. Hier besteht die gleiche Unabhängigkeit wie zwischen den Vögeln und ihren Schatten. Die naive Vorstellung der Existenzunabhängigkeit aus diesem Beispiel läßt sich also auch auf das Problem der äußeren Gegenstände und der Sinnesdaten anwenden; die Vorstellung, daß die Dinge in der Außenwelt nach unserem Tode weiterbestehen, wenn unsere Wahrnehmungen aufgehört haben, kann im gleichen Sinne als richtig gelten wie die Vorstellung, daß die Vögel weiterbestehen, wenn die Schatten verschwinden, weil die Beleuchtung aufgehört hat. Wenn man hingegen Aussagen über Dinge in der Außenwelt als äquivalent mit Aussagen über Sinnesdaten ansähe, dann würde man die Beziehung zwischen äußeren Gegenständen und Wahrnehmungen als eine Reduktion auffassen; auf diese Weise würde die Existenz der Gegenstände der Außenwelt auf die Existenz der Sinnesdaten reduziert. Dieser Theorie zufolge würden die äußeren Gegenstände mit dem Aufhören unserer Sinneswahrnehmungen verschwinden – eine Vorstellung, die sich wohl niemand ernsthaft zu eigen machen möchte.

Der Positivismus wird diese Auffassung des Existenzproblems angreifen. Man wird uns entgegnen, der Positivismus behaupte zwischen den Gegenständen der Außenwelt und den Wahrnehmungen keine Beziehung wie zwischen der Mauer und den Ziegeln. Die Positivisten stimmen mit uns darin überein, daß sie die Beziehungen zwischen den Dingen der Außenwelt und den Sinnesempfindungen analog zu der Beziehung zwischen den Vögeln und ihren Schatten auffassen möchten, nämlich als Projektion. Sie geben aber nicht zu, daß diese Projektionsbeziehung eine Wahrscheinlichkeitsverknüpfung erfordert. Sie behaupten, es sei berechtigt, auch bei Äquivalenzbeziehungen von einer Projektion zu sprechen. Dazu müßte man lediglich die Form der Zuordnung der Sätze abändern. Im Beispiel mit der Mauer erfolgt die Zuordnung so, daß aus der Nichtexistenz der Ziegelsteine die Nichtexistenz der Mauer folgt. Es könnte aber eine andere Art der Zuordnung geben, für die trotz der Äquivalenz aus der Nichtexistenz der Elemente nicht die Nichtexistenz des Komplexes folgt. Das läßt sich erreichen, wenn die Existenz des Komplexes zu einer bestimmten Zeit t_1 durch gewisse Bedingungen definiert ist, die für die Elemente zu einer anderen Zeit t_2 gelten. Ein Beispiel: Ich sagte, eine Melodie sei ein reduzierbarer Komplex der Töne, aus denen sie besteht; die Begründung wäre, daß die Melodie verschwindet, wenn die Töne verschwinden. Die Existenz der Melodie kann aber so definiert werden, daß sie während der Zeitintervalle zwischen den Tönen fortbesteht. Ich definiere: „Die Melodie existiert während der ganzen Zeit vom ersten bis zum letzten Ton" bedeutet: „Es gibt Töne zu verschiedenen einzelnen Zeitpunkten." Obwohl die Elemente, nämlich die Töne, in den Zwischenräumen nicht existieren, existiert doch die Melodie, und damit gelten für sie die Existenzbedingungen eines projektiven Komplexes. So wird die Melodie sogar gewöhnlich aufgefaßt; denn wenn man jemanden fragte, ob die Melodie während der ganzen Zeit existiere, würde er es bestimmt bejahen.

Diesem Einwand möchte ich folgendermaßen begegnen. Es stimmt, daß eine solche Definition des Komplexes möglich ist; aber man braucht sie nicht aufzustellen – im Falle einer Äquivalenz kann man immer eine andere Zuordnung einführen, bei der die Existenz des Komplexes mit der Existenz der Elemente aufhört. Die Melodie läßt sich so definieren, daß sie nur dann existiert, wenn Töne erklingen, und während der Zeitintervalle zwischen den Tönen verschwindet; eine solche Definition ist der oben gegebenen äquivalent. So zeigt sich etwas Willkürliches, genau wie es schon (§ 11) im Falle der Abstrakta aufgezeigt wurde: ob ein Komplex unabhängig von seinen Elementen existiert, wird zu einer Frage der Konvention. Diese Willkürlichkeit akzeptiere ich nun nicht beim Problem der Existenz der Konkreta. Ich behaupte, die Vorstellung, daß die Gegenstände der Außenwelt mit unseren Sinnesempfindungen verschwinden, ist mit der Vorstellung ihrer unabhängigen Existenz nicht äquivalent. Nun besteht nur im Fall von Wahrscheinlichkeitsbeziehungen keine solche Äquivalenz; also liefert nur die Auffassung der Projektion als einer Wahrscheinlichkeitsbeziehung zwischen Komplex und Elementen die zulässige Auffassung von der Existenz der Außenwelt.

Diese Überlegungen bedürfen jedoch einer kleinen Korrektur meiner Auffassung der Reduzierbarkeit der Existenz. Ich nenne die Existenz des Komplexes reduzierbar auf die Existenz der Elemente, wenn es wenigstens möglich ist, ein äquivalentes System von Sätzen anzugeben, nach dem die Existenz des Komplexes beim Verschwinden der Elemente aufhört. Diese Definition des Ausdrucks „reduzierbar" erfordert aber keine Änderung meiner Definition der Reduktion als einer Zuordnung, bei der alle Aussagen über den Komplex mit Aussagen über die Elemente äquivalent sind. Letztere Definition enthält die Möglichkeit, die Existenz des Komplexes so zu definieren, daß der Komplex mit seinen Elementen verschwindet.

Es gibt noch mehr Einwände, die ich jetzt berücksichtigen möchte. Sie betreffen die Frage, ob es stimmt, daß die Wahrscheinlichkeitsbeziehung uns vor Konsequenzen bewahren kann, wie sie für die Äquivalenzbeziehung gezeigt worden sind, das heißt, ob sie die Reduzierbarkeit der Existenz der Gegenstände in der Außenwelt auf die Existenz von Sinnesdaten vermeiden kann. Auf diese Einwände gehen wir in den nächsten Abschnitten ein.

§ 14 Eine würfelförmige Welt als Modell für Schlußfolgerungen auf unbeobachtbare Dinge

Der erste Einwand zieht zunächst die Analogie zwischen dem Vogelbeispiel und unserer Situation bei der Anerkennung der Außenwelt in Zweifel. Ich sagte, die Vögel existierten unabhängig von ihren Schatten auf der Leinwand; das begründete ich aber damit, daß es andere direkte Beobachtungen der Vögel gibt, bei denen man die Schatten nicht zu berücksichtigen braucht. Man sieht die Vögel direkt an ihren Orten im Raum und kann sie daher leicht als selbständige physikalische Gebilde von den Schatten unterscheiden. Für unser Wissen von der Außenwelt haben wir aber als Grundlage der Beobachtung nichts als Sinnesdaten; besteht eine logische Möglichkeit, von hier aus auf die selbständige Existenz von etwas zu schließen, wie ich sie oben definiert habe, die also nicht auf die Existenz von Sinneswahrnehmungen reduzierbar ist?

Dieser Einwand läßt sich folgendermaßen genauer formulieren: Es ist richtig, daß man einen Wahrscheinlichkeitsschluß gebraucht, wenn man von einer gegebenen Klasse von Sinneseindrücken auf die Existenz eines physikalischen Gegenstandes schließt. Geht das aber über einen Schluß auf neue Sinnesdaten hinaus? Es scheint unmöglich, mit Hilfe von Wahrscheinlichkeitsschlüssen jemals den Bereich der Sinnesempfindungen zu verlassen; man sollte annehmen, Wahrscheinlichkeitsschlüsse blieben immer in dem Bereich, von dem sie ausgegangen sind. So werden Aussagen über die Außenwelt, trotz der vorkommenden Wahrscheinlichkeitsschlüsse, mit Aussagen über Sinnesdaten äquivalent sein; nicht mit Aussagen über die beobachtete Klasse von Sinnesdaten, von denen der Wahrscheinlichkeitsschluß ausgeht, sondern mit Aussagen über eine umfassendere Klasse von Sinneseindrücken.

Zur Erörterung dieses Einwands ist es ratsam, zunächst bei dem Beispiel mit den Vögeln zu bleiben und die Sache daran durchzuspielen, da es hier weniger Mißverständnisse geben dürfte. Um aber die gleiche logische Struktur wie bei dem Schluß von den Sinnesdaten auf die Außenwelt herzustellen, möchte ich dieses Beispiel so abändern, daß lediglich die Schatten der Vögel sichtbar sind. Dann haben wir vergleichbare Bedingungen für beide Probleme.

Stellen wir uns eine Welt vor, in der die ganze Menschheit in einem ungeheuer großen Würfel eingeschlossen ist, dessen Wände aus weißem Stoff bestehen, der wie eine Filmleinwand durchscheinend, aber undurchlässig für direkte Lichtstrahlen ist. Außerhalb des Würfels leben Vögel, deren Schatten von den Sonnenstrahlen an die Decke des Würfels projiziert werden; wegen der Lichtdurchlässigkeit der Leinwand können die Menschen innerhalb des Würfels die Schattenfiguren der Vögel sehen. Die Vögel selbst sind unsichtbar, auch ihren Gesang kann man nicht hören. Für eine zweite Gruppe von Schattenfiguren auf der senkrechten Ebene stellen wir uns ein System von Spiegeln außerhalb des Würfels vor, das ein freundlicher Geist so konstruiert hat, daß ein zweites System von Lichtstrahlen, die waagerecht verlaufen, die Schattenfiguren der Vögel auf eine der senkrechten Wände des Würfels projiziert (Abb. 2). Als echter Geist verrät dieser unsichtbare Menschenfreund den Leuten im Würfel nichts über seine Konstruktion oder die Vögel außerhalb des Würfels; er überläßt sie völlig ihren eigenen Beobachtungen und wartet ab, ob sie die Vögel draußen entdecken werden. Er hat sogar ein System von Abstoßungskräften geschaffen, so daß den Menschen jede Annäherung an die Wände des Würfels unmöglich ist; jedes Durchdringen durch die Wände ist also ausgeschlossen, und die Bewohner sind auf die Beobachtung der Schatten angewiesen, wenn sie irgendetwas über die „Außenwelt“, die Welt außerhalb des Würfels, sagen wollen.

Werden diese Menschen entdecken, daß es Dinge außerhalb ihres Würfels gibt, die von den Schattenfiguren verschieden sind?

Zunächst werden sie es vermutlich nicht. Sie beobachten schwarze Figuren, die ganz unregelmäßig über die Leinwand laufen, an den Rändern verschwinden und wieder erscheinen. Sie werden eine Kosmologie entwickeln, nach der die Welt eine würfelförmige Gestalt hat; außerhalb des Würfels gibt es nichts, doch auf den Wänden des Würfels laufen dunkle Flecken umher.

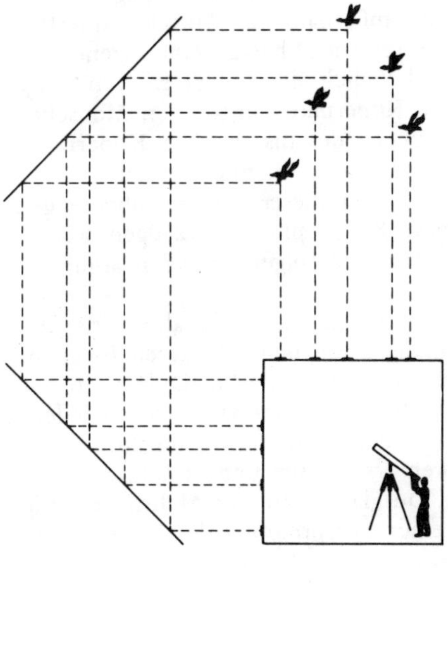

Abb. 2
Eine würfelförmige Welt, in der von den Dingen außerhalb derselben nur die Schatten sichtbar sind.

Ich glaube jedoch, daß nach einiger Zeit ein Kopernikus kommen wird. Er wird Fernrohre auf die Wände richten und entdecken, daß die dunklen Flecken die Gestalt von Tieren haben; und, was noch wichtiger ist, daß es Paare einander entsprechender schwarzer Flecken gibt, die aus einem Fleck an der Decke und einem an der Seitenwand bestehen, die ganz ähnliche Umrisse haben. Wenn a_1, ein Fleck an der Decke, klein ist und einen kurzen Hals hat, dann gibt es einen entsprechenden Fleck a_2 an der Seitenwand, der auch klein ist und einen kurzen Hals hat; wenn b_1 an der Decke lange Beine zeigt (wie ein Storch), dann zeigt b_2 an der Seitenwand meistens auch lange Beine. Man kann nicht behaupten, daß es immer einen entsprechenden Fleck auf der anderen Leinwand gäbe, doch im allgemeinen ist es der Fall. Wenn ein neuer Fleck erscheint, ganz gleich, ob schon ein entsprechender Fleck auf der anderen Leinwand vorhanden ist, fängt der neue Fleck immer am Rande der Leinwand an und erscheint nie gleich in der Mitte. Es besteht keine Entsprechung der Ortsveränderungen der Flecken eines Paares, wohl aber von deren Gestaltveränderungen. Wenn ein Schatten a_1 mit dem Schwanz wackelt, dann tut es Schatten a_2 im gleichen Augenblick auch. Manchmal kämpfen die Schatten miteinander; wenn dann a_1 mit b_1 kämpft, dann kämpft gleichzeitig a_2 mit b_2. Manchmal wird einem Schatten während des Kampfes der Schwanz ausgerissen; dann wird dem entsprechenden Schatten auf der anderen Würfelfläche gleichzeitig der Schwanz ausgerissen. Das zeigt sich im Fernrohr.

Nach diesen Entdeckungen wird Kopernikus die Menschheit mit einer weittragenden Theorie überraschen. Er wird behaupten, die merkwürdige Entsprechung der beiden Schatten eines Paares könne kein Zufall sein; die beiden Schatten seien nichts anderes als Wirkungen eines einzigen Gegenstandes im freien Raum außerhalb des Würfels. Er nennt diese Gegenstände „Vögel" und behauptet, es seien Tiere, die außerhalb des Würfels umherfliegen; sie seien von den Schattenfiguren verschieden, hätten eine eigene Existenz, und die schwarzen Flecken seien lediglich ihre Schatten. Ich neige wirklich zu der Ansicht, daß ein solcher Kopernikus unter den Menschen im Würfel erscheinen würde; die Entdeckungen des historischen Kopernikus setzten, wie mir scheint, sehr viel mehr Scharfsinn und Phantasie voraus.

Ich glaube, die Menschen würden sich von dieser Theorie überzeugen lassen; es ist aber fraglich, ob sie gewisse Philosophen überzeugen würde. Die Positivisten würden Kopernikus angreifen und folgendermaßen argumentieren:

Was du behauptest, würden sie sagen, ist nicht falsch, aber einseitig. Du sagst, es existieren Gegenstände unabhängig von den schwarzen Flecken; mit dem gleichen Recht könntest du aber sagen, diese Gegenstände seien mit den schwarzen Punkten identisch. Es gibt eine Zuordnung zwischen jedem deiner „Vögel" und einem Paar schwarzer Flecken; alles, was du über deine Vögel sagst, wird aus den schwarzen Flecken erschlossen und ist darum gleichbedeutend mit Aussagen über die Flecken. Du glaubst an eine Mehrbedeutung deiner Vogelhypothese im Vergleich zu einer Beschreibung der Bewegungen der Flecken; das ist aber eine Illusion – beide Sprechweisen haben dieselbe Bedeutung. Wir akzeptieren deine großen Entdeckungen, daß es auf jeder der beiden mit Schatten bedeckten Flächen unserer würfelförmigen Welt zusammengehörige Flecken gibt. Aber deine Deutung, daß diese Entsprechung jeweils auf einen selbständigen Gegenstand außerhalb der würfelförmigen Welt zurückzuführen sei, verleiht deinen Entdeckungen keinen zusätzlichen Inhalt. Es liegt nur an deiner Ausdrucksweise – andere Leute ziehen es vor, von Punktpaaren auf der Leinwand zu sprechen.

In unserer Redeweise heißt das, daß die Unterscheidung zwischen dem projektiven und dem reduzierbaren Komplex sinnlos sei. Kopernikus faßt die Vögel als einen projektiven Komplex auf; die Positivisten entgegnen, er könne sie genau so gut als einen reduzierbaren Komplex bezüglich derselben Elemente, der schwarzen Flecken, auffassen. Und das Argument würde folgendermaßen weitergehen:

Wir geben zu, daß diese Äquivalenz nur für unsere Welt gilt. Wenn jemand die Wände des Würfels durchdringen könnte, könnte er zwischen deiner Vogelhypothese und der entsprechenden Aussage über die Punktpaare unterscheiden. Wenn er dann die Vögel über sich sähe, wäre deine Hypothese bestätigt; wenn nicht, so wäre sie widerlegt. Aber dann gäbe es verifizierbare Tatbestände, die deine Hypothese von der baren Beschreibung der Bewegungen der Punkte unterscheiden würde. Für unsere Welt ist es aber ein Naturgesetz, daß jede Durchdringung der Würfelwände ausgeschlossen ist; für unsere Welt hat also deine Hypothese die gleiche Bedeutung wie die bloße Beschreibung der Punkte.

In unserer Sprache würde dieses Argument behaupten, die kopernikanische Hypothese habe eine Mehrbedeutung gegenüber der Aussage über die Flecken nur, wenn man die logische Bedeutung zugrundelegt, nicht aber für die physikalische Bedeutung. Diese Frage steht jetzt zur Untersuchung.

Die positivistische Auffassung beruht auf der Voraussetzung absoluter Verifizierbarkeit. Innerhalb des Würfels besteht keine Möglichkeit, ein klares „Ja" oder „Nein" für die kopernikanische Hypothese zu erhalten; von einem Beobachtungsort außerhalb des Würfels wäre eine solche klare Unterscheidung möglich. Wenn man darauf besteht, daß nur ein klares „Ja" oder „Nein" eine Antwort sei, dann ist die positivistische Folgerung richtig; ich vermute, das ist der Grund für die Anziehungskraft der positivistischen Auffassung. Sie ist in der Tat schlüssig, wenn man nur Wahrheit und Falschheit als Satzeigenschaften gelten läßt. Wenn man aber Zwischenwerte einführt, nämlich das Gewicht, dann ist das nicht mehr der Fall.

Geht man vom Gewicht aus, so sind die beiden Auffassungen nicht äquivalent. Aufgrund der beobachteten Tatsachen erscheint die kopernikanische Hypothese als sehr wahrscheinlich. Es sieht sehr unwahrscheinlich aus, daß die auffallenden Übereinstimmungen, die man für ein Fleckenpaar beobachtet, reiner Zufall sein sollten. Es ist natürlich nicht unmöglich, daß im gleichen Augenblick, da einem Schatten sein Schattenschwanz ausgerissen wird, einem anderen Schatten auf einer anderen Fläche dasselbe zustößt; es ist nicht einmal unmöglich, daß sich dieses Zusammentreffen mehrmals wiederholt. Aber es ist unwahrscheinlich; und jeder Physiker, dem das begegnet, wird nicht an einen Zufall glauben, sondern nach einem Kausalzusammenhang suchen. Überlegungen dieser Art würden den Physiker veranlassen, an die kopernikanische Hypothese zu glauben und die Äquivalenztheorie abzulehnen.

Das heißt, daß der Physiker auf der Mehrbedeutung seiner Deutung nicht deshalb besteht, weil sie logische Bedeutung, sondern weil sie physikalische Wahrscheinlichkeitsbedeutung hat. Nur für die physikalische Wahrheitsbedeutung gilt die positivistische Auffassung; wenn man aber die physikalische Wahrscheinlichkeitsbedeutung zuläßt, hat die Vogelhypothese (die Auffassung der Vögel als eines projektiven Komplexes der Schatten) eine Mehrbedeutung, weil ihr Gewicht von dem der Hypothese der Punktpaare, nämlich der Auffassung der Vögel als eines reduzierbaren Komplexes der Schatten, verschieden ist. Dieser Unterschied ergibt sich aus der verschiedenen Auslegung des zweiten Prinzips der Bedeutungstheorie. Die positivistische Auslegung schreibt zwei Aussagen die gleiche Bedeutung zu, wenn sie aufgrund aller nur möglichen Tatsachen die gleiche Beurteilung als wahr oder falsch erhalten; die Wahrscheinlichkeitsauslegung erkennt gleiche Bedeutung jedoch nur, wenn die Aussagen für alle nur möglichen Tatsachen das gleiche Gewicht erhalten. Es ist richtig, daß die beobachtbaren Tatsachen keinen Unterschied in Bezug auf die absolute Wahrheit oder Falschheit der beiden Theorien liefern; aber das Gewicht, das sie durch die innerhalb des Würfels beobachtbaren Tatsachen erhalten, ist verschieden. Während also die positivistische Bedeutungsdefinition den beiden Theorien die gleiche Bedeutung zuschreiben muß, schreibt ihnen die wahrscheinlichkeitstheoretische Bedeutungsdefinition verschiedene Bedeutung zu – obwohl der Bereich der beobachtbaren Tatsachen der gleiche ist und obwohl in der Bedeutungsdefinition nur die physikalische Möglichkeit gefordert wird. Der Physiker braucht also den fragwürdigen Begriff der logischen Bedeutung nicht zu akzeptieren; er benutzt die physikalische Bedeutung wie die Positivisten, aber nur in der Wahrscheinlichkeits-, nicht in der Wahrheitsform.

Zur Verteidigung seines Standpunkts wird der Positivist folgendes entgegnen: Deine Hypothese, wird er dem Physiker sagen, erhält nur deswegen ein anderes Gewicht als meine Hypothese, weil sie andere Konsequenzen auf dem Gebiet der beobachtbaren Tatsachen liefert. Z.B. führt deine Theorie zu der Konsequenz, daß die Übereinstimmungen zwischen den Schatten eines Paares andauern und sich immer wiederholen werden; die Auffassung der Übereinstimmungen als zufällig führt aber zu der entgegengesetzten Voraussage, nämlich, daß sie sich nicht wiederholen werden. Um diesen Unterschied zu beseitigen, wollen wir unsere Auffassung derart ändern, daß sie die gleichen beobachtbaren Konsequenzen wie deine Hypothese liefert und sich nur in den Konsequenzen bezüglich unbeobachtbarer Tatsachen außerhalb des Würfels unterscheidet. Wir erhalten also unsere Auffassung in der Form aufrecht, daß die Vögel ein reduzierbarer Komplex der Schatten bleiben, daß aber alle Konsequenzen für Tatsachen innerhalb des Würfels die gleichen sind, wie wenn die Vögel ein projektiver Komplex der Schatten wären.

Wenn dieser Gedanke haltbar wäre, würde er beweisen, daß man keinen Unterschied zwischen einem reduzierbaren und einem projektiven Komplex behaupten könnte, wenn man bei der physikalischen Bedeutung bleibt.

Bei der Ausführung seines Vorschlags müßte der Positivist die Übereinstimmung zwischen den Punkten eines Paares als eine Kausalverknüpfung deuten. Er müßte sagen, es gebe eine Art Kopplung zwischen den Bestandteilen eines Paares. Wenn sich ein Bestandteil a_1 eines Paares einem Bestandteil b_1 eines anderen Paares auf eine Weise nähert, die man „Kampf" nennt und an dem aufgeregten Tanzen der Schatten und gegenseitigen Schnabelhieben erkennt, dann – so muß der Positivist sagen – gibt es eine Wirkung von a_1 auf seinen zugeordneten Punkt a_2 auf der anderen Leinwand und von b_1 auf seinen zugeordneten Punkt b_2 derart, daß a_2 und b_2 dasselbe Verhalten zueinander zeigen, das man „Kampf" nennt. Mit dieser Hypothese würde der Positivist die Übereinstimmungen nicht mehr als Zufall, sondern als Ergebnis eines Kausalgesetzes auffassen; infolgedessen würden sich nach seiner Theorie die Übereinstimmungen ständig wiederholen. Seine Theorie wird also so geändert, daß sie sich nicht von der des Physikers unterscheidet, soweit es um Voraussagen zukünftiger beobachtbarer Ereignisse geht.

Der Physiker würde aber diese verbesserte Theorie nicht akzeptieren. Er wird nicht so dumm sein, dem Positivisten zu entgegnen, ein solcher Kausalzusammenhang sei unmöglich. Er wird aber sagen, er sei sehr unwahrscheinlich. Das tut er nicht, weil er mit dem Ausdruck „Kausalzusammenhang" ein metaphysisches Gefühl wie „Einfluß eines Gegenstandes auf einen anderen" oder „Verwandlung der Ursache in die Wirkung" verbinden möchte. Unser Physiker ist ein ganz moderner Mensch und hat keine solchen Anthropomorphismen nötig. Er behauptet einfach: Immer, wenn er solche gleichzeitigen Veränderungen in dunklen Flecken beobachtete, war neben den Flecken ein dritter Körper vorhanden; die Veränderungen fanden in dem dritten Körper statt und wurden von den Lichtstrahlen als dunkle Flecke projiziert, die er Schattenbilder zu nennen pflegte. Von allen Begleitvorstellungen befreit, hat sein Schluß folgende Form: Immer, wenn einmal übereinstimmende Schattenbilder wie die Flecken auf der Leinwand auftraten, gab es außerdem einen dritten, unabhängig existierenden Gegenstand; darum ist es sehr wahrscheinlich, daß es auch im vorliegenden Falle einen solchen dritten Gegenstand gibt. Dieser Wahrscheinlichkeitsschluß liefert für den projektiven und den reduzierbaren Komplex verschiedenes Gewicht.

Besonders bemerkenswert ist hier, daß die beiden Theorien aufgrund der innerhalb des Würfels beobachteten Tatbestände verschiedene Gewichte erhalten, obwohl sie den zukünftigen Sachverhalten innerhalb des Würfels die gleichen Gewichte verleihen[21]. Die Wahrscheinlichkeitsauffassung der Be-

21) Eine Bemerkung für den Mathematiker: Es gibt eine Beziehung zwischen den „Vorwärtswahrscheinlichkeiten" von der Theorie zu den Tatsachen und den „Rückwärts-

deutung gestattet uns also, zwischen Theorien zu unterscheiden, die allen beobachtbaren Konsequenzen in einem bestimmten Bereich das gleiche Gewicht erteilen, selbst wenn uns nur Tatsachen aus diesem Bereich für unsere Wahrscheinlichkeitsschlüsse zur Verfügung stehen.

Man könnte einwenden, dies sei nur möglich, wenn die betreffenden Theorien wenigstens verschiedene logische Bedeutung hätten. Das stimmt; wie schon ausgeführt, können zwei Theorien mit gleicher logischer Bedeutung keine verschiedene Wahrscheinlichkeitsbedeutung haben. Aber der Begriff der [Verschiedenheit der] Wahrscheinlichkeitsbedeutung ist der engere; nicht alle Aussagen mit verschiedener logischer Bedeutung haben auch verschiedene Wahrscheinlichkeitsbedeutung. Man kann also nicht sagen, wir sähen die Theorie des Physikers als sinnvoll an, weil sie logische Bedeutung hat. Wir tun es, weil sie physikalische Wahrscheinlichkeitsbedeutung hat.

Man könnte noch anders zu begründen versuchen, daß man die logische Bedeutung zugrunde legen müsse. Man könnte sagen: obwohl nicht jede Verschiedenheit der logischen Bedeutung eine Verschiedenheit der Wahrscheinlichkeitsbedeutung zur Folge hat, komme letztere doch nur dann zum Tragen, wenn die logische Bedeutung verschieden sei. Deutlicher gesagt: wenn man sich nicht wenigstens einen Unterschied in der logischen Bedeutung vorstellen könnte, wäre es unmöglich, für beide Theorien verschiedene Gewichte zu berechnen. Diese Überlegung macht aber einen groben Fehler. Der Begriff der logischen Bedeutung gilt nur für eine Idealisierung, bei der physikalische Aussagen als absolut verifizierbar angesehen werden. Wenn man berücksichtigt, daß Wahrheit streng genommen nur hohes Gewicht bedeutet, sieht man umgekehrt, daß die Wahrheitsbedeutung auf die Wahrscheinlichkeitsbedeutung zurückgeführt werden muß. Das verdeutlicht wiederum das Beispiel mit den Vögeln. Der Einwand würde hier folgendermaßen lauten: Man ist nur deshalb zu dem Wahrscheinlichkeitsschluß berechtigt, daß außerhalb des Würfels Vögel existieren, weil man sich wenigstens vorstellen kann, daß man die Decke durchstoßen und die Vögel sehen könnte; dieses Durchstoßen ist logisch möglich, wenn auch ein Naturgesetz es verhindert, und deshalb ist das Ergebnis des Wahrscheinlichkeitsschlusses sinnvoll. Daß dies eine falsche Überlegung ist, wird klar, wenn man sich das Durchstoßen der Decke vorstellt. Könnte jemand ein Loch in die Decke schneiden und die Vögel sehen – wäre das eine absolute Verifikation der Theorie des Würfel-Kopernikus? Ich habe gezeigt, daß es keine absolut verifizierbaren Aussagen gibt. Man könnte eine Deutung aufstellen, bei der die Vögel keine materiellen Gebilde, sondern nur Strahlenbilder wären: von den Schatten aus-

Fortsetzung Fußnote 21

wahrscheinlichkeiten" von den Tatsachen zur Theorie; sie ist in der Bayesschen Regel ausgedrückt. Aber in dieser Regel erscheint noch eine dritte Klasse von Wahrscheinlichkeiten, die gewöhnlich irreführend „a-priori-Wahrscheinlichkeiten", besser jedoch „Anfangswahrscheinlichkeiten" genannt werden. Sie spielen in den Überlegungen des Physikers über Kausalzusammenhänge eine Rolle. So können aufgrund verschiedener „Anfangswahrscheinlichkeiten" die „Rückwärtswahrscheinlichkeiten" verschieden sein, auch wenn die „Vorwärtswahrscheinlichkeiten" gleich sind.

gehende Lichtstrahlen würden so abgelenkt, daß sich die Strahlen, die von einem Fleckenpaar ausgehen, in einem bestimmten Raumpunkt träfen und von dort ins Auge des Beobachters fielen. Angesichts dessen, was man sieht, kann man das nicht falsch, sondern nur sehr unwahrscheinlich nennen. Was man also bei „direkter Beobachtung" erhält, ist ein größeres Gewicht für die Vogelhypothese, aber keine Verifikation. Der zur Diskussion stehende Einwand würde also schließlich besagen, eine Theorie könne nur dann sinnvoll mit Wahrscheinlichkeit erschlossen werden, wenn es wenigstens logisch möglich sei, Tatbestände zu konstruieren, die der Theorie einen höheren Wahrscheinlichkeitsgrad verleihen. Ich glaube nicht, daß jemand diese Auffassung ernsthaft vertreten würde.

Aussagen, die auf die spätere Verifikation einer Theorie rekurrieren, die vorläufig aufgrund der Beobachtungstatsachen nur ziemlich wahrscheinlich ist, haben den Vorteil einer anschaulichen Darstellung der Theorie, sind aber nicht die einzige Form, in der sich der Sinn der Theorie ausdrücken läßt. Wenn man sagt: „Die Aussage ‚Die Vögel sind ein projektiver Komplex der Schatten' bedeutet, daß man die Vögel sähe, wenn man die Decke durchstieße" ist nur eine kurze und anschauliche Art, das Gemeinte auszudrücken – mehr nicht. Auf diese Weise greift man eine der Konsequenzen der Theorie heraus, die, falls sie beobachtet wird, die Theorie sehr wahrscheinlich machen würde; doch man erhält so keinesfalls den vollständigen Sinn der Theorie. Zum Beispiel sagt man: „‚Nächstes Jahr wird ein europäischer Krieg ausbrechen' bedeutet ‚Flugzeuge werden über London fliegen, es wird geschossen werden und Verwundete in den Krankenhäusern geben'". Oder man sagt: „Ein Besuch in New York bedeutet, daß man Wolkenkratzer, Straßen voller Autos und eilige Menschen sieht." Auf diese Weise vertreten gewisse Dinge das Ganze; man darf aber nicht vergessen, daß viele andere Einzelheiten dabei ausgelassen werden. Um so riskanter wird dieses Verfahren, wenn man Repräsentanten wählt, die physikalisch unerreichbar sind und nur in unserer Phantasie bestehen. Das ist der Fall, wenn es physikalisch unmöglich ist, hohe Gewichtsgrade für eine Theorie zu erhalten. Für gewisse Zwecke mag es vorteilhaft sein, sich die Aussage so zu veranschaulichen, daß man sich gerade die unerreichbaren Ergebnisse vorstellt, die das höhere Gewicht liefern würden; man darf aber nicht vergessen, daß man dann nur ein Beispiel vor sich hat. So könnte man durchaus den Begriff des Atoms dadurch anschaulich machen, daß man sich die Sinnesempfindungen eines Beobachters von submikroskopischen Dimensionen vorstellt. Wollte man aber in solchen Fällen darauf bestehen, daß nur die Tatsachen, die der Theorie ein hohes Gewicht verleihen, als ihre Bedeutung angesehen werden sollen, so wäre das eine Folge der Schematisierung durch die zweiwertige Logik. In Wirklichkeit entspricht eine solche Trennung der Tatsachen nicht der wissenschaftlichen Praxis. Wenn man sich Gedanken über Beobachtungen in einem physikalisch unzugänglichen Bereich macht, so erhält man keine Tatsachen, die Aussagen über dort befindliche Dinge verifizieren, sondern nur Tatsachen, die solchen Aussagen ein größeres Gewicht verleihen. Dann besteht aber nur ein

Gradunterschied gegenüber Aussagen, die sich auf Beobachtungen zugänglicher Tatsachen stützen. Die Wahrscheinlichkeitstheorie der Bedeutung tut also recht daran, Aussagen als sinnverschieden zuzulassen, wenn sie aufgrund der Beobachtungstatsachen verschiedene Gewichte erhalten – ohne Rücksicht auf die Frage, ob später eine bessere Bestimmung des Gewichts möglich sein wird.

Es ist jedoch nicht falsch, die logische Bedeutung mittels der logischen Möglichkeit zu definieren, ein hohes Gewicht zu erhalten. Man könnte sagen, die physikalische Wahrscheinlichkeitsbedeutung sei ein Gebiet zwischen der physikalischen Wahrheitsbedeutung und der logischen Bedeutung; sie gestattet Schlußfolgerungen, die in das Gebiet der logischen Bedeutung hineinreichen, obwohl sie auf der physikalischen Möglichkeit beruht, ein Gewicht zuzuordnen. Die Wahrscheinlichkeitstheorie der Bedeutung gestattet uns also, Aussagen als sinnvoll zu betrachten, die von Tatsachen außerhalb des Bereichs des unmittelbar Verifizierbaren handeln; sie gestattet also, über das Gebiet der gegebenen Tatbestände hinauszugehen. Dieser *gehaltvermehrende* Charakter von Wahrscheinlichkeitsschlüssen ist die grundlegende Methode der Naturerkenntnis.

Ein physikalisches Beispiel möge die Bedeutsamkeit der Wahrscheinlichkeitstheorie der Bedeutung veranschaulichen. Die Einsteinsche Relativitätstheorie ist eine berühmte Fundgrube von Beispielen für die Anwendung der Verifizierbarkeitstheorie der Bedeutung; doch wenn man sich die Theorie näher ansieht, findet man, daß sie von der physikalischen Wahrscheinlichkeitsbedeutung und nicht der physikalischen Wahrheitsbedeutung Gebrauch macht. Betrachten wir Einsteins Theorie der Gleichzeitigkeit. Zur Zeit t_1 wird ein Lichtsignal vom Raumpunkt A nach einem Raumpunkt B gesandt und kommt dort zur Zeit t_2' an; hier wird das Signal reflektiert und kehrt zur Zeit t_3 nach A zurück. t_2 sei ein Zeitpunkt in A zwischen t_1 und t_3 und sei in diesem Intervall willkürlich gewählt. Dann ist nach Einstein die Aussage s: „t_2 ist absolut gleichzeitig mit t_2'" sinnlos. Gewöhnlich wird das damit begründet, daß diese Aussage nicht verifizierbar ist, d.h. keine physikalische Wahrheitsbedeutung hat. Das ist aber nicht richtig gesehen; Einstein behauptet mehr – er behauptet, man könne der Aussage s kein Gewicht zuschreiben, sie habe also keine physikalische Wahrscheinlichkeitsbedeutung. Gerade weil die Wahrscheinlichkeitsbedeutung ein „toleranterer" Begriff als die physikalische Wahrheitsbedeutung ist, ist die Ablehnung der Wahrscheinlichkeitsbedeutung ein stärkeres Postulat als die Ablehnung der physikalischen Wahrheitsbedeutung.

Um dies zu zeigen, stellen wir zunächst fest, daß die Aussage s logische Bedeutung hat. Sie besagt: „Wenn es für die Geschwindigkeit von Signalen keine obere Grenze gäbe, dann würde ein Signal, das B zur Zeit t_2' mit unendlicher Geschwindigkeit verläßt[22], A zur Zeit t_2 erreichen." Das würde natürlich nur für einen bestimmten Zeitpunkt t_2 zwischen t_1 und t_3 gelten, so daß dieser als absolut gleichzeitig mit t_2' ausgezeichnet wäre.

22) Der Begriff einer unendlichen Geschwindigkeit könnte hier durch eine kompliziertere Aussage über den Grenzwert der Ankunftszeiten von Signalen mit endlicher Geschwindigkeit ersetzt werden, der ein fiktives „Erstsignal" definiert. (Vgl. des Verfassers *Axiomatik der relativistischen Raum-Zeit-Lehre* (1924), S. 24; [Nachdruck Braunschweig, 1979, S. 36]).

Für jeden anderen Zeitpunkt t_2 wäre die Aussage falsch; dann ist sie aber ebenfalls sinnvoll. Man kann also sagen, die Aussage *s* habe für jedes t_2 logische Bedeutung. Wenn Einstein die Aussage *s* ablehnt, so entscheidet er sich für die physikalische Bedeutung. Er verlangt aber mehr als die physikalische Wahrheitsbedeutung; er verlangt, daß alle anderen Naturtatsachen so beschaffen sind, daß sie für kein bestimmtes t_2 eine höhere Wahrscheinlichkeit liefern, ein besonders ausgezeichneter Zeitpunkt zu sein, als für andere Werte von t_2.

Ein solcher Unterschied könnte durch den Transport von Uhren entstehen. Nach Einstein müssen zwei Uhren, die in *A* gleichgerichtet und auf verschiedenen Wegen mit verschiedener Geschwindigkeit nach *B* transportiert worden sind, bei ihrer Ankunft in *B* verschiedene Zeiten anzeigen. Man kann sich eine Welt vorstellen, in der das nicht der Fall ist und die Anzeigen der beiden Uhren nach dem unterschiedlichen Transport von *A* nach *B* übereinstimmen. In dieser Welt würden transportierte Uhren eine Gleichzeitigkeit definieren, die ich *Transportzeit*[23] nenne, und man würde sagen: Wenn es keine obere Grenze der Signalgeschwindigkeit gäbe, würde die unendliche Geschwindigkeit mit hoher Wahrscheinlichkeit *denjenigen* Zeitpunkt t_2 als gleichzeitig mit t_2' bestimmen, der der Transportzeit entspricht. In dieser Welt hätte die absolute Gleichzeitigkeit physikalische Wahrscheinlichkeitsbedeutung, wenn auch keine physikalische Wahrheitsbedeutung. Einstein weigert sich, an die Existenz von Experimenten wie den beschriebenen Transport von Uhren zu glauben, die ein gewisses t_2 als den wahrscheinlichen Ankunftspunkt eines unendlich schnellen Signals auszeichnen würden. Einstein spricht also der absoluten Gleichzeitigkeit die physikalische Wahrscheinlichkeitsbedeutung ab; wie man erkennt, ist das ein stärkeres Postulat als eine Ablehnung der physikalischen Wahrheitsbedeutung.

Meine Auffassung des Beispiels von der würfelförmigen Welt, die die Ausage über die Vögel außerhalb der Leinwand als sinnvoll und als verschieden von Ausagen über die Flecken auf der Leinwand ansieht, steht daher in keinem Widerspruch zu den Grundsätzen der modernen Physik. Die würfelförmige Welt, wie ich sie beschrieben habe, würde nicht Einsteins Welt, sondern einer Welt entsprechen, in der eine Transportzeit definiert werden kann. Die Prinzipien der Relativitätstheorie sind als Stützen für den Begriff der physikalischen Wahrheitsbedeutung mißdeutet worden; in Wirklichkeit stützen sie aber den Begriff der physikalischen Wahrscheinlichkeitsbedeutung.

§ 15 Die Projektion als die Beziehung zwischen physikalischen Dingen und Sinnesempfindungen

Wenden wir jetzt unsere Begriffe der Reduktion und Projektion auf das Problem der Existenz der Außenwelt an.

In Anlehnung an das Beispiel der würfelförmigen Welt lautet meine Behauptung: Sinnesempfindungen sind nur Wirkungen physikalischer Gegenstände auf das Innere unseres Körpers im gleichen Sinne, wie die Schatten Wirkungen der Vögel sind. Die Sinnesempfindungen sind also relativ zu den physikalischen Gegenständen nur äußere Elemente; die Gegenstände werden auf unsere Sinneswahrnehmungen projiziert, aber nicht reduziert. Die „Außenwelt“ hat also unabhängig von unseren Sinneseindrücken eine eigene Existenz.

23) *Ebenda*, S. 76; [Nachdruck Braunschweig, 1979, S. 88].

Das ist die sogenannte realistische Auffassung der Welt. Was sagt der Positivismus dazu? Die Entgegnung ist uns aus dem Beispiel der würfelförmigen Welt bekannt. Sie lautet:

„Was du behauptest, ist nicht falsch, aber einseitig. Du sagt, es gebe Dinge, die unabhängig von deinen Sinneswahrnehmungen existieren; du könntest aber ebenso gut sagen, diese Dinge seien ein reduzierbarer Komplex deiner Wahrnehmungen. Zwischen deinen Sinnesempfindungen und deiner Außenwelt herrscht eine Übereinstimmung; alles, was du über die Dinge der Außenwelt sagst, erschließt du aus den Sinneseindrücken, und deshalb ist es äquivalent mit Aussagen über Sinneseindrücke. Du glaubst an eine Mehrbedeutung deiner Hypothese von der Außenwelt; das ist aber eine Illusion – beide Redeweisen haben die gleiche Bedeutung."

Ich brauche die Besprechung dieses Einwandes nicht zu wiederholen. Ich fasse nur noch einmal zusammen: Es stimmt nicht, daß unsere Aussagen über äußere Gegenstände Aussagen über unsere Sinnesempfindungen äquivalent seien, wenn sie auch aus ihnen erschlossen werden. Es ist nicht richtig, daß die Aussage „Die Außenwelt ist ein reduzierbarer Komplex von Sinnesempfindungen" die gleiche Bedeutung hat wie die Aussage „Die Außenwelt ist ein projektiver Komplex von Sinnesempfindungen." Das könnte man vielleicht sagen, wenn man die physikalische Wahrheitsbedeutung zugrunde legt; aber dann gibt es überhaupt keine physikalischen Aussagen, weil es keine absolut verifizierbaren Aussagen über die physikalische Welt gibt. Wenn wir sinnvolle Aussagen haben wollen, müssen wir die physikalische Wahrscheinlichkeitsbedeutung einführen, und dann besteht die angebliche Äquivalenz zwischen dem reduzierbaren und dem projektiven Komplex nicht. Wenn man sagt, es gebe unabhängig von unseren Sinnesdaten eine Außenwelt, dann steckt darin eine Mehrbedeutung.

Mir scheint der Grund, warum die Positivisten an dieser Äquivalenz festhalten, in ihrer Vorstellung zu liegen, es sei unmöglich, von einem Sachbereich auf einen anderen zu schließen. Die Positivisten übersehen, daß der Wahrscheinlichkeitsschluß über das Beobachtete hinausgreift, und kommen so zu ihrer Äquivalenztheorie. Sie glauben, man müsse Wahrscheinlichkeitsschlüsse nach dem Retrogressionsprinzip deuten, und bemerken daher nicht, daß der Wahrscheinlichkeitsschluß über die gegebenen Beobachtungen hinausgeht. Dieser Irrtum über die logischen Eigenschaften des Wahrscheinlichkeitsschlusses ist die Wurzel der positivistischen Existenzlehre.

Um diesen Irrtum aufzuklären, wollen wir uns die Anwendung des Retrogressionsprinzips auf Wahrscheinlichkeitsschlüsse ansehen und kommen auf eine Form des positivistischen Arguments zurück, wie sie am Anfang von § 14 formuliert wurde. Sei i die Konjunktion der Aussagen über Sinnesempfindungen (diese bilden die Klasse I), von der der Wahrscheinlichkeitsschluß ausgeht, und sei e die Aussage über die Dinge der Außenwelt (diese bilden die Klasse E), die aus i mit Wahrscheinlichkeit erschlossen wird. Dann hat i in der Tat nicht die gleiche Bedeutung wie e. Es wird jedoch behauptet, es gebe eine umfassende Konjunktion i' von Aussagen über Sinnesempfindungen (Klasse *I'*), die Voraussagen über zukünftige Eindrücke enthalte und mit *e* äquivalent sei.

Gibt es eine solche Konjunktion *i'*? Zunächst einmal können wir sagen: wenn es eine solche Konjunktion gibt, dann kann die zugehörige Klasse *I'* nicht endlich sein, da die beobachtbaren Konsequenzen einer physikalischen Aussage keine abgeschlossene Klasse bilden[24]. Man kann aber noch mehr sagen. Selbst Aussagen über eine unendliche Klasse von Sinnesempfindungen sind der physikalischen Aussage nicht äquivalent. Das wird deutlich, wenn man Sinnesempfindungen als physikalische Wirkungen ansieht, die in unserem Körper von dem Gegenstand in der Außenwelt hervorgebracht werden und wenn man einen allgemeinen Satz über Ursachen und Wirkungen anwendet.

Wenn man aus den Wirkungen einer Ursache eine gewisse Klasse zusammenstellt, die unendlich sein kann, aber die Ursache selbst nicht enthält, dann stehen die Ursache und die Klasse der Wirkungen in einer Projektionsbeziehung zueinander; eine Aussage über die Ursache ist keiner Gruppe von Aussagen über die Klasse der Wirkungen äquivalent. Es gibt nur eine Wahrscheinlichkeitsverknüpfung zwischen ihnen. Die Aussage „Die Sonne ist ein glühender Gasball mit sehr hoher Temperatur" ist keiner Gruppe von Aussagen über physikalische Sachverhalte außerhalb der Sonne äquivalent, selbst wenn die Gruppe unendlich ist, und selbst wenn sie alle Punkte einer Fläche erfaßt, die die Sonne einschließt. Diese Beobachtungen liefern uns eine Klasse von Bestandteilen, aus der man mit Wahrscheinlichkeit auf die Existenz der Sonne und ihre Eigenschaften schließen kann, die aber keineswegs damit äquivalent sind. Nur wenn man auch die Sonne selbst beobachtete, ergäbe sich eine Äquivalenz; aber dann könnte man auf alle anderen Tatsachen verzichten, und es bliebe nichts als eine triviale Tautologie.

Es macht keinen Unterschied, wenn die Wirkungen Sinnesempfindungen sind. Man kann deshalb nicht behaupten, es gebe eine Konjunktion von Aussagen *i'*, mit der *e* äquivalent sei. Das wäre nur zulässig, wenn *I'* den physikalischen Gegenstand einschlösse, d.h. die Möglichkeit, daß unser Körper mit dem physikalischen Gegenstand identisch würde. Das ist nicht logisch unmöglich; doch der Positivist wird diese Gedanken kaum als die einzige richtige Auffassung seiner These anerkennen, es gebe Aussagen über eine Klasse von Sinnesdaten, die mit dem physikalischen Satz äquivalent seien. Danach wäre eine Aussage über die Sonne einer Aussage über Sinnesempfindungen deshalb äquivalent, weil es nicht logisch unmöglich ist, daß die Sonne eines Tages ein Teil meines Körpers wird und das Fluktuieren ihrer glü-

24) Wir müssen der Tatsache Rechnung tragen, daß eine unendliche Klasse von Sinneseindrücken durch eine endliche Klasse von Aussagen beschrieben werden kann. Wenn wir z.B. sagen „Wenn an allen Punkten eines bestimmten Raumgebiets ein Gravitationsfeld existiert, hat man das Gefühl von Schwere", ist das ein Satz, aber er bezieht sich auf unendlich viele Sinnesempfindungen. Die Negation dieses Satzes würde auch eine unendliche Anzahl von Beobachtungen erfordern.

henden Gase in mir selbst einen Beobachtungsvorgang bildete. Ich glaube, diese Vorstellung können wir dem Romanschriftsteller überlassen und bei unserer Wahrscheinlichkeitstheorie der Bedeutung bleiben, die nicht auf solche Äquivalenzen angewiesen ist.

Wir müssen also sagen, daß die physikalische Aussage e nicht mit den Aussagen i' über eine Klasse I' physikalisch möglicher Sinnesdaten äquivalent ist. Man kann keine Klasse I' von Sinnesdaten so bestimmen, daß e notwendig wahr ist, wenn i' wahr ist. Das meine ich mit dem gehaltvermehrenden Charakter der Wahrscheinlichkeitsschlüsse, angewandt auf das Problem der Sinnesdaten und der Außenwelt. Diese Nichtäquivalenz zwischen e und jeder Konjunktion von Aussagen i' ist der Sinn der Aussage: „Die Gegenstände der Außenwelt haben ihre eigene Existenz, unabhängig von meinen Sinneswahrnehmungen."

Betrachten wir ein Beispiel, um das Versagen der positivistischen Äquivalenztheorie aufzuzeigen. Nehmen wir den Satz: „Die Außenwelt wird nach meinem Tode weiterbestehen." Der gesunde Menschenverstand ist davon überzeugt, daß dieser Satz, wenn er wahr ist, als Beweis dafür gelten kann, daß die Existenz der Außenwelt nicht auf die Existenz von Sinnesdaten reduzierbar ist; vielmehr sind die äußeren Gegenstände als ein projektiver Komplex von Sinneswahrnehmungen aufzufassen. Der Positivist behauptet, die beiden Auffassungen seien äquivalent; er muß also sagen, der Satz „Die Außenwelt hört nach meinem Tode auf zu existieren" sei gleichbedeutend mit dem anderen genannten Satz. Ich möchte beiden Aussagen eine präzisere Formulierung geben. Die erste, die wir e_1 nennen wollen, soll lauten: „Bis zu und nach meinem Tode wird die Außenwelt wie erwartet weiterexistieren." Die zweite Aussage, e_2, möge lauten: „Bis zu meinem Tode wird die Außenwelt wie erwartet bestehen; aber nach meinem Tode wird sie verschwinden." Wenn der Positivist behauptet, diese beiden Aussagen e_1 und e_2 seien äquivalent, so deshalb, weil beide Hypothesen die gleichen beobachtbaren Konsequenzen haben, oder, genauer gesagt, weil sie das gleiche Gewicht für alle möglichen Voraussagen liefern, die ich für den vor mir liegenden Teil des Lebens machen kann. Wir haben indessen gesehen, daß solche Hypothesen aufgrund beobachtbarer Tatsachen verschiedene Gewichte erhalten können. Und das ist hier augenscheinlich der Fall. Wenn ich sehe, daß viele Menschen, die mir gleichen, ohne solche fatalen Folgen für die Außenwelt sterben, dann schließe ich mit hoher Wahrscheinlichkeit, daß es sich bei meinem Tode ebenso verhalten wird. Das ist eine richtige Schlußweise, die einer großen Anzahl ähnlicher Schlüsse in der Physik vergleichbar ist und dort nie in Frage gestellt wird, weil sie nicht meine eigene Person betreffen. So liefert die Wahrscheinlichkeitstheorie der Bedeutung für beide Sätze eine verschiedene Bedeutung und steht mit dem gesunden Menschenverstand in Einklang.

Wenn man den Begriff der logischen Bedeutung zu Hilfe nimmt, könnte man auch sagen, daß der Satz e_1 sinnvoll sei und von e_2 verschieden, weil die logische Möglichkeit besteht, daß ich nach meinem Tode aufwache und die Existenz der Außenwelt bestätigen kann. Diese Deutung ist im oben beschriebenen Sinne zulässig als eine anschauliche Darstellung des Gemeinten. Wenn man aber diese Deutung als einzige Rechtfertigung für Aussagen über die Welt nach unserem Tode ansehen wollte, geriete man in große Schwierigkeiten. Wie wir gezeigt haben (§§ 6, 8, 14), ist die logische Bedeutung ein zu weiter Begriff und mit den Auffassungen der modernen Physik unvereinbar. So müßte jemand, der einen Satz über die Welt nach seinem Tode nur deshalb als sinnvoll ansieht, weil er logische Bedeutung hat, auch die absolute Gleichzeitigkeit als sinnvoll akzeptieren. Andererseits müßte ein Relativitätstheoretiker, der auf dem Postulat der absoluten Verifizierbarkeit besteht, Aussagen über die Welt nach seinem Tode als sinnlos ansehen. Nur die Wahrscheinlichkeitsbedeutung führt uns aus diesem Dilemma heraus und rechtfertigt sowohl den Satz über die Welt nach meinem Tode als auch die Ablehnung absoluter Raum-Zeit-Begriffe.

Es ist nicht immer leicht, diese Frage mit Positivisten zu erörtern. Sie fühlen sich oft verletzt, wenn man ihnen sagt, sie glaubten nicht an die Existenz der physikalischen Welt nach dem Tode. Sie betonen, dies sei ein Mißverständnis ihrer Theorien, und beweisen ihre Überzeugung vom Fortbestehen der Außenwelt damit, daß sie zugunsten ihrer Familien Lebensversicherungen abschließen. Sie erkennen unseren Gedankengang nicht an, sondern bleiben dabei, es gebe auch für sie einen Unterschied zwischen den Aussagen „Die Außenwelt besteht nach meinem Tode weiter“ und „Die Außenwelt besteht nach meinem Tode nicht weiter.“ Sie sagen, der Unterschied sei, daß der erste Satz gewisse Aussagen über den Tod anderer Menschen ohne Vernichtung der Welt enthalte, der zweite aber Aussagen über das gleichzeitige Verschwinden der Welt mit dem Tode anderer Menschen. Das ist aber nicht das Problem. Die beiden oben formulierten Aussagen sind nicht dieselben wie die, die der Positivist miteinander vergleicht. In unserer Formulierung lautet die zweite Aussage anders. Wir formulierten sie so, daß der Unterschied der beiden Aussagen erst mit meinem Tode beginnt und daß beide besagen, bis zu meinem Tode werde alles so bleiben wie gewöhnlich. Diese Aussagen sind in der positivistischen Bedeutungstheorie, d.h. mit Hilfe des Begriffs physikalischer Wahrheitsbedeutung, ununterscheidbar. Ich zweifle nicht an dem Ernst der Positivisten, was Lebensversicherungspolicen anbetrifft; ich behaupte nur, daß sie diese Sorgfalt nicht rechtfertigen können, weil ihre Theorie kein Mittel liefert, zwischen unseren Aussagen e_1 und e_2 zu unterscheiden.

§ 16 Eine egozentrische Sprache

Im vorhergehenden Abschnitt haben wir gezeigt, daß Sätze über die Außenwelt nicht mit Sätzen über Sinnesdaten äquivalent sind. Um dieses Ergebnis erneut zu veranschaulichen, wollen wir jetzt einen Einwand berücksichtigen, der es von einem anderen Standpunkt aus angreift. Dieser Einwand geht von Überlegungen aus, die wir am Ende von § 13 angestellt haben. Wir zeigten dort, daß im Falle einer Reduktion die Beziehung zwischen dem Komplex und seinen Bestandteilen auf verschiedene Weise definiert werden kann. Nur für eine Art der Zuordnung von Aussagen hört der Komplex auf zu existieren, wenn die Elemente verschwinden; für eine andere Art der Zuordnung läßt sich diese Konsequenz vermeiden. Wir behaupteten, daß uns die Möglichkeit einer Zuordnung mit dieser Konsequenz genügt, um diesen Fall eine Reduktion und den Komplex reduzierbar zu nennen. Man könnte aber einwenden, daß die Situation für den Fall von Wahrscheinlichkeitsverknüpfungen vielleicht gar nicht anders sei, daß man auch hier eine Zuordnung von Aussagen einführen könne, für die der Komplex verschwindet, wenn die Bestandteile aufhören zu existieren. Wenn das stimmt, wäre gezeigt, daß kein wirklicher Unterschied zwischen Projektion und Reduktion besteht, sondern nur ein sprachlicher. Der Einwand würde sich also als gültig erweisen, wenn es uns gelänge, eine Sprache zu konstruieren, in der die Existenz des projektiven Komplexes von der Existenz der Bestandteile abhängt.

Wir werden eine solche Sprache konstruieren, indem wir von der Behauptung selbst ausgehen, die wir in der neuen Sprache zur Geltung bringen wollen. Wir werden versuchen, die unabhängige Existenz der äußeren Gegenstände dadurch auszuschließen, daß wir dies in Form eines Prinzips in unsere Sprache einbauen. Zur Erleichterung der Aufgabe betrachten wir ein Beispiel. Stellen wir uns einen Menschen vor, der davon überzeugt ist, daß alle Dinge aufhören zu existieren, sobald er aufhört, sie anzusehen. Wie könnte er seine Überzeugung gegen die Einwände verteidigen, die vom gesunden Menschenverstand und von der Wissenschaft erhoben würden? Er könnte es mit genügend Phantasie. Er müßte komplizierte logische Verknüpfungen seiner verschiedenen Sinneseindrücke zu bestimmten Zeiten erfinden. Er könnte sagen, das Wiedererscheinen der Dinge im Augenblick seines Hinsehens werde durch dieses hervorgebracht. Er muß also eine neue Art von Kausalität einführen; aber wenn er vorsichtig und folgerichtig vorgeht, kann er diese Deutung durchführen. Gewisse Erfahrungen zeigen, daß ein physikalischer Zustand eine bestimmte „Entwicklung" durchmacht. Wir stellen einen Kessel mit kaltem Wasser auf das Feuer, kommen nach fünf Minuten zurück und sehen, daß das Wasser kocht. Er müßte sagen, sein Anschauen des Kessels bringe an den Dingen denselben fortgeschrittenen Zustand hervor, den sie bei eigener Entwicklung erreicht hätten, wenn er sie beobachtet und ihre Existenz nicht unterbrochen hätte. Seine neue Kausalität bekommt damit merkwürdige, aber nicht unmögliche Eigenschaften. Er wird noch merkwürdigere Eigenschaften feststellen, wenn er beobachtete Wirkungen in Betracht zieht, die von den Dingen in einem Augenblick erzeugt werden, in dem er sie nicht ansieht. Er schaut auf einen Baum und sieht, daß er existiert; dann wendet er sich ab und sieht nicht mehr den Baum, sondern seinen Schatten. Nach seiner Theorie muß er dann sagen, es gebe eine Nachwirkung des Baumes – den Schatten –, die lange Zeit fortbesteht, nachdem der Baum schon verschwunden ist. Das würde eine Änderung der Gesetze der Optik bedeuten; sie könnte aber widerspruchsfrei durchgeführt werden.

Würde diese Auffassung jemals zu Widersprüchen mit beobachtbaren Tatbeständen führen? Augenscheinlich nicht, weil alle Erfahrungen nach demselben Grundsatz gedeutet werden. Die optischen Gesetze, die dieser Mensch aus der Erfahrung entnimmt, würden von den unsrigen abweichen. Sie würden anhand der Bedingungen „wenn ich gewisse Dinge beobachte" und „wenn ich gewisse Dinge nicht beobachte" in zwei Klassen eingeteilt werden. Die Gesetze der ersten Klasse gleichen unseren Gesetzen, die Gesetze der zweiten Klasse sprechen jedoch von merkwürdigen Nachwirkungen und Dingen, die plötzlich in verschiedenen Entwicklungsstadien auftreten. Das ergibt eine recht komplizierte Beschreibung der Welt, führt aber zu keinem Widerspruch mit der Erfahrung. Wenn es einen scheinbaren Widerspruch gibt, dann nur deshalb, weil die Unterscheidung der beiden Klassen von Erscheinungen nicht konsequent durchgeführt worden ist; er kann daher durch eine geänderte Deutung beseitigt werden.

Man könnte fragen, ob die Hypothese dieses Menschen, die zwar jedenfalls mit den Tatsachen vereinbar ist, nicht ein recht niedriges Gewicht erhält, d.h. als sehr unwahrscheinlich erwiesen werden kann. Es stellt sich aber heraus, daß selbst in dieser Hinsicht keine Schwierigkeit besteht. Eine Art Erfahrung könnte allerdings als Schwierigkeit angesehen werden: der Mensch bemerkt, daß die Dinge fortbestehen, wenn andere Menschen ihre Augen von ihnen abwenden. Wenn er die Ähnlichkeit zwischen sich und anderen Personen zugibt, würde sich eine große Wahrscheinlichkeit dafür ergeben, daß die Dinge auch fortbestehen, wenn *er* sie nicht ansieht. Das gilt aber nur unter der genannten Ähnlichkeitsvoraussetzung. Unser hypothetischer Mensch kann umgekehrt behaupten: Ich nehme eine Ausnahmestellung in der Welt ein, indem die Dinge nur verschwinden, wenn ich sie nicht ansehe, während sie weiterexistieren, wenn andere Menschen sie nicht ansehen. Bei dieser Deutung gilt der Wahrscheinlichkeitsschluß nicht mehr, der davon, daß andere Menschen durch Nichthinsehen die Existenz der Dinge nicht stören, darauf schließt, daß der Betreffende sie nicht stört. Die Wahrscheinlichkeitsmethoden erschüttern also nicht die Hypothese unseres Beispiels.

Ein solches Ergebnis könnte Erstaunen hervorrufen. Bisher haben wir behauptet, die Existenz unbeobachteter Gegenstände könne mit hoher Wahrscheinlichkeit erschlossen werden, sogar für den Fall, daß ihre direkte Beobachtung wegen gewisser physikalischer Gesetze ausgeschlossen ist, wie in dem Beispiel mit den Vögeln und der würfelförmigen Welt. Jetzt zeigt sich, daß man eine andere Auffassung einführen kann, nach der die Dinge überhaupt nicht existieren, wenn sie nicht beobachtet werden, und daß diese Auffassung ebenfalls einen hohen Wahrscheinlichkeitsgrad erhalten kann. Ist das nicht ein Widerspruch?

Der scheinbare Widerspruch verschwindet, wenn wir die zweite Auffassung genauer analysieren. Wir werden dann finden, daß unser Plan, eine andere Sprache zu konstruieren, in unserem Beispiel verwirklicht worden ist — daß der Mensch, der sich vorstellte, daß die Dinge verschwinden, wenn er sie nicht beobachtet, eine andere Sprache spricht als wir und daß der scheinbare Widerspruch an der verschiedenartigen Bedeutung der Worte liegt. Das ist folgendermaßen zu verstehen.

Jede Beobachtung der Welt setzt bestimmte Postulate[25] über die Sprachregeln voraus, die bei der Beschreibung benutzt werden. Die Beschreibung unbeobachteter Tatsachen hängt von gewissen Annahmen über die Kausalität ab. Das für diesen Zweck gewöhnlich benutzte Postulat fordert, so weit das möglich ist, die Aufstellung homogener Kausalgesetze. Die Einschränkung ist nötig, weil sich nicht immer homogene Kausalgesetze aufstellen lassen; so kann man für Dinge, die man im Traume sieht, nicht dieselben Gesetze aufstellen wie für die Dinge, die man im Wachzustand sieht. (Dinge, die in einem Traum gesehen werden, werden im nächsten Traum nicht wieder gesehen usw.) Die Erfahrung zeigt aber, daß man den Zustand der Dinge, die im Wachzustand gesehen werden, während des Zeitraums zwischen zwei Beobachtungen so beschreiben kann, daß das Prinzip der homogenen Kausalität gewahrt bleibt[26]. Das ist der Fall, wenn man die Dinge während dieser Zeitabschnitte als existierend ansieht, während sich die Kausalgesetze ändern, wenn man den Dingen während dieser Zeit die Existenz abspricht, wie unser Beispiel zeigte. Das Postulat der homogenen Kausalität entscheidet daher zugunsten der Auffassung, daß unbeobachtete Dinge weiter existieren.

Der Mensch, der die unbeobachteten Dinge als nicht existierend ansah, entscheidet sich jedoch für ein anderes Postulat. Er verzichtet auf ein Postulat für die Kausalität und hält sich stattdessen an das Prinzip, daß die Dinge nicht existieren, wenn sie nicht beobachtet werden. Das ist also für ihn keine empirische Frage, sondern eine Entscheidung und deshalb außer Diskussion. Doch damit ändert sich seine Wissenschaftssprache, und ich möchte jetzt zeigen, in welcher Hinsicht.

Die erste und ganz offensichtliche Änderung besteht darin, daß das Wort „Existenz" nicht unserem Wort „Existenz" entspricht, sondern unseren Worten „von mir beobachtete Existenz" oder einfach „von mir Beobachtetes".

25) Ob diese Postulate Konventionen sind, muß gesondert untersucht werden (vgl. die Bemerkungen über äquivalente und nichtäquivalente Sprachen in § 17).

26) Streng genommen, besteht ein Unterschied zwischen der Homogenität von Kausalvorgängen und von Kausalgesetzen. Das erste Postulat fordert, daß die Kausalvorgänge bei den physikalischen Gegenständen nicht durch unsere Beobachtung gestört werden; das zweite Postulat fordert nur, daß eine etwaige Störung im Einklang mit Kausalgesetzen für andere Erscheinungen stehen soll. Das erste Postulat gilt nicht immer; wir wissen, daß empfindliche wissenschaftliche Instrumente vom Beobachter gestört werden (durch leichte mechanische Anstöße, durch Änderung der Temperatur, die vom Beobachter verursacht wird, usw.). Die Quantenmechanik hat sogar gezeigt, daß es ein Prinzip der Störung durch die Beobachtung gibt, die nicht unter ein bestimmtes Minimum gesenkt werden kann. Das zweite Postulat, die Gleichheit der Kausalgesetze für die Störung durch den Beobachter und für andere physikalische Erscheinungen, hat sich in der modernen Physik stets als durchführbar erwiesen.

Nennen wir die Sprache dieses Menschen die *egozentrische Sprache*; wir kommen zu folgender Gegenüberstellung:

Egozentrische Sprache	*Gewöhnliche Sprache*
1. Die Dinge existieren nicht, wenn ich sie nicht beobachte.	1. Die Dinge werden nicht von mir beobachtet, wenn ich sie nicht beobachte.
2. Die Dinge werden jedesmal hervorgebracht, wenn ich meine Augen in eine bestimmte Richtung wende.	2. Die Dinge werden jedesmal beobachtet, wenn ich meine Augen in eine bestimmte Richtung wende.

Beide Aussagen beziehen sich nicht direkt auf Dinge, sondern auf Beobachtungen von Dingen. Die erste Aussage ist eine Tautologie, wie die Formulierung in der gewöhnlichen Sprache deutlich zeigt; das kommt daher, daß sie nichts anderes als die Formulierung des Postulats ist, das der Betreffende akzeptiert. Die zweite Aussage ist nicht immer wahr, denn es kann ja geschehen (in der gewöhnlichen Sprache ausgedrückt), daß der Gegenstand weggenommen worden oder verschwunden ist, während ich mich abgewandt habe; es gilt für beide Sprachen, daß diese Aussage nicht immer wahr ist.

Wir wollen jetzt einen Satz zu formulieren versuchen, der sich nicht auf die Beobachtung eines Gegenstandes, sondern auf seine unabhängige Existenz bezieht. Nehmen wir den Satz: „Der Gegenstand existiert während eines bestimmten Zeitintervalls Δt.“ Wir sprechen einen solchen Satz aus, wenn wir den Gegenstand wenigstens zu gewissen Augenblicken während des Intervalls Δt beobachten oder wenn wir feststellen, daß andere Gegenstände die Beobachtung verhindern, nicht aber die Beobachtung gewisser Wirkungen des Gegenstandes. So kann ein Stein, den wir gesehen haben, bei einer zweiten Beobachtung von einer Person verdeckt sein, während sein Schatten noch sichtbar ist. Wir drücken diesen Gedanken folgendermaßen in den beiden Sprachen aus:

Egozentrische Sprache	*Gewöhnliche Sprache*
3. Wenn ich meine Augen während des Zeitintervalls Δt in eine bestimmte Richtung wende, dann wird der Gegenstand hervorgebracht, oder ich kann durch Anwendung meiner Kausalgesetze auf die von mir beobachteten Dinge eine Ursache angeben, die die Existenz des Gegenstandes verhindert. Diese Ursache muß so beschaffen sein, daß sie die Existenz gewisser anderer Dinge nicht verhindert, die nach meinen Kau-	3a. Wenn ich meine Augen während des Zeitintervalls Δt in eine bestimmte Richtung wende, dann beobachte ich den Gegenstand, oder ich kann durch Anwendung meiner Kausalgesetze auf die Tatsachen, die ich beobachte, eine Ursache angeben, die die Beobachtung des Gegenstandes verhindert. Diese Ursache muß so beschaffen sein, daß sie die Beobachtung gewisser anderer Wirkungen nicht verhindert, die

salgesetzen die Wirkungen des Gegenstandes wären, wenn er existieren würde.	meine Kausalgesetze dem Gegenstand zuschreiben.

Dieser Satz kommt der Wahrheit näher als Satz 2, weil er die Möglichkeit einer Störung der Beobachtung in Betracht zieht, aber auch er ist nicht immer wahr; der Gegenstand kann ja auch (in gewöhnlicher Sprache) wirklich verschwinden, wie etwa eine Wolke sich auflösen kann. Satz 3 kann also nur mit einer gewissen Wahrscheinlichkeit ausgesprochen werden, aber mit größerer als Satz 2.

Es bleibt die Frage: Ist Satz 3 mit dem gewöhnlichen Satz „Der Gegenstand existiert während eines bestimmten Zeitintervalls Δt" äquivalent? Das heißt: Nennen wir letzteren Satz wahr, wenn Satz 3 wahr ist, und umgekehrt? Offensichtlich nicht. Wir können nur sagen: Wenn Satz 3 verifiziert ist, besteht eine hohe Wahrscheinlichkeit für die Existenz des Gegenstands; und umgekehrt, wenn er existiert, besteht eine hohe Wahrscheinlichkeit für Satz 3. Die erste Aussage drückt den allgemeinen Gedanken aus, daß Beobachtungen nie zur absoluten Verifikation eines Satzes über physikalische Gegenstände führen können. Die zweite Aussage zieht den Fall einer Ausnahme von den bekannten Kausalgesetzen in Betracht; es könnten die optischen Gesetze plötzlich nicht mehr gelten und der Gegenstand, obwohl an seinem Platz, unsichtbar werden. Wir müssen also sagen, daß Satz 3 nur mit folgendem Satz äquivalent ist:

Egozentrische Sprache	*Gewöhnliche Sprache*
3. (Wie oben.)	3b. Es ist sehr wahrscheinlich, daß der Gegenstand während der Zeit Δt existiert.

Satz 3 ist also nicht mit einem Satz über die Existenz eines Gegenstandes äquivalent, sondern mit einem Satz, der der Existenz eines Gegenstandes eine Wahrscheinlichkeit zuschreibt[27]. Zu ähnlichen Ergebnissen kommt man, wenn man andere Beispiele untersucht. Man erkennt, daß sich normale Aussagen über die Existenz von Gegenständen nicht in der egozentrischen Sprache ausdrücken lassen, sondern nur Sätze über eine Wahrscheinlichkeit für die Existenz von Gegenständen.

Diese bemerkenswerte Eigenschaft der egozentrischen Sprache ist folgendermaßen zu verstehen. Die egozentrische Sprache schreibt nur beobachteten Gegenständen Existenz zu, oder, was auf dasselbe hinausläuft, nur Sinneswahrnehmungen[28]. Die Sinneswahrnehmungen sind die Grundlage für ei-

27) Streng genommen, ist es keine Äquivalenz, sondern eine einseitige Implikation von der egozentrischen Sprache auf eine Wahrscheinlichkeitsaussage über die realistische Sprache (vgl. unsere Bemerkung am Ende von § 17).

28) Damit meine ich nicht, daß beobachtete Gegenstände und Sinnesempfindungen identisch seien. Aber es besteht eine umkehrbar eindeutige Zuordnung zwischen ihnen, und daher kann die egozentrische Sprache entweder für beobachtete Dinge oder für Sinnesempfindungen formuliert werden.

nen Wahrscheinlichkeitsschluß auf andere Dinge. Ein Satz über Sinnesempfindungen ist daher nicht mit einem Satz über physikalische Gegenstände äquivalent; er kann nur mit einer Aussage äquivalent sein, die einem Satz über andere Dinge eine Wahrscheinlichkeit verleiht. Die egozentrische Sprache, die nur von Sinneseindrücken handelt, kann nicht mit einer Sprache über die physikalische Welt äquivalent sein, sondern nur mit einer Sprache, die Aussagen über die physikalische Welt eine Wahrscheinlichkeit zuschreibt.

Unsere Untersuchung bestätigt daher unsere These, daß die Beziehung zwischen Sinnesempfindungen und der Außenwelt eine Projektion und keine Reduktion ist. Sinneseindrücke bleiben äußere Bestandteile der Welt und können nicht als innere angesehen werden. Die positivistische Auffassung, dieser Unterschied sei nur eine Sache der Definition, und eine Projektion könne ohne Bedeutungsänderung in eine Reduktion verwandelt werden, ist unhaltbar. Die egozentrische Sprache, nach der die physikalische Welt ein reduzierbarer Komplex von Sinneswahrnehmungen wäre, kann keine Sätze liefern, die mit solchen über die Existenz physikalischer Gegenstände äquivalent wären, sondern nur mit solchen, die eine Wahrscheinlichkeit für die Existenz physikalischer Gegenstände angeben. Die egozentrische Sprache ist mit der physikalischen Sprache nicht äquivalent, sondern nur ein Teil von ihr, nämlich derjenige, der von der Grundlage der Wahrscheinlichkeitsschlüsse handelt. Gerade dem Teil der Sprache über die physikalischen Gegenstände, die sich aus den Wahrscheinlichkeitsschlüssen ergeben, entspricht nichts in der egozentrischen Sprache.

Diese Ergebnisse zeigen, daß die positivistische Auffassung des Existenzproblems nicht aufrechterhalten werden kann. Die positivistische Meinung, die Frage nach der Existenz der Außenwelt sei ein Scheinproblem, geht von dem Gedanken aus, die physikalische Sprache sei mit einer egozentrischen Sprache äquivalent. Denn nur im Falle einer solchen Äquivalenz kann man die Ungewißheit des logischen Übergangs von den Sinneswahrnehmungen zu den Gegenständen der Außenwelt bestreiten; wenn es sich lediglich um eine äquivalente Transformation der Sprache handelt, dann gibt es keine Ungewißheit über die Existenz der Außenwelt. Das ist jedoch ein Irrtum, wie wir sehen; es besteht keine logische Äquivalenz zwischen Aussagen über Sinneseindrücke und Aussagen über die Außenwelt – letztere erhält man mit Hilfe induktiver Schlüsse, die sich auf erstere stützen. Daher bleibt immer eine Ungewißheit in diesem Schluß. Wie jede Aussage über einen speziellen physikalischen Gegenstand, kann auch die allgemeine Aussage, daß es überhaupt physikalische Gegenstände, überhaupt eine Außenwelt gebe, nur mit Wahrscheinlichkeit behauptet werden. Der Wahrscheinlichkeitsgrad der allgemeinen Aussage ist höher als der jeder speziellen Aussage, weil jene als eine Disjunktion von speziellen Aussagen aufgefaßt werden kann, wofür die Regeln der Wahrscheinlichkeitsrechnung einen höheren Zahlenwert liefern. Es besteht aber kein Grund zu der Behauptung, die allgemeine Aussage sei sicher.

Daß jedoch noch eine Ungewißheit übrigbleibt, kann man sich folgendermaßen klar machen. Bekanntlich hat man im Traum das Gefühl, die beobachtete Welt sei wirklich, und man weiß, daß man diese Meinung nach dem Aufwachen berichtigen muß – man muß zugeben, daß man nur in einer privaten Welt gelebt hat. Können wir ausschließen, daß uns morgen über unsere heutige Welt eine ähnliche Entdeckung beschieden ist? Können wir jemals ohne irgendeinen Zweifel feststellen, daß wir nicht schlafen? Oder sind wir sicher, daß es niemals eine dritte Welt geben wird, die noch realer ist als die zweite, eine Welt, die zu der zweiten in der gleichen Beziehung steht wie die zweite zur ersten, der Traumwelt? Solche Möglichkeiten kann man immer nur mit einer gewissen hohen Wahrscheinlichkeit ausschließen.

Gegen diese Überlegungen kann man einwenden, daß unsere tatsächlichen Schlüsse auf die Außenwelt von einer beschränkten Klasse von Sinnesdaten ausgehen, die mit dem heutigen Tag endet, und daß die Ungewißheit nur von daher rührt. Wenn wir alle zukünftigen Wahrnehmungen voraussehen könnten, wüßten wir, ob wir eines Tages „aufwachen" würden. Die Aussage über die Existenz der Außenwelt wäre dann mit der Aussage äquivalent, daß es innerhalb der ganzen Klasse keine solchen Sinneseindrücke des „Aufwachens" gibt. Dieses Argument ist jedoch ungültig, denn selbst die Kenntnis der gesamten Klasse der Sinneseindrücke eines Menschenlebens liefert keine Grundlage für einen sicheren Schluß auf die Existenz der Außenwelt. Ich bestreite, daß man überhaupt eine Klasse von Wahrnehmungen beschreiben kann, von der man sagen könnte: wenn alle Wahrnehmungen in meinem Leben dieser Klasse angehören, dann gibt es mit Sicherheit eine Außenwelt. Im Gegenteil: zu jeder – selbst einer unendlichen – Klasse solcher Eindrücke kann man sich weitere Elemente vorstellen, derart, daß die vergrößerte Klasse zu dem Schluß führen würde, daß die Welt der ursprünglichen Klasse nur eine Art Traumwelt war. *Alle definierbaren Klassen von Wahrnehmungen sind so beschaffen, daß sie nur zu Wahrscheinlichkeitsaussagen über eine Außenwelt führen.* Das nannten wir die Nichtäquivalenz der realistischen und der egozentrischen Sprache; und das ist der Grund für die Unsicherheit unseres Wissens von der Existenz der Außenwelt.

§ 17 Positivismus und Realismus als Sprachproblem

Mit den Überlegungen im vorangegangenen Abschnitt hat unsere Untersuchung über den Unterschied zwischen der positivistischen und der realistischen Weltauffassung eine andere Wendung genommen; der Unterschied zwischen beiden wurde als Unterschied zwischen zwei Sprachen formuliert. Diese Methode, die besonders von Carnap angewandt worden ist, scheint sich für die Behandlung dieses Problems zu eignen, und ich möchte sie dazu benutzen, unsere Ergebnisse zu veranschaulichen.

Die Auffassung des Unterschieds als eines sprachlichen entspricht auch unserem Gedanken, daß das Problem des Sinnes von Aussagen eine Sache der Entscheidung ist und nichts mit Wahrheit oder Falschheit zu tun hat.

Wenn wir in den vorhergehenden Abschnitten die Ansicht vertreten haben, die positivistische Weltauffassung sei nicht haltbar, so wollten wir damit betonen, daß die positivistische Auffassung von Existenzaussagen weder der Umgangssprache entspricht noch der Weise, in der wir unseren Worten Bedeutungen zuschreiben müssen, wenn unsere Handlungen durch unser Wissen von der Außenwelt zu rechtfertigen sein sollen. Unsere Aussage gehörte deshalb zur beschreibenden Aufgabe der Erkenntnistheorie (§ 1) und stellte ein Abweichen der positivistischen Auffassung von der realistischen Erkenntnissprache als soziologische Tatsache fest. Wenn wir uns jetzt den Unterschieden zwischen der positivistischen und der realistischen Sprache zuwenden, gehen wir von der beschreibenden zur kritischen Aufgabe der Erkenntnistheorie über. Damit sehen wir die Bedeutung als eine Sache der freien Entscheidung an und fragen nach den Konsequenzen, zu denen jede Entscheidungsart führt, und somit nach den Vorteilen und Nachteilen, die unsere Entscheidung bestimmen können, wenn wir selbst eine zu fällen haben.

Ich habe von einer freien Entscheidung gesprochen, möchte aber damit nicht sagen, sie sei willkürlich. Das wäre zwar nicht gerade falsch, aber recht irreführend. Mit der Willkürlichkeit der Sprache meinen wir, daß verschiedene Sprachen trotz aller Unterschiede ihrer äußeren Form dasselbe ausdrücken können, daß also die Wahl der Sprache den Inhalt des Gesagten nicht beeinflußt. Diese Auffassung geht von gewissen Eigenschaften der natürlichen Sprachen aus; es macht keinen Unterschied, ob ein Wissenschaftler seine Gedanken auf Englisch oder Französisch oder Deutsch ausdrückt, und so wird die Belanglosigkeit der Sprachwahl zum Musterbeispiel einer willkürlichen Entscheidung. Diese Auffassung setzt indessen die Äquivalenz der betreffenden Sprachen voraus; nur dann sind ihre Unterschiede eine Sache der Konvention. Es gibt aber andere Fälle, in denen die Sprachen nicht äquivalent sind; siehe unsere Analyse der egozentrischen Sprache. In einem solchen Falle ist die Entscheidung für oder gegen eine Sprache eine – wie wir es nannten – Willensverzweigung. Wenn man hierbei von einer willkürlichen Entscheidung spricht, dann ist das Wort ,,willkürlich" irreführend; es legt den Gedanken nahe, die betreffende Entscheidung sei belanglos und beeinflusse unsere Ergebnisse nicht. Das wäre jedoch ein großer Irrtum.

Wenn die Sprachen nicht äquivalent sind, wenn die Entscheidung zwischen ihnen eine Willensverzweigung ist, dann ist diese Entscheidung außerordentlich wichtig: sie führt zu Konsequenzen für die mögliche Erkenntnis. Wer die egozentrische Sprache spricht, kann gewisse Gedanken nicht ausdrücken, die man in der realistischen Sprache formulieren kann; die Entscheidung für die egozentrische Sprache hat also den Verzicht auf gewisse Gedanken zur Folge und kann damit sehr gewichtig sein. Damit sage ich nicht, die egozentrische Sprache sei ,,falsch"; das wäre ein Mißverständnis der Eigenschaften von Willensentscheidungen. Vielmehr muß man hier die Methode der Folgeentscheidungen anwenden; man kann zeigen, daß die Entscheidung für die egozentrische Sprache zu einem beschränkteren Wissenschaftssystem führt als dem der uneingeschränkten realistischen Sprache.

Ich möchte diese Überlegungen auf den allgemeinen Fall zweier Sprachen ausdehnen. Mit der Bezeichnungsweise von § 15 nehmen wir einen Bereich I von Elementen als Basis unserer Sprache an und setzen weiterhin voraus, daß Aussagen i über diese Elemente absolut oder praktisch verifizierbar sind, d.h. mindestens ein hohes Gewicht haben. Weiter gebe es einen Bereich E von Elementen außerhalb von I. Die Elemente von E stehen zu denen von I in einer derartigen Beziehung, daß eine verifizierte Aussage i einer Aussage e über den Bereich E eine bestimmte Wahrscheinlichkeit verleiht. Diese Beziehung ist nicht einfach eine eindeutige Zuordnung; zu jedem i gehört eine Klasse von Aussagen e, deren jede bezüglich i eine andere Wahrscheinlichkeit besitzt (und umgekehrt). Wir nehmen jetzt zwei Aussagen e_1 und e_2 mit folgenden Eigenschaften an:

α) Eine bestimmte verifizierte Aussage i verleiht e_1 und e_2 verschiedene Wahrscheinlichkeiten, die aber nicht so hoch sind, daß sie als praktische Wahrheit angesehen werden können;
β) e_1 und e_2 unterscheiden sich im Hinblick auf die Voraussage von Tatsachen außerhalb des Bereichs I;
γ) e_1 und e_2 unterscheiden sich nicht im Hinblick auf die Voraussage von Tatsachen innerhalb von I.

Ich möchte jetzt zwei Sprachen einführen; die engere sei durch die Wahrheitsbedeutung in Verbindung mit dem Retrogressionsprinzip definiert, die weitere durch die Wahrscheinlichkeitsbedeutung. Für die weitere Sprache sind e_1 und e_2 verschieden. In der engeren Sprache gelten sie ebenfalls als sinnvoll, weil sie Voraussagen für den Bereich I enthalten, doch es kann hier keinen Unterschied zwischen e_1 und e_2 geben, weil die Voraussagen für I die gleichen sind und alle Unterschiede auf einer Berechnung von Wahrscheinlichkeiten beruhen, die zu niedrig sind, um als praktische Verifikation zu dienen. Daher gelten in der engeren Sprache die Aussagen e_1 und e_2 als äquivalent. Hier hat eine Aussage so viel Bedeutung, wie (absolut oder praktisch) innerhalb von I verifiziert werden kann; diese Sprache kann daher die beiden Aussagen e_1 und e_2 durch die Aussage i ersetzen, wenn i so aufgefaßt wird, daß es die gleichen Voraussagen für I zur Folge hat. Dann kann i als äquivalent mit e_1 und e_2 bezeichnet werden.

Von dieser Art ist die positivistische Sprache über die würfelförmige Welt. In der realistischen Sprache sind nun e_1 und e_2 zwei verschiedene Hypothesen über die Vögel, und i ist die zugeordnete Beschreibung der Schattenpaare. Die Beschränkung auf den Bereich I als Grundlage liegt in diesem Fall an den physikalischen Bedingungen; daher ist eine Aussage e weder absolut noch praktisch verifizierbar. Ob eine Aussage e jedoch eine von i verschiedene Bedeutung hat, hängt nicht von den physikalischen Bedingungen, sondern von der Wahl der Sprache ab. Wenn man sich für die physikalische Wahrheitsbedeutung entscheidet, erhält man die engere Sprache und muß i und e als äquivalent betrachten; wenn man sich für die Wahrscheinlichkeitsbedeutung entscheidet, erhält man die weitere Sprache und muß i und e als verschieden ansehen.

Wir können niemandem verbieten, die Definition der Bedeutung zu wählen, die er vorzieht. Wenn er aber eine Entscheidung trifft, dann sind die obigen Überlegungen für ihn logische Wegweiser. Er hat vielleicht damit recht, daß er zwischen i und e nicht unterscheiden könne, solange es kein Loch in den Wänden gibt; das ist richtig, wenn er sich für die physikalische Wahrheitsbedeutung entscheidet, d.h. für die engere Sprache. Aber die Behauptung, *wir* könnten zwischen i und e nicht unterscheiden, solange es kein Loch in den Wänden gibt, wäre völlig falsch. Wir können es, weil wir die weitere Sprache wählen können, die auf der Wahrscheinlichkeitsbedeutung beruht.

Diese Überlegungen beweisen eine einschränkende Eigenschaft der Wahrheitsbedeutung. Wenn der Bereich der Basiselemente eingeschränkt wird, führt die Wahrheitsbedeutung zu einer beschränkten Sprache, in der Aussagen über andere Elemente, die der Basis nicht angehören, sinnlos sind, außer wenn sie als äquivalent mit Aussagen über Elemente der Basis angesehen werden. Die Wahrscheinlichkeitsbedeutung dagegen ist frei von solchen Einschränkungen; sie kann über die Basis der Sprache hinausgehen.

Wenden wir nun diese Ergebnisse auf die Sprache der Sinnesempfindungen an. Ist die Basis der Sprache auf die Sinneseindrücke eines Menschen während seines Lebens beschränkt, dann sind Aussagen über Ereignisse vor und nach seiner Lebenszeit sinnlos, sofern sie nicht als äquivalent mit Aussagen über Sinneswahrnehmungen während seiner Lebenszeit aufgefaßt werden. Die beiden Aussagen e_1 und e_2 aus § 16 über Geschehnisse nach unserem Tode sind von dieser Art; sie besitzen die Eigenschaften α—γ und lassen sich in dieser Sprache nicht unterscheiden. Das ist die entscheidende Schwierigkeit des Positivismus. Die streng positivistische Sprache – wie wir diese Sprache nennen können – widerspricht der gewöhnlichen Sprache so auffallend, daß sie kaum ernsthaft vertreten worden ist; darüber hinaus erweist sie sich als unzureichend, sobald man versucht, sie für die rationale Nachkonstruktion der Gedankengänge zu benutzen, die Handlungen in Bezug auf Ereignisse nach unserem Tode betreffen wie etwa in dem Beispiel mit den Lebensversicherungspolicen (§ 16)[29]. Wir sagten, die Wahl einer Sprache hänge von unserer freien Entscheidung ab, doch wir seien an die Folgeentscheidungen gebunden; hier zeigt sich nun, daß die Entscheidung für die streng positivistische Sprache den Verzicht auf jede vernünftige Rechtfertigung sehr vieler menschlicher Handlungen nach sich ziehen würde. Der pragmatistische Gedanke, daß die Sinndefinition im Hinblick auf menschliche Handlungen gewählt werden und dem Postulat der Nutzbarkeit entsprechen solle, entscheidet daher gegen die streng positivistische Sprache.

29) Man könnte hinzufügen, daß ähnliche Beispiele für Ereignisse vor unserer Lebenszeit konstruierbar sind, doch in diesem Fall entsteht das Problem des Handelns nicht so unmittelbar.

Um diesen Schwierigkeiten zu entgehen, versuchten die Positivisten, gewisse Verallgemeinerungen ihrer Sprache durch Erweiterung der Basis vorzunehmen. Statt der Wahrnehmungen eines Menschen haben sie die Sinneseindrücke aller Lebewesen als Basis betrachtet. Das widerspricht jedoch den erkenntnistheoretischen Absichten des Positivismus, nämlich die Welt auf der Basis der eigenen psychischen Erlebnisse zu konstituieren. Wenn man darüber einmal hinausgeht, gibt es keinen Grund, gerade bei den Eindrücken anderer Menschen halt zu machen und anderes auszuschließen. Ich würde sagen, es erscheine viel eher als zulässig, von der unabhängigen Existenz eines Tisches oder eines Steins zu sprechen als von den Wahrnehmungen anderer Menschen. Im übrigen räumt die genannte Erweiterung auch nicht alle Schwierigkeiten aus dem Weg. Es verbleiben entsprechende Schwierigkeiten für Ereignisse vor der Entstehung und nach dem Aussterben der Menschheit[30]

Eine andere Erweiterung wäre die Einführung einer gemischten Basis. Die Basis, die aus den Sinneswahrnehmungen unseres Lebens besteht, ist durch die Forderung der physikalischen Möglichkeit definiert, d.h. durch die Beschränkung der Bedeutung auf Berichte über Sinnesempfindungen, die physikalisch möglich sind. Man könnte diese Basis erweitern, indem man in gewissem Grade von dieser Forderung abweicht und logisch mögliche Sinneseindrücke zu jeder beliebigen Zeit und an jedem beliebigen Ort zuläßt. Bei einer derartigen Erweiterung des Bereichs möglicher Wahrnehmungen in Raum und Zeit lehnen Positivisten gewöhnlich solche Erweiterungen ab, die auf physikalischen Veränderungen des menschlichen Körpers beruhen. Man kann es nicht als logisch unmöglich ansehen, daß der menschliche Körper so klein wie ein Atom oder so groß wie das Planetensystem werden könnte; die üblichen positivistischen Einwände, Sätze über Elementarteilchen hätten keine unmittelbare Bedeutung, gehen also von der physikalischen und nicht der logischen Möglichkeit aus. Sobald aber die logische Möglichkeit einmal für die raumzeitliche Erweiterung der Basis der Sprache zugelassen ist, könnte man sie genau so gut für andere Erweiterungen zulassen. Gewiß kann man niemandem verbieten, letztere abzulehnen und erstere zuzulassen; ich finde aber eine solche gemischte Basis wenig überzeugend. Die Willkürlichkeit ihrer Grenzen zeigt sich in einigen ihrer Konsequenzen: Sätze über Ereignisse nach unserem Tode werden als sinnvoll zugelassen; Sätze über Atome sind verboten oder werden auf Sätze über makroskopische Gegenstände reduziert. Trotz solcher kaum zu rechtfertigender Eigenschaften scheint dies die Basis zu sein, die den meisten positivistischen Theorien stillschweigend zugrundeliegt[31] .

30) So mit guten Gründen C. I. Lewis, „Experience and Meaning“, *Philosophical Review*, 43 (1934), S. 125 ff.

31) Die Weigerung, physikalische Veränderungen des menschlichen Körpers zuzugeben, findet ihren Ausdruck in Machs Kampf gegen die Atomtheorie (vgl. § 25).

Man könnte vorschlagen, die logische Möglichkeit in ihrem vollen Umfang zuzulassen, also als Basis alle Arten logisch möglicher Sinnesempfindungen zu benutzen, einschließlich derjenigen, die wir bei Veränderungen des menschlichen Körpers haben würden. Das wäre wohl die breitestmögliche Basis; mit ihr würde man lediglich die logische Notwendigkeit von Sinneswahrnehmungen als Grundlage voraussetzen – denn daß es eine solche gibt, daß uns die Erkenntnis durch Sinneseindrücke vermittelt wird, scheint logisch notwendig zu sein. Oder können wir uns vorstellen, daß wir eines Tages aus unserer privaten Welt herauskommen könnten?

Ich glaube, diese Frage ist nicht negativ zu beantworten – zumindest, wenn der Ausdruck „meine eigene Erfahrung" einen anderen Sinn haben soll als der rein logische Ausdruck „Basis für Schlußfolgerungen". Die Existenz einer solchen privaten Welt ist nicht logisch notwendig, sondern nur eine empirische Tatsache, die auf der Physiologie des menschlichen Körpers beruht. Es ist keineswegs logisch notwendig, daß ich von *meinen* Wahrnehmungen sprechen muß und mir die Wahrnehmungen anderer Menschen nicht zugänglich sind. Es ist eine empirische Tatsache wie die, daß die Menschen der würfelförmigen Welt in ihr eingeschlossen sind. Man könnte sich andere Welten vorstellen, in denen die Sinnesempfindungen nicht immer zu einem „Ich" gebündelt sind – Welten, in denen sich das Ich vielleicht manchmal in zwei Iche spaltet, die sich später wieder vereinigen (vgl. § 28). Ich kann keineswegs mit Sicherheit behaupten, daß alle zukünftigen Erlebnisse den gegenwärtigen gleichen werden, daß sie aus farbigen Formen, lauten Tönen und Widerstand bei Tastempfindungen bestehen werden. Unsere Welt könnte sich auf eine Weise verändern, die wir uns gar nicht vorstellen können. Darum ist die Aussage „Die Erkenntnis ist an Sinnesempfindungen als Grundtatsachen gebunden" nicht absolut sicher.

Daraus folgt, daß alle logisch möglichen „Sinneswahrnehmungen" nicht die breitestmögliche Basis sind, sondern bereits gewisse Einschränkungen mit sich bringen. Schließlich kann wohl eigentlich überhaupt keine breiteste Basis definiert werden. Man wird nie sagen dürfen: „Alle Schlußfolgerungen über die Außenwelt müssen von Elementen der und der Art ausgehen", weil man „von der und der Art" nicht so definieren kann, daß Menschen notwendigerweise nur aufgrund solcher Elemente Erkenntnis gewinnen könnten. Die Wahrheitsbedeutung wird also immer zu einer eingeschränkten Sprache führen, von welcher Grundlage man auch immer ausgeht.

Die Wahrscheinlichkeitsbedeutung weist uns den Weg, wie man Einschränkungen vermeiden kann: Auf welche Basis man die Wahrscheinlichkeitsbedeutung auch anwendet, sie führt immer zu einer uneingeschränkten Sprache. Das ist für mich ein entscheidendes Argument für die Wahrscheinlichkeitsbedeutung. Man kann mit einem ziemlich kleinen Bereich von Basiselementen anfangen und darauf Aussagen über Elemente eines anderen Bereichs aufbauen, ohne daß deren Bedeutung nur auf der von Aussagen über die Basiselemente beruhte. Die Wahrscheinlichkeitsbedeutung führt also zu der realistischen Sprache der wirklichen Wissenschaft; man geht von dem recht kleinen Bereich der eigenen Beobachtungen aus und baut die ganze Welt darauf auf. Das positivistische Postulat, die Bedeutung von Aussagen über diese umfassendere Welt müsse anhand von Aussagen über die Basiselemente angegeben werden, erweist sich nicht als einleuchtend, sondern als das Ergebnis einer zu engen Auffassung der Wissenschaftssprache. Dieses weitgehende Postulat ist logisch als Vorschlag einer bestimmten beschränkten Sprache anzusehen; wir sehen aber keinen Grund, einen Vorschlag anzunehmen, der den Verzicht auf einen großen Teil der menschlichen Erkenntnis zur Folge hat. Unsere Situation der Außenwelt gegenüber ist nicht wesentlich anders als die der Bewohner der würfelförmigen Welt gegenüber den Vögeln draußen: Man stelle sich vor, die Oberfläche dieser Welt ziehe sich zusammen, bis sie nur noch unseren eigenen Körper umgibt und schließlich nach einigen geometrischen Verbiegungen mit der Oberfläche unseres Körpers identisch wird – dann erhalten wir die tatsächlichen Bedingungen für den Aufbau der menschlichen Erkenntnis; alle unsere Kenntnisse über die Welt sind an die Spuren gebunden, die von Kausalvorgängen aus der Außenwelt auf die Oberfläche unseres Körpers projiziert werden. Wir können daher die Analyse des Modells der würfelförmigen Welt auch auf die Beziehung zwischen den Sinnesempfindungen und den Gegenständen der Außenwelt anwenden. Die würfelförmige Welt hat gezeigt, daß nur die physikalische Wahrheitsbedeutung uns an den Bereich *I* der gegebenen Tatsachen bindet; mit der physikalischen Wahrscheinlichkeitsbedeutung können wir über den Bereich *I* hinausgehen, selbst wenn alle beobachtbaren Tatsachen auf ihn beschränkt sind. Dasselbe gilt für die Beziehung der Wahrnehmungen zu den äußeren Gegenständen. Nur wenn man sich auf die physikalische Wahrheitsbedeutung beschränkt, sind die Aussagen allein an die Sinnesempfindungen gebunden. Mit der physikalischen Wahrscheinlichkeitsbedeutung dagegen ist man nicht auf diese Klasse beschränkt. Aussagen können darüber hinausgehen und sich auf äußere Gegenstände beziehen. Dies zeigen die logischen Wegweiser. Wir verbieten niemandem, sich für die Definition der Bedeutung zu entscheiden, die ihm zusagt; wenn er sich freilich, wie die Positivisten, für die Wahrheitsbedeutung entscheidet, so lassen wir nicht die Begründung gelten, Aussagen über die Außenwelt könnten im Gegensatz zu Aussagen über Sinnesempfindungen nicht als [für sich] sinnvoll gelten. Die Äquivalenz besteht nur bei seiner Definition der Bedeutung; es gibt jedoch eine andere, die sich auf den Wahrscheinlichkeitsbegriff stützt und zwischen Aussagen über die Außenwelt und Aussagen über Sinnesempfindungen unterscheiden kann, obwohl es physikalisch unmöglich ist, den Bereich der beobachtbaren Tatsachen über den Bereich der Sinnesempfindungen auszudehnen.

Eine kritische Behandlung des Problems der Sinnesempfindungen und der Außenwelt spricht also für unsere Ablehnung der positivistischen Lehre. Die Theorie der Äquivalenz von Aussagen über Wahrnehmungen und Aussagen über die Außenwelt entspringt einer zu engen Auffassung von der Bedeutung; wir sind nicht an diese Theorie der Bedeutung gebunden – und der gewöhnliche Sprachgebrauch hat sich auch nie an eine so enge Vorschrift gehalten.

Man könnte folgende Formulierung der Beziehung der positivistischen zur realistischen Sprache vorschlagen. Da Wahrnehmungen nur Wahrscheinlichkeiten für äußere Ereignisse liefern, wäre eine Aussage, die mit einer Aussage über Sinnesempfindungen äquivalent ist, eine Aussage über eine Wahrscheinlichkeit äußerer Ereignisse; bezeichnen wir diese als Aussagen zweiter Stufe, so können wir sagen, die Sprache der Sinneseindrücke sei der Wissenschaftssprache zweiter Stufe äquivalent. Das wäre einschneidend für die positivistische Absicht, denn damit wäre die Existenz einer unabhängigen realistischen Sprache zugegeben, die mit der Wahrnehmungssprache nicht äquivalent ist. Wir könnten uns sogar mit einer solchen Auffassung einverstanden erklären, müssen aber hinzufügen, daß sie nur im Sinne einer Näherung durchführbar ist. Erstens besteht die Schwierigkeit, daß aus Aussagen über Sinnesempfindungen zwar Wahrscheinlichkeitsaussagen folgen, doch es besteht keine Äquivalenz; die Konstruktion der gesamten äquivalenten Klasse von Sinnesempfindungen würde zu ähnlichen Schwierigkeiten führen wie die ursprüngliche positivistische Konzeption. Zweitens ist die Sprache zweiter Stufe, streng genommen, keine zweiwertige Sprache, sondern wiederum eine Wahrscheinlichkeitssprache, nur von höherer Stufe (vgl. meine Kritik von Wahrnehmungsaussagen im folgenden Kapitel und meine Bemerkungen über Gewichte höherer Stufen in § 43). Doch die skizzierte Deutung des Positivismus ist wahrscheinlich die bestmögliche: in erster Näherung wird der Positivismus als äquivalent mit der Wissenschaftssprache angesehen, in zweiter Näherung als äquivalent mit der zweiten Stufe der Wissenschaftssprache. Die zweite Näherung ist sehr viel besser als die erste.

§ 18 Die funktionale Auffassung der Bedeutung

Fassen wir jetzt die Ergebnisse des vorliegenden Kapitels zusammen, so ist festzustellen, daß der Fehler des positivistischen Aufbaus der Welt in der Vernachlässigung des Wahrscheinlichkeitscharakters der Beziehungen zwischen Sinnesempfindungen und Außenwelt zu suchen ist. Die Auffassung der Erkenntnis als wahr oder falsch gilt nur als Näherung; sie ist daher nur mit großer Vorsicht anzuwenden, und ihre Konsequenzen müssen in vollem Bewußtsein des Näherungscharakters der Voraussetzungen gesehen werden. Wenn also der Positivismus als zulässige Weltauffassung gelten will, so muß er als eine Näherung aufgefaßt werden; nur in dieser Form kann er wissenschaftlichen Wert gewinnen.

In dieser Form wird er in der Tat häufig und erfolgreich angewandt. Bei einer neuen wissenschaftlichen Theorie stellt man sich eine Klasse von Sinneswahrnehmungen vor, die die Theorie sehr wahrscheinlich machen würde; man sagt dann, man verstehe die Theorie. Wenn ihre Wahrheit fraglich ist, stellt man sich eine andere Klasse von Sinnesempfindungen vor, die die Theorie sehr unwahrscheinlich machen würde; man sagt dann, man verstehe, wie eine Widerlegung der Theorie aussehen würde. Die positivistische Methode vermittelt uns also eine gute anschauliche Darstellung der Theorie, aber mehr nicht.

Bei dieser Veranschaulichung einer Theorie kann es auch erlaubt sein, über das Postulat der physikalischen Möglichkeit hinauszugehen und sich

Eindrücke vorzustellen, die nur logisch möglich sind. Wird diese Erweiterung nicht immer konsequent durchgeführt, werden also gewisse logische Möglichkeiten zugelassen und andere zurückgewiesen, so haben wir nichts gegen eine solche gemischte Grundlage einzuwenden; es könnte sogar ratsam sein, keine allzu engen Grenzen zu ziehen. Wir lesen Gullivers Reise zu den Liliputanern und malen uns mit Vergnügen die Eindrücke aus, die wir in diesem Miniaturland haben würden, obwohl eine solche Reise physikalisch unmöglich ist. Wenn wir die Einsteinschen Theorien lesen, stellen wir uns einen Menschen vor, der seine Uhr gerade bei der Ankunft von Lichtstrahlen mit überastronomischer Genauigkeit stellt; obwohl das physikalisch unmöglich ist, ist es doch vielleicht eine gute Darstellung der Einsteinschen Gleichzeitigkeitsdefinition. Wir stellen uns rotierende Atome und springende Elektronen vor, als könnten wir sie im Mikroskop sehen, und das kann sehr wohl dazu beitragen, die Bohrschen Theorien zu verstehen. Die Physiker haben gezeigt, daß man bei solchen Konstruktionen sehr vorsichtig sein muß und daß einige stillschweigend für unsere makroskopische Welt angenommenen Bedingungen für submikroskopische Dimensionen nicht mehr gelten; doch wenn man sich eine Welt ausmalt, die halb auf den physikalischen Gesetzen und halb auf darüber hinausgehenden Annahmen beruht, kann man vielleicht gewisse wesentliche Eigenschaften der Welt verstehen, die einem vorher entgangen sind, und so einem anschaulichen Verständnis von Theorien näherkommen, die sonst im Nebel des Abstrakten verbleiben würden.

Man darf aber nicht vergessen, daß die vorgestellten Sinnesempfindungen nicht mit der Intension der betreffenden Theorie äquivalent sind. Das ist gerade die falsche Konsequenz der Vernachlässigung des Wahrscheinlichkeitscharakters der Erkenntnis. Man übersieht die Tatsache, daß jede beschreibbare Klasse von Sinnesempfindungen, wenn sie auftritt, für physikalische Aussagen nur Wahrscheinlichkeiten liefert; man überschätzt die Tragweite von Näherungsbegriffen und zieht aus ihnen Konsequenzen, die Grenzen der Näherung nicht beachten. Man beschränkt sich auf anschauliche Vorstellungen – auf das gedachte Auftreten bestimmter Sinnesempfindungen – anstatt die Bedeutung des gesamten Satzes voll auszuschöpfen. Die Bedeutung läßt sich eben nicht nur auf diese Weise auffassen, wie die Positivisten behaupten; dies ist eine allzusehr vereinfachte Theorie der Bedeutung.

Diese Bedeutungstheorie entspringt, wie mir scheint, dem Gedanken, die Bedeutung eines Satzes sei etwas, das aufgezeigt, gesehen und erkannt werden könne. Dieses „Etwas" sind für die Positivisten die Sinnesempfindungen, die zu dem Satz gehören. Doch auf diese Weise erhält man nur Bilder und Begleitvorstellungen. Der Positivismus vertritt eine psychologische Auffassung von der Bedeutung, die sich freilich auf gewisse metaphysische Überbleibsel der traditionellen Philosophie stützt. Aus diesem tief verwurzelten Mißverständnis entspringt die positivistische Bedeutungstheorie.

Die Bedeutung einer Aussage ist kein „Etwas" – es gibt überhaupt keine Frage von der Form „*Was* ist die Bedeutung?". Ein Aussage hat Bedeutung, d.h., eine Aussage hat bestimmte Eigenschaften; aber es gibt kein ihr zugeordnetes Etwas, das der Sinn *wäre*. Man sollte besser sagen: eine Aussage *ist sinnvoll* – die substantivische Wendung „hat Bedeutung" ist stets wie die adjektivische „ist sinnvoll" zu verstehen. Das entspricht unserer Ausdrucksweise in den beiden Prinzipien der Bedeutungstheorie, die nicht das Wort „Bedeutung", sondern den Ausdruck „hat Bedeutung" definieren. Das erste Prinzip legt fest, unter welchen Bedingungen eine Aussage Bedeutung hat, das zweite, unter welchen Umständen zwei Aussagen gleiche Bedeutung haben; das ist alles, was wir brauchen – wir brauchen nicht zu wissen, was die Bedeutung ist.

Jeder wohlmeinende Wissenschaftler möchte Aussagen verstehen, und es sieht vielleicht wie kaltblütiger Radikalismus aus, wenn wir behaupten, es gebe kein Verstehen im Sinne eines „Kennens der Intension". Was man Verstehen nennt, ist nichts anderes als das Hervorrufen von Begleitvorstellungen, die einige mit dem Satz verbundene Wirkungen widerspiegeln und ihn anschaulich machen. Wir haben gewiß nicht die Absicht, das zu verbieten. Wir sind davon überzeugt, daß es sich um eine sehr gute und fruchtbare Arbeitsmethode der Wissenschaft handelt, daß anschauliche Vorstellungen das Denken klar und schöpferisch machen können und daß vielleicht gerade diese Begleitvorstellungen die tiefe Befriedigung hervorrufen, die mit allem schöpferischen und nachschaffenden wissenschaftlichen Denken verbunden ist. Wogegen wir uns aber wehren, das ist die Gleichsetzung der Begleitvorstellungen mit der Bedeutung der Aussagen und die Unterschiebung einer anschaulichen Darstellung für die vollständige Intension. Anders ausgedrückt, wir weigern uns, die Bedeutung von „Bedeutung" aus psychologischen Vorgängen abzuleiten.

Das Denken geht wie in einem Tunnel vor sich; man sieht keine Intensionen und Gehalte. Aussagen sind Werkzeuge, mit denen wir arbeiten; wir können nicht mehr verlangen als die Fähigkeit, mit diesen Instrumenten umzugehen. Die Finsternis des Tunnels kann etwas von anschaulichen Vorstellungen als Scheinwerfern erleuchtet werden, die hier und da aufscheinen und sich umherbewegen. Man sollte unscharfe Bilder nicht mit der gesamten Klasse der Operationen verwechseln, für die sich die Werkzeuge eignen.

Die Rede von Sinneseindrücken ist zulässig im Sinne einer anschaulichen Darstellung – aber wenn man das gelten läßt, kann man ebensogut auch andere Darstellungen zulassen. Die realistische Weltauffassung bedient sich solcher Bilder genau so wie die positivistische, und ich sehe keinen Grund, warum jene Darstellungen nicht im gleichen Sinne wie die positivistischen erlaubt sein sollten. Die Positivisten haben den Realismus mit der Behauptung angegriffen, es sei sinnlos, sich äußere Dinge vorzustellen, die man nicht beobachte, und haben dann die These vertreten, die einzig zulässige Deutung von Aussagen über die Außenwelt bestehe in der Vorstellung der Sinnesempfindungen, die man haben würde, wenn man die Gegenstände beobachtet. Das erscheint mir als der Angriff eines Metaphysikers auf einen anderen; es kann nicht Aufgabe der wissenschaftlichen Philosophie sein, sich in diesem Streit auf eine Seite zu stellen. Eine unvoreingenommene Untersuchung wissenschaftlicher Aussagen zeigt, daß die Ansichten des Positivismus und des Realismus beide auf psychologischem Gebiet wurzeln und daß der Bedeutungsbegriff von allen solchen psychologischen Beimischungen befreit werden sollte, wenn er dem wirklichen Denken entsprechen soll.

Die Bedeutung ist eine Funktion von Aussagen; diejenige nämlich, die sich in ihrer Brauchbarkeit als Mittel für unser Handeln in der Welt ausdrückt. Die Bedeutung ist kein dinghaftes Etwas, das einer Aussage zugeordnet wäre, wie „Ideen" oder „Sinnesempfindungen", sondern eine Eigenschaft. Die physikalischen Gegenstände, die wir Symbole nennen, haben eine bestimmte Funktion im Hinblick auf den Umgang mit allen anderen Gegenständen – diese Funktion heißt Bedeutung. Nur diese funktionale Auffassung der Bedeutung ermöglicht die Einführung des Wahrscheinlichkeitsbegriffs in die Theorie der Bedeutung. Die Wahrscheinlichkeitsbedeutung, wie wir sie definiert haben, ist im Rahmen dieser funktionalen Theorie zu betrachten. Mir scheint, nur diese Verbindung mit der Wahrscheinlichkeitstheorie kann der funktionalen Bedeutungstheorie die Mittel liefern, die eine befriedigende Theorie der wissenschaftlichen Aussagen braucht, eine Theorie, die dem wirklichen Vorgehen der Wissenschaft entspricht. Das zeigt die Analyse der Beziehungen zwischen Sinnesempfindungen und Außenwelt.

Kapitel 3 Eine Untersuchung der Sinneseindrücke

§ 19 Beobachtet man Sinneseindrücke?

Das vorangegangene Kapitel ging von der Voraussetzung aus, Sinneseindrücke seien beobachtbare Tatsachen. Wir führten sie ein, weil wir feststellten, daß physikalische Beobachtungen, selbst die konkretesten, nie über jeden Zweifel erhaben sind. Darum versuchten wir, sie auf grundlegendere Tatsachen zurückzuführen, und gelangten zu den Sinneseindrücken als unmittelbar gegebenen Tatsachen. Wir sagten, es ist vielleicht zweifelhaft, ob ein Tisch vor mir steht; ich kann aber nicht bezweifeln, daß ich zumindest die sinnliche Wahrnehmung eines Tisches habe. So wurden die Sinneseindrücke zu *dem* Musterbeispiel einer beobachtbaren Tatsache.

Dieser Gedanke hat große Überzeugungskraft, und nur wenige Philosophen konnten ihr widerstehen[32]. Ich selbst habe lange daran geglaubt, bis ich schließlich einige seiner schwachen Stellen entdeckte. Obwohl diese Überlegungen einiges Richtige enthalten, erscheint mir doch heute auch manches andere in ihnen grundfalsch zu sein.

Ich glaube nicht daran, daß Sinneseindrücke beobachtbare Tatsachen sind. Was ich beobachte, sind Gegenstände, nicht Sinneseindrücke. Ich sehe Tische, Häuser, Thermometer, Bäume, Menschen, die Sonne und viele andere grobmaterielle Gegenstände; ich habe aber noch nie meine Wahrnehmungen von diesen Dingen gesehen. Ich höre Töne, Melodien und Reden;

32) Sollte ich Namen aus dieser Ausnahmegruppe nennen, so wäre zunächst Richard Avenarius zu erwähnen, dessen Kampf gegen die „Introjektion" der psychischen Vorgänge und für eine „Restitution des natürlichen Weltbegriffs" die erste klare Widerlegung eines Standpunkts war, den die Materialisten aller Zeiten schon mit großem Eifer, aber unzureichenden Mitteln angegriffen hatten (Avenarius, *Der menschliche Weltbegriff* (Leipzig, 1891)). Später haben Watson mit seinem Behaviorismus (*Behavior* (New York, 1914)) und Carnap und Neurath mit der behavioristischen Wendung, die sie dem Wiener Positivismus gaben (*Erkenntnis*, 3 (1932), S. 107 ff., 204 ff., 215 ff.) ähnliche Gedanken entwickelt, und zwar in viel leichter zugänglicher und daher überzeugenderer Form. Meine folgenden Überlegungen stehen zwar dem Behaviorismus nahe, unterscheiden sich aber in gewisser Hinsicht von ihm (vgl. § 26). Die Pragmatisten haben sich ebenfalls gegen das positivistische Dogma gewandt; Dewey liefert in *Experience and Nature* (Chicago, 1925) eine sehr klare Widerlegung der Auffassung, Sinneseindrücke oder Sinnesempfindungen seien beobachtbare Tatsachen. Vgl. auch die sehr überzeugende Form des Behaviorismus bei E. C. Tolman, „Psychology versus Immediate Experience", *Philosophy of Science*, 2, Nr. 3 (1935), S. 356 ff.

ich höre aber nicht mein Hören. Ich empfinde Wärme, Kälte, Festigkeit, aber nicht meine Empfindung. Vielleicht entgegnet man mir: Es stimmt, daß du dein Sehen nicht siehst und dein Hören nicht hörst; du wirst ihrer aber auf andere Weise gewahr, mit einem „inneren" Sinne, der eine unmittelbare Wahrnehmung von Sinnesempfindungen liefert, ganz wie die anderen Sinne von den äußeren Gegenständen Wahrnehmungen liefern. Obwohl diese Vorstellung eines inneren Sinnes seit Locke von vielen Philosophen vertreten worden ist, muß ich bekennen, daß ich keinen solchen Sinn in mir entdecken kann.

Damit will ich nicht sagen, ich zweifelte an der Existenz meiner Sinneseindrücke. Ich glaube daran; aber ich habe sie nie *wahrgenommen*. Wenn ich diese Frage unvoreingenommen betrachte, so finde ich, daß ich die Existenz meiner Sinneseindrücke *erschließe*. Um die Struktur dieses Schlusses aufzuzeigen, möchte ich ein Beispiel aus der Physik heranziehen.

Die Elektrizität ist noch nie von irgend jemandem beobachtet worden. Man kann sie nicht sehen; man erschließt sie. Man sieht Kupferdrähte und bemerkt an ihnen verschiedene Eigenschaften, ohne daß sichtbare Veränderungen stattfinden: manchmal bekommt man einen Schlag, wenn man sie berührt, manchmal nicht; manchmal brennt eine Lampe, die an die Drähte angeschlossen ist, manchmal nicht. Um diese unterschiedlichen Beobachtungen im Zusammenhang mit den Drähten zu erklären, nimmt man in ihnen etwas Unbeobachtbares an, das wir Elektrizität nennen.

Der Schluß, der zu den Sinneseindrücken führt, scheint mir von der gleichen Art zu sein. Wir machen die Erfahrung, daß die von uns beobachteten Dinge verschiedene Eigenschaften haben, genau wie die Kupferdrähte. Der Hauptunterschied besteht zwischen der Welt des Träumens und des Wachens: manchmal bleiben die von uns beobachteten Dinge lange Zeit bestehen, manchmal nur kurze Zeit; manchmal weisen sie beständige Eigenschaften auf, manchmal weisen sie merkwürdige und überraschende Seiten und Verbindungen auf. Um diesen Unterschied zu erklären, unterscheide ich zwischen dem physikalischen Gegenstand und meiner sinnlichen Wahrnehmung von ihm; ich sage, gewöhnlich gebe es sowohl die physikalischen Gegenstände als auch meine Sinneseindrücke, manchmal aber nur Sinneseindrücke ohne entsprechende physikalische Gegenstände. Die Urheberschaft für die verworrenen und seltsamen Vorkommnisse wird damit von den „äußeren" Gegenständen auf einen anderen Gegenstand, das „Ich", verlagert. Mit dieser Vorstellung aber wird die Welt verdoppelt; bei den gewöhnlichen, wohlgeordneten Vorgängen geht man von der Zweiheit der äußeren Gegenstände und der sinnlichen Wahrnehmungen aus. Man braucht diese Vorstellung, um die Erklärung der verworrenen Welt zu rechtfertigen, nach der eine der beiden Welten, die Außenwelt, fallen gelassen wird. Die Unterscheidung zwischen der Dingwelt und der Empfindungs- oder Vorstellungswelt entspringt also aus erkenntnistheoretischen Überlegungen. Es ist bekannt, wie lange die Menschheit in ihrer geschichtlichen Entwicklung brauchte, um diesen Unterschied zu entdecken; noch heute verwechseln primitive Völker diese beiden Welten – sie halten Träume für Wirklichkeit und begründen Handlungen im Wachzustand mit Erfahrungen, die sie im Traum gemacht haben (vgl. § 25). Man ist sich seiner Sinnesempfindungen und Vorstellungen nicht unmittelbar bewußt; man muß erst lernen, zwischen „wirklichen" und nur „scheinbaren" beobachteten Dingen zu unterscheiden; „scheinbar" heißt, daß es nur in meinem Körper Vorgänge gibt, die nicht, wie gewöhnlich, mit physikalischen Gegenständen zusammenhängen.

Ich will damit nicht sagen, diese Verdopplung sei eine falsche Theorie; im Gegenteil, es ist eine ausgezeichnete. Sie erklärt viele Tatbestände, so den Unterschied zwischen dem Bild im Hohlspiegel und dem materiellen Tisch, oder dem Lichtblitz durch einen Faustschlag und dem von einem Leuchtturm. In diesen Beispielen liegen völlig verschiedenartige äußere Dinge vor, obwohl man dieselben äußeren Dinge *sieht*; die Verdopplungstheorie erklärt dies damit, daß verschiedene äußere Gegenstände die gleichen inneren Vorgänge in mir hervorrufen können. So liefert die Unterscheidung zwischen dem äußeren Gegenstand und dem inneren Wahrnehmungsvorgang wieder eine vernünftige Erklärung. Diese Theorie ist daher so gut wie jede derartige physikalische Theorie; es ist aber eine Theorie und keine Beobachtung.

Diese Abstraktheit der Sinneseindrücke ist vielleicht durch die besondere Beachtung des Tastsinnes verdeckt. Bei Gesichtseindrücken liegt es auf der Hand, daß man sie nicht sieht; doch bei Tasteindrücken scheint man sagen zu können, man empfindet sie. Das scheint mir aber eine falsche Auffassung aufgrund einer gewissen Besonderheit des Tastsinnes zu sein. Wenn man einen Gegenstand berührt, lokalisiert man ihn an der Oberfläche seines Körpers und nicht, wie beim Sehen, in der Entfernung. Man kann deshalb sagen, der gefühlte Gegenstand befinde sich in unserem Körper; so entsteht der Gedanke, man nehme eine Sinnesempfindung wahr. Doch auch beim Tasten empfindet man den Gegenstand. Wenn man mit den Händen an der Kante eines Tisches entlangfährt, empfindet man den Tisch im gleichen Sinne, wie man ihn mit den Augen sieht. Blinde haben darin mehr Übung, sie wissen das und sind gewöhnt, mit der Tastempfindung die Vorstellung einer Wahrnehmung äußerer Dinge zu verbinden.

Die Sache wird dadurch noch komplizierter, daß manchmal der wahrgenommene Gegenstand ein Vorgang in unserem Körper sein kann, etwa wenn man Schmerzen oder Hunger empfindet. Doch auch dann ist das Wahrgenommene ein Vorkommnis im gleichen Sinne wie ein Gegenstand, den wir mit unseren Augen sehen; wie man seinen Körper sehen kann, so kann man ihn auch fühlen. Daß solche Gefühle von der Art von Wahrnehmungen sind, zeigt sich daran, daß sie immer an einer ganz bestimmten Stelle unseres Körpers auftreten. Kopfschmerzen hat man im Kopf, Hunger im Magen, einen gezerrten Muskel am Bein. Auch Gefühle im Körper wie etwa Müdigkeit haben ihren Ort. In diesen Fällen kann man davon sprechen, man nehme den inneren Zustand des Körpers wahr. Doch dann haben wir es nur mit diesem Gegenstand zu tun, ganz wie bei der Gesichtswahrnehmung eines entfernten Dinges. Wir haben nie die Wahrnehmung einer Wahrnehmung; es gibt nur *eine* Empfindung, deren Gegenstand etwas Äußeres oder ein Zustand unseres Körpers ist, und daß es sie gibt, wird nicht beobachtet, sondern erschlossen.

Unmittelbar gegeben sind Gegenstände oder Zustände von Gegenständen, einschließlich der Zustände meines Körpers – aber keine Sinnesempfindungen. Der Grund dieser Verwechslung einer Schlußfolgerung mit einer Beobachtung liegt in gewissem Grade darin, daß die gegebenen Gegenstände bestimmte Eigenschaften haben, die, wie eine nähere Untersuchung zeigt, nicht ihnen zukommen oder nicht ihnen allein. Gegenstände sind blau oder rot oder warm oder hart; die Wissenschaft hat aber gezeigt, daß diese Eigenschaften nicht den äußeren Gegenständen zukommen. Genauer gesagt: Die Wissenschaft zeigt, daß die Gegenstände diese Eigenschaften nur haben, wenn sie in eine Beziehung zu unserem Körper treten, und nicht, wenn sie nur aufeinander einwirken. Wenn ein blauer Gegenstand vor das Objektiv eines Fotoapparats gestellt wird, so wirkt er auf den Film im Apparat ein. Wenn man aber diese Beziehung verstehen will, muß man dem „blauen" Gegenstand die Eigenschaft zuschreiben, daß er elektrische Schwingungen aussendet, die keine Ähnlichkeit mit der Farbe Blau haben. Wenn ein heißer Gegenstand in kaltes Wasser getaucht wird, fängt das Wasser an zu sieden und zu sprudeln und verrät auf diese Weise die Anwesenheit einer mechanischen Energie, die von der Eigenschaft der Hitze völlig verschieden ist. Es zeigt sich also, daß gewisse Eigenschaften nicht dem äußeren Gegenstand allein anhaften, sondern auf der Wechselwirkung zwischen ihm und unserem Körper beruhen. Diese Eigenschaften werden mit Recht sekundäre Qualitäten genannt. Solche bestimmten Wechselwirkungseigenschaften treten auch beim Zusammenwirken äußerer Gegenstände ohne Einschaltung des menschlichen Körpers zutage. Gewöhnlich verändern Lichtstrahlen die Gegenstände nicht, auf die sie fallen; wenn sie aber eine photographische Platte belichten, schwärzen sie sie und können das Bild eines davor befindlichen Gegenstandes auf ihr abzeichnen. So haben Lichtstrahlen die „Fähigkeit zu zeichnen" nicht als eine ihnen für sich zukommende Eigenschaft, sondern als eine Wechselwirkungseigenschaft, die nur in Verbindung mit bestimmten anderen Gegenständen auftritt. Wenn der andere Gegenstand der menschliche Körper ist, gewinnt die Wechselwirkungseigenschaft besondere Bedeutung; und diese Art von Wechselwirkungseigenschaft heißt im traditionellen philosophischen Sprachgebrauch sekundäre Qualität.

Man muß aber im Auge behalten, daß die sekundären Qualitäten *Eigenschaften* von Gegenständen und keine *Gegenstände* sind. Die Vernachlässigung dieses Unterschieds, die falsche Vergegenständlichung von Eigenschaften, ist einer der Gründe für die falsche Vorstellung, Sinneseindrücke würden beobachtet. Die Philosophen sprechen von „dem Blau", das sie beobachten, von „dem Heißen" und „dem Bitteren"; doch das ist ein Mißbrauch von Wörtern. Man sieht nie „das Blau", sondern blaue Gegenstände; man schmeckt nie „das Bittere", sondern bittere Gegenstände. Die Gegenstände, wie sie unmittelbar gegeben sind, haben gewisse Eigenschaften an sich; man sollte also nicht sagen: „Wir beobachten diese Eigenschaften", sondern „Wir beobachten Dinge mit diesen Eigenschaften". Die falsche Redeweise „Wir beobachten Eigenschaften" in Verbindung mit dem richtigen Gedanken, daß diese Eigenschaften auf einer Mitwirkung unseres Körpers beruhen, führt zu der Auffassung, man beobachte Sinneseindrücke. Dies scheint der psychologische Ursprung der unhaltbaren Beobachtbarkeitstheorie der Sinneseindrücke zu sein. Eine kritische Analyse setzt an ihre Stelle eine Theorie, nach der Sinneseindrücke erschlossen werden.

Die Abstraktheit der Sinneseindrücke zeigt sich auch daran, wie wir sie sprachlich beschreiben. Es gibt keine Wörter für Sinneseindrücke. Es gibt Wörter für die sekundären Qualitäten, aber keine für Sinneswahrnehmungen als Vorgänge an sich. Man beschreibt eine Empfindung mit Hilfe eines Gegenstandes, der sie hervorbringen kann. Man sagt: „Ich hatte den Eindruck eines roten Quadrats" oder „Ich hatte den Eindruck eines Lichtblitzes". Von was für Gegenständen ist hier die Rede? Ein rotes Quadrat ist ein Stück rotes Papier oder anderes Material in Quadratform; und ein Lichtblitz ist eine Lichtmenge, wie sie von einem Blitz oder einem Leuchtturm erzeugt wird. Dem fügt man Wendungen wie „Eindruck von..." hinzu, um die Sinnesempfindung zu kennzeichnen. Das ist aber eine indirekte Beschreibung; man muß auf sie zurückgreifen, weil die entsprechenden Wörter der Umgangssprache nur beobachtbare Gegenstände und keine Sinnesempfindungen bezeichnen.

§ 20 Das Gewicht von Wahrnehmungsaussagen

Das Ergebnis des vorangehenden Abschnitts läßt sich dahin formulieren, daß Wahrnehmungssätze indirekte und nicht direkte Sätze sind. Der Schritt von den Beobachtungssätzen der Physik zu Sinneswahrnehmungssätzen ist keineswegs ein Schritt von „nicht ganz direkten" Sätzen zu „direkten" oder auch nur zu „direkteren" Sätzen. Es ist vielmehr umgekehrt; man kommt zu „weniger direkten" Sätzen, denn Sinneswahrnehmungssätze ergeben sich durch einen Schluß und nicht aus Beobachtungen. Die direktesten Sätze sind die Beobachtungssätze; von diesen führt eine Schlußkette zu den indirekten Sätzen der Physik und eine andere zu den indirekten Sätzen über „meine Sinnesempfindungen".

Wenn wir aber nun das Gewicht dieser beiden Arten indirekter Sätze analysieren, so zeigt sich ein bemerkenswerter Unterschied. Das Gewicht der indirekten Sätze der Physik ist niedriger als das Gewicht der Beobachtungssätze, und zwar deshalb, weil die indirekten Sätze der Physik gegenüber den Beobachtungssätzen eine Mehrbedeutung haben. Doch die indirekten Sätze über Sinnesempfindungen haben eine eingeschränktere Bedeutung als Beobachtungssätze und daher ein höheres Gewicht. Da dieses umgekehrte Verhältnis des Gewichts zur Bedeutung außerordentlich wichtig ist, soll es eingehend erklärt werden.

Wir sagten, eine Sinneswahrnehmungsaussage werde sprachlich als Aussage über physikalische Gegenstände formuliert, die diese Wahrnehmung hervorrufen. Das ist notwendig, weil es gar keine anderen Möglichkeiten gibt, eine Wahrnehmung zu beschreiben. Die Beschreibung zieht aber nicht nur einen einzigen Gegenstand heran, sondern mehrere, die dieselbe Wahrnehmung hervorrufen würden. Wenn man sagt: „Ich hatte den Eindruck eines Lichtblitzes", dann heißt das: „Ich hatte einen Eindruck, wie er von einem Leuchtturm *oder* einem Blitz *oder* einem Faustschlag auf mein Auge verursacht wird." Sinnesempfindungen sind also als eine Disjunktion physikalischer Gegenstände charakterisiert, und die Disjunktion führt zu einer Abschwächung der Intension, die ich später erklären werde. Doch im Augenblick wollen wir uns diese Disjunktion näher ansehen.

Man braucht nicht immer alle Glieder der Disjunktion aufzuführen. Das läßt sich mit Hilfe des Begriffs der Ähnlichkeit vermeiden; ich möchte nun zeigen, wie man dabei verfährt.

Die Gegenstände, die wir wahrnehmen, sind nicht immer wirklich verschieden; manche sind sich sehr ähnlich. Wenn ich diesen Tisch ansehe und fünf Minuten später wieder hinsehe, ähnelt der zweite Tisch dem ersten; gewöhnlich sage ich sogar, es sei derselbe Tisch. Das ist etwas leichtsinnig, da es nur das betrifft, was ich gerade jetzt sehe, man sollte besser sagen: „Tisch Nr. 1 ähnelt Tisch Nr. 2." Ob diese Ähnlichkeit als Identität der physikalischen Gegenstände zu nehmen ist, hängt von einer Reihe anderer Umstände ab. Tisch Nr. 3, den ich in einem anderen Zimmer gesehen habe, ist den beiden anderen Tischen ebenfalls ähnlich, aber physikalisch nicht mit ihnen identisch. Das wird natürlich nicht unmittelbar beobachtet, ebensowenig wie die physikalische Identität im anderen Falle, die aus anderen Zusammenhängen mit anderen Dingen erschlossen wird. So steht die physikalische Identitätsbeziehung für ein ganzes Netz elementarer Beziehungen. Die Ähnlichkeitsbeziehung steht dabei an erster Stelle, und unsere Beobachtungssätze behaupten zumeist, daß sie zwischen mehreren Gegenständen besteht.

So lassen sich die Glieder der Disjunktion charakterisieren, die eine Sinnesempfindung bestimmt. Man kann etwa sprechen von einem „Eindruck, wie ihn ein Leuchtturm oder ein ihm ähnlicher physikalischer Gegenstand erzeugt". Man beachte, daß es sich hier nicht um „physikalische Ähnlichkeit" handelt, denn in unserer Sprechweise würde ja ein Lichtstrahl einem Faustschlag auf das Auge ähneln; es handelt sich um die „Wahrnehmungsähnlichkeit" der Philosophen. Doch das Wort „Wahrnehmung" ist nicht nötig, um diese Ähnlichkeit zu charakterisieren — wir können die Beziehung anhand einer Eigenschaft der uns erscheinenden Dinge definieren. Man könnte sagen, es sei eine Eigenschaft der Dinge, wie sie der einfache Mann sieht, d.h. ein Mensch, der nicht von philosophischen Überlegungen angekränkelt ist. Ich möchte diese Beziehung *unmittelbare Ähnlichkeit* nennen[33].

33) Die Tragweite der Ähnlichkeitsbeziehung für die logische Konstruktion von Elementaraussagen wurde zuerst von Carnap in seinem Buch *Der logische Aufbau der Welt* (Leipzig und Berlin, 1928) betont.

Da wir das Wort „Wahrnehmung" bei der Aufstellung unserer Disjunktion nicht verwandt haben, können wir es fallen lassen und folgendermaßen formulieren: „Da ist ein Ding a_1 oder ein anderes Ding, das a_1 unmittelbar ähnlich ist." Das nennen wir die *Ähnlichkeitsdisjunktion*. Da es sich um eine Disjunktion handelt, kommt es offensichtlich zu einer Abschwächung der Intension; „Da ist ein Ding a_1 *oder* ein anderes Ding" besagt weniger als „Da ist ein Ding a_1." Unsere Disjunktion ist aber noch nicht weit genug; es muß ein weiteres Glied hinzutreten, das das Wort „Wahrnehmung" enthält; dieses betrifft den Traum.

Wenn man „das Ding a_1 im Traum sieht", dann gibt es gar kein physikalisches Ding, sondern nur eine Sinnesempfindung, wie sie von a_1 oder einem ähnlichen Ding verursacht würde. Natürlich weiß man das im Traum nicht; aber man weiß es hinterher, und darum müssen wir diesen Fall berücksichtigen und unserer Disjunktion hinzufügen.

Die Sinnesempfindung ist mein eigener innerer Zustand, wie er von a_1 oder einem a_1 ähnlichen Ding hervorgerufen wird. Um das völlig zu verstehen, sollten wir eine Erklärung für den Ausdruck „mein eigener" angeben; ich möchte diese aber auf § 28 verschieben. Unabhängig von dieser Erklärung können wir sagen, daß der Ausdruck „Sinnesempfindung" mit Hilfe des Begriffs der unmittelbaren Ähnlichkeit definiert wird. Obwohl aber die Aussage, es gebe außer dem Ding noch eine Sinnesempfindung als inneren Zustand meines Bewußtseins, anhand des Gegenstands a_1 oder ähnlicher Dinge definiert ist, fügt sie der bloßen Aussage über den Gegenstand etwas hinzu. Würde man sagen: „Da ist ein Objekt a_1 oder ein ihm ähnlicher Gegenstand *und* außerdem eine entsprechende Sinnesempfindung", so brächte das einen Intensionszuwachs.

Wir fügen das neue Glied aber nicht als Konjunktions-, sondern als Disjunktionsglied hinzu. Damit wird die Intension gegenüber der bisherigen Ähnlichkeitsdisjunktion nochmals abgeschwächt. Die neue Aussage lautet: „Da ist ein Ding a_1 oder ein a_1 ähnliches Ding, oder da ist kein beobachtetes physikalisches Ding, sondern nur ein Sinneseindruck, wie er von dem Ding a_1 verursacht worden wäre." Wir nennen diese Aussage die *längere Ähnlichkeitsdisjunktion*; die vorher formulierte Disjunktion soll *kürzere Ähnlichkeitsdisjunktion* heißen, wenn sie von der längeren unterschieden werden soll.

Sei $S'(a_1)$ ein a_1 ähnliches Ding; der Ausdruck bezeichnet also schon eine Disjunktion, in die alle a_1 ähnlichen Dinge eingehen. Sei $I'(a_1)$ eine Sinnesempfindung von der Art, wie sie von a_1 hervorgerufen wird. Das Zeichen „$\vee$" bedeutet „oder". Dann haben unsere beiden Disjunktionen folgende Form:

Kürzere Ähnlichkeitsdisjunktion: $a_1 \vee S'(a_1)$

Längere Ähnlichkeitsdisjunktion: $a_1 \vee S'(a_1) \vee I'(a_1)$

Wir nennen solche Aussagen *Basisaussagen*. Nachdem wir ihre logische Form festgelegt haben, können wir leicht zeigen, daß sie ein höheres Gewicht erhalten, nämlich wegen der Abschwächung der Intension; in der Wahrscheinlichkeitsrechnung drückt man diese Beziehung in einer Ungleichung aus[34], nach der die Wahrscheinlichkeit einer Disjunktion größer (in Ausnahmefällen gleich groß, aber nie kleiner) ist als die Wahrscheinlichkeit jedes einzelnen ihrer Glieder. Darum hat der Übergang zu Basisaussagen einen Gewichtszuwachs zur Folge. Wir brauchen keine „Intuition", um das zu beweisen, auch keine „unmittelbare Einsicht in die Gewißheit des Gegebenen" – wir brauchen nur die Regeln der Wahrscheinlichkeitsrechnung. Die längere Ähnlichkeitsdisjunktion hat ein noch höheres Gewicht als die kürzere.

Wir können eine dritte Form von Basisaussagen konstruieren, indem wir die Annahme hinzusetzen, daß es auch beim Zutreffen der vorderen Disjunktionsglieder eine Sinnesempfindung gibt. Das heißt, wir konstatieren das Auftreten der Wahrnehmung auch für den Fall, daß der physikalische Gegenstand existiert. Diese Aussagenverbindung nenne ich die *Wahrnehmungsform*; als Formel lautet sie:

Wahrnehmungsform: $a_1 . I'(a_1) \vee S'(a_1) . I'(a_1) \vee I'(a_1)$

Die Erwähnung der Wahrnehmung in den ersten Gliedern führt zu einer Gewichtsverminderung; doch man kann es als sehr wahrscheinlich ansehen, daß in mir immer ein innerer Vorgang eintritt, wenn ich ein Ding sehe, und daher ist das Gewicht der Wahrnehmungsdisjunktion nicht viel kleiner als das der längeren Ähnlichkeitsdisjunktion. Nach einer Regel des Logikkalküls[35] ist die Disjunktion der Wahrnehmungsform dem Ausdruck $I'(a_1)$ äquivalent; es ergibt sich also der einfache Ausdruck

Wahrnehmungsform: $I'(a_1)$

Man erkennt, daß die dritte Form von Basisaussagen einfach die Aussage ist, es liege eine Wahrnehmung vor, wie sie von einem Ding a_1 hervorgebracht wird. Diese Form wird gewöhnlich von den Positivisten benutzt.

Wir fügen einige Beispiele an. Eine kürzere Ähnlichkeitsdisjunktion ist der Satz: „Da ist ein Scheinwerfer oder etwas Ähnliches." Letzteres könnte ein Blitz oder ein Faustschlag sein. Die längere Ähnlichkeitsdisjunktion ergäbe sich durch Anfügung von „oder ich habe nur den Eindruck eines Scheinwerfers". Das würde den Fall einschließen, daß ich vielleicht träume, während ich den Satz ausspreche. Wenn es jemandem ungerechtfertigt erscheint, einen Faustschlag einem Scheinwerfer ähnlich zu nennen, dann kann er den Faustschlag aus der kürzeren Ähnlichkeitsdisjunktion weglassen und ihn in den Ausdruck $I'(a_1)$ der längeren hineinnehmen. Das ist nur eine Sache der Definition. Die Wahrnehmungsdisjunktion würde lauten: „Da ist eine Empfindung von der Art, wie sie von einem Scheinwerfer erzeugt wird." Diese Aussage ist trotz ihres ziemlich hohen Gewichts nicht ganz so sicher wie die längere Ähnlichkeitsdisjunktion; doch der Unterschied ist sehr gering.

34) Vgl. des Verfassers *Wahrscheinlichkeitslehre* (1935), S. 97, Formel 13 [1949, § 20, Formel 13].

35) *Ebenda*, S. 27, 4c*.

Jetzt müssen wir das Gewicht der längeren Ähnlichkeitsdisjunktion genauer untersuchen. Ist sie absolut sicher? Die Positivisten und andere Philosophen haben es behauptet. Für sie sind Sinnesempfindungen unbezweifelbare Tatsachen, und sie betonen, gerade deswegen seien Sinneswahrnehmungen die eigentliche Grundlage unseres Wissens von der Außenwelt. Meine Weigerung, Sinnesempfindungen als beobachtbare Tatsachen anzuerkennen, kann nicht ohne Einfluß auf diese Auffassung sein. Wir müssen das dabei auftretende Gewicht gesondert untersuchen. Leitgedanke dieser Untersuchung wird unsere Formulierung der Wahrnehmungssätze als „Ähnlichkeitsdisjunktionen" sein.

Wir können davon ausgehen, daß Sätze wie „Da ist ein Blitz" nicht absolut sicher sind. Ein Gewichtszuwachs bis in die Nähe der Gewißheit muß, wenn überhaupt, durch ein „oder" zustandekommen. Fragen wir zunächst, ob uns die Regeln der Wahrscheinlichkeitsrechnung dazu etwas lehren können.

Ein Satz der Wahrscheinlichkeitsrechnung besagt, daß eine vollständige Disjunktion $A \vee \bar{A}$ (d.h. A oder nicht-A) die Wahrscheinlichkeit 1 hat. Unvollständige Disjunktionen haben in der Regel eine niedrigere Wahrscheinlichkeit, doch der Wert 1 ist nicht ausgeschlossen. Nun ist klar, daß die Ähnlichkeitsdisjunktion unvollständig ist. Das muß so sein, denn sonst würde sie nichts aussagen. Die Ausage „Da ist ein Blitz oder da ist kein Blitz" wäre leer und würde keine Information über Tatsachen liefern. Daraus folgt, daß uns die Regeln der Wahrscheinlichkeitsrechnung nichts über die Frage der Sicherheit der Ähnlichkeitsdisjunktion lehren, sondern sie völlig offen lassen.

Wir müssen also andere Überlegungen anstellen. Es ergibt sich eine Antwort, wenn man die Möglichkeit in Betracht zieht, daß eine Basisaussage später widerlegt wird. Dazu müssen wir uns die Bedeutung der Disjunktionsglieder klar machen.

Wenn man sagt: „Da ist ein Blitz oder etwas unmittelbar Ähnliches oder lediglich ein derartiger Eindruck", so stützt sich die Beschreibung auf den physikalischen Gegenstand Blitz, und zwar deshalb, weil dieses Disjunktionsglied die anderen definiert. Die unmittelbar ähnlichen Gegenstände sind nur durch die Beziehung auf den Blitz bestimmt. Das gilt auch für die Wahrnehmung. Nun bezeichnet das Wort „Blitz" einen früher gesehenen Gegenstand; die Basisaussage stellt daher einen Vergleich zwischen einem gegenwärtigen und einem früher gesehenen Gegenstand an. Wir geben zu, daß dieser Vergleich nicht voraussetzt, daß der früher gesehene Gegenstand wirklich ein Blitz im physikalischen Sinne war; es genügt, daß ich ihn einen Blitz *genannt* habe. Diese Einschränkung hat aber keinen Einfluß auf unser Ergebnis, daß sich der Vergleich auf einen gegenwärtigen und einen früher gesehenen Gegenstand bezieht. Ein solcher Vergleich stützt sich jedoch auf die Zuverlässigkeit des Gedächtnisses und ist daher nicht absolut sicher. Es stellt sich also heraus, daß eine Basisaussage nicht absolut sicher ist.

Man könnte einwenden, ein Vergleich mit früher gesehenen physikalischen Gegenständen sei verfehlt, und eine Basisaussage solle nur eine gegenwärtige Tatsache als solche betreffen. Doch damit würde die Basisaussage entleert. Sie besagt ja gerade eine Ähnlichkeit zwischen dem jetzigen und dem früher gesehenen Objekt; dadurch wird das gegenwärtige Objekt gerade beschrieben. Anderenfalls würde die Basisaussage darin bestehen, daß dem jetzigen Objekt ein bestimmtes Zeichen, z.B. eine Zahl, zugeordnet wird; doch das würde überhaupt nichts helfen, da es nicht zu einem Vergleich mit anderen Dingen dienen könnte. Nur wenn man verschiedenen Gegenständen dasselbe Zeichen zuordnet, kann man Beziehungen zwischen ihnen aufstellen; doch mit der Zuordnung der Zeichen ist dann der Elementarvergleich bereits durchgeführt. Die Basisaussagen sollen diese Elementarvergleiche unter dem Gesichtspunkt unmittelbarer Ähnlichkeit formulieren; darum können sie als Basis für weitere Schlußfolgerungen dienen.

Man erkennt, daß die Auffassung der Basisaussagen als absolut sicher nicht haltbar ist. Diese Auffassung vernachlässigt die Tatsache, daß Basisaussagen niemals nur den jetzigen Gegenstand betreffen, sondern auch früher wahrgenommene – und das ist eine wesentliche Eigenschaft der Basisaussagen.

Unsere Analyse des Gewichts von Wahrnehmungsaussagen führt uns zu einer psychologischen Erklärung der Theorie, die den Positivisten zu dem Glauben führt, Sinnesempfindungen seien elementare Beobachtungstatsachen. Der Übergang zu weniger zweifelhaften Sätzen wird fälschlich als Übergang zu anschaulicheren Sätzen angesehen. Diese Auffassung wird durch einen ähnlichen Effekt bei Begriffen höherer Ordnung nahegelegt. Der Übergang von „Es findet eine elektrische Entladung von einer Wolke auf die Erde statt" zu „Da ist ein Blitz" führt zu einem sichereren Satz und gleichzeitig zu einem anschaulicheren. Der Übergang von „Da ist ein Blitz" zu „Ich habe den Eindruck eines Blitzes" führt wiederum zu einem sichereren Satz, aber zu einem weniger anschaulichen. Während die Sicherheit bei diesen Übergängen ständig steigt, nimmt die Anschaulichkeit zunächst zu und dann wieder ab; die größte Anschaulichkeit liegt ungefähr in der Mitte. Wir möchten diesen Gedanken in Abb. 3 darstellen, ohne freilich Vorschläge für eine praktische

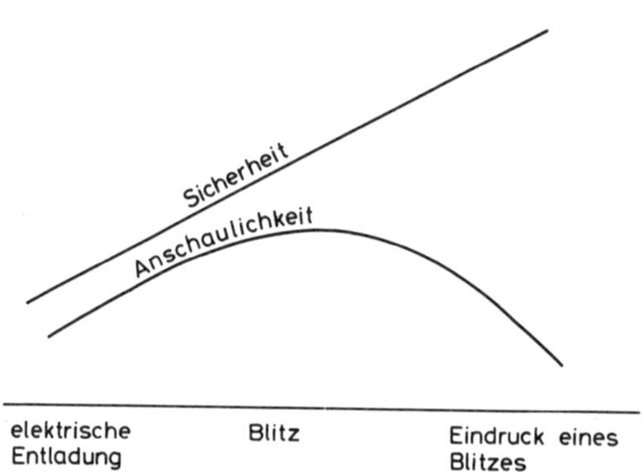

Abb. 3
Übergang von höheren physikalischen Aussagen über Beobachtungsaussagen zu Wahrnehmungsaussagen

Messung des Anschaulichkeitsgrades machen zu wollen. Die positivistische Auffassung von der Unmittelbarkeit der Sinnesempfindungen beruht auf der Verwechslung der beiden Kurven – sie bricht aufgrund einer kritischen, unparteiischen psychologischen Untersuchung zusammen.

Der höhere Sicherheitsgrad des Wahrnehmungssatzes ergibt sich aus seiner Disjunktionsform. Doch eine Disjunktion führt nicht zu einem anschaulichen „allgemeineren Ding"; die Verallgemeinerung läßt sich nur sprachlich ausdrücken, es entspricht ihr kein anschaulicher Vorgang. Wenn „Sinnesempfindung" nicht mit dem erschlossenen und nicht beobachteten inneren Vorgang gleichgesetzt wird, müßte man darunter ein solches „Ding, das durch eine Disjunktion definiert wird" verstehen, das z. B. entweder ein Blitz oder etwas Ähnliches ist. So ein „allgemeines Ding" kann man sich nicht vorstellen; man sieht immer Einzelgegenstände, auch Eigenschaften, die vielleicht objektiv nicht gerechtfertigt sind. Man sieht das Spiegelbild als ein körperliches Ding; wenn man weiß, daß diese Beobachtung fragwürdig ist, kann man die Intension der Aussage abschwächen, indem man ein „oder" hinzufügt, also sagt: „Da ist entweder ein körperliches Ding oder nur ein ihm entsprechendes Bündel von Lichtstrahlen" – aber man kann kein „allgemeineres Ding" sehen, das unserer Disjunktion entsprechen würde. Der Positivismus ist mit seiner Auffassung von den Wahrnehmungen als anschaulichen Gegenständen ein Opfer der alten metaphysischen Tendenz geworden, sprachliche Verhältnisse durch anschauliche Gegenstände zu ersetzen. Wir können uns aber nicht damit einverstanden erklären, daß die nominalistische Auflösung des Begriffsrealismus, die sonst nachdrückliche Absicht des positivistischen Programms ist, vor dem Problem der Elemente der Basis der Erkenntnis halt machen müsse.

§ 21 Weitere Reduktion der Basisaussagen

Unser Ergebnis bezüglich der Unsicherheit der Basisaussagen legt die Frage nahe, ob man durch weitere Reduktion zu einer anderen Art von Aussagen gelangen kann, die absolut sicher sind. Das würde bedeuten, daß der Weg in Richtung auf die Sicherheit noch ein Stück weiter gegangen werden kann. Es dürfte kein Argument gegen unser Verfahren sein, wenn wir zugeben, daß wir uns aufs Nachdenken verlegen werden, statt das „unmittelbar Gegebene" zu analysieren.

Man kann solche Überlegungen damit begründen, daß ein unmittelbarer Vergleich zwischen einem früher gesehenen und einem gegenwärtigen Gegenstand unmöglich ist. Eine Basisaussage zieht zwar einen Vergleich zwischen zwei Gegenständen, sie spricht nicht einfach von einem einzigen; doch es werden keine Gegenstände an verschiedenen Zeitpunkten verglichen. Wenn man den gegenwärtigen Gegenstand sieht, sieht man den früher gesehenen nicht mehr; man kann sie also nicht vergleichen. Statt des früher gesehenen Gegenstandes hat man nur ein Erinnerungsbild von ihm; in Wirklichkeit vergleicht man also ein Erinnerungsbild mit einem Gegenstand.

Was ist ein Erinnerungsbild? Wenn man ein solches Bild besitzt, weiß man, daß, obwohl man irgendwie einen Gegenstand vor sich sieht, gar keiner vorhanden ist, sondern nur ein innerer Vorgang im Bewußtsein, den wir eine Vorstellung nennen. Aber das weiß man nur, das sieht man nicht. Was man sieht, ist nicht die Vorstellung, sondern ein Gegenstand; es gibt also keine andere Möglichkeit, die Vorstellung zu beschreiben, als den Gegenstand zu beschreiben, den man gesehen zu haben glaubt. Dieser Gegenstand heißt ein Erinnerungsbild. Das Wort ,,Bild" soll ausdrücken, daß man diesen Gegenstand nicht für wirklich hält, daß er aber den ursprünglichen physikalischen Gegenstand darstellt. Es wäre aber nicht richtig zu sagen, das Erinnerungsbild sei „in" meinem Kopf. In meinem Kopf läuft ein innerer Vorgang ab, den ich nicht unmittelbar beobachte. Das gesehene Bild befindet sich außerhalb meines Kopfes, am Orte eines physikalischen Gegenstandes, obwohl ich weiß, daß überhaupt kein Gegenstand da ist.

Kehren wir zu unseren Überlegungen über die Basisaussagen zurück. Der dortige Vergleich wird zugegebenermaßen nicht unmittelbar angestellt, sondern nur mit Hilfe des eingeschalteten Erinnerungsbildes. Der Vergleich besteht aus zwei Vorgängen: einem Vergleich zwischen dem gegenwärtigen Ding und dem Erinnerungsbild und zweitens einem Vergleich zwischen dem Erinnerungsbild und dem zuvor gesehenen Ding. Nur der erste Vergleich ist unmittelbar möglich; der zweite ist von der Art einer Hypothese: es wird angenommen, daß das jetzige Erinnerungsbild dem früher gesehenen Gegenstand ähnlich ist. Das nennt man die Annahme der *Gedächtniszuverlässigkeit*.

Man erkennt, die Analyse dieses psychologischen Vorgangs kann in der Tat als eine Rechtfertigung der Behauptung gelten, daß unsere Basisaussagen nicht endgültig, sondern einer weiteren Reduktion zugänglich sind, die zu neuen Basisaussagen führt. Nur der Vergleich zwischen dem gegenwärtigen Gegenstand und dem Erinnerungsbild ist eine Basisaussage im eigentlichen Sinne; der Vergleich zwischen dem Erinnerungsbild und dem zuvor gesehenen Gegenstand ergibt sich durch einen Schluß, nicht durch eine Beobachtung. Ich nenne den ersten Vergleich eine *Basisaussage im engeren Sinne*, während unsere bisherigen Basisaussagen, die beide Vergleiche enthalten, *Basisaussagen im weiteren Sinne* heißen sollen. Wir können also sagen, daß Basisaussagen im engeren Sinne nur Vergleiche zwischen gegenwärtigen Gegenständen enthalten. Basisaussagen im weiteren Sinne sind indirekte Sätze, die sich auf Basisaussagen im engeren Sinne stützen.

Bevor wir uns der Frage nach der Sicherheit der neuen Basisaussagen zuwenden, müssen wir den Schritt von Basisaussagen im engeren Sinne zu Basisaussagen im weiteren Sinne untersuchen. Wir sagten schon, daß dieser Schritt auf der Voraussetzung der Gedächtniszuverlässigkeit beruht. Das muß genauer formuliert werden.

Stellen wir uns eine Gedächtnisverwirrung vor, derart, daß die heutigen Erinnerungsbilder gestern gesehener grüner Gegenstände wie gestern gesehene rote Körper aussehen, während die heutigen Erinnerungsbilder von gestern gesehenen roten Körpern wie gestern gesehene grüne Körper aussehen. Diese Verwirrung könnte man nie entdecken, weil der Vergleich nicht möglich ist. Man kann nicht einen Gegenstand, an den man sich heute erinnert, unmittelbar mit einem gestern gesehenen Gegenstand vergleichen. Die angebliche Gedächtnisverwirrung wäre also nach unserer Definition der Bedeutung sinnlos. Sollte die Hypothese der Gedächtniszuverlässigkeit behaupten, diese Verwirrung finde nicht statt, dann wäre sie eine Scheinaussage und keiner weiteren Diskussion wert. Wir brauchen aber die Hypothese nicht so naiv aufzufassen, sondern können ihr einen verifizierbaren Inhalt geben (vgl. auch § 27).

Um das zu zeigen, möchte ich ein Verfahren benutzen, das die Erinnerungsbilder ausschaltet. Es stimmt, daß man einen Gegenstand, den man einen Tisch nennt, mit einem Erinnerungsbild vergleicht, das von dem Wort „Tisch" hervorgerufen wird; doch man kann auch anders vorgehen. Dazu können wir unsere Sammlung von Musterbeispielen heranziehen, die ein Exemplar jeder Gegenstandsart mit seiner Bezeichnung enthält (§ 5). Wenn ich sage: „Das ist ein Tisch", würde ich den Gegenstand, der in unserer Mustersammlung den Namen „Tisch" hat, mit dem vorliegenden Gegenstand vergleichen. So würde das Erinnerungsbild durch ein Exemplar unserer Sammlung ersetzt, und der Vergleich bezöge sich auf zwei physikalische Gegenstände und kein Erinnerungsbild.

Jetzt können wir angeben, was die Gedächtniszuverlässigkeit ist: Das Gedächtnis ist zuverlässig, wenn die Methode der Erinnerungsbilder zu denselben Basisaussagen im engeren Sinne führt wie die Methode der Mustersammlung. Damit ist die Gedächtniszuverlässigkeit verifizierbar definiert; und so geht man auch wirklich stets vor, wenn eine Gedächtniszuverlässigkeit fraglich ist. Wenn wir Zweifel haben, ob unser Erinnerungsbild eines bestimmten Gegenstandes richtig ist, rufen wir eine neue Wahrnehmung hervor, indem wir uns den Gegenstand ansehen. Manchmal wird diese Kontrolle mit Hilfe von wissenschaftlichen Büchern oder Lexika ausgeführt; da diese Bücher keine unmittelbaren Wahrnehmungen liefern, sondern nur Definitionen der Ausdrücke, ist dieses Verfahren als Reduktion eines Erinnerungsbildes auf andere mit größerer Zuverlässigkeit aufzufassen.

Beim wirklichen Denken läßt sich die strenge Methode des Vergleichs mit Hilfe einer Mustersammlung wegen technischer Schwierigkeiten nicht durchführen. Sie wird durch die Gedächtnisfunktion ersetzt. Man kann, wie wir gesehen haben, die Zuverlässigkeit des Gedächtnisses nachprüfen, aber nur in bestimmten Fällen. In den anderen führt man eine Induktion aus und nimmt an, daß das Gedächtnis auch dann zuverlässig ist, wenn es nicht überprüft wird. Diese Hypothese verringert aber die Sicherheit der Ergebnisse. Basisaussagen im weiteren Sinne sind deswegen weniger zuverlässig als Basisaussagen im engeren Sinne. Das erste Ergebnis unserer Untersuchung ist also eine Bestätigung unseres Gedankens, daß unsere früheren Basisaussagen nicht absolut sicher sind.

Der Übergang von Basisaussagen im engeren Sinne zu Basisaussagen im weiteren Sinne erhält mit Hilfe der beschriebenen Hypothese von der Gedächtniszuverlässigkeit eine sehr einfache Form. Ist eine beliebige Basisaussage im engeren Sinne gegeben, so brauchen wir nur den Ausdruck „Erinnerungsbild eines früher gesehenen Gegenstands" durch den Ausdruck „der früher gesehene Gegenstand" zu ersetzen und erhalten die entsprechende Basisaussage im weiteren Sinne. Das Erinnerungsbild wird also fallen gelassen, und die Basisaussage erhält die gewöhnliche Form eines Vergleichs zwischen Gegenständen an verschiedenen Zeitpunkten.

Dieser Schritt enthält nun eine weitere Hypothese, der wir uns jetzt zuwenden wollen. Es ist die Voraussetzung, daß Gegenstände, die bei einer früheren Beobachtung einander unmittelbar ähnlich waren, es auch bei einer späteren Beobachtung sind. Das nennen wir die *Hypothese der Konstanz der Wahrnehmungsfunktion*. Wir wollen zeigen, wie diese Annahme geprüft werden kann.

Das kann mit Hilfe unserer Mustersammlung geschehen. Sie enthält mehrere Gegenstände mit dem Namen „Blitz", „Strahl eines Leuchtturms", „Faustschlag auf das Auge" usw., die bei gleichzeitigem Vergleich einander unmittelbar ähnlich sind. Wenn man sich dieselben Gegenstände am folgenden Tage ansieht, so findet man, daß sie es immer noch sind. Das ist mit der Konstanz der Wahrnehmungsfunktion gemeint.

Natürlich zeigt sich diese Konstanz nicht bei allen Gegenständen. Es hängt, wie man zu sagen pflegt, von der physikalischen Beständigkeit der Gegenstände ab; verändern sie sich, so ändern sich auch die Wahrnehmungen. Ein im Sommer gesehener Baum ist vielleicht der Farbe, die in unserem Farbenverzeichnis mit „grün" bezeichnet ist, unmittelbar ähnlich, während er im Winter der mit „weiß" bezeichneten Farbe unmittelbar ähnlich ist – weil in der botanischen Abteilung unserer Mustersammlung Schnee gefallen ist. Aber es gibt Gegenstände, die sich nicht verändern. Genauer gesagt: Unter gewissen beobachtbaren Bedingungen verändern sich die Gegenstände nicht. Unter welchen, das ist Erfahrungssache. Wenn wir sie aber gefunden haben, glauben wir an die Konstanz der Ähnlichkeitsbeziehung. Das ist nicht nur eine Voraussetzung über die Existenz unveränderlicher physikalischer Gegenstände. Es könnte ja vorkommen, daß zwei Gegenstände bei allen möglichen physikalischen Reaktionen nie einen Unterschied zeigen, daß sie aber an einem Tag ähnlich aussehen und am nächsten verschieden. Die physikalischen Reaktionen bestehen aus Ereignisketten, deren Ergebnisse wir beobachten; dabei dürfen wir die Konstanz der Wahrnehmungsfunktion voraussetzen und kommen zu dem Ergebnis, daß sich die Gegenstände physikalisch nicht verändert haben. Aber die unmittelbare Beobachtung der Gegenstände kann zeigen, daß sie sich jetzt nicht mehr ähnlich sind. Zwei rechteckige weiße Papierstücke können an einem Tag ähnlich aussehen und am nächsten Tag nicht; stattdessen sieht eines davon einem runden Stück Papier ähnlich, obwohl eine Nachprüfung mit Lineal und Meterstab zeigt, daß es noch die rechteckige Form hat. Die Ähnlichkeit hängt nicht allein von den physikalischen Eigenschaften der Gegenstände ab, sondern auch von einer gewissen Konstanz der Wahrnehmungsprozesse im menschlichen Körper; und das nennen wir die *Konstanz der Wahrnehmungsfunktion*.

Diese Konstanz wird auch bei dem Übergang von Basisaussagen im engeren Sinne zu Basisaussagen im weiteren Sinne vorausgesetzt. Das ist im Gebrauch gewisser Wörter der Umgangssprache enthalten, die Wahrnehmungen bezeichnen. Man sagt „der Eindruck eines weißen Rechtecks" und geht dabei davon aus, daß alle Gegenstände, die diese Wahrnehmung verursachen, die also einem rechteckigen Stück weißen Papiers unmittelbar ähnlich sind, es später auch noch sind. Ohne diese Voraussetzung wäre unser Wortgebrauch nicht eindeutig; man müßte immer eine Zeitangabe hinzufügen, z.B. „der Eindruck einer Taschenlampe, wie sie am 5. März 1936 ausgesehen hat". Die Bedeutung des Ausdrucks „wie sie ausgesehen hat" wird klar, wenn man die Wahrnehmungsform durch Ähnlichkeitsdisjunktion ersetzt. Diese lautet in der kürzeren Form: „ein Gegenstand aus der Klasse der Gegenstände, die am 5. März 1936 einer Taschenlampe ähnlich waren". Die sogenannten „Beschreibungen von Wahrnehmungen", die in den üblichen Basisaussagen vorkommen, sind nur zulässig, wenn die Hypothese der Konstanz der Wahrnehmungsfunktion zutrifft.

Wir wissen aber, daß das nicht immer der Fall ist. Es gibt bekannte Ausnahmen: Wenn man seine Hand in eine Schüssel Wasser mit einer bestimmten Temperatur taucht, fühlt sich das Wasser manchmal warm, manchmal kalt an, je nachdem, ob man unmittelbar zuvor seine Hand in kälteres oder wärmeres Wasser getaucht hat. In diesem Fall weist das Wasser immer dieselben objektiven Beziehungen zu anderen physikalischen Körpern auf, wie man an der gleichbleibenden Anzeige des Thermometers erkennt; aber man empfindet es verschieden. Hier ist also die Wahrnehmungsfunktion nicht konstant. Der Fall unterscheidet sich von dem vorhergehenden (künstlich konstruierten) Beispiel insofern, als die Wahrnehmungsfunktion nicht unmittelbar von der Zeit abhängt, sondern von den Eigenschaften der physikalischen Gegenstände, die unmittelbar vorher wahrgenommen wurden. Man muß also keine Zeitangabe hinzufügen, sondern einen Hinweis auf die zuvor wahrgenommenen Gegenstände, etwa „das Gefühl von heißem Wasser gleich nach dem Eintauchen in kaltes Wasser". Andere solche Beispiele kommen bei Gesichtswahrnehmungen vor; die wahrgenommene Farbe einer Fläche kann von der Farbe abhängen, die die Fläche umgibt. In diesem Fall ist die räumlich und nicht die zeitlich benachbarte Wahrnehmung in der genauen Beschreibung anzugeben. Die Psychologie hat eine Reihe ähnlicher Fälle aufgezeigt, und wir berücksichtigen sie bei unseren Beobachtungen. Abgesehen von diesen Ausnahmefällen halten wir uns im allgemeinen an die Hypothese der Konstanz der Wahrnehmungsfunktion.

Diese Hypothese bringt also in die Basisaussagen im weiteren Sinne eine zusätzliche Unsicherheit hinein, denn es ist klar, daß man praktisch diese Hypothese nur in bestimmten Fällen prüfen kann, über die hinaus man ihre Geltung durch induktive Schlüsse erweitert. Verbinden wir dieses Ergebnis mit den vorangegangenen über die Gedächtniszuverlässigkeit, so finden wir, daß Basisaussagen im weiteren Sinne keineswegs absolut sicher sind.

Unsere Untersuchung bestätigt also unseren Gedanken, daß höchstens Basisaussagen im engeren Sinne absolut sicher sein können. Es bleibt die Frage, ob sie auch wirklich absolut sicher sind.

Die Antwort hierauf können wir gleich geben. Sie besagt, daß solche Aussagen, selbst wenn sie existieren, niemals formuliert werden können. Jede Formulierung braucht eine gewisse Zeit, und währenddessen können gewisse Veränderungen eintreten, wie wir sie schon angedeutet haben. Wir hatten bei unserer Erörterung der Gedächtniszuverlässigkeit und der Konstanz der Wahrnehmungsfunktion eine ziemlich langsame Änderung der Bedingungen im Auge, die nur von einem Tag auf den anderen beobachtbare Unterschiede hervorbringt; man kann aber viel schnellere Änderungen nicht ausschließen, bei denen in Minuten oder Sekunden das geschieht, was sonst Tage braucht. Die menschliche Sprache ist dem nicht gewachsen. Unsere Basisaussagen im engeren Sinne sind, genau genommen, auch Basisaussagen im weiteren Sinne, bei denen nur die auftretende Zeitspanne recht kurz ist. Folglich gibt es nur näherungsweise Basisaussagen im engeren Sinne, was wiederum zur Folge hat, daß jede beliebige Äußerung nur angenähert absolut sicher ist. Die absolute Sicherheit ist ein Grenzwert, den man nie erreicht.

Wir müssen froh sein, wenn es wenigstens eine unbeschränkte Annäherung gibt, d.h. wenn es möglich ist, jede gewünschte noch so hohe Wahrscheinlichkeit zu erreichen, die von der Sicherheit nur noch um eine beliebig kleine Differenz ϵ verschieden ist. Es gibt aber keinen Beweis, daß auch nur das möglich ist. Die Quantenmechanik hat gezeigt, daß es diese unbegrenzte Annäherung für Voraussagen zukünftiger Ereignisse nicht gibt. Es kann sein, daß dieselbe Einschränkung für Aussagen über die unmittelbare Gegenwart gilt. Das hat aber keine große praktische Bedeutung, weil bei allen Aussagen, die man in der Praxis aufstellen kann, eine gewisse Unsicherheit bestehen bleibt.

§ 22 Das Gewicht als die einzige Eigenschaft von Aussagen

Unsere Untersuchung über die Wahrnehmungssätze hat weitgehende Konsequenzen für die Wahrheitstheorie.

Das ganze erste Kapitel hindurch waren wir davon ausgegangen, daß Aussagen über konkrete physikalische Tatsachen, die wir Beobachtungsaussagen nannten, absolut verifizierbar seien. Eine genauere Analyse hat gezeigt, daß diese Auffassung unhaltbar ist, daß auch für solche Sätze nur ein Gewicht bestimmt werden kann. Um zu zuverlässigeren Aussagen zu kommen, führten wir dann die Wahrnehmungssätze ein. Im ganzen zweiten Kapitel gingen wir davon aus, daß wenigstens diese Aussagen absolut verifizierbar seien. Nun hat sich auch das als unrichtig herausgestellt, auch Wahrnehmungsaussagen können nur anhand des Gewichts beurteilt werden. Es bleiben also überhaupt keine absolut verifizierbaren Aussagen übrig. Der Wahrheitswert eines Satzes ist somit eine fiktive Eigenschaft; sie hat nur einen Platz in einer idealisierten Wissenschaftswelt, während die praktische Wissenschaft keinen Gebrauch davon machen kann. Sie arbeitet stattdessen immer mit dem Gewicht. Wir haben zunächst gezeigt, daß diese Eigenschaft immer dann an die Stelle des Wahrheitswertes tritt, wenn dieser nicht bestimmt werden kann; wir führten es daher für Aussagen über die Zukunft ein, in der die Ereignisse noch nicht eingetreten sind, sowie für indirekte Aussagen, die ja überhaupt nie verifiziert werden. Jetzt erkennen wir, daß, streng genommen, alle Aussagen von dieser Art sind, daß sie alle indirekt sind und nie exakt verifiziert werden können. So hat das Gewicht den Wahrheitswert völlig verdrängt und ist unser einziger Maßstab zur Beurteilung von Aussagen.

Wenn wir trotzdem vom Wahrheitswert einer Aussage sprechen, dann ist das nur eine Schematisierung. Wir setzen ein hohes Gewicht mit der Wahrheit und ein niedriges mit der Falschheit gleich; das Zwischengebiet heißt „unbestimmt". Die Vorstellung von der Wissenschaft als einem System wahrer Sätze ist daher nichts als eine Schematisierung. Für viele Zwecke ist sie wohl eine ausreichende Näherung; aber für eine genaue erkenntnistheoretische Untersuchung kann sie keine befriedigende Grundlage abgeben. Eine Näherung ist immer nur innerhalb eines gewissen Anwendungsbereichs zulässig; außerhalb führt sie zu ernsthaften Widersprüchen mit den Tatsachen. Gleiches gilt für die schematisierte Auffassung der Wissenschaft als eines Systems wahrer Sätze. In den Händen vorsichtiger und nicht allzu konsequenter Philosophen hat sie keinen großen Schaden angerichtet; sie hat aber zu einigen unbeantwortbaren Fragen geführt, die man bescheiden als solche anerkannt hat. Doch in den Händen ehrgeiziger und konsequenter Logiker hat diese schematisierte Auffassung zu ernsten Mißverständnissen der Wissenschaft und schwerwiegenden Fehldeutungen ihrer Methoden geführt. Wenn die erkenntnistheoretische Konstruktion mit der wirklichen Wissenschaft nicht übereinstimmte, hat die reine Deduktion das Übergewicht über eine vorurteilslose Beurteilung der wirklichen Verhältnisse gewonnen. Statt die deduktive Methode kritisch auf die angebliche Struktur der Wissenschaft zurückschlagen zu lassen, hat man diese schematisierte Struktur zur Stützung einer von Grund auf falschen Auffassung der Wissenschaft überhaupt mißbraucht.

Diese Beschreibung scheint mir auf die positivistische Bedeutungstheorie zu passen, die die Bedeutung an die Verifizierbarkeit knüpft. Solange man die Forderung der Verifizierbarkeit nicht übertreibt und sehr wahrscheinliche Aussagen als wahr betrachtet, ist diese Theorie eine nützliche Näherung; der größere Teil der wissenschaftlichen Aussagen kann als sinnvoll beibehalten werden, auch Voraussagen und indirekte Sätze aller Art. Wenn aber höhere Ansprüche gestellt werden, erweist sich eine große Anzahl wissenschaftlicher Aussagen als unverifizierbar. Die positivistische Bedeutungstheorie schließt sie daraufhin aus dem Bereich sinnvoller Aussagen aus und ersetzt sie durch andere, die für keinen unvoreingenommenen Betrachter die Funktion der verworfenen Sätze übernehmen können. Dieses Verfahren wird mehr oder weniger konsequent durchgeführt; doch keiner seiner Vertreter hat bisher den Mut gehabt, bis zur letzten Konsequenz zu gehen und zuzugeben, daß überhaupt keine sinnvollen wissenschaftlichen Sätze übrig bleiben.

Die Wahrscheinlichkeitstheorie der Bedeutung ist nicht so dogmatisch. Wenn sie Verifizierbarkeit im Sinne einer Näherung gelten läßt, übersieht sie nicht, daß selbst eine angenäherte Verifikation nur für manche Sätze möglich ist und man im allgemeinen ohne das Gewicht nicht auskommen kann. So wird die Theorie der Bedeutung weit genug gefaßt, um sowohl verifizierbare als auch nur mit Gewicht versehene Aussagen als sinnvoll zuzulassen. Wenn schließlich gezeigt wird, daß die absolute Verifikation eine Fiktion ist, die es in der praktischen Wissenschaft nie gegeben hat, so erschüttert das diese Theorie der Bedeutung nicht. Sie kann die Form einer verallgemeinerten Bedeutungstheorie annehmen, in der das Gewicht die einzige Eigenschaft der Aussagen ist, auf der ihre Bedeutung beruht. Damit liegt eine verallgemeinerte Bedeutungstheorie vor, in der Verifikation lediglich die Bestimmung einer Wahrscheinlichkeit bedeutet.

Von diesem Gesichtspunkt aus ist es von gewissem Interesse, einen Überblick über unseren Gedankengang zu geben. Unsere Untersuchung begann mit der Annahme, daß Aussagen drei Eigenschaften haben: Bedeutung, Wahrheitswert und Voraussagewert. Aus der positivistischen Theorie der Bedeutung ergab sich, daß die Bedeutung auf den Wahrheitswert zurückgeführt werden kann; doch bei der Anwendung dieser Überlegungen auf indirekte Sätze fanden wir, daß diese Reduktion einen zu engen Bedeutungsbegriff lieferte und wir den Voraussagewert als weitere Grundlage für die Bedeutung hinnehmen mußten. Die Verifizierbarkeit im weiteren Sinne, einschließlich der Bestimmbarkeit eines Voraussagewerts oder Gewichts, wurde zu der Eigenschaft, von der wir die Bedeutung abhängig machten. Unsere letzte Überlegung über die Sinneswahrnehmungen zeigte jedoch, daß es überhaupt keine absolut verifizierbaren Aussagen gibt. In allen Fällen beruht die Bedeutung allein auf dem Voraussagewert. So sind also die drei Eigenschaften Bedeutung, Wahrheitswert und Voraussagewert auf eine davon zurückgeführt, den Voraussagewert oder das Gewicht. Der Wahrheitsbegriff erscheint als Idealisierung eines hohen Gewichts, und die Bedeutung ist die Eigenschaft, einer Gewichtsbestimmung zugänglich zu sein. Was wir als eine Brücke vom Bekannten zum Unbekannten eingeführt hatten, stellt sich als der einzige Maßstab des wissenschaftlichen Denkens heraus; das Überbrückungsmittel hat die beiden anderen Satzeigenschaften absorbiert.

Dieses Ergebnis steht in starkem Gegensatz zu gewissen Gedanken, die zur Verteidigung der Wahrheitstheorie der Bedeutung entwickelt worden sind. Man hat argumentiert, der Voraussagewert beziehe sich nur auf unsere subjektive Erwartung und könne keine Grundlage für eine Definition der Bedeutung abgeben; umgekehrt sagte man auch, ein Voraussagewert setze die Bedeutung im Sinne absoluter Verifizierbarkeit voraus, weil man nur Ereignisse erwarten könne, von denen man später sagen kann, sie hätten stattgefunden oder nicht stattgefunden. Dieser Einwand ist ein Beispiel für die falschen Konsequenzen, zu denen die schematisierte Wissenschaftsauffassung führen kann. Er verkennt, daß die sogenannte Verifikation des Ereignisses, nachdem es entweder stattgefunden oder nicht stattgefunden hat, auch nur eine Bestimmung eines Gewichts ist, nur daß dieses höher ist und näherungsweise mit der Wahrheit gleichgesetzt werden kann. Darauf haben wir in dem Beispiel von der Würfelwelt aufmerksam gemacht: ein unbehinderter Blick durch die Wände könnte uns nicht absolut davon überzeugen, daß sich draußen Vögel befinden, sondern würde uns nur neue physikalische Gegenstände liefern, deren Eigenart und Position mit Hilfe von Wahrscheinlichkeitsschlüssen bestimmt werden müßten. Diese würden der Vogelhypothese zwar eine höhere Wahrscheinlichkeit als vorher verleihen, doch mehr kann man nicht behaupten. Es gibt keine absolute Verifikation. Es stimmt also nicht, daß sich Wahrscheinlichkeitsschlüsse nur auf Tatsachen beziehen können, die mit Hilfe anderer Methoden direkt verifizierbar sind. Genau formuliert, würde der Grundgedanke des Einwands lauten: Mit irgendeinem Voraussagewert kann man nur Ereignisse erwarten, die später einen höheren Voraussagewert erhalten. In dieser Form liegt seine Hinfälligkeit auf der Hand.

Die Wahrscheinlichkeitstheorie der Bedeutung ist nicht auf die Wahrheitstheorie der Bedeutung zurückführbar; vielmehr ist diese eine schematisierte Form jener, die nur im Sinne einer Näherung gilt.

Wenn wir von diesem Standpunkt aus die Frage des positivistischen Aufbaus der Welt ins Auge fassen, so zeigt sich, daß die Einführung der Wahrnehmungen als Basis die Wahrscheinlichkeitsaussagen nicht beseitigt, nicht einmal im Bereich der Basis selbst. Nicht nur die Schlüsse von der Basis auf die Außenwelt haben Wahrscheinlichkeitscharakter, sondern auch jede Aussage über die Basis. Das ist der letzte Schlag gegen die positivistische Theorie, der noch den letzten Rest von Absolutheitsanspruch erschüttert, der ihr nach der Zurückweisung ihrer weitergehenden Ansprüche noch blieb. Der psychologische Ursprung dieser Theorie war das Bedürfnis, für alle Aussagen über die Welt wieder absolute Sicherheit zu gewinnen. Wenn Aussagen über Wahrnehmungen absolut sicher wären und wenn Aussagen über physikalische Gegenstände lediglich äquivalente Umformungen von Wahrnehmungsaussagen wären, dann wäre dieses Ziel erreicht. Wir sahen im vorangegangenen Kapitel, daß der zweite Teil dieser Theorie unhaltbar ist, daß die Beziehungen zwischen Wahrnehmungen und physikalischen Tatsachen Wahrscheinlichkeitsbeziehungen sind und daß sich die Sicherheit der Basis nicht auf unser Wissen von der Außenwelt übertragen läßt. Im vorliegenden Kapitel haben wir gefunden, daß die Basis selbst ein ähnliches Schicksal erleidet, wenn man sie genau betrachtet. Es gibt überhaupt keine Gewißheit – alles, was wir wissen, kann nur mit Wahrscheinlichkeit behauptet werden. Es bleibt kein archimedischer Punkt absoluter Sicherheit, an dem wir unsere Erkenntnis der Welt aufhängen könnten. Das einzige, was wir haben, ist ein elastisches Netz von Wahrscheinlichkeitsverbindungen, das im freien Raume schwebt.

Kapitel 4 Der projektive Aufbau der Welt auf der Grundlage der Konkreta

§ 23 Die Grammatik des Wortes „Existenz"

Unsere Untersuchung über die Sinneswahrnehmungen hat zu dem Ergebnis geführt, daß diese nicht beobachtet, sondern nur erschlossen werden. Wir sagten, das unmittelbar Beobachtete seien die konkreten Gegenstände des täglichen Lebens und von ihnen führe erst ein Schluß zur Existenz von Sinneseindrücken. Basis der erkenntnistheoretischen Konstruktion ist daher die Welt der konkreten Gegenstände. Von dort führen Schlußfolgerungen zu komplizierteren physikalischen Gegenständen einerseits und zu Sinneseindrücken andererseits.

Diesen Vorgang wollen wir analysieren und die ganze Welt auf der Basis der Konkreta aufbauen – das Ergebnis wäre dann das, was gewöhnlich unser Weltbild genannt wird. Die Analyse dieses Aufbaus wird uns eine Theorie der Existenz liefern, die unsere Ergebnisse über den Wahrscheinlichkeitscharakter der Verbindungen mit dem Gedanken verknüpft, daß der Bereich der konkreten Gegenstände und nicht der der Wahrnehmungen als Basis für eine rationale Nachkonstruktion der Welt genommen werden sollte.

Ehe wir uns aber auf diese Aufgabe einlassen, ist eine Vorbemerkung über den Ausdruck „Existenz" vonnöten. Die Sprache drückt diesen Begriff durch die Worte „es gibt" aus. Wenn wir nach ihrer Bedeutung fragen, müssen wir zunächst die Regeln untersuchen, nach denen der Ausdruck „es gibt" gebraucht wird. Das heißt, wir wollen die Grammatik dieses Ausdrucks kennenlernen, denn sonst könnten wir ihn nicht verständlich verwenden.

Zunächst ist festzustellen, daß der Ausdruck „there is" [es gibt, da ist] nicht immer Existenz bedeutet. Wenn wir fragen: „Wo ist William" und die Antwort erhalten: „There is William" [Da ist William], drückt dieses „there is" eine räumliche Bestimmung aus. Man möchte nicht behaupten, daß William existiert, sondern daß er sich an dem Ort befindet, den das Wort „there" [da] bezeichnet. Die Existenz wird durch Sätze anderer Art ausgedrückt. Wir sagen zum Beispiel: „There is a bird as tall as a horse" [Es gibt einen Vogel so groß wie ein Pferd]. Hier bezeichnet „there is" keine räumliche Bestimmung, sondern die Existenz eines bestimmten Vogels. Das wird deutlich, wenn wir diesen letzten Satz mit der Äußerung „There is an ostrich" [Da ist ein Strauß], etwa vor einem Käfig im Zoo ausgesprochen, vergleichen. Hier liegt wieder eine räumliche Bestimmung wie im ersten Beispiel vor. Sehen wir uns nun die Konstruktion der Existenzaussage an.

Das Wesentliche an solchen Aussagen ist, daß sich der Ausdruck „there is" oder „es gibt" nicht auf ein Individuum bezieht, sondern im Zusammenhang einer Beschreibung steht. Eine Beschreibung ist eine Folge von Wörtern, die je bereits ihre Bedeutung haben, aber in der betreffenden Verbindung einen neuen Begriff definieren. Man kann dann fragen, ob ein Gegenstand dieser Art existiert. Das ist eine vernünftige Frage, denn der Beschreibung können wir das nicht entnehmen, auch dann nicht, wenn das, was die einzelnen Bestandteile der Definition bezeichnen, jeweils existiert. Wenn wir wissen, daß es Säugetiere gibt und daß es Tiere mit einem Rüssel anstelle einer Nase gibt, dann wissen wir noch nicht, daß es auch Säugetiere mit einem Rüssel gibt. Darum verwendet die Sprache hier den Existenzbegriff und formuliert den Satz: „Es gibt Säugetiere mit einem Rüssel“. Diese Aussage sagt uns etwas Neues; ihre Wahrheit bestätigt sich, wenn man einen Elefanten sieht. Es wird aber nicht die Existenz dieses bestimmten Elefanten ausgesagt, sondern eines Gegenstandes, der der Beschreibung entspricht. Eine Existenzaussage bezieht sich immer auf die Existenz des Beschriebenen, nicht die eines Individuums.

Die symbolische Logik drückt diesen Gedanken durch die Vorschrift aus, daß eine Existenzaussage immer einen Operator zusammen mit einer gebundenen Variablen enthalten muß:

$$(\exists\, x) f(x) \tag{1}$$

Diese Formel bedeutet: „Es existiert ein x, derart, daß $f(x)$ wahr ist.“ Man schreibt nie $(\exists\, a)$, wo a ein Individuum ist; d.h., man sagt nicht: „Dieser Elefant existiert.“ Ein solcher Satz wäre sinnlos. Wenn man irgendwie den gegenteiligen Eindruck hat, dann liegt es daran, daß man das Wort „Elefant“ nicht als Individuennamen, sondern als Beschreibung auffaßt. Ein Handbuch der Zoologie enthält eine Beschreibung des Elefanten; wenn man auf einen Elefanten zeigt und sagt: „Dieser Elefant existiert“, so kann das bedeuten: „Dieses Ding existiert als Elefant“, oder kürzer: „Dieses Ding ist ein Elefant.“ Es ist klar, daß das Wort „Elefant“ in allen diesen Wendungen eine Beschreibung ist. Würde man auf den Elefanten zeigen und sagen: „Dieser Löwe existiert“, so wäre die Aussage falsch, nicht weil der Elefant nicht existiert, sondern weil er kein Löwe ist. Wenn der Satz „Dieser Elefant existiert“ als sinnvoll anerkannt wird, muß also das Wort „Elefant“ eine Beschreibung sein, und der Satz ist so zu verstehen: „Es existiert ein Elefant in der Richtung, in die ich zeige“, oder einfach: „Dieses Ding ist ein Elefant“.

Die letzte Wendung enthält nicht den Existenzbegriff, denn das Wort „ist“ ist in diesem Fall einfach die Kopula und kein Ausdruck für die Existenz; sie hat also die Form $f(a)$, d.h., eine gewisse Eigenschaft f (ein Elefant zu sein) wird dem Individuum a zugeschrieben. Man erkennt, daß eine solche Aussage eine Existenzaussage begründen kann. Wenn das Individuum a ein Elefant ist, dann kann man sagen: „Es gibt einen Elefanten.“ Hier liegen ein Existenzausdruck und eine Beschreibung („Elefant“) vor. Die formale Logik drückt diese Beziehung in der Formel aus:

$$f(a) \supset (\exists\, x) f(x) \tag{2}$$

Wir können sagen: der Gegenstand *a* verleiht einem entsprechenden descriptum Existenz. Das ist die richtige Formulierung für die Beziehung zwischen Gegenständen und dem Existenzbegriff.

§ 24 Die verschiedenen Arten der Existenz

Nachdem wir diesen grammatischen Punkt geklärt haben, wollen wir mit der Analyse des Existenzbegriffs fortfahren. Als nächstes ist festzustellen, daß der Existenzbegriff in drei Unterbegriffe zerfällt, die jetzt erklärt werden sollen.

Stellen wir uns vor, wir machten in der Dämmerung einen Spaziergang durch einsames Heideland; in einiger Entfernung vor uns sehen wir einen Mann auf dem Weg. Es ist ein seltsamer kleiner Mann, der einen Kaftan an hat und einen Sack auf der Schulter trägt. Trotz eines gewissen Unbehaglichkeitsgefühls zweifeln wir nicht an der Realität des Mannes. Beim Näherkommen merken wir, daß er nicht geht. Er steht da und winkt mit der Hand. Wir kommen noch näher und entdecken, daß wir keinen Mann, sondern einen Wacholderstrauch sehen, und daß der Wind einen seiner Zweige bewegt.

Was hat sich, logisch gesehen, in diesem Fall ereignet? Zuerst war ein Mann da und danach ein Wacholderbusch. Jetzt wissen wir, daß der Wacholderbusch das „wirkliche" Ding und der Mann nur ein „scheinbares" Ding war; aber in gewissem Sinne besaß der Mann Existenz. Wir können sogar ein paar Schritte zurückgehen und den Mann noch einmal „entstehen lassen", obwohl wir wissen, daß er eine Täuschung ist. Der Wacholderstrauch hört deswegen nicht auf zu existieren – das wissen wir – , aber wir sehen ihn nicht; wir sehen den Gegenstand als einen Mann und nicht als einen Busch. Wir wollen sagen, daß Mann und Busch in dem Augenblick, da wir sie sehen, *unmittelbare Existenz* besitzen. Trotz dieser gemeinsamen Eigenschaft besteht ein Unterschied; die unmittelbare Existenz des Mannes ist nur *subjektive Existenz*, die des Busches aber *objektive Existenz*. Man muß hinzufügen, daß die objektive Existenz des Busches sogar weiterbestehen kann, wenn seine unmittelbare Existenz aufgehört hat, während die subjektive Existenz des Mannes an die Dauer der unmittelbaren Existenz gebunden ist.

Daraus folgt, daß die drei neueingeführten Begriffe sich teilweise überschneidende Unterklassen des Existenzbegriffs bilden. Die Existenz wird in die subjektive und die objektive Existenz eingeteilt, und der Bereich der unmittelbaren Existenz schließt die ganze subjektive und einen Teil der objektiven Existenz ein. Unser erkenntnistheoretisches Interesse wird sich besonders auf die unmittelbare Existenz richten.

Wir wollen die eingeführten Begriffe auch direkt auf Gegenstände anwenden und von subjektiven, objektiven und unmittelbaren Gegenständen sprechen. Diese Ausdrucksweise vereinfacht unsere Untersuchung. Abb. 4 veranschaulicht unsere Einteilung.

Die subjektiven Gegenstände müssen weiter unterteilt werden. Das subjektive Ding in unserem Beispiel, der Mann mit dem Kaftan, steht in einer

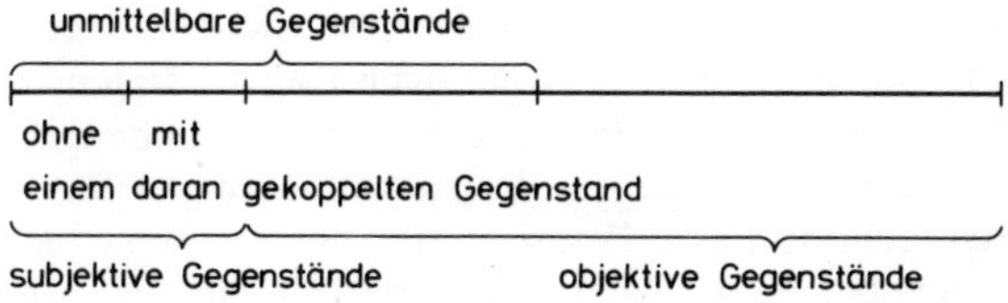

Abb. 4
Die verschiedenen Arten der Existenz

gewissen Beziehung zu dem objektiven Ding, dem Strauch; wir würden den Mann nicht sehen, wenn kein Busch da wäre, und wir sehen, daß der Mann sich verändert, wenn der Busch sich verändert: wenn sich der Zweig des Strauches bewegt, winkt der Mann mit der Hand. In einem solchen Fall sagen wir, der subjektive Gegenstand sei an einen objektiven gekoppelt. Unsere Beobachtung des subjektiven Gegenstandes ist in diesem Fall an die Beobachtung eines objektiven Gegenstandes im physikalischen Sinne gekoppelt, d.h. in dem Sinne, daß Lichtstrahlen, die von dem Busch ausgehen, unsere Augen treffen. Wir sehen aber den Busch nicht als Busch, sondern als Mann. Es gibt also keinen unmittelbaren Busch, sondern einen subjektiven Mann.

Ein sehr lehrreiches Beispiel dafür ist der Film. Die unmittelbaren Gegenstände, die wir dort sehen, sind sehr eindrücklich; obwohl wir wissen, daß es nur subjektive Gegenstände sind, können wir uns ihrer Anschaulichkeit und Überzeugungskraft nicht entziehen und werden von ihnen so ergriffen, daß Gefühle wie Schmerz, Trauer, Freude, Spannung und Sympathie in uns erregt werden, als wären die subjektiven Gegenstände objektiv. Der zugehörige objektive Gegenstand ist hier die Bildfläche, z.B. eine Leinwand oder eine weiße Wand, die mit hellen und dunklen Flecken bedeckt ist. Die objektiven und die subjektiven Gegenstände sind aneinander gekoppelt; eine Bewegung der Flecke auf dem Schirm bringt eine Bewegung der subjektiven Gegenstände mit sich. In diesem Fall nehmen aber die subjektiven und die objektiven Gegenstände nicht immer denselben Ort ein. Die subjektiven Gegenstände haben eine bestimmte räumliche Tiefe und können daher nicht auf dem zweidimensionalen Schirm lokalisiert werden. Sie können sich sogar in weiter Ferne befinden, etwa wenn man auf die Aufnahme entfernter Berge blickt, die wegen der Bildperspektive tatsächlich subjektiv meilenweit entfernt zu sein scheinen.

Es gibt aber Fälle, in denen dem subjektiven Gegenstand kein objektiver zugeordnet ist. Auch hier sind die subjektiven Gegenstände sehr eindrücklich und nicht, wie im Kino, mit dem Wissen verbunden, daß sie nur subjektiv sind; doch gibt es in diesem Fall überhaupt keinen gekoppelten objektiven Gegenstand. Wenn ich etwa träume, mein Freund stehe vor mir, so stehen vielleicht objektive Gegenstände gerade an dem Platz, an dem sich mein Freund befindet; aber sie sind nicht im Sinne unserer Definition mit meinem Freund gekoppelt (Bewegungen dieser anderen Gegenstände verursachen keine entsprechenden Bewegungen meines Freundes).

Man könnte versucht sein, einen weiteren Unterschied zwischen Kino und Traum durch den Hinweis einzuführen, daß subjektiven Gegenständen im Kino gewisse objektive entsprechen, die zu einer früheren Zeit vorhanden waren, nämlich die Bewegungen der Schauspieler bei der Aufnahme des Films – während es keine solche Entsprechung beim Traum gibt. Dieser Unterschied ist aber für unsere Überlegungen belanglos. Wir nennen die Übereinstimmung zwischen den Filmbildern und den Schauspielern keine Kopplung; wenn wir von einer *Existenzkopplung* sprechen, bezieht sich das auf Zustände von gleichzeitig existierenden Gegenständen. Auf diesem Begriff der Existenzkopplung beruht unsere Einteilung der subjektiven Gegenstände.

Die subjektiven Gegenstände im Kino wie auch im Traum sind unmittelbare Gegenstände; in dieser Hinsicht unterscheiden sie sich nicht von objektiven unmittelbaren Gegenständen wie den physikalischen Gegenständen in unserer Alltagswelt. Die Einteilung der unmittelbaren Gegenstände in subjektive und objektive kann nicht aufgrund unmittelbarer Anschauung erfolgen. Die Anschaulichkeit ist ihre gemeinsame Eigenschaft, und wir müssen sie mit anderen Mitteln unterscheiden, auf die wir später zu sprechen kommen. Was unmittelbare Anschaulichkeit heißt, soll nicht definiert werden; wir können die unmittelbare Existenz als einen jedermann geläufigen Begriff betrachten. Wenn uns jemand nicht versteht, versetzen wir ihn in eine bestimmte Situation und sprechen das Wort aus, um ihn an die Verbindung des Wortes mit der von ihm wahrgenommenen Situation zu gewöhnen. Es ist dieselbe Methode, die auch bei der Definition bestimmter empirischer Begriffe verwendet wird. Wenn ein Kind uns fragt: „Was ist ein Messer?" nehmen wir ein Messer und zeigen es ihm. Auf diese Weise haben wir zuerst die Bedeutung von Wörtern gelernt, das heißt die Zuordnung von Wörtern zu Dingen. Wir haben diesen Gedanken oben mit der Vorstellung einer Mustersammlung eingeführt (§ 5), in der jedes Exemplar ein Schild mit seinem Namen trägt. Wir haben auch darauf hingewiesen, daß Eigenschaften wie *Besitz* oder *größer als* mit der Mustersammlung veranschaulicht werden können. Sie kann zwei Stäbe verschiedener Länge enthalten, die als „Stab *a*" und „Stab *b*" bezeichnet sind, und ein Schild mit der Aufschrift „Stab *a* ist länger als Stab *b*". Ebenso könnte der Begriff der unmittelbaren Existenz dargestellt werden. Nachdem unser Besucher an vielen Käfigen vorbeigegangen ist, deren jeder ein Schild mit dem Namen des Tieres trägt, wird er zu einem großen Käfig geführt, in dem sich viele verschiedene Tiere befinden. Auf einem Schild an diesem Käfig könnte stehen: „Unter diesen Tieren gibt es einen Elefanten." Der Ausdruck „es gibt" drückt hier unseren Begriff der unmittelbaren Existenz aus. Wenn man ihn auf diese Weise einführt, wird gleichzeitig gezeigt, daß sich, wie wir bei unserem Abstecher in die Grammatik feststellten, die Existenz immer auf eine Beschreibung bezieht, daß der Ausdruck „es gibt" die Existenz von etwas bezeichnet, das durch eine Beschreibung unter anderen Dingen ausgezeichnet ist. Daß sich dieser Begriff nicht nur auf objektive Gegenstände, sondern auch auf subjektive beziehen kann, läßt sich daran zeigen, daß auch eine geträumte Mustersammlung der betreffenden Form für die Erklärung sowohl der vorgestellten als auch der wirklichen Existenz ausreichen würde.

Nachdem wir den Begriff der unmittelbaren Existenz festgelegt haben, müssen wir uns jetzt dem Begriff der objektiven Existenz zuwenden. Dieser Begriff ist von ganz anderer Art als der erste. Die objektive Existenz ist keine anschauliche Eigenschaft; sie muß durch Beziehungen bestimmt werden, die an den Begriff der unmittelbaren Existenz anknüpfen. Das heißt, die objektive Existenz ist eine wohlbestimmte logische Funktion der unmittelbaren Existenz.

Um diese Bestimmung durchzuführen, müssen wir die Methoden rekonstruieren, mit denen in der Praxis zwischen unmittelbarer und objektiver Existenz unterschieden wird. Dazu nehmen wir zunächst die Aufgabe in Angriff, den logischen Aufbau des Systems der Erkenntnis zu erläutern.

§ 25 Der projektive Aufbau der Welt

Die ursprüngliche Welt ist die Welt der unmittelbar existierenden Gegenstände. Es ist die Welt der konkreten Gegenstände in unserer Umgebung, und wir lernen sie ohne jeden intellektuellen Aufwand kennen. Es ist eine Welt, in der es keinen Unterschied zwischen Wachen und Träumen gibt, in der alles genau so existiert, wie es erlebt wird.

Das Wort „ursprünglich", mit dem wir diese Welt kennzeichnen, hat drei Bedeutungen. Erstens bedeutet es, daß diese Welt die *historisch* erste ist und am Anfang des langen Weges steht, den die Menschheit von ihrem Urzustand bis zur heutigen geistig entwickelten Kultur zurückgelegt hat. Zweitens bedeutet es, daß diese Welt am Anfang der *individuellen* geistigen Entwicklung jedes Menschen steht, es ist die Welt der frühen Kindheit. Drittens bedeutet es, daß sie die *psychologisch* erste Welt ist; damit meinen wir, daß sich diese Welt uns unmittelbar darbietet, daß sie faktisch nicht aus Schlußfolgerungen konstruiert wird, sondern die Basis aller unserer tatsächlichen Schlußfolgerungen bildet.

Nach einer gelegentlich vertretenen Theorie gibt es noch die Frage nach der *logisch* ersten Basis, die aus logischen Gründen als Ausgangspunkt aller Schlußfolgerungen gewählt werden muß, wenn man eine logische Nachkonstruktion der Welt gewinnen will. Dieser Gedanke scheint mir unhaltbar zu sein. Die Logik zeichnet keine Basis als die notwendige aus. Logische Schlußfolgerungen können von jeder Basis ausgehen, und was in einem logischen System Grundlage ist, kann in einem anderen ein abgeleitetes Ergebnis sein. Auf diese logische Beliebigkeit des erkenntnistheoretischen Ausgangspunkts hat zu Recht Carnap hingewiesen[36]. Wenn man eine Basis als die „ursprüngliche" bezeichnen will, kann sich diese Frage nur darauf beziehen, welche am besten mit der Erkenntnispraxis übereinstimmt; man kann nach der passendsten Form der rationalen Nachkonstruktion fragen. Das führt zu den drei genann-

36) R. Carnap, *Der logische Aufbau der Welt* (Leipzig und Berlin, 1928, S. 83).

ten Bedeutungen des Wortes „ursprünglich", je nachdem, ob man die rationale Nachkonstruktion der geistesgeschichtlichen Entwicklung, dem Verlauf des Erkenntniserwerbs beim einzelnen von der Kindheit bis ins Erwachsenenalter oder der gegenwärtigen Forschungspraxis anpassen will. Diese drei Grundlagen sind vielleicht nicht identisch, aber sie sind einander ähnlich und sicherlich ziemlich weit von der „einfachsten" Basis entfernt, die die Logiker vorziehen würden. Im Vergleich zu einem logisch sauber geordneten System liegt die wirkliche Basis auf einer mittleren Kompliziertheitsstufe. Das ist besonders deutlich, wenn man sich die Basis im dritten Sinne ansieht. Der Erkenntniserwerb offenbart seine stillschweigend angenommene Basis jedesmal, wenn Zweifel an der physikalischen Welt aufkommen, etwa im Augenblick des Aufwachens oder bei hoher Nervenanspannung. Dann geht man auf die unmittelbar existierenden Gegenstände, die Konkreta, als zuverlässigsten Halt zurück. Diese *Rückkehr zur unmittelbaren Existenz als Grundlage* zeigt, daß die Welt der Konkreta die wirkliche psychologische Basis bildet.

Betrachten wir nun diese ursprüngliche Welt und die Art, wie wir uns von ihr emanzipieren. Primitive Völker machen keinen Unterschied zwischen subjektiver und objektiver Existenz; für sie ist alles wirklich, was sie beobachten, und sie kennen keinen Unterschied zwischen Traum und Wirklichkeit. Forschungsreisende erzählen seltsame Geschichten über die Verknüpfungen zwischen geträumten und wirklichen Ereignissen bei primitiven Völkern. Ein Mann, der träumt, eine Frau mache ihm eine Liebeserklärung, kann das als einen wirklichen Antrag ansehen; ein Mann, der träumt, ein anderer Mann habe ihn oder einen seiner Angehörigen verwundet, versucht vielleicht, diesen Mann zu töten[37]. Beobachtungen an Kleinkindern liefern ähnliche Ergebnisse; wir wissen, daß Kinder manchmal, ohne bewußt zu lügen, Dinge erzählen, die nie geschehen sind, als ob sie sie selbst erlebt hätten – was zeigt, daß sie nicht immer zwischen subjektiver und objektiver Existenz unterscheiden. Es kommt hier also nicht nur der Unterschied zwischen Träumen und Wachen in Frage. Auch wenn man wach ist, sieht man viele Dinge, von denen sich später herausstellt, daß sie nur eine subjektive Existenz haben. Dazu gehören optische Täuschungen wie Spiegelbilder, die anfangs für materielle Dinge hinter dem Spiegel gehalten werden, oder die scheinbare Knickung eines geraden Stabes, der in klares Wasser eintaucht. Ursprünglich ist die Welt voll von solchen Täuschungen. Historisch gesehen, hat es lange gedauert, bis die Menschheit zwischen subjektiver und objektiver Existenz unterscheiden lernte, und zwar aufgrund von Überlegung, nicht von unmittelbarer Beobachtung.

Logisch kommt diese Unterscheidung folgendermaßen zustande. Man geht zunächst davon aus, daß alle von uns beobachteten Dinge existieren, daß also unmittelbare und objektive Existenz äquivalent sind. Dann konstruiert man ein Netz von Beziehungen zwischen den Dingen, die wir physikalische Gesetze nennen. Sie haben die Form „Wenn ein Ding da ist, dann

37) Vgl. Lévy-Brühl, *La mentalité primitive* (Paris, 1922), S. 102.

ist auch ein anderes Ding da". Wenn das andere Ding nicht beobachtet wird, so kann man – in diesem einfachen Stadium – leicht gewisse Bedingungen ändern, so daß man es beobachten kann. Der primitive Mensch sieht bestimmte Spuren im Sand und schließt daraus, daß ein Bär in der Nähe ist; dann geht er in den Wald und sieht den Bären. So gelingt es, Schlußfolgerungen aus beobachteten Zusammenhängen zu ziehen und zukünftige Ereignisse vorauszusehen.

Mit diesen Schlußfolgerungen hat man jedoch nicht immer Erfolg. Die Analyse dieser Tatsache führt zur Entdeckung der Traumwelt. Der primitive Mensch hat etwa einen Bären vor seiner Höhle „gesehen", findet aber später weder Spuren im Sand noch das Tier selbst im Wald. Ähnliche Schlußfolgerungen zeigen die Unwirklichkeit unserer eigenen Traumwelt, in der anderes vorkommt als das, was den Primitiven beschäftigt. Auf diese Weise wird aber nicht nur der Unterschied zwischen Träumen und Wachen erkannt, sondern die Gesamtheit der Korrekturen an unserer unmittelbaren Welt. Wenn man versucht, einen Gegenstand, den man im Spiegel sieht, dort zu berühren, wo man ihn sieht, so bekommt man nichts zu fassen. So entdeckt man die Scheinbarkeit des Spiegelbildes tatsächlich als Kind, ebenso geschieht es bei Affen. Die Naturgesetze enthalten Widersprüche, wenn man die ganze unmittelbare Welt für wirklich hält – und darum führt man die Unterscheidung zwischen der objektiven und der subjektiven Welt ein.

Die beschriebene Methode geht typisch statistisch vor. Sie geht von der Annahme aus, alle Dinge seien wirklich, und kommt zu dem Ergebnis, daß einige es nicht sind. Diese Methode ist nicht widersprüchlich, ja es gibt gar keine, die nicht eine Voraussetzung braucht, die später widerlegt wird. Die Voraussetzung ist die Gleichsetzung von unmittelbarer und objektiver Existenz; das Ergebnis ist die Einteilung der unmittelbaren Existenz in einen subjektiven und einen objektiven Bereich. Man kann sagen, die unmittelbare Existenz berechtigt so lange zu der Annahme, daß ein Gegenstand objektiv existiert, wie sich keine Widersprüche ergeben.

Der statistische Charakter dieser Methode drückt sich darin aus, daß man der größeren Zahl das größere Gewicht zuerkennt. Die Gegenstände der Wachwelt sind zahlreicher als die der Traumwelt; darum faßt man die Wachwelt als die „normale" Welt und die Traumwelt als die Ausnahme auf. Es herrscht eine Art Demokratie in unserer subjektiven Welt, und die Traumwelt wird überstimmt. Das ist aber nicht der wesentliche Punkt; die Wachwelt unterscheidet sich noch in einer anderen Eigenschaft von der Traumwelt.

Dieser zweite Gesichtspunkt ist ebenfalls ein statistischer, aber von anderer Art. Wir sagten, man mache Prognosen mit Hilfe von Naturgesetzen. Wenn man nun die Erfolgsrate der Voraussagen berechnet, findet man, daß sie wesentlich höher ausfällt, wenn man die Gegenstände der Traumwelt wegläßt und keine Voraussagen auf sie aufbaut. Das zeigt sich in dem Beispiel von dem Mann, der von einem Bären in seiner Höhle träumt, aber hinterher weder Spuren im Sand noch einen Bären im Wald findet. Selbst wenn die Traumwelt an Zahl der Ereignisse der Wachwelt überlegen wäre, würde man letztere als überlegen ansehen, weil sie Voraussagen gestattet. Mann kann keine Gesetze für Traumgegenstände aufstellen, die Prognosen liefern, die sich in demselben oder einem anderen Traum bestätigen.

Es gibt einen dritten statistischen Gesichtspunkt zugunsten der Wachwelt. Man kann beide Welten zu einer einzigen zusammenfassen, wenn man die Wachwelt läßt, wie sie ist, die geträumten Dinge aber ganz anders deutet, als sie unmittelbar erscheinen. Das heißt, wenn man das Geträumte als nur subjektiv ansieht, jedoch als Auswirkung innerer Vorgänge in unserem Körper, die objektiv existieren, so kommt man zu einer einzigen Welt, in der Voraussagen möglich sind, auch wenn die Traumwelt einbezogen wird. Einerseits kann man die Traumwelt in gewissem Maße voraussehen; man weiß, daß man nach manchen aufregenden Erlebnissen von ihnen träumen wird, daß Schlafmittel Träume unterdrücken usw. Andererseits kann man die Trauminhalte für Voraussagen über die Wachwelt benutzen; das ist eine ziemlich junge Entdeckung der Freudschen Psychoanalyse, die in der Psychotherapie angewandt wird. Darin besteht die erkenntnistheoretische Bedeutung der Psychoanalyse; sie hat zum ersten Mal gezeigt, wie man zwischen der Wachwelt und der Traumwelt einen Kausalzusammenhang herstellen kann. Die Traumgegenstände werden dabei nicht als physikalische Gegenstände angesehen, sondern als Scheingegenstände, die auf bestimmte Zustände des menschlichen Nervensystems hinweisen. Dieser dritte Gesichtspunkt ist, wie der zweite, ein statistischer, denn er kann keine absolute Entscheidung zugunsten der Wachwelt liefern; er liefert nur eine statistische Entscheidung, weil die betreffenden Gesetze nur Wahrscheinlichkeitsgesetze sind, d.h. erst bei einer größeren Anzahl von Ereignissen zur Geltung kommen.

Wegen des statistischen Charakters der Schlußfolgerungen kann man offenbar niemals absolute Sicherheit über die objektive Existenz eines Gegenstandes erreichen. Das stimmt mit dem Ergebnis der vorausgegangenen Kapitel überein. Die Aussage, daß ein bestimmter Gegenstand objektiv existiert, ist nie absolut sicher, auch wenn es sich um eines der einfachen und konkreten Dinge des Alltagslebens handelt. Aber das dabei erhaltene Gewicht ist in einem solchen Fall natürlich ziemlich hoch.

Man braucht nicht immer die ganze statistische Methode durchzuführen, um den nur subjektiven Charakter gewisser Gegenstände festzustellen. Aufgrund vieler früherer Erfahrungen lernt man, zwischen subjektiven und objektiven Gegenständen unmittelbar zu unterscheiden. Was den Traum anbelangt, so treffen wir diese Unterscheidung sofort nach dem Aufwachen, ohne weitere Erfahrungen zu benötigen; in anderen Fällen ist die Erscheinung des Gegenstands von der Erkenntnis begleitet, daß er nur etwas Subjektives ist. Das ist bei sogenannten Vorstellungen der Fall, die wir entweder absichtlich hervorrufen oder die sich im Zusammenhang mit anderen Erlebnissen einstellen, z.B. durch Assoziation. Man kann von einer *Stufenskala* des unmittelbaren Existenzcharakters sprechen; Vorstellungen haben einen recht schwachen Existenzcharakter, wenn sie absichtlich hervorgerufen werden, können aber einen stärkeren gewinnen, wenn sie spontan auftreten. Gegenstände mit schwachem Existenzcharakter werden nicht als wirklich angesehen, d.h., wir wissen sofort, daß von ihnen ausgehende Schlußketten zu Widersprüchen führen würden und daß die statistische Methode nicht durchgeführt zu werden braucht. Dieser Verzicht auf eine Nachprüfung ist, psychologisch gesehen, vielleicht das Ergebnis früher Kindheitserfahrungen, jedenfalls läßt er sich logisch so auffassen. Das bedeutet, wir könnten bei der rationalen Nachkonstruktion der Erkenntnis von der Voraussetzung ausgehen, daß alle Gegenstände einschließlich der Vorstellungen wirklich sind, und dann mit unseren statistischen Methoden beweisen, daß die Vorstellungen nicht wirklich sind. Wir benutzen dieses Verfahren sicherlich jedesmal, wenn wir im Zweifel über die Wirklichkeit eines beobachteten Gegenstandes sind. Es gibt Wahrnehmungen mit sehr schwachem Existenzcharakter, z.B. Wahrnehmungen außerhalb des Aufmerksamkeitsbereichs wie etwa am Rande des Gesichtsfeldes; um über ihre Wirklichkeit zu entscheiden, schließen wir von ihnen auf Wahrnehmungen von stärkerem Existenzcharakter. Wir wenden unseren Blick so, daß der vermutete Gegenstand in die Mitte des Blickfeldes rückt; wenn wir ihn dann sehen, folgern wir, daß der vorher gesehene Gegenstand wirklich war. Das ist ein Beispiel für die oben erwähnte Rückkehr zur unmittelbaren Existenz als Grundlage; bei Ungewißheit über die objektive Existenz kehren wir zu der Voraussetzung zurück, daß das, was unmittelbar existiert, auch objektiv existiert, und prüfen sie mit statistischen Methoden.

Man kann zwar in derartigen Fällen einen schwachen Existenzcharakter als Zeichen für die Subjektivität des Gegenstandes nehmen, doch die Umkehrung gilt nicht: aus einem starken Existenzcharakter folgt nicht die Objektivität des Gegenstandes. Es gibt Dinge mit starkem Existenzcharakter, die nur subjektiv sind; dieses kann uns sogar bekannt sein, ohne daß der Existenzcharakter abgeschwächt würde. Man denke an das Kino. Die ganze Situation, der Theaterraum usw. macht uns bewußt, daß das Vorgeführte nicht objektiv existiert; doch seine unmittelbare Existenz ist so hochgradig, daß wir der Suggestion unterliegen, es sei wirklich, und für eine Weile seine bloß subjektive Existenz vergessen. In diesem Fall stammt das Bewußtsein der Unwirklichkeit der gesehenen Gegenstände psychologisch sicherlich aus früheren Erfahrungen. Wenn man kleine Kinder ins Kino mitnimmt, halten sie die Bilder für Wirklichkeit und haben unter Umständen große Angst vor den fürchterlichen Bestien und Menschen, die sie sehen.

Doch die große Mehrzahl der alltäglichen Dinge, der Konkreta, sind für uns ohne jeden Zweifel wirklich. Das kommt daher, daß sie jede Prüfung, der sie jemals unterworfen wurden, bestanden haben. Wir dürfen ihre unmittelbare Existenz, die so hochgradig ist, als objektive Existenz nehmen. Darum sind diese Dinge so konkret, so über jeden Zweifel erhaben, so unerschütterlich in ihrer unmittelbar einleuchtenden Wirklichkeit. Diese Verbindung von unmittelbarer und objektiver Existenz ist die wesentliche Eigenschaft der Konkreta.

Die Konkreta bilden die Basis der Schlußfolgerungen, die zur Existenz anderer Gegenstände führen. Das heißt, für die Konkreta werden die Schlüsse, die von der unmittelbaren zur objektiven Existenz führen, in der Praxis übersprungen. Wenn dann die Existenz von Konkreta festgestellt worden ist, führen von ihnen Schlußfolgerungen zu anderen weniger unmittelbaren Gegenständen.

Als erstes werden andere Konkreta erschlossen. Der Bereich der unmittelbar beobachteten Konkreta ist aus praktischen Gründen beschränkt, und zwar für jeden Menschen auf andere Weise. Unsere persönlichen Lebensverhältnisse lassen uns nur mit einer beschränkten Anzahl von Dingen in unmittelbare Berührung kommen. Es gibt andere Kontinente, fremde Völker, nichtgesehene Maschinen, die wir aus den Konkreta unserer Umgebung erschließen, ohne sie unmittelbar beobachten zu können. Das ist aber nur technisch unmöglich, und wir nennen diese Dinge ebenfalls Konkreta. Sie haben zwar für uns noch nie unmittelbar existiert, aber sie könnten es noch; einen Ersatz liefert die Betrachtung von Bildern, d.h. ähnlichen Gegenständen mit unmittelbarer Existenz. Diese Schlußfolgerungen auf die Gegenstände selbst sind Wahrscheinlichkeitsschlüsse; wir sind nie absolut sicher, ob diese anderen Konkreta wirklich existieren. Aber diese Unsicherheit ist belanglos; sie macht unsere Situation nicht wesentlich unsicherer, da selbst die Existenz der zugänglichen Konkreta nicht absolut sicher ist.

Zweitens schließt man auf Abstrakta. Wie wir in § 11 gezeigt haben, laufen diese Schlüsse über logische Äquivalenzen und sind keine Wahrscheinlichkeitsschlüsse. Folglich ist die Existenz der Abstrakta auf die Existenz von Konkreta zurückführbar. Ihre objektive Existenz ist also kein Problem; sie beruht auf einer Konvention. Was die unmittelbare Existenz anlangt, so kann man sie den Abstrakta definitorisch absprechen. In der Tat ist die Bestimmung von Abstrakta in gewissem Maße willkürlich, der Ausdruck „abstrakt" ist recht vage. In vielen Fällen sind wir unentschieden, ob etwas ein Abstraktum oder ein Konkretum ist (vgl. § 11). Die Bildung von Abstrakta kann weiter zu Abstrakta höherer Stufe führen, deren Elemente selbst schon Abstrakta sind. Die Abstraktion hat also eine Richtung. Die Begriffe der höheren Stufen lassen sich eindeutiger als Abstrakta charakterisieren als die der niederen.

Drittens schließt man auf weitere Gegenstände, die keine Abstrakta sind, aber auch keine Konkreta werden können, da ihre unmittelbare Existenz aus physikalischen Gründen ausgeschlossen ist. Von dieser Art sind Elektrizität, Radiowellen, Atome oder viele unsichtbare Gase. Die Existenz dieser Gegenstände läßt sich nicht auf die Existenz von Konkreta zurückführen, weil sie aus Konkreta mit Wahrscheinlichkeitsschlüssen erschlossen werden. Ich möchte sie „Illata" nennen, d.h. „erschlossene Gegenstände"[38]. Man erkennt, daß die alte Zweiteilung in Konkreta und Abstrakta unvollständig ist. Wir brauchen einen dritten Begriff für Gegenstände, die weder Konkreta sind – da sie keine unmittelbare Existenz haben können – noch

38) Ich benutze das Partizip *illatum* des lateinischen Zeitworts *inferre*. [Engl. to infer = (er-)schließen, d. Übers.]

Abstrakta – da sie nicht auf Konkreta zurückgeführt werden können. Die Beziehung der Illata zu den Konkreta ist eine Projektion im Sinne von § 13. Die Illata haben daher eine eigene Existenz, wie die Vögel für die Menschen in der Würfelwelt, während eine unmittelbare Beobachtung, d.h. unmittelbare Existenz, nicht möglich ist.

Wenn in Frage gestellt wird, ob sich die Illata logisch von den Abstrakta unterscheiden, d.h. wenn behauptet wird, die Illata seien auf Konkreta zurückführbar, so sind dem die Argumente entgegenzuhalten, die bei der Behandlung der Würfelwelt entwickelt worden sind. Unsere Beobachtungen konkreter Gegenstände verleihen der Existenz der Illata eine gewisse Wahrscheinlichkeit – mehr nicht. Es ist unmöglich, die Klasse der in Betracht gezogenen Konkreta so zu erweitern, daß Aussagen über diese Klasse mit einer Aussage über ein Illatum äquivalent wären. Die von den Positivisten behauptete Äquivalenz beruht auf der Vernachlässigung des Wahrscheinlichkeitscharakters der Schlußfolgerungen. Die Atome sind von den Physikern auf ähnliche Weise entdeckt worden wie die Vögel in der würfelförmigen Welt. Gewisse beobachtete Beziehungen zwischen makroskopischen Körpern – z.B. Daltons Gesetz der multiplen Proportionen – machten es sehr wahrscheinlich, daß alle Körper aus sehr kleinen Teilchen aufgebaut sind, die freilich nicht beobachtet werden konnten; dies war die erste Begründung der Physiker für die Atomtheorie. Von seinem positivistischen Standpunkt aus erklärte Mach, der Atombegriff sei nichts als eine Abkürzung für die Beziehungen, die zwischen makroskopischen Körpern beobachtet werden; in unserer Ausdrucksweise: Mach erklärte, das Atom sei ein reduzierbarer Komplex aus Konkreta als inneren Bestandteilen. Boltzmann, einer der führenden Atomtheoretiker, wies Machs „Dogmatismus" zurück und vertrat die unabhängige Existenz der Atome; er verglich die Atomhypothese mit der Hypothese, die Fixsterne seien ungeheuer große Körper in außerordentlich weiter Entfernung – eine Hypothese, die, wie er sagte, nur aus „spärlichen Gesichtswahrnehmungen" erschlossen wird[39]. Auch gegen diese Hypothese, fuhr er fort, könnte man einwenden, daß sie „eine ganze Welt eingebildeter Dinge der Welt unserer Wahrnehmungen" hinzufügt; aber in diesem Fall zweifelt niemand an deren Wirklichkeit. In unserer Ausdrucksweise würde Boltzmanns Argument lauten, die Existenz der Atome werde mit Wahrscheinlichkeit erschlossen, die Atome seien ein projektiver Komplex von Konkreta, und es sei kein Einwand gegen die unabhängige Realität der Atome, wenn eine „unmittelbare Verifikation", d.h. die Bestimmung eines höheren Gewichts, physikalisch unmöglich ist. Spätere Entwicklungen haben zugunsten von Boltzmanns Auffassung entschieden; es wurden experimentelle Wirkungen entdeckt, die einer Durchdringung der Wände unserer Würfelwelt vergleichbar sind. Es sind die berühmten Entdeckungen von Wirkungen einzel-

39) „Von spärlichen Gesichtswahrnehmungen" (L. Boltzmann, *Vorlesungen über Gastheorie* (Leipzig, 1895; [Nachdruck Graz/Braunschweig, 1981])), S. 6.

ner Atome oder Elektronen, z.B. die Spuren von Alpha- und Betateilchen in der Wilsonschen Nebelkammer. Sie zeigen zwar nicht das einzelne Atom so, wie wir einen Tennisball sehen; doch sie erhöhen das Gewicht der Hypothese so stark, daß praktisch kein Zweifel bestehen bleibt.

Vielleicht wird man erwidern, es sei unvermeidlich, daß unsere unmittelbaren Beobachtungen makroskopische Gegenstände betreffen, daß auch die bei der Verifikation der Atomhypothese gesehenen Gegenstände wie die Nebelkammerspuren, makroskopische Gegenstände sind, und deshalb könne die Bedeutung des Atombegriffs stets nur in Aussagen über Konkreta bestehen. Darauf besitzen wir die beiden Antworten, die in dem Beispiel von der Würfelwelt entwickelt worden sind. Die erste lautet, daß eine solche Erkenntnistheorie die physikalische Wahrheitsbedeutung voraussetzt, bei der aber nicht einmal Aussagen über die Existenz der Konkreta sinnvoll wären, daß aber die physikalische Wahrscheinlichkeitsbedeutung ermöglicht, sinnvoll von Atomen als unabhängigen Gegenständen zu sprechen. Die zweite Antwort lautet, daß bei der logischen Bedeutung die Existenz der Atome unmittelbar verifizierbar ist, wenn man sich mit der praktischen Verifizierbarkeit zufrieden gibt. Physikalisch ist es ein Zufall, daß wir die Atome nicht sehen können, weil wir zu groß sind. Es ist nicht logisch unmöglich, daß wir eines Tages lernen, uns auf submikroskopische Dimensionen zu verkleinern und die Atome unmittelbar zu beobachten. Wir verweisen dazu auf die Überlegungen in § 6 und § 14.

Das letzte Argument läßt sich in folgende weniger ausgefallene Form bringen. Der menschliche Körper liegt in einem gewissen mittleren physikalischen Größenbereich; er besitzt Sinnesorgane, die nur auf bestimmte physikalische Vorgänge ansprechen und nur Wahrnehmungen von Gegenständen mittlerer Größe und mittlerer Intensität zulassen; durch diesen physikalischen Ort unseres Körpers in der Welt bestimmt sich für uns die Klasse der Konkreta. Kleinere Wesen mit anderen Sinnesorganen würden unmittelbar beobachten, was wir erschließen müssen; Menschen mit anderen Augen als wir würden Radiowellen sehen wie wir das Licht und brauchten sie nicht aus Tönen oder Bildern zu erschließen. Größere Wesen würden unmittelbar als Ganzes sehen, was wir als Abstrakta auffassen müssen; sie würden vielleicht unser Planetensystem als Ganzes sehen, als ein himmlisches Karussell. Die Einteilung in Konkreta, Abstrakta und Illata ist daher nichts Grundsätzliches, sondern hängt nur von unserer eigenen Situation in der physikalischen Welt ab. Folglich sollten wir keinen Unterschied bei der Existenz von Gegenständen dieser Klassen machen.

Das heißt, daß die Welt der Konkreta nur die erste Stufe unseres Aufbaus der Welt ist. Von ihr aus konstruieren wir die Abstrakta als reduzierbare Komplexe und die Illata als projektive Komplexe. Abstrakta und Illata haben die Unmöglichkeit ihrer unmittelbaren Existenz gemeinsam; aber bezüglich ihrer objektiven Existenz sind sie logisch völlig verschieden. Die objektive Existenz der Abstrakta ist auf Konkreta zurückführbar, so daß diese innere Bestandteile der Abstrakta sind. Die objektive Existenz der Illata ist aber nicht auf Konkreta zurückführbar; diese sind äußere Bestandteile der Illata als projektive Komplexe.

Man könnte fragen, ob man nicht anstelle der Konkreta andere Grundbestandteile einführen könnte, die innere Elemente aller Gegenstände wären. Das ist die Frage der physikalischen Atomtheorie. Die moderne Physik hat gezeigt, daß Elektronen, Positronen, Protonen, Neutronen und Photonen die Grundelemente sind, aus denen alle Dinge als reduzierbare Komplexe aufgebaut sind. Bezüglich dieser Basis sind nun nicht nur die Abstrakta und Illata, sondern auch die Konkreta reduzierbare Komplexe. Daß diese Basis logisch eine Basis innerer Elemente ist, beleuchtet sehr gut die logische Andersartigkeit des Grundbereichs der Konkreta (und auch dessen der Wahrnehmung) als eine Basis äußerer Elemente, auf der die Welt durch Projektion aufgebaut wird.

Diese Überlegungen machen eine weitere Bemerkung nötig. Wir haben das Atom einen projektiven Komplex von Konkreta genannt, sagten aber andererseits, die Atome seien innere Bestandteile der Konkreta als reduzierbarer Komplexe. Das scheint ein Widerspruch zu sein; doch er löst sich auf, wenn wir die physikalischen Beziehungen zwischen den Dingen davon unterscheiden, wie wir sie entdecken.

Die Reduzierbarkeit ist eine objektive Beziehung, doch man kann sie auf verschiedene Weise ermitteln. Wie, hängt vom Ausgangspunkt ab. Sind die Elemente zusammen mit ihren Beziehungen gegeben, so wird der Komplex durch Definition konstruiert. So konstruieren wir die Abstrakta. Im Falle der Atome jedoch ist der Komplex gegeben, und die Elemente müssen erschlossen werden. Da alle beobachtbaren Eigenschaften der makroskopischen Körper nur Mittelwerte atomarer Größen sind, gibt es keine strengen Schlüsse von den makroskopischen Körpern auf das Atom, sondern nur Wahrscheinlichkeitsschlüsse. Darum besteht keine Äquivalenz zwischen Aussagen über Makrokörper und über Atome, sondern nur eine Wahrscheinlichkeitsverbindung. Logisch liegt also eine Projektion vor. Es ist aber eine etwas andere Projektion als in dem Beispiel mit den Vögeln und ihren Schatten, da sie zu inneren Elementen der Gegenstände führt, von denen die Schlußfolgerung ausging. Wir wollen hier von einer *inneren Projektion* sprechen. Es ist eine Projektion, weil sie eine Wahrscheinlichkeitsverbindung zwischen Aussagen herstellt; aber die gewonnenen Aussagen behaupten, daß Reduzierbarkeit vorliegt. In diesem Fall wird also das Vorliegen einer Reduktion durch Wahrscheinlichkeitsschlüsse und nicht durch Definition festgestellt. Folglich ist nicht absolut sicher, daß die behauptete Reduzierbarkeit besteht; hier ist die Reduzierbarkeit ein empirisches Ergebnis. Die innere Projektion hat, wie die äußere, Wahrscheinlichkeitscharakter, unterscheidet sich aber hinsichtlich der Existenzverhältnisse. Da sie zu inneren Elementen führt, entsprechen die Existenzverhältnisse hier denen bei der Reduktion (vgl. § 13), mit dem einzigen Unterschied, daß das Bestehen dieser Verhältnisse nicht mit Sicherheit behauptet werden kann[40].

Wir sagten, daß Abstrakta und Illata keine unmittelbare Existenz gewinnen können; die Grenzen sind aber unscharf und können sich aufgrund psychologischer Vorgänge verschieben. Wir beobachten Luft nicht so, wie wir ein Regiment marschierender Soldaten sehen. Wir können sie uns nicht als unmittelbar existierend vorstellen. Wir versuchen, diese Begriffe so weit wie möglich mit „anschaulicher Bedeutung" auszufüllen, das heißt, wir stellen uns einige ihrer charakteristischen Eigenschaften vor, die unmittelbar existieren. Wir stellen uns vor, wie wir den Wind oder den Widerstand beim Aufpumpen von Reifen spüren, um uns die Bedeutung von „Luft" zu vergegenwärtigen; wir denken an öffentliche Gebäude, an marschierende Soldaten, an Gerichtsverhandlungen, um mit dem Wort „Staat" das Bewußtsein der Existenz zu verbinden. Das englische Wort „to realize" („gewahr werden") kennzeichnet diesen Vorgang durch seinen sprachlichen Ursprung. Eigentlich bedeutet es „real machen", und man versteht die Wandlung des Wortes, wenn man seine neue Bedeutung als „einem Gegenstand unmittelbare Existenz verleihen" formuliert. Hinter dieser sprachlichen Wandlung steht die Vorstellung, daß die Begriffe *wirklich* und *unmittelbar existierend* identisch sind.

Dieser Vorgang kann als Anschaulichwerden von Abstrakta und Illata bezeichnet werden; er läßt sich nicht auf Beliebiges ausdehnen, sondern unterliegt psychologischen Gesetzen und hat seine Grenzen. Andererseits kann es geschehen, daß uns die klare Einsicht verlorengeht, was eigentlich „unmittelbar existierend" genannt werden kann. Gewöhnung an einen Begriff kann für Anschaulichkeit gehalten werden. Wenn der Elektriker glaubt, er habe eine anschauliche Vorstellung von der Elektrizität, so wie er sie von fließendem Wasser hat, dann dürfte dieser Sprachgebrauch kaum statthaft sein. Hier werden einige wahrnehmbare Wirkungen der Elektrizität für die Sache selbst genommen; die Konkretheit der Hilfsvorstellung wird mit der des Angezielten verwechselt. Doch solche psychologischen Vorgänge finden oft statt und können großen praktischen Wert haben. Jedenfalls zeigen sie, daß die Grenze zwischen unmittelbarer und objektiver Existenz nicht festliegt. Gleichzeitig zeigen sie, daß das Existenzbewußtsein für die objektive Existenz nicht wesentlich, sondern nur eine Begleiterscheinung ist.

Übrigens ist die Konkretheit nicht auf materielle Gegenstände beschränkt, sondern kann auch Gegenständen zukommen, die physikalisch nur „Vorgänge" sind. Wir sehen die Wellen des Meeres sich wie konkrete Gegenstände bewegen, wissen aber, daß sich keine Materie mit ihnen bewegt, sondern daß

40) Es gibt andere Beispiele innerer Projektionen, wo beide Seiten der Zuordnung unmittelbar beobachtet werden können, z.B. ein Blatt und seine Zellen, die unter dem Mikroskop sichtbar sind. Daß es eine Reduktion des Blattes auf die Zellen gibt, ist, wie die Reduzierbarkeit auf Atome, ein empirisches Ergebnis und wird nicht mit Sicherheit behauptet.

sie als Phasenbeziehungen zwischen senkrechten Bewegungen der Wasserteilchen zu erklären sind. Eine Melodie ist für uns ein sehr konkreter Gegenstand, obwohl sie physikalisch aus Beziehungen zwischen einzelnen Tönen besteht. Der Druck einer schweren Last auf unseren Rücken wird als eine konkrete Kraft empfunden. Sogar die geistige Macht einer großen Persönlichkeit kann als konkreter Gegenstand empfunden werden; die Veranschaulichung der geistlichen Macht durch einen Heiligenschein auf alten Bildern zeigt die materielle Auffassung des archaischen Bewußtseins von dieser Macht in ihrer ganzen Konkretheit. Der Bereich der konkreten Gegenstände ist nicht auf solche mit räumlichen Eigenschaften beschränkt; er ist überhaupt nicht von der physikalischen Einordnung der Dinge bestimmt, sondern psychologisch.

Diese Überlegungen, die den Unterschied zwischen der subjektiven und der objektiven Ordnung der Welt im einzelnen aufzeigen, lassen die Einseitigkeit unserer Weltbetrachtung vom Standpunkt unserer mittleren Größe aus erkennen. Wir gehen durch die Welt wie ein Besucher durch eine große Fabrik: er sieht nicht die Einzelheiten der Maschinen und Arbeitsvorgänge oder die ganzen Beziehungen zwischen den verschiedenen Abteilungen, die die Vorgänge im großen bestimmen. Er sieht nur Dinge einer Größenordnung, die seinen Wahrnehmungsmöglichkeiten entspricht: Maschinen, Arbeiter, Lastwagen, Büros. Ebenso sehen wir die Welt nur dem Maßstab unserer Sinnesleistungen entsprechend: wir sehen Häuser, Bäume, Menschen, Werkzeuge, Tische, Festkörper, Flüssigkeiten, Wellen, Felder, Wälder, und das Ganze vom Himmel überwölbt. Diese Perspektive ist aber nicht nur einseitig, sondern in gewissem Sinne falsch. Selbst die Konkreta, die Dinge, die wir zu sehen glauben, wie sie sind, haben objektiv andere Formen, als wir sie sehen. Wir sehen die polierte Oberfläche unseres Tisches als eine glatte Ebene, wissen aber, daß sie aus einem Gitter von Atomen besteht, mit Zwischenräumen, die viel größer als die Masseteilchen selbst sind; schon das Mikroskop zeigt zwar nicht die Atome, aber die Tatsache, daß die scheinbare Glätte nicht besser als die „Glätte" einer runzligen Apfelschale ist. Wir sehen den eisernen Ofen vor uns als ein Musterbeispiel von Starrheit, Kompaktheit und Unbeweglichkeit, wissen aber, daß seine Teilchen einen wilden Tanz vollführen, daß er eher einem Mückenschwarm ähnelt als dem kompakten Bild, das wir uns von ihm machen. Wir sehen den Mond als eine silberne Scheibe am Himmelsgewölbe, wissen aber, daß er eine riesige Kugel im leeren Raum ist. Wir hören die Stimme eines singenden Mädchens als sanften und stetigen Ton, wissen aber, daß sich dieser Ton aus Hunderten von Impulsen pro Sekunde zusammensetzt, die unser Ohr wie ein Maschinengewehr bombardieren. Die Konkreta, wie wir sie sehen, haben so viel Ähnlichkeit mit den wirklichen Gegenständen wie der kleine Kaftanträger, der auf der Heide gesehen wurde, mit dem Wacholderstrauch, oder wie der Löwe, den man im Kino sieht, mit den hellen und dunklen Flecken auf der Leinwand. Wir sehen die Dinge, auch die Konkreta, nicht so, wie sie objektiv sind, sondern in verzerrter Form; wir sehen eine *Ersatzwelt* – nicht die Welt, wie sie objektiv beschaffen ist.

In der oben entwickelten Redeweise würde man sagen, selbst die Konkreta seien nur solche subjektiven Gegenstände, denen andersartige objektive Gegenstände zugeordnet sind. Sie sind aneinander gekoppelt, aber, streng genommen, nicht identisch. Wenn wir diese Zuordnung mit der unserer früheren Beispiele vergleichen, mit dem Wacholderbusch, der als Mann gesehen wird, oder dem Kino, so können wir von den Konkreta sagen, daß die Übereinstimmung der subjektiven und der objektiven Gegenstände größer ist als in jenen Beispielen; aber es bleibt immer eine Abweichung. Darum enthält die Unterscheidung zwischen objektiven und subjektiven innerhalb der unmittelbaren Gegenstände (§ 24) etwas Willkürliches; es kommt darauf an, welcher Grad von Abweichung bei einem unmittelbaren Gegenstand geduldet wird, um ihn noch objektiv zu nennen. Es herrscht nur ein Gradunterschied zwischen unmittelbaren Gegenständen wie den im Kino gesehenen und unmittelbaren Gegenständen wie den Konkreta: unsere unmittelbare Welt ist, streng genommen, gänzlich subjektiv; wir leben in einer Ersatzwelt.

Dies beruht auf einer psychologischen Erscheinung, die mit der logischen Struktur des Existenzbegriffes zusammenhängt. Wir zeigten (§ 23), daß die Existenz keine Eigenschaft von Einzeldingen, sondern von *descripta* ist; nur wenn für etwas eine Beschreibung vorliegt, kann man fragen, ob es existiert. Der Wahrnehmungsmechanismus ist so organisiert, daß er keine Wahrnehmung hervorbringen kann, ohne sie unter eine bestimmte Beschreibung zu bringen. Wir sehen die Dinge nicht gestaltlos, sondern immer durch die Brille einer bestimmten Beschreibung. Es ist, als blickte man auf einen Perserteppich: sein Muster besteht aus farbigen Formen, die in seltsamer und komplizierter Regelmäßigkeit angeordnet sind; man kann sie sich verschieden vorstellen, je nachdem, wie man sie zusammenfaßt – aber man kann sie nie ohne eine Struktur sehen. Ebenso haben die Gegenstände unserer Wahrnehmung immer *Gestaltcharakter*. Sie erscheinen so, als wären sie in einen bestimmten begrifflichen Rahmen gepreßt; was wir unmittelbare Existenz nennen, ist das Gesehenwerden durch diese Brille.

Die Beschreibung, durch deren Brille wir etwas sehen, entspricht dem objektiven Gegenstand nur bis zu einem gewissen Grad. Das drückt sich in den Voraussageeigenschaften der Beschreibung aus. Zu jeder Beschreibung gehören Voraussagen; der Grad der Übereinstimmung wird an dem Anteil der wahren Voraussagen in dieser Menge gemessen. Man erkennt wiederum, daß zwischen den subjektiven Gegenständen, wie sie im Kino vorkommen, und den unmittelbaren Konkreta nur ein Gradunterschied besteht: der Anteil der wahren Voraussagen ist bei unmittelbaren Konkreta größer – das ist der einzige Unterschied. Weder ist der Anteil der wahren Voraussagen bei den Konkreta 100% noch ist er beim Kino 0%. Auch dort ist eine Anzahl wahrer Voraussagen – nämlich solche, die sich auf Veränderungen der optischen Sphäre beschränken – mit der Beschreibung gegeben. Die Beschreibungsbrille, durch die wir die Welt sehen, ist stets nur ein Ersatz für eine völlig wahre Beschreibung und drückt nur gewisse mehr oder weniger wesentliche Züge des physikalischen Gegenstandes aus.

Der psychologische Ursprung dieser Brille ist wohl in bestimmten einfachen geistigen Vorgängen im primitiven Stadium der Menschheit oder schon bei den höheren Tieren zu suchen. Der primitive Mensch paßte seine Sehweise den einfachen physikalischen Gegenständen seiner Umgebung und seinem Wissen über sie an. Zum Beispiel wußte er, daß er den Baum, den er sah, anfassen konnte, daß er einen anderen Baum, der von dem ersten teilweise verdeckt war, nur mit mehr Schritten, als für den ersten erforderlich, erreichen konnte (d.h. er war weiter entfernt als dieser) und daß er denselben Baum am folgenden Tage am gleichen Ort sehen würde. Diese Kenntnisse wurden zwar nicht bewußt formuliert, waren aber instinktiv erworben und drückten sich in seinen Handlungen aus. In unserer rationalen Nachkonstruktion müssen wir sagen, es wurde gelernt, jedem beobachteten Gegenstand eine Anzahl Folgerungen zuzuordnen, die zu anderen, später zu beobachtenden Gegenständen führten. Diese Erkenntnisse beeinflußten die Sehweise; allmählich wurden die Gegenstände durch die Brille einer bestimmten Beschreibung gesehen. Dieser primitive Übergang von der unmittelbaren zur objektiven Existenz bestimmt die Form, in der wir die Welt heute sehen – er erschafft die Ersatzwelt, in der wir uns unser Leben lang befinden. Unsere unmittelbare Welt ist die objektive Welt des Primitiven; wir sehen die Welt mit den Augen unserer Vorfahren, oder, besser gesagt, wir sehen sie nach dem Wissen unserer Vorfahren gedeutet. Dieses primitive Wissen liefert den Beschreibungsrahmen, in den wir die Gegenstände beim Sehen automatisch pressen.

Wir brauchen nicht auf die moderne Physik zu verweisen, um das Auseinanderfallen von unmittelbarer und objektiver Welt aufzuzeigen. Es zeigt sich an einfachen und bekannten Erscheinungen. Der Gegenstand, den man im Spiegel sieht, wird an dem Ort gesehen, an dem sich der materielle Gegenstand gewöhnlich befindet, wenn er [die entsprechenden] Lichtstrahlen in unsere Augen schickt. Wie dieses Beispiel zeigt, ist die psychische Leistung der Lokalisierung dem einfachsten und natürlichsten Beobachtungsfall angepaßt. Wir können sie nicht verändern, aber wenigstens gewisse motorische Assoziationen umstellen und mit einem Gegenstand umgehen lernen, der nicht direkt, sondern nur im Spiegel gesehen wird. Wir sehen den Stab an der Wasseroberfläche geknickt – das heißt, wir sehen ihn gemäß einer Beschreibung, die objektiv wahr wäre, wenn die gleiche Gesichtswahrnehmung außerhalb des Wassers unter gewöhnlichen Bedingungen auftreten würde. Wir sehen die Eisenbahnschienen gegen den Horizont zusammenlaufen; das heißt, wir sehen sie in der Form, die kürzere Schienen objektiv hätten, wenn sie denselben Anblick bieten würden. Das Zusammenlaufen von Parallelen kann als Unterschätzung der Tiefenentfernung aufgefaßt werden; bei geringerer Tiefe sieht man die Parallelen nicht zusammenlaufen, etwa die Kanten eines Buches vor uns auf dem Tisch. Der Mechanismus, der unsere Gesichtswahrnehmung in einen dreidimensionalen Raum stellt, ist nur für kleine Entfernungen geeignet; für größere Entfernungen liefert er einen Ersatz, der nur auf kürzere Entfernungen passen würde. Wenn wir mit der Eisenbahn geradeaus fahren, sehen wir die ebenen Felder sich um einen entfernten, aber unbestimmten Mittelpunkt drehen. Das erscheint uns so, weil unsere Augen die beobachteten perspektivischen Veränderungen nicht anders erklären können – ein Punkt in mittlerer Entfernung scheint sich in Ruhe zu befinden, weil unsere Augen ihm folgen, während die weiter entfernten Punkte sich mit dem Zug, die näheren Punkte auf ihn zu bewegen. Wenn wir uns beim Gehen langsamer bewegen, kommt das nicht vor; unsere Augen können dann die perspektivischen Veränderungen korrigieren, die qualitativ gleichartig sind, und sie als Bewegung unseres eigenen Körpers deuten. Dies ist ein weiteres Beispiel dafür, daß unser Sehapparat nur dem einfacheren Fall angepaßt ist und für den komplizierteren nur einen Ersatz liefert.

Die Ersatzwelt um uns herum ist ein Ergebnis der physikalischen und historischen Bedingungen, denen wir unterworfen sind – wir befinden uns in mittleren physikalischen Größenordnungen und am Ende einer langen historischen Entwicklung vom primitiven bis zum heutigen Zustand. Entsprechende Bedingungen sind noch in Kraft und beeinflussen unser Sehen. Die gesellschaftlichen Bedingungen, denen wir unterworfen sind, fügen den – stärkeren – Wirkungen der physikalischen und historischen Bedingungen weitere hinzu. Das heutige Auge, das an rechteckige Häuser und Stahlkonstruktionen gewöhnt ist, sieht die reicheren Formen der Natur durch die Brille unseres Baustils; moderne Zeichnungen, im Vergleich zu alten, verraten diesen Einfluß[41]. Statt unsere unmittelbare Welt vom Einfluß unserer Verhältnisse zu befreien, passen wir sie anderen Verhältnissen an.

Müssen wir die Hoffnung fahren lassen, jemals zu einem wahren Bild von der Welt zu kommen? Ich glaube nicht. Mit intellektuellen Leistungen können wir die Beschränkungen unserer subjektiven Anschauung überwinden. Diese werden dadurch zwar wenig beeinflußt, aber statt mit einem einzigen anschaulichen Weltbild lernen wir mit mehreren auf verschiedenen Stufen gleichzeitig umzugehen. Jedes kann – abgesehen von seinen falschen Eigenschaften – etwas Richtiges zum Gesamtbild beisteuern. Es wäre vielleicht zuviel verlangt, daß sich alles zu einem einzigen Bild zusammenfügen müsse. Die Perspektive des Käfers auf der Wiese ist insofern besser als unsere, als sie eine genauere Beobachtung der einzelnen Grashalme erlaubt; die grüne Wiesenfläche hingegen, die *wir* sehen, ist auch etwas Wesentliches, aber dem Käfer unzugänglich. Wenn wir den polierten Tisch als eine glatte Fläche sehen, ist das nicht einfach falsch – dieses Bild erfaßt gewisse Eigenschaften des physikalischen Tisches, die das Bild des Mückenschwarms unberücksichtigt läßt, nämlich die Kleinheit der Teilchen und der Zwischenräume im Ver-

41) Vgl. L. Fleck, *Entstehung und Entwicklung einer wissenschaftlichen Tatsache* (Basel, 1935), S. 147, Tafel 3. Fleck zeigt ältere und moderne Zeichnungen des menschlichen Skeletts aus medizinischen Lehrbüchern; er erklärt, daß in älteren Zeichnungen das Skelett immer ein Todessymbol war, während es in den modernen ein Symbol mechanisch-technischer Konstruktion ist.

gleich mit der zweidimensionalen Ausdehnung. Gewiß ist unsere Ersatzwelt einseitig; aber sie zeigt uns wenigstens gewisse wesentliche Eigenschaften der Welt. Die wissenschaftliche Forschung fügt viele neue Eigenschaften hinzu; wir sehen durch das Mikroskop und das Fernrohr, konstruieren Atommodelle und Planetensysteme und dringen mittels Röntgenstrahlen in das Innere lebender Organismen ein. Unsere Aufgabe besteht darin, die so gewonnenen verschiedenen Bilder in ein höheres Ganzes zusammenzufassen. Dieses ist an sich kein Bild im Sinne einer unmittelbaren Perspektive, aber man kann es in einem weniger unmittelbaren Sinne anschaulich nennen. Wir wandern durch die Welt von einer Perspektive zur anderen und nehmen unseren subjektiven Horizont mit; durch eine Art geistiger Zusammenschau der subjektiven Anschauungen kommen wir zu einem Gesamtweltbild, dessen ständige Erweiterung immer weitergehende Objektivitätsansprüche rechtfertigt.

§ 26 Die Psychologie

Im vorigen Abschnitt haben wir gezeigt, wie die Außenwelt auf den Konkreta aufgebaut wird. Wir müssen noch zeigen, daß auch die Innenwelt auf dieser Basis aufgebaut werden kann. Wir müssen also zeigen, wie das sogenannte Psychische aus konkreten Gegenständen erschlossen wird.

Dabei gehen wir von den herkömmlichen Auffassungen der Psychologie ab. Gewöhnlich heißt es, die sogenannten psychischen Erscheinungen könnten unmittelbar beobachtet werden – ein innerer Sinn zeigt sie uns ebenso, wie uns die äußeren Sinne die Außenwelt zeigen. Zur Kritik dieser Auffassung verweisen wir auf unser drittes Kapitel. Dort versuchten wir zu zeigen, daß Sinnesempfindungen nicht beobachtet, sondern erschlossen werden; daß wir nicht Eindrücke, sondern Dinge sinnlich wahrnehmen; daß es keinen inneren Sinn gibt, sondern daß dieser Begriff auf der Verwechslung einer Schlußfolgerung mit einer Beobachtung beruht. Wir bleiben bei diesen Ergebnissen und wenden sie jetzt auf einen Aufbau der gesamten Innenwelt in Anlehnung an unseren Aufbau der Außenwelt an.

Der menschliche Körper ist ein System, auf das äußere Vorgänge einwirken und das selbst in äußere Vorgänge eingreift. Äußere Vorgänge der ersten Art heißen *Reize*, solche der zweiten Art *Reaktionen*. Dazwischen liegt der menschliche Körper mit seinen inneren Prozessen (vgl. Abb. 5). Das Problem der Psychologie ist die Ermittlung dieser inneren Vorgänge. Das wollen wir an einem lehrreichen Beispiel aus der Physik erläutern, das Car-

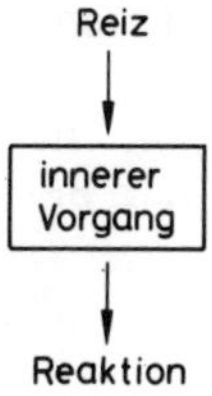

Abb. 5
Der menschliche Körper als System innerer Vorgänge zwischen Reiz und Reaktion

nap zu diesem Zweck angegeben hat[42]. Es zeigt, daß die betreffende Situation nicht nur beim menschlichen Körper, sondern ähnlich auch bei unbelebten Systemen besteht. Eine photoelektrische Zelle ist eine Vorrichtung, auf die Lichtstrahlen als Reize einwirken und die als Reaktion einen elektrischen Strom erzeugt. In ihrem Inneren laufen Vorgänge ab, die nicht beobachtbar sind. Trotzdem kann man sie indirekt beschreiben. Wenn ein Lichtstrahl mit der Intensität S auf die Zelle fällt, kann man sagen, die Zelle befinde sich in einem Zustand, der dem Reiz S entspricht. So wird die Zelle durch eine Beschreibung des Reizes beschrieben. Eine zweite Möglichkeit wäre, die Zelle anhand ihrer Reaktion zu beschreiben; wenn ein elektrischer Strom mit der Intensität R von der Zelle ausgeht, kann man sagen, daß sich die Zelle in einem Zustand befindet, der der Reaktion R entspricht. Die beiden Beschreibungen sind äquivalent, denn es besteht eine umkehrbar eindeutige Zuordnung zwischen S und R.

Wichtig ist hier, daß man den inneren Zustand der Zelle sehr genau beschreiben kann, ohne das Innere beobachten zu können. Das beste Mikroskop würde uns im Inneren der Zelle keinen Unterschied zwischen zwei Zuständen S_1 und S_2 oder R_1 und R_2 zeigen; die inneren Veränderungen sind viel zu geringfügig, um beobachtet werden zu können. Doch die indirekte Beschreibung ersetzt die direkte in hohem Grade.

Der Psychologe ist in der gleichen Situation wie der Physiker gegenüber der photoelektrischen Zelle. Er sieht keine seelischen Erscheinungen, sondern beschreibt sie mit Hilfe der Reize, von denen sie hervorgebracht werden, oder der Reaktionen, die von ihnen ausgelöst werden. Der Gedanke der Introspektion ist ein Hirngespinst, wenn man darunter eine Beobachtung „seelischer" Erscheinungen versteht. Was man beobachtet, sind physikalische Erscheinungen, und die entsprechenden inneren Vorgänge werden nur erschlossen. Sie sind *Illata*; und sie werden aus der Gesamtheit der konkreten Gegenstände der physikalischen Welt erschlossen, die zu den inneren Vorgängen in der Beziehung von Reiz und Reaktion stehen.

Es ist eine gängige Ansicht unter den Philosophen, daß das nur für die Beobachtung anderer Menschen gelte, da man an ihrem Seelenleben nicht teilnehmen könne, daß es aber für die eigene Person eine andere Beobachtungsmöglichkeit gebe, eine unmittelbare Einsicht in unser Innenleben. Dieser Unterschied zwischen Selbst- und Fremdbeobachtung ist eines der grundlegenden Mißverständnisse, auf dem die herkömmliche Metaphysik beruht. Um diese Frage zu klären, wollen wir den Unterschied zwischen unserer eigenen Person und anderen Personen analysieren. Es besteht natürlich ein ganz bestimmter Unterschied, aber er ist nicht von der Art, wie ihn die herkömmliche Philosophie sieht.

Wir können diese Untersuchung mit einer Bemerkung beginnen, die uns ein flüchtiger Überblick über die Psychologie bereits aufnötigt: Zur Be-

42) [Carnap 1932c] *Erkenntnis*, 3 (1932/33), S. 127.

schreibung unserer eigenen inneren Erscheinungen gehen wir im allgemeinen von den Reizen aus, während man zur Beschreibung der inneren Erscheinungen anderer Personen gewöhnlich von den Reaktionen ausgeht. Ich möchte das an einem Beispiel erläutern.

Das stereoskopische Sehen ist ein gewisser Eindruck der Räumlichkeit, den bestimmte Bildpaare erzeugen können, wenn man sie durch ein Stereoskop betrachtet. Dazu ist jedoch eine gewisse Übung nötig; ungeübte Augen müssen sich bemühen, stereoskopisch zu sehen, und es gibt Menschen, denen es nie gelingt. Wenn man in das Stereoskop blickt, sieht man zunächst zwei Bilder; dann nähern sie sich und verschmelzen schließlich zu einem einzigen räumlichen Bild, bei dem die Tiefendimension in voller Stärke hervortritt wie beim gewöhnlichen zweiäugigen Sehen dreidimensionaler Gegenstände. Das dreidimensionale Bild erscheint ziemlich plötzlich; das Bild springt auf einmal in die räumliche Tiefe.

Diese Beschreibung entspricht der sogenannten Introspektion. Doch wenn man sie analysiert, findet man, daß nur von Reizen die Rede ist. Ein Bild ist ein Gegenstand, den wir sehen, eine Zeichnung auf Papier, von der wir wissen, daß sie eine Nachahmung bestimmter anderer physikalischer Gegenstände ist. Die Bewegung der Bilder ist eine physikalische Erscheinung; ebenso die räumliche Tiefe – sie ist eine Eigenschaft, die bei fast jeder Gesichtswahrnehmung zu beobachten ist. Außerdem werden hier gewisse Ausdrücke gebraucht, die auf Erscheinungen ganz anderer Art passen und hier als Analogie verwandt werden: „verschmelzen", „volle Stärke", „springen". Sie sollen eine Ähnlichkeit zwischen den eben gesehenen und anderen Gegenständen ausdrücken; „verschmelzen" verweist auf ähnliche Veränderungen beim Mischen von Flüssigkeiten, „Stärke" bedeutet einen Vergleich mit Widerstandskräften usw. Die Beschreibung besteht darin, daß man physikalische Gegenstände beschreibt, die dem beobachteten Gegenstand ähnlich sind – und das nennen die Philosophen eine Beschreibung durch Selbstbeobachtung. Der innere Vorgang des stereoskopischen Sehens wird nicht unmittelbar beobachtet; er wird nur als der innere Vorgang bestimmt, der zu dem Reiz *S* gehört, wobei *S* mit Hilfe von Begriffen beschrieben wird, die ein Physiker zur Beschreibung einer physikalischen Erscheinung benutzen würde.

Fragen wir nun, wie man die Aussage prüft, daß eine andere Person eine stereoskopische Wahrnehmung hat. Daß sie durch das Stereoskop blickt, genügt nicht für die Annahme, daß sie diesen Eindruck hat. Wir prüfen es anhand ihrer Reaktionen. Erstens hören wir darauf, was sie berichtet. Das Sprechen ist eine spezielle Reaktion, aber nicht die einzige und vor allem nicht immer zuverlässig. Wenn der Betreffende sagt, er sehe nur ein Bild, und es sei dreidimensional, so ist das kein ausreichender Beweis, daß er wirklich stereoskopisch sieht. Es kann sein, daß er eines der Bilder vernachlässigt, d.h. es aus dem Aufmerksamkeitsbereich ausschließt, daß er nur das andere Bild sieht und den schwachen Tiefeneindruck jeder Photographie für den stereoskopischen Effekt hält. Bei der Beobachtung vieler Menschen am

Stereoskop habe ich ein gutes Mittel gefunden, diesen Fehler auszuschließen. Wenn der stereoskopische Effekt auftritt, zeigt sich fast jeder Mensch, besonders der Ungeübte, plötzlich freudig überrascht, er macht eine spontane Äußerung oder lächelt. Diese Reaktion ist in Verbindung mit anderen ein sehr gutes Kennzeichen.

Die stereoskopische Wahrnehmung wird also hauptsächlich aus beobachteten Reaktionen erschlossen; aber nicht ausschließlich: wir beobachten ja noch, daß der Betreffende das Stereoskop mit den Photographien vor seinen Augen hat, d.h., wir beobachten, daß er einem bestimmten Reiz ausgesetzt ist. Aber in diesem Falle – und das unterscheidet ihn von der photoelektrischen Zelle – entspricht dem physikalischen Reiz *S* nicht eindeutig ein innerer Vorgang. Das ist die Hauptschwierigkeit der Psychologie. Derselbe physikalische Reiz kann verschiedene Eindrücke hervorrufen. Darum prüfen wir den Eindruck mittels der Reaktionen; nur eine recht komplizierte Verbindung von Reizen und Reaktionen gestattet eine eindeutige Schlußfolgerung auf den inneren Vorgang. Ausschlaggebend sind hier immer die Reaktionen; sie entscheiden zwischen den verschiedenen möglichen Eindrücken, die der Reiz offen läßt. Man kann also sagen, der Eindruck einer anderen Person sei als der innere Vorgang charakterisiert, der zu der Reaktion *R* gehört.

Die mehrdeutige Beziehung zwischen physikalischem Gegenstand und Wahrnehmung veranlaßte uns in den vorangegangenen Abschnitten zu der Unterscheidung zwischen unmittelbarer und objektiver Existenz. Derselbe objektive Gegenstand kann verschiedene unmittelbare Gegenstände hervorrufen. So war es in unserem Beispiel von dem Wacholderstrauch, der aus einer gewissen Entfernung wie ein Mann aussah, aus einer anderen wie ein Busch. Es gibt andere Beispiele, in denen sich die physikalischen Bedingungen überhaupt nicht verändern, wohl aber der unmittelbare Gegenstand. Eine perspektivische Zeichnung eines Würfels kann umkippen, wie die Psychologen zeigen, Vorder- und Rückseite können vertauscht werden. Wir kennen Bilderrätsel, in denen plötzlich die Umrisse eines Menschen erscheinen, den man vorher nicht gesehen hat. Das alles bedeutet, daß der objektive physikalische Gegenstand den unmittelbaren nicht völlig bestimmt. Da für die Wahrnehmung nur der unmittelbare und nicht der objektive Gegenstand maßgebend ist, interessiert sich die Psychologie für die Beschreibung des unmittelbaren Gegenstandes.

Das ist die Hauptschwierigkeit der Psychologie. Wäre der menschliche Körper wie eine photoelektrische Zelle organisiert, so wäre die Psychologie eine sehr einfache Wissenschaft; sie brauchte nur den Reiz *S* anzugeben und hätte damit die Wahrnehmung beschrieben. Doch ihre Aufgabe ist die Beschreibung des unmittelbaren, nicht des objektiven Gegenstandes.

Diese Beschreibung ist jedoch anhand der Reize allein durchführbar. Wir verweisen auf die Ergebnisse des vorigen Kapitels; man beschreibt den unmittelbaren Gegenstand anhand ähnlicher objektiver Gegenstände. Die verschiedenen unmittelbaren Gegenstände, die man in einem Bilderrätsel sieht, sind beschrieben, wenn man angibt, ob das Bild einem Mann ähnelt oder nicht. Wenn die Angabe des Reizes S zur Bestimmung des inneren Vorgangs nicht genügt, kann man Aussagen über Beziehungen von der Art $S = S'$ hinzufügen. So läßt sich die gesamte Psychologie in der Reiz- oder Stimulussprache darstellen, d.h. in einer Sprache, die Begriffe für Gegenstände und Beziehungen in der physikalischen Welt verwendet, sofern diese als Reize auftreten. Die Psychologie beschreibt also physikalische Gegenstände genau wie die Physik, aber die Beschreibungen haben unterschiedliche Ziele: die Physik sucht nach allen Beziehungen eines Gegenstandes zu anderen, die zur eindeutigen Bestimmung des objektiven Gegenstandes nötig sind; die Psychologie sucht nach allen Beziehungen, die zur eindeutigen Bestimmung des unmittelbaren Gegenstandes und damit der Wahrnehmung nötig sind. Die Psychologie konstruiert eine andere Klasse von Beziehungen, weil sie sich nicht für die Gegenstände interessiert, sondern für die inneren Vorgänge, die diese in unserem Körper hervorrufen. Jedenfalls werden diese inneren Vorgänge nicht beobachtet, sondern erschlossen, und zwar ausgehend von beobachteten konkreten Gegenständen.

Man kann auch eine Psychologie in der Reaktionssprache schreiben. Dazu würde man einen inneren Vorgang durch die Klasse der zu ihm gehörenden Reaktionen kennzeichnen. Dafür kommen in erster Linie sprachliche Äußerungen in Frage, aber sie genügen nicht. Wie das Beispiel von der stereoskopischen Wahrnehmung zeigte, sind weitere Reaktionen anderer Art erforderlich, etwa Ausrufe, Augen- und Gesichtsbewegungen usw. Die Reaktionssprache wird bei der psychologischen Beobachtung von anderen Menschen und Tieren benutzt; wir werden in kürze den Grund dafür untersuchen.

Es ist eine der wichtigsten Aufgaben der Psychologie, die beiden Beschreibungssysteme miteinander in Beziehungen zu setzen. Welche Beschreibung aus dem Reaktionsbereich gehört zu einer bestimmten Beschreibung aus dem Reizbereich? Das ist eine der Hauptfragen der psychologischen Forschung. Für den menschlichen Körper ist der Zusammenhang zwischen S und R sehr kompliziert; man kann sie nur beantworten, wenn man nicht einzelne Reize und Reaktionen, sondern recht umfassende Gruppen betrachtet. Wir legen einem Hund ein Stück Zucker vor; wird er es fressen? Die Reaktion hängt vielleicht nicht nur von dem Futterreiz, sondern auch von anderen Reizen ab, z.B. von den Gebärden des Hundebesitzers. Wir sagen jemandem, daß er ins Gefängnis kommen soll; wird er flüchten? Das hängt von vielen anderen Bedingungen ab, z.B. von dem Vergehen, dessen er bezichtigt wird, von seinen Kenntnissen der Lebensbedingungen im Gefängnis, von seinen Lebenschancen nach der Flucht. Bei solchen Fragen handelt es sich stets um die Beziehung von S zu R.

Wenn wir nun die beiden Sprachen vergleichen wollen, müssen wir einen entscheidenden Unterschied feststellen. Eine vollständige Beschreibung des inneren Vorgangs allein in der Reiz- oder Stimulussprache kann nur der Betreffende selbst liefern. Eine vollständige Beschreibung in der Reaktionssprache kann jedoch für jeden fremden Menschen geliefert werden. Dieser

Unterschied beruht auf der Veränderlichkeit der Beziehung zwischen Reiz und Wahrnehmung. Der unmittelbare Gegenstand kann nur von dem Menschen beobachtet werden, dessen Wahrnehmung untersucht werden soll; nur er kann angeben, ob er den Wacholderbusch oder den kleinen Mann mit dem Kaftan sieht oder ob er in dem Bilderrätsel einen Menschen sieht. Andere Menschen sind auf seine Reaktionen angewiesen, die in sprachlichen Berichten oder anderen Bekundungen bestehen können.

Diese Unterscheidung beruht auf der Sonderstellung des Selbstbeobachters. Bei der Selbstbeobachtung ist der Beobachter identisch mit dem System, dessen innerer Vorgang gekennzeichnet werden soll. Den unmittelbaren Gegenstand *sehen* ist nun dasselbe wie den entsprechenden inneren Vorgang *haben*; darum beobachtet der Mensch, bei dem der innere Vorgang stattfindet, den unmittelbaren Gegenstand – niemand sonst ist in der nämlichen Lage.

Man darf nicht vergessen, daß einen inneren Vorgang *haben* nicht bedeutet, daß man ihn *beobachtet*, sondern daß man den unmittelbaren Gegenstand beobachtet. Hier liegt die Quelle großer Verwirrung und, wie ich glaube, der falschen Auffassung von den „seelischen Erscheinungen" in der traditionellen Philosophie. Wir sehen unseren inneren Vorgang nicht, sondern haben ihn, und weil wir ihn haben, sehen wir einen Gegenstand in der Außenwelt. Durch eine Verwirrung dieser Zusammenhänge kam der Gedanke auf, einen inneren Vorgang haben bedeute, ihn zu beobachten, und „haben" hat den Sinn von „der Beobachtung gegeben sein" angenommen. Aber „haben" soll hier nur bedeuten, daß der innere Vorgang in unserem Körper vor sich geht. Wenn das der Fall ist, beobachten wir einen äußeren Gegenstand. Das ist aber ein unmittelbarer Gegenstand; man kann nicht ohne weiteres sagen, ob es auch ein objektiver Gegenstand ist oder ob es nur einen daran gekoppelten objektiven Gegenstand gibt oder gar keinen wie beim Traum.

Die Sonderstellung des Selbstbeobachters hat zu dem Begriff der Introspektion geführt. Wenn damit lediglich gemeint sein soll, daß der Selbstbeobachter als einziger eine vollständige Beschreibung des unmittelbaren Gegenstandes geben kann, ohne auf Reaktionen zurückzugreifen, dann wäre gegen den Ausdruck nichts einzuwenden. Man hat daran jedoch die Idee einer unmittelbaren Beobachtung innerer Vorgänge geknüpft, so daß der Ausdruck eine irreführende metaphysische Bedeutung gewann. Wir vermeiden ihn daher und sprechen von *Selbstbeobachtung*.

Die Idee der Introspektion entwickelte sich, wie ich vermute, aus einem Mißverständnis einer Tatsache, die dazu wirklich Anlaß bietet, nämlich daß sich der Reiz in unserem Körper befinden kann. Wir haben diesen Fall schon in unserer Analyse der Sinneseindrücke behandelt (§ 19); wir sagten dort, ebenso wie wir unseren Körper sehen können, könnten wir ihn auch durch innere Tastwahrnehmungen fühlen, und dieser Wahrnehmungscharakter zeige sich darin, daß solche inneren Empfindungen stets einen bestimmten Ort haben. Diese Kritik ist nun auf den allgemeineren Fall der sogenannten höheren psychischen Erscheinungen wie Gedanken, Gefühle, Leidenschaften usw. auszudehnen.

Es ist eines der Argumente für die ,,psychische Erfahrung", daß diese Erscheinungen keinen Ort haben; schon Kant nahm als kennzeichnende Eigenschaft des Seelenlebens die angebliche Tatsache, daß es sich nur in der Zeit, aber nicht im Raum abspiele. Ich empfinde etwa eine gewisse Freude zu einer bestimmten Zeit; aber die Freude hat keinen Ort im Raum. Ich dachte gestern abend um sieben Uhr daran, ins Kino zu gehen; aber dieser Gedanke nahm keinen Ort im Raume ein. Seelische Erscheinungen wie Liebe oder Haß können eine bestimmte Zeit dauern, Stunden oder Jahre; aber sie haben keine räumliche Ausdehnung. Dieses nicht-Räumliche des Seelenlebens wird als eines der stärksten Argumente für die Doppeltheit unserer Erfahrung angesehen, die sich angeblich in die physische und die psychische spaltet; erstere ist räumlich und zeitlich geordnet, letztere nur zeitlich.

Diese Theorie scheint mir das Ergebnis zweier Mißverständnisse zu sein. Erstens besteht das erwähnte Mißverständnis bezüglich der Reize innerhalb unseres Körpers; diese Reize werden als etwas Nichtphysikalisches angesehen. Zu diesem Mißverständnis kommt ein zweites, das dem Problem der Abstrakta entspringt.

Freude, Schmerz, Liebe, Haß usw. sind Abstrakta, Komplexe elementarer Erscheinungen, die ,,körperliche Gefühle" sind. Unser Körper fühlt sich leicht, gewichtlos an; wir haben das Gefühl ,,zu schweben", wir lächeln – dieser Art sind die Bestandteile des Komplexes, den wir Freude nennen. Wir fühlen eine gewisse Spannung in unserem Körper, einen Zwang, uns zu bewegen und eine bestimmte Person zu sehen, wir haben das Gefühl, daß unser Körper in der Gegenwart dieser Person lebendiger wird, wir empfinden Erregungen in den sexuellen Zonen unseres Körpers – dieser Art sind die Bestandteile des Komplexes ,,Liebe". Sie haben einen Ort, entweder in bestimmten Körperteilen oder über den ganzen Körper verteilt. Das Abstraktum, der Komplex, kann aber so definiert werden, daß er überhaupt keine räumlichen Eigenschaften hat. Diese Frage haben wir in § 11 diskutiert und Beispiele von Abstrakta angegeben, die aus physikalischen Bestandteilen aufgebaut sind, aber keine räumlichen Eigenschaften haben, so der Staat, eine Melodie, die Elastizität einer Feder. Wir sagten, es sei eine Sache der Konvention, ob man diesen Abstrakta einen Ort oder eine Ausdehnung zuschreibt; gewöhnlich werde die nichträumliche Auffassung vorgezogen. Das gilt auch für die Komplexe, die aus Reizen innerhalb unseres Körpers bestehen. Der Komplex ,,Liebe" wird im allgemeinen so verstanden, daß er keinen Ort und keine Ausdehnung im Raum hat; man kann ihn aber auch so definieren, daß er sich räumlich in unserem Körper befindet und sich ganz über ihn erstreckt. Daß in diesen Fällen das Abstraktum lieber nur in der Zeit angesiedelt wird, kommt daher, daß die zeitliche Kennzeichnung eine zeitliche Ordnung der Abstrakta ermöglicht, während eine räumliche Kennzeichnung zu dem trivialen Ergebnis führt, daß alles in unserem Körper und ganz über ihn verteilt ist, woraus sich keine Ordnung ergibt. Ist dasselbe bei Zeitangaben der Fall, so ergibt sich eine entsprechende Unbestimmtheit der zeitlichen Eigenschaften der Abstrakta. Steht der Charakter eines Menschen *in der*

Zeit? Wenn ja, dann erstreckt er sich über die ganze Lebenszeit eines Menschen, und die Definition führt zu keiner Ordnung. Man kann keine Zeitordnung zwischen dem Charakter und etwa einem Vaterkomplex aufstellen, einem Abstraktum, das sich ebenfalls über das ganze Leben des Betreffenden erstreckt. Für solche psychischen Phänomene wird die zeitliche Kennzeichnung gewöhnlich fallengelassen – ein Zeichen, daß die Zeitlichkeit in keiner Weise zur Definition der „psychischen Erfahrung" dienlich ist.

Die Tatsache, daß sich Reize in unserem Körper befinden können, hat eine ganz andere Konsequenz, als von der traditionellen Psychologie angenommen wird. Sie hat zur Folge, daß in diesen Fällen die inneren Vorgänge für uns Konkreta sind. Wir sagten oben, die inneren Vorgänge seien Illata; das gilt für Seh- und Hörwahrnehmungen, die aus der Beobachtung äußerer Gegenstände erschlossen werden. Der innere Vorgang des Hungers dagegen ist ein Konkretum; er wird im gleichen Sinne unmittelbar beobachtet wie etwa eine Bewegung unserer Beine mit dem Tastsinn, oder wie unser Herzschlag. Das Körperinnere ist zum Teil unmittelbarer Beobachtung zugänglich, zum Teil wird es nur erschlossen – genau wie die meisten äußeren Gegenstände. Aus Abstrakta, die Komplexe dieser inneren Konkreta und Illata sind, besteht das sogenannte höhere psychische Leben.

Die inneren Vorgänge werden also aus Reizen oder Reaktionen erschlossen oder mit dem inneren Tastsinn wahrgenommen. Was sind nun diese inneren Vorgänge, wenn man sie in unsere physikalische Welt einordnen will?

Sie sind nichts anderes als physiologische Vorgänge. Man kann alle inneren Vorgänge des menschlichen Körpers unmittelbar beobachten – das tut der Physiologe. Er findet, daß eine Gesichtswahrnehmung in einem Netzhautbild und in ganz bestimmten Veränderungen des Sehnervs sowie des Gehirns besteht; er findet, daß der Hunger in Zusammenziehung des Magens, Speichelabsonderung u.a. besteht. Er ist nicht an die Reiz- oder die Reaktionssprache gebunden; er beobachtet das Innere des Organismus unmittelbar und spricht die Ergebnisse in einer unmittelbaren Sprache aus, der *Sprache für die inneren Vorgänge*.

Es gibt eine alte Frage, die man immer dem Materialismus entgegengehalten hat: Wie setzt sich ein Nervenvorgang im Gehirn in eine Gesichtswahrnehmung um? Wie eine Magenzusammenziehung in das Hungergefühl? Diese Frage halte ich für ein gründliches Mißverständnis der wissenschaftlichen Begriffe. Analysieren wir die Fragen einzeln, sie sind von verschiedener Art.

Eine Gesichtswahrnehmung wird von dem Menschen, der etwas außerhalb seines Körpers sieht, nicht beobachtet; sie wird erschlossen. Der Mensch *sieht* einen Gegenstand vor sich und *hat* eine Sinnesempfindung; diese ist für ihn ein Illatum. Er weiß nichts über ihre Eigenschaften, außer daß sie in gewissem Maße mit dem unmittelbaren Gegenstand übereinstimmt, den er beobachtet. Sie ist eine Unbekannte x, die als Funktion des beobachteten unmittelbaren Gegenstandes bestimmt wird. Wenn nun ein Psychologe behauptet, dieses x sei ein Vorgang im Nervensystem, so ergibt sich keine Schwierigkeit, so wenig wie in ähnlichen Fällen in der physikalischen Welt, z.B. bei unserer photoelektrischen Zelle. Zunächst wurde der innere Zustand der Zelle als der Zustand x bestimmt, der zu der Intensität S des Lichtstrahls gehört, der die Zelle trifft; später entdeckt der Physiker, daß der Zustand x in einem Elektronenschwarm besteht, der durch die Zwischenräume zwischen den Molekülen des photoelektrischen Kristalls hindurchgeht. Der Physiker fragt nicht: Wo ist der Lichtstrahl im Kristall? Wie wird der Elektronenschwarm zu einem Abbild des Lichtstrahls? Diese Fragen wären unvernünftig und würden auf einem Mißverständnis der funktionalen Beziehung zwischen dem Lichtstrahl als Reiz und dem Elektronenschwarm als ausgelöstem innerem Vorgang beruhen. Ähnlich lösen die Lichtstrahlen, die von dem äußeren Gegenstand kommen, den Nervenvorgang in uns aus. Es wäre unvernünftig zu verlangen, dieser solle in ein Abbild des Lichtstrahls oder des äußeren Gegenstandes übergeführt werden. Den Nervenvorgang haben, heißt, den äußeren Gegenstand sehen; daraus folgt nicht, daß der Nervenvorgang ein Abbild des äußeren Gegenstandes wäre oder in ein solches übergeführt würde.

Bei unserem zweiten Beispiel, dem Hungergefühl, liegen die Dinge etwas anders. Hier wird der innere Vorgang als solcher beobachtet. Wir empfinden ihn nicht als eine Magenbewegung, wie ihn der Physiologe beschreibt. Aber dieser Unterschied besteht auch bei Beobachtungen der Außenwelt. Wir sehen eine rechteckige Schachtel als geometrischen Körper mit Flächen, Kanten und Ecken. Wenn wir sie berühren, empfinden wir einen Widerstand, wir fühlen die gleitende, einschneidende Wirkung der Kanten und den stechenden Druck der Ecken an unseren Fingern. Dieser Unterschied der Eigenschaften rührt von dem Unterschied der Sinnesorgane her, die bei der Beobachtung benutzt werden. Entsprechend hat der Hunger, der mit dem inneren Tastsinn beobachtet wird, andere Eigenschaften als der Hunger, der mit den Augen als Magenzusammenziehung beobachtet wird. Ähnliche Unterschiede kommen bei Gesichtswahrnehmungen in Form verschiedener Perspektiven vor; der Anblick, den ich von einem bestimmten Zimmer habe, unterscheidet sich von dem für eine andere Person. In diesem Fall kann man leicht die Plätze tauschen und die Perspektive des anderen gewinnen. Doch bei der Beobachtung innerer Körpervorgänge ist das physikalisch unmöglich. Wenn ein Arzt, der meinen Hunger auf einem Röntgenschirm beobachtet, ihn so fühlen wollte wie ich, dann müßte er in dieselbe Berührungsbeziehung zu meinem Magen treten wie ich – und das ist physikalisch unmöglich.

Die Schwierigkeiten des Problems der inneren Vorgänge stammen daher, daß man diese auf drei verschiedene Weisen bestimmen kann: man kann den Reiz, die Reaktion und unmittelbar das Innere des Körpers beobachten. Letzteres ist als physiologische Beobachtung und als Selbstbeobachtung mit dem inneren Tastsinn möglich. Die ersten beiden Beobachtungsarten sind jedermann möglich, die dritte nur der Person, die mit dem betreffenden Körper identisch ist. Der Unterschied der Bestimmungsweisen hat zu dem Gedanken geführt, es handle sich um verschiedene Gegenstände. Das ist der entscheidende Fehler; in Wirklichkeit haben alle Methoden denselben Gegenstand.

Die traditionelle Psychologie zieht durchweg die Reizmethode vor und ist dementsprechend in der Reizsprache geschrieben. Dazu kommt die Selbstbeobachtung des Körpers mit dem inneren Tastsinn, doch die Reizmethode spielt die Hauptrolle, und zwar deshalb, weil die meisten „höheren seelischen Erscheinungen" von äußeren Reizen hervorgerufen werden und sich daher am besten in der Reizsprache beschreiben lassen. Der unmittelbare Gegenstand wird durch Vergleiche mit anderen physikalischen Gegenständen ähnlicher Art beschrieben. Man spricht von einem „stechenden Schmerz", den man bei der Nachricht vom Tode eines engen Freundes hatte, und beschreibt den unmittelbaren Gegenstand „Schmerz", den uns der innere Tastsinn vermittelt, anhand der Ähnlichkeit mit dem unmittelbaren Gegenstand „Nadel", mit dem wir uns in den Finger gestochen fühlen. Man sagt „Ich fühlte mich gedrängt, zu meinem Freund zu gehen" und vergleicht die Spannung, die man in seinen Muskeln spürt, mit dem Druck eines materiellen Gegenstands. Man spricht davon, daß jemand „eine klare Einsicht in seine Aufgabe hat", und beschreibt die subjektiven Vorstellungen, die er von seiner zukünftigen Arbeit hat, durch einen Vergleich mit den optischen Eigenschaften von Körpern, die in hellem Licht und klarer Atmosphäre gesehen werden. Diese Beschreibung durch Vergleich in der Reizsprache ist auch die Methode der Dichter.

Mir schmerzt das Herz, und träge Benommenheit quält mir den Sinn
Als hätte Schierling ich getrunken
Oder betäubend Opium tief in mich aufgenommen
Noch ein Augenblick, und ich sank lethewärts dahin.

Diese Verse eines Romantikers – Keats' „Ode to a Nightingale" – liefern eine Beschreibung eines psychischen Zustands in der Reizsprache. Dieser wird als das Gefühl beschrieben, das man hat, wenn man Schierling oder ein Opiat zu sich genommen hat; das „schmerzende Herz" ist die Beschreibung des Gefühls, wenn man von außen körperlich verletzt worden ist, oder wie es auch durch innere Reize entstehen kann. Nur der Ausdruck „lethewärts hinsinken" gehört der Reaktionssprache an, er beschreibt eine Reaktion, die bei solchen Gefühlen auftritt. Die Reaktionssprache wird in der Dichtung gewöhnlich benutzt, wenn der Dichter eine Person auf objektive Weise beschreiben will, d.h., wenn er verhindern möchte, daß wir uns mit dieser Person identifizieren. „Furchtbar bist du, wenn deine Augen so rollen", sagt Desdemona; der Dichter möchte, daß wir Othello mit den Augen seiner Frau sehen.

Im Gegensatz zur traditionellen Psychologie sieht der Behaviorismus die Reaktionssprache als die einzige Sprache der Psychologie an. Das heißt, eine behavioristische Beschreibung bezieht den Reiz mit ein, aber nur in seiner objektiven physikalischen Existenz. Da der innere Zustand der Person durch den objektiven Reiz nicht eindeutig bestimmt ist, muß sich seine Ermittlung völlig auf die Reaktionen stützen; diese werden also als die einzigen in der Psychologie zulässigen Indikatoren angesehen, und in diesem Sinne ist die Sprache des Behaviorismus eine Reaktionssprache. Der Behaviorist untersucht die Beziehung zwischen *S* und *R*; *S* charakterisiert die Umgebung, *R* die Person oder das Tier mit allen inneren Eigenschaften. Dazu kommt in gewissem Maße die Sprache der inneren Vorgänge in objektiver, d.h. physiologischer Form. Die Grenzen zwischen dieser und der Reaktionssprache schwanken; es ist nicht immer scharf abgegrenzt, wo der innere Vorgang aufhört und die äußere Reaktion beginnt. Manche Vorgänge innerhalb des Körpers werden gewöhnlich als Reaktionen bezeichnet, etwa Herzklopfen, Erröten u.ä.; sie könnten aber auch als Teil des inneren Vorgangs angesehen werden. Der Behaviorist betrachtet im allgemeinen nur diejenigen inneren Reaktionen oder Vorgänge, die von außen leicht beobachtet werden können, wie etwa die eben genannten; Vorgänge, deren Beobachtung operative Eingriffe erfordert, wie etwa Vorgänge im Nervensystem, werden dem Physiologen überlassen. Auch hier sind die Grenzen unbestimmt[43].

Es ist der Vorzug des Behaviorismus, daß er eine objektive Sprache spricht, die jeder nachprüfen kann; Berichte der beobachteten Person selbst sind nicht nötig, und die Methode läßt sich auf Tiere so gut wie auf Menschen anwenden. Doch die Beschränkung auf diese Methode dürfte eine übertriebene Forderung sein. Sie entsprang der Opposition gegen vage metaphysische Begriffe in der traditionellen Psychologie und hatte daher einen methodologischen Wert im Sinne einer radikalen Reinigung der Psychologie. Ich würde aber sagen, wenn man Berichte der beobachteten Person unbeachtet läßt, so schaltet man den bevorzugtesten Beobachter aus. Wir wissen, daß subjektive Berichte manchmal zweifelhaft sind, und die Ausarbeitung von Prüfungsmethoden ist sehr nützlich. Aber die Sonderstellung des Selbstbeobachters bietet so große Vorteile, daß die Psychologie wohl nie darauf verzichten wird. Sie ist deshalb einzigartig, weil der Selbstbeobachter, und nur er, seinen inneren Zustand in der Reizsprache ohne Rückgriff auf Reaktionen beschreiben kann. Wer abends einen Wacholderbusch als einen Räuber sieht, der weiß das und braucht es nicht aus seinem Herzklopfen und seinen zitternden Knien zu erschließen. Wer Hunger hat, weiß das aus unmittelbarer Empfindung und braucht nicht die Tropfen seiner Speicheldrüse zu zählen. Es gibt viele psychologische Tatsachen, die ohne den Selbstbeobachter nie entdeckt worden wären.

Nehmen wir als Beispiel, daß man Parallelen, z.B. Eisenbahnschienen, zusammenlaufen sieht. Es ist eine subjektive Tatsache, der objektive physikalische Reiz verrät darüber nichts. Sie ist aber leicht in der Reizsprache zu beschreiben: „Ich sehe diese Schienen wie solche Linien“, und man zeigt auf eine Zeichnung zusammenlaufender Linien. Ich sehe keine Möglichkeit, wie diese psychologische Tatsache ohne den Bericht eines Selbstbeobachters hätte entdeckt werden können. Ich sage damit nicht, es sei absolut unmöglich, so etwas mit der behavioristischen Methode zu entdecken, sondern

43) Pawlows Experiment mit der Speicheldrüse erfordert eine einfache Operation an Tieren, wird aber auch von Behavioristen benutzt.

nur, es sei praktisch nicht möglich. Der Bericht des Selbstbeobachters ist in sehr vielen Fällen der Beobachtung von Reaktionen weit überlegen.

Gewiß, der Bericht ist selbst eine Reaktion, sobald er geäußert wird. Aber die Frage ist gerade, ob der Behaviorist Berichtsreaktionen einbeziehen soll. Es liegt auf der Hand, daß die Erkenntnisse der beobachteten Person, wenn sie anderen mitgeteilt werden sollen, in eine Reaktion verwandelt werden müssen. Doch wenn die beobachtete Person selbst wissen will, was sie beobachtet, braucht sie nicht auf ihre Reaktion zu warten. Sie kann sogar ihre Reaktionen unterdrücken und ihr Wissen für sich behalten. Der Kartenspieler weiß, was er hinter seinem Pokergesicht verbirgt. Wenn die Psychologen nur Menschen mit Pokergesichtern als Versuchspersonen hätten, wäre ihre Aufgabe recht schwierig.

Die Behavioristen könnten erwidern, das Denken sei stummes Sprechen; jemand, der wisse, was er beobachtet, spreche unhörbar mit sich selbst, und daher wisse er es genau wie andere Menschen aus seiner Reaktion. Ich glaube aber, daß dieser Einwand nicht dem konsequenten Behaviorismus entspricht und von Watson nicht erhoben würde. Für den Behaviorismus *ist* das stumme Sprechen das Wissen; man gewinnt also seine Kenntnisse nicht durch das stumme Sprechen, sondern vielmehr den Anblick von Gegenständen; in psychologischer Sprache heißt das: der Nervenvorgang des Sehens löst stummes Sprechen aus. Andere Personen jedoch bleiben einen Schritt zurück: ihre Erkenntnis, d.h. ihr stummes Sprechen, beginnt erst mit dem *hörbaren* Sprechen des Selbstbeobachters.

Ich glaube, die Selbstbeobachtung ist ein notwendiger Bestandteil der Psychologie; sie muß kontrolliert, aber nicht abgeschafft werden. Das Unheil in der Psychologie kommt nicht von dieser Methode, sondern von ihrer Falschen Deutung als Introspektion, als unmittelbare Wahrnehmung psychischer Erscheinungen. Unsere Deutung im Sinne einer Reizsprache ist frei von dieser Fehlauffassung. Die zusammenlaufenden Parallelen sind ein gutes Beispiel einer psychologischen Beschreibung in der Reizsprache. Hier werden zwei Gegenstände verglichen: die Schienen, die physikalisch parallel laufen, und die Linien auf dem Papier, die physikalisch zusammenlaufen. Dieser Vergleich beschreibt den unmittelbaren Gegenstand „Schiene" und damit indirekt den inneren Vorgang „Wahrnehmung". Mit dieser Methode kann man seine Wahrnehmung sogar einem Blindgeborenen beschreiben. Die Methode der Selbstbeobachtung als die Methode der Reizsprache ist nicht weniger objektiv als die Reaktionssprache. Doch sie eröffnet Möglichkeiten der Beobachtung, die der Reaktionsmethode verschlossen sind.

Unsere Lösung des Problems der Psychologie beruht auf der Unterscheidung zwischen drei Kategorien: Reiz, innerer Vorgang und Reaktion; dazu kommt, daß der Selbstbeobachter eine Sonderstellung hat, die von keinem anderen Menschen eingenommen werden kann. Wir wollen jetzt eine Bemerkung über die Beziehungen zwischen diesen drei Kategorien hinzufügen.

Diese Beziehungen werden gewöhnlich als Folgebeziehungen angesehen; auf den Reiz folgt der innere Vorgang, auf diesen die Reaktion. Es ist genau wie bei anderen Kausalbeziehungen; auf den Lichtstrahl folgt der innere Zustand der photoelektrischen Zelle, und auf diesen der Strom, der die Zelle verläßt. Aber wie in allen diesen anderen Fällen liegt hier eine Idealisierung vor; die Beziehungen haben, streng genommen, nicht die Form von logischen Implikationen, sondern von Wahrscheinlichkeitsimplikationen. Das heißt, wenn ein gewisser Reiz vorliegt, dann besteht eine bestimmte Wahrscheinlichkeit, daß ein gewisser innerer Zustand eintritt, und wenn dieser besteht, dann gibt es eine bestimmte Wahrscheinlichkeit, daß eine gewisse Reaktion erfolgt. Selbst für die photoelektrische Zelle bestehen, streng genommen, nur Wahrscheinlichkeitsimplikationen; beim menschlichen Körper ist das noch wichtiger, weil hier keine so hohe Wahrscheinlichkeit erreichbar ist wie bei der Zelle. Das Auftreten des Wahrscheinlichkeitsbegriffs in diesem Zusammenhang verleiht dem Problem der Psychologie einige weitere interessante Aspekte.

Als erstes ergibt sich, daß der innere Zustand des Körpers nicht als reduzierbarer Komplex der Reize oder Reaktionen aufgefaßt werden kann. Er ist vielmehr ein projektiver Komplex dieser Bestandteile. Diese Unterscheidung führt für das Problem des Fremdpsychischen zu einer bemerkenswerten Richtigstellung.

Die Behavioristen pflegen zu sagen, was man unter dem psychischen Zustand anderer Menschen verstehe, sei nichts als die Klasse ihrer Reaktionen. Wenn man sagt, jemand sei zornig, so heiße das – behaupten die Behavioristen – daß er mit lauter Stimme spricht, vom Stuhl aufspringt, das Zimmer verläßt und die Tür zuschlägt. Diese Auffassung ist aber nicht haltbar. Die beschriebene Aussage über die Reaktionen ist mit der Aussage über den Ärger nicht äquivalent, sondern es besteht zwischen beiden nur eine Wahrscheinlichkeitsverbindung. Das ist wichtig für die Tragweite der behavioristischen Methoden. Die Psychologen zeigen gewöhnlich eine tiefe Abneigung gegen den Behaviorismus; sie wollen ihm nicht darin beipflichten, daß eine Aussage über den Ärger eines Menschen dasselbe bedeute wie eine Aussage über seine sichtbaren Reaktionen, sondern behaupten, sie meinten etwas anderes, das sie aus den Reaktionen nur erschließen. Diesen Einwand halte ich für richtig. Das wird von unserer Wahrscheinlichkeitstheorie der Bedeutung bestätigt.

Was ist also die Bedeutung unserer Aussage über den Ärger? Damit fragen wir nach den Bestandteilen des Ärgers als eines reduzierbaren Komplexes. Die Antwort lautet, daß sie durch den inneren physiologischen Zustand gegeben sind.

Wenn man nämlich alle sichtbaren Reaktionen eines Menschen kennt, kann man nur mit Wahrscheinlichkeit schließen, daß er sich in dem inneren Zustand des Ärgers befindet; wenn man aber seinen inneren Zustand genau kennen würde, einschließlich aller Vorgänge im Nervensystem, dann wäre die Frage, ob er ärgerlich ist, entschieden. Die psychologischen Zustände müssen in Form von Beschreibungen innerer Vorgänge definiert werden. Ersetzt man diese durch Beschreibungen gewisser Reize oder Reaktionen, dann ist das als eine praktische Abkürzung aufzufassen, die nur im Sinne einer Näherung gilt.

Das ist der Grund, warum die Psychologie so häufig vor praktisch unbeantwortbaren Fragen steht. Die Wahrscheinlichkeiten der Schlüsse vom Verhalten auf innere Zustände sind in vielen Fällen nicht sehr hoch; der Psychologe kann also eine gewisse Unbestimmtheit aller seiner Gesetze nicht vermeiden. Damit möchte ich nicht sagen, jeder Fortschritt sei ausgeschlossen; aber eine der Physik entsprechende Genauigkeit wird nur erreicht werden, wenn die unmittelbare physiologische Beschreibung innerer Vorgänge in einem viel höheren Maße als heute möglich wird. Diese Bemerkung gilt aber nur grundsätzlich. Indessen kann die Physiologie heute innere Zustände noch nicht so genau unterscheiden, wie es durch die Beobachtung von Reizen und Reaktionen möglich ist; daher ist die Beschreibung innerer Zustände mit Hilfe der Reiz- und Reaktionssprache viel genauer als die physiologische Beschreibung. Deshalb weisen die Psychologen physiologische Methoden zurück und bleiben bei Selbstbeobachtung und Beobachtung von Reaktionen. Die Freudsche Psychoanalyse etwa, die ganz und gar in Reiz- und Reaktionssprache formuliert ist und überhaupt keine physiologische Sprache benutzt, verschafft uns tiefe Einblicke in bestimmte innere Zustände wie „Komplexe"; die Physiologie kann überhaupt keine entsprechenden physiologischen Beschreibungen liefern. Darum wird die Psychoanalyse als medizinische Sondermethode angewandt, wenn physiologische Methoden versagen.

Wenn wir nun unserer Unterscheidung der drei Kategorien Reiz, innerer Vorgang und Reaktion noch den Wahrscheinlichkeitscharakter der Beziehungen zwischen diesen Kategorien hinzufügen, werden Aufgabe und Methode der Psychologie recht kompliziert, aber strukturell denen der Physik ähnlich. Die Psychologie ist eine Wissenschaft, die Illata aus konkreten Gegenständen erschließt. Die erschlossenen Gegenstände sind projektive Komplexe der konkreten. Manche Gegenstände der Psychologie, z.B. körperliche Gefühle, sind dem inneren Tastsinn zugänglich; in solchen Fällen sind die erschlossenen Illata innere Bestandteile der beobachteten konkreten Gegenstände. Hier spielt also die innere Projektion eine Rolle. Die „höheren" psychologischen Gegenstände, die gerade in der praktischen Psychologie am häufigsten vorkommen, sind Abstrakta, die aus Konkreta und Illata aufgebaut sind.

Diese Beschreibung der Psychologie hat so etwas wie „psychische Erfahrung" nicht nötig und unterscheidet sich damit grundlegend von der gewöhnlichen metaphysischen Auffassung der Psychologie. Andererseits scheint der Behaviorismus eine allzu große Vereinfachung zu sein, die zwar metaphysische Fehldeutungen vermeidet, aber zwei bemerkenswerte Tatsachen vernachlässigt: die Sonderstellung des Selbstbeobachters und den Wahrscheinlichkeitscharakter der Beziehungen zwischen den drei Kategorien.

Vergleichen wir den Aufbau der Innenwelt mit dem der Außenwelt, so finden wir keinen grundsätzlichen Unterschied. In beiden Fällen besteht die Grundlage aus konkreten Gegenständen außerhalb wie innerhalb unseres Körpers. Der Aufbau der Außenwelt geschieht durch Hinzugewinnung von Gegenständen außerhalb unserer Körper durch Projektion. Der Aufbau der Innenwelt geschieht durch Hinzugewinnung von Gegenständen innerhalb unseres Körpers, zum größeren Teil ebenfalls durch Projektion. Das erste stimmt mit dem gesunden Menschenverstand überein; das zweite könnte seltsam und umständlich erscheinen. Das war wohl der Grund, warum der Gedanke einer unmittelbaren Einsicht in das Innenleben erfunden wurde. Aber der Gedanke ist nicht haltbar. Unser Wissen von der Innenwelt ergibt sich aus Schlußfolgerungen, die großenteils von Erscheinungen außerhalb unseres Körpers ausgehen. Es ist, als müßte ein Autofahrer die steigende Temperatur seines Motors aus der Steilheit der Straße erschließen, die er hinauffährt.

§ 27 Die sogenannte Unvergleichbarkeit der Erlebnisse verschiedener Menschen

Wir wollen unsere Ergebnisse zur Psychologie auf ein einschlägiges Problem anwenden, das in der Philosophie häufig diskutiert wird.

Es wird behauptet, in unseren Erlebnissen gebe es etwas, das nur uns zugänglich sei und anderen Menschen nicht mitgeteilt werden könne. Wir sehen die rote Farbe, fühlen die Wärme, schmecken die Süßigkeit; aber wir können nicht beschreiben, wie wir sie sehen oder fühlen oder schmecken. Andere Menschen sagen uns, daß sie auch die rote Farbe sehen, die Wärme fühlen und die Süßigkeit schmecken; aber wir können ihre Empfindungen niemals mit den unsrigen vergleichen und wissen daher nicht, ob sie dieselben sind. Es gibt also einen unaussprechlichen Rest in unserer Erfahrung. Das ist eines der häufigsten Argumente für die Existenz einer besonderen psychischen Welt in jedem Menschen. Diese Welt ist angeblich nur dem einzelnen bekannt und keinem anderen zugänglich.

Analysieren wir einmal diese Situation. In gewissem Sinne stimmt es, daß Wahrnehmungen verschiedener Menschen nicht unmittelbar verglichen werden können. Stellen wir uns jemanden vor, der Grün sieht, wenn ich Rot sehe, und Rot, wenn ich Grün sehe — würden wir das je herausfinden? Wer keine philosophische Ausbildung hat, würde vielleicht einwenden, dieser Mensch käme beim Autofahren dauernd in Konflikt mit den Verkehrsregeln, er würde bei rotem Licht die Kreuzung überqueren und bei grünem Licht halten — aber das ist natürlich völlig falsch. Dieser Mensch hat gelernt, daß die Farbe, die er bei rotem Licht sieht, „halt" bedeutet und daß diese Farbe „Rot" heißt usw.; alle seine Reaktionen würden völlig denen eines Menschen mit „normalen" Wahrnehmungen entsprechen. Es gibt keine Möglichkeit, die abweichenden Wahrnehmungen dieses Menschen zu entdecken.

Das ist aber gerade ein Zeichen dafür, daß der beabsichtigte Vergleich ein Scheinproblem ist. Weder für die physikalische Wahrheitsbedeutung noch für die Wahrscheinlichkeitsbedeutung noch für die logische Bedeutung kann der Vergleich der Wahrnehmungen zweier Menschen als sinnvolle Frage anerkannt werden. Das ist keine Überraschung, denn sogar für dieselbe Person besteht ein entsprechendes Scheinproblem; wie wir oben (§ 21) nachgewiesen haben, kann niemand seine Wahrnehmung von heute mit seiner Wahrnehmung von gestern unmittelbar vergleichen. Dieser Gedanke läßt sich noch verallgemeinern, und der psychologische Vergleich läßt sich als eine spezielle Anwendung eines allgemeinen physikalischen Satzes auffassen. Man kann die Länge eines Meterstabes an einem Ort nicht mit der eines anderen an einem anderen Ort vergleichen; man kann die Sekunde, die eine Uhr anzeigt, nicht mit der nächsten Sekunde auf derselben Uhr vergleichen. Wir brauchen dieses Problem hier nicht zu analysieren, es ist in der Raum-Zeit-Philosophie gelöst worden[44]. Wie dort gezeigt wird, führt diese Unbestimmtheit zu der Konsequenz, daß es sich in solchen Fällen nicht um eine *Erkenntnis*, sondern um eine *Definition* handelt. Die gleiche Länge zweier Meterstäbe an verschiedenen Raumpunkten kann nur definiert werden; d.h., wenn sie bestimmte andere beobachtbare Bedingungen erfüllen, etwa gleich lang sind, wenn sie am gleichen Ort aneinandergelegt werden, die gleiche Temperatur haben usw., dann nennt man sie gleich lang, wenn sie sich an verschiedenen Orten befinden. Ebenso ist der Wahrnehmungsvergleich zwischen zwei Personen eine Frage der Definition. Auch hier wird man fordern, daß bestimmte beobachtbare Bedingungen erfüllt sind, wenn die Gleichheit postuliert werden soll. Stimmen alle Reaktionen der beiden Personen, einschließlich der Berichte über Selbstbeobachtungen in der Reizsprache, überein, so kann man ihre Wahrnehmungen als gleich definieren. Erst nachdem eine solche Definition gegeben worden ist, wird die Frage nach der Gleichheit sinnvoll; ohne diese Definition ist die Frage „Sind die Wahrnehmungen die gleichen?" leer. Man muß dem Wort „gleich" eine Klasse beobachtbarer Beziehungen zuordnen, erst dann hat die Frage einen bestimmten Sinn. Derartige Definitionen habe ich deshalb Zuordnungsdefinitionen genannt[45].

Liegt eine solche Definition einmal vor, so läßt sich die Frage nach der Wahrnehmungsgleichheit empirisch beantworten. Wir können sagen, daß ein Farbenblinder nicht die gleichen Wahrnehmungen bestimmter Farben hat wie andere Personen, daß aber normale Menschen die gleichen Wahrnehmungen haben. Diese „Gleichheit" hat jedoch nur die definitorisch festgelegte und keine absolute Bedeutung.

Es ist behauptet worden, ein absoluter Vergleich von Wahrnehmungen sei nicht logisch unmöglich, sondern nur technisch. Es ist Biologen[46] gelungen, Salamander operativ so miteinander zu vereinigen, daß sie einen gemein-

44) Vgl. des Verfassers *Philosophie der Raum-Zeit-Lehre* (Berlin, 1928; [Nachdruck Braunschweig, 1977]), §§ 3–8.

45) Vgl. *ebenda*, § 4.

46) Vgl. I. Schaxel, „Das biologische Individuum", *Erkenntnis*, 1 (1930), S. 467 ff.

samen Blutkreislauf und sogar ein gemeinsames Nervensystem haben. Man kann nicht ausschließen, daß diese Operation eines Tages auch an Menschen mit Erfolg durchgeführt wird. Dann könnte eine Person mit den Augen einer anderen sehen. Analysieren wir diesen Gedanken.

Stellen wir uns zwei Menschen vor, die so miteinander verbunden sind, daß die Nervenvorgänge des einen auch in das Nervensystem des anderen hineingelangen. Sie stehen Rücken an Rücken; vor A ist ein rotes Licht, das A sieht und rot nennt. B sieht das Licht auch, aber durch A's Augen, da seine Augen nicht dem Licht zugewandt sind; B sagt aber, das Licht sei grün. Jetzt drehen sich beide um, und das Licht steht vor B; jetzt nennt B das Licht rot, während A es grün nennt. Würde das nicht einen absoluten Unterschied ihrer Wahrnehmungen anzeigen?

Es würde einen Unterschied anzeigen, aber keinen absoluten. Die Aussagen von A und B setzen hier schon eine Vergleichsdefinition voraus. Es ist nicht so, daß die Wahrnehmungen von A und B unmittelbar miteinander verglichen werden. Jeder vergleicht seine augenblickliche Wahrnehmung mit dem augenblicklichen Erinnerungsbild eines früher gesehenen Gegenstandes. Wenn die Person A zum Beispiel in der zweiten Stellung sagt, ihre Wahrnehmung sei von der Wahrnehmung in der ersten Stellung verschieden, so vergleicht sie diese Wahrnehmungen nicht unmittelbar, sondern nur das Erinnerungsbild der ersten Wahrnehmung mit der zweiten Wahrnehmung. Weiß sie dann aber, was von beidem sich geändert hat? Vielleicht hat sich das Erinnerungsbild geändert und ist jetzt von der ersten Wahrnehmung verschieden, während der unmittelbare Eindruck unverändert geblieben ist? Dann wären die Wahrnehmungen der beiden Personen nicht verschieden. Das heißt, daß ein solcher Vergleich erst nach einer vorgegebenen Definition einen Sinn bekommt und darum genau so relativ ist wie der vorige.

Wir können aber den Fall der vereinigten Nervensysteme in unsere Definition aufnehmen und sagen: Zwei Personen haben die gleichen Wahrnehmungen, wenn sie erstens immer dieselben Reaktionen haben und wenn es zweitens im Fall der kombinierten Nervensysteme keinen Unterschied für sie macht, ob sie mit den Augen des einen oder des anderen sehen. Dieser Zusatz bedeutet, daß das beschriebene Experiment das umgekehrte Ergebnis liefern müßte, daß also B die Farbe auch rot nennt, wenn A sie rot nennt. Wenn wir diese Definition benutzen, kann die Frage, ob verschiedene Personen die gleichen Wahrnehmungen haben, zwar nicht mit Sicherheit beantwortet werden, aber sie ist sinnvoll und kann mit Wahrscheinlichkeit beantwortet werden; ich glaube, man kann sagen, es sei sehr wahrscheinlich, daß normale Menschen die gleichen Wahrnehmungen haben. Das bedeutet, es ist sehr wahrscheinlich, daß zwei Personen, die immer die gleichen Reaktionen haben, nach einer Zusammenschaltung ihrer Nervensysteme keinen Unterschied ihrer Wahrnehmungen finden würden, wenn sie einmal mit den Augen des einen und ein andermal mit denen des anderen sehen.

Das zeigt, daß die Gleichheit der Wahrnehmungen im engeren Sinne der zweiten Definition nicht nur logische Bedeutung, sondern auch physikalische Wahrscheinlichkeitsbedeutung hat. Deshalb kann man sie für unsere Welt zulassen. Diese Definition scheint den Auffassungen derjenigen Philosophen zugrunde zu liegen, die unter einem Wahrnehmungsvergleich mehr verstehen möchten als einen Vergleich von Reaktionen. Eine solche Auffassung ist sogar für unsere Welt zulässig, wenn man die Wahrscheinlichkeitsbedeutung zugrunde legt. Es ist aber natürlich kein absoluter Vergleich; er setzt eine Zuordnungsdefinition voraus, so wie alle derartigen physikalischen Vergleiche.

Nach diesen Überlegungen zeigt sich das Problem der Unvergleichbarkeit der Wahrnehmungen verschiedener Personen von einer ganz anderen Seite, als es gewöhnlich gesehen wird. Die Unvergleichbarkeit beruht nicht darauf, daß die Individuen voneinander getrennt sind, sondern auf einer allgemeineren logischen Unbestimmtheit, die auch bei rein physikalischen Vergleichen besteht: es ist die Unbestimmtheit von Vergleichen zwischen Gegenständen und Zuständen an verschiedenen Raum-Zeit-Punkten – ein bekanntes Thema der Raum-Zeit-Philosophie. Diese sehr allgemeine Seite des Problems ist übersehen worden, und die Unvergleichbarkeit von Wahrnehmungen wurde als Beweis für die Monadenhaftigkeit des menschlichen Bewußtseins angesehen. Wenn wir aber die Wahrnehmungen zweier Menschen unvergleichbar nennen, dann müssen wir die Wahrnehmungen einer Person zu verschiedenen Zeiten auch unvergleichbar nennen. Diese Analyse des allgemeinen Problems in der Raum-Zeit-Lehre hat gezeigt, wie man diese Schwierigkeiten überwinden kann: ein Vergleich wird möglich, wenn man die Unbestimmtheit durch Einführung von Zuordnungsdefinitionen beseitigt. Das läßt sich auch auf den Wahrnehmungsvergleich anwenden. Wenn man solche Definitionen einführt, wird der Vergleich der Wahrnehmungen einer Person zu verschiedenen Zeiten sinnvoll; dann wird aber auch der Wahrnehmungsvergleich verschiedener Personen sinnvoll und kann nicht mehr als unmöglich bezeichnet werden. Die Isoliertheit der menschlichen Monaden ist, logisch gesehen, nicht verschieden von der Isoliertheit der Ereignisse im Erlebnisstrom ein und derselben Person. Der Unterschied ist, daß bei einer Person das Erinnerungsbild eine einfache Möglichkeit für eine Vergleichsdefinition bietet, während für zwei Personen eine Zusammenschaltung der Nervensysteme nötig wäre, wenn alle unsere Anforderungen an eine solche Definition erfüllt werden sollen. Eine solche Operation ist technisch noch nicht möglich, aber sie ist nicht logisch unmöglich. Ihr Ergebnis läßt sich jedoch mit einer gewissen Wahrscheinlichkeit voraussehen. So öffnet die Wahrscheinlichkeit ein Fenster zwischen den Monaden, selbst wenn es kein Bett gibt, in dem ihre individuellen Erlebnisströme zusammenfließen könnten.

Ich möchte jetzt eine Konsequenz der gewöhnlichen falschen Auffassung des Problems der Unvergleichbarkeit besprechen: den Gedanken, es gebe etwas Unaussprechliches an unseren Erlebnissen, das nur uns bekannt sei, anderen aber nicht mitgeteilt werden könne. Dabei unterscheidet man die Strukturbeziehungen zwischen den Wahrnehmungen von dem spezifischen *Quale* jeder einzelnen und behauptet, nur die Strukturbeziehungen seien mitteilbar, das Quale sei allein uns selbst bekannt. Das Falsche daran scheint mir der Gedanke zu sein, wir selbst kennten mehr als die Strukturbeziehungen. Wir sehen Unterschiede zwischen Rot und Grün; aber wenn man sagt, wir sähen außerdem ein spezifisches Quale des Roten, so ist das sinnlos. Es wäre lediglich ein mißverständlicher Ausdruck dafür, daß wir rote Farbflekken als solche erkennen können, d.h. als gleich wahrnehmen. Die Gleichheitsbeziehung ist vergegenständlicht worden – durch einen Gegenstand, genannt Quale, ersetzt worden. Das ist ein in der Logik geläufiger Trugschluß. Wenn wir keine Möglichkeit hätten, Ähnlichkeiten zu beobachten, d.h., wenn es in aller unserer Erfahrung keine zwei sich gleichenden Wahrnehmungen gäbe, dann wäre der Gedanke eines besonderen Quale gar nicht aufgekommen. Um das einzusehen, muß man sich klarmachen, daß es ja in diesem Falle keine Erinnerungsbilder gäbe; die Fähigkeit des Gedächtnisses, „das Quale zu bewahren", ist nichts als die Fähigkeit, Bilder hervorzurufen, die dem beobachteten Gegenstand gleichen. Daß der Begriff des Quale unstatthaft ist, zeigt noch eine andere Überlegung. Wir sprachen oben von einem Menschen, bei dem die Qualia des Roten und des Grünen vertauscht sind, d.h. von einem, der Rot sieht, wenn wir Grün sehen, und umgekehrt; wir sagten, diese Vertauschung sei nicht feststellbar, da die strukturellen Beziehungen für ihn und uns die gleichen sind. Stellen wir uns nun vor, daß bei uns dieselbe Vertauschung eintritt, daß wir an einem Tag normal sehen, am nächsten Tag vertauschte Farben, am folgenden wieder normal usw. Wenn diese Vertauschung auch unsere Erinnerungsbilder beträfe, würden wir sie nie bemerken. Wir würden dann an ein gleichbleibendes Quale unserer Wahrnehmungen glauben, während es sich in Wirklichkeit dauernd ändert. Das zeigt, daß der Begriff des Quale unhaltbar ist. Seine zulässige Grundlage ist lediglich die Gleichheitsrelation, und der Ausdruck „Quale" bedeutet genau so viel, wie man darüber sagen kann[47].

Zur Erläuterung wollen wir wiederum auf ein Beispiel aus der Raum-Zeit-Theorie eingehen. Die Idee des Quale läßt sich mit der – ebenfalls unhaltbaren – Vorstellung von einer absoluten räumlichen Größe vergleichen und ist daher der gleichen Kritik ausgesetzt. Unser Argument, daß eine Änderung des Quale von einem Tag zum andern unbeobachtbar ist, entspricht dem bekannten Argument, daß niemand die Änderung der „absoluten Größe" bemerken würde, wenn über Nacht alle Dinge (mitsamt unserem eigenen Körper) zehnmal so groß würden. Diese Überlegung zeigt, daß alles, was wir mit der räumlichen Größe meinen, sich auf Beziehungen zwischen räumlichen Gegenständen zurückführen läßt. Überlegt man sich dementsprechend, wie ein Quale unbeobachtete Änderungen erfahren kann, so zeigt sich, daß

47) Es ist kein Einwand gegen unsere Überlegung, daß wir von dem Begriff „Quale" Gebrauch machen, den wir widerlegen wollen. Unsere Methode ist die *reductio ad absurdum*: wir setzen ein besonderes Quale voraus und zeigen dann, daß das zu Widersprüchen führt.

das, was wir „meinen" können, nur Beziehungen zwischen beobachteten Dingen sind und nicht die „absoluten Qualia". Sogar für uns selbst wäre das Auftreten irgendeines Quale nicht verifizierbar.

Was wir wissen, kann auch gesagt werden, was nicht gesagt werden kann, können wir nicht wissen. Der Gedanke, wir wüßten mehr, als wir sagen können, ist psychologischen Ursprungs und entspringt einer bestimmten Eigentümlichkeit des Vorstellungsvermögens. Wir können uns Dinge vorstellen, die wir vorher nicht beobachtet haben, aber dieser Fähigkeit sind gewisse Grenzen gesetzt. Bei geometrischen Anordnungen scheinen für die Phantasie keine Grenzen zu bestehen, aber es gibt eine Grenze bei Farben, Geschmack und manchen anderen Eigenschaften. Wir können uns einen Elefanten mit sechs Beinen vorstellen, auch wenn wir nie einen gesehen haben; aber wir können uns keine Farbe außerhalb des bekannten Farbenbereichs vorstellen. Darum können wir einem Farbenblinden die Farben, die wir sehen, nicht beschreiben. Angenommen, wir zeigen ihm eine Gruppe von verschiedenfarbigen Gegenständen, die aber alle die gleiche Helligkeit haben. Er wird sie alle gleich grau sehen, während wir Unterschiede zwischen ihnen erkennen. Wir können zu ihm sagen: für uns sieht dieses Ding wie jenes aus, aber das Ding da ist von beiden verschieden. Vielleicht glaubt er uns, aber er kann sich nicht vorstellen, daß hier ein Unterschied auftritt. Wenn er es jedoch könnte, würde er vielleicht den vorgestellten Unterschied den Dingen zuschreiben; er würde sich dann Unterschiede vorstellen, die er nicht sieht. Das entspräche dem Fall, daß man zwei Elefanten sieht und sich vorstellt, einer habe sechs Beine; man sieht zwar keinen Unterschied an den Elefanten, aber man kann sich einen solchen vorstellen. Nehmen wir nun an, ein Farbenblinder hätte ein derartiges Vorstellungsvermögen; obwohl er keine Farbunterschiede sieht, könne er sie sich vorstellen und sich auf diese Weise eine eigene farbige Welt schaffen. Würde sie unserer farbigen Welt gleichen? Das ist, wie wir sahen, eine unvernünftige Frage; wenn seine Welt die gleichen Strukturunterschiede aufweist wie die unsere, kann man sie der unsrigen gleich nennen. Dann könnten wir mit Recht behaupten, wir hätten die farbige Welt einem Farbenblinden beschrieben – obwohl er nach wie vor bei physikalischen Gegenständen nicht die Farbunterschiede sehen würde, die wir sehen, und nicht fähig wäre, ein Auto nach den Anweisungen der Verkehrsampeln zu steuern. Nur vorgestellte Dinge würden für ihn Farbunterschiede aufweisen, jedoch bei beobachteten physikalischen Dingen wüßte er nicht, wo er die Farbunterschiede anbringen sollte, die er sich vorstellen kann.

Diese Erweiterung der beobachteten Farben in der Vorstellung ist jedoch unmöglich. Und die geschilderte Begrenzung des Vorstellungsvermögens erzeugt den Gedanken, in unseren Erlebnissen gäbe es etwas Unaussprechliches. Wir sagen: Wer wissen will, was Rot ist, muß sich einen roten Gegenstand ansehen. Wir sagen aber nicht: Wer wissen will, was ein Elefant mit sechs Beinen ist, muß sich einen solchen ansehen. Die Röte wird deshalb ein *unbeschreibbares Quale* genannt, die Sechsbeinigkeit nicht. Das ist eine inkorrekte Ausdrucksweise. Man sollte sagen: Es gibt gewisse Unterschiede, die wir uns nicht vorstellen können, ohne sie vorher gesehen zu haben. Wir müssen hier eine gewisse Phantasiearmut bekennen – mehr nicht. Wir können zwar einem Farbenblinden keine Farben beschreiben, aber das heißt nicht, daß unsere Farbenkenntnis unausdrückbar wäre – es heißt nur, daß sich der Farbenblinde gewisse Unterschiede, die wir sehen und ihm beschreiben, nicht vorstellen kann. Die Begrenzung des Vorstellungsvermögens[48] auf manchen Gebieten zusammen mit einer falschen Theorie des Vergleichs von Wahrnehmungen ist die Quelle der unhaltbaren Idee des unbeschreibbaren Quale.

Es gibt noch eine dritte Quelle dieser Vorstellung. Stellen wir uns einen Farbenblinden vor, der – im Gegensatz zur üblichen Erfahrung – die Fähigkeit besitzt, sich in dem eben angeführten Beispiel Farbunterschiede vorzustellen. Stellen wir uns weiter vor, daß die Ärzte eines Tages eine Operation erfinden, die unserem Farbenblinden normale Sehfähigkeit verleiht. Werden die Farben, die er dann sieht, mit denen übereinstimmen, die er sich vorgestellt hat?

Dafür gibt es natürlich keine Garantie; es kann sein, daß die neuen Farben völlig verschieden von den vorgestellten sind. Vielleicht behaupten dann die Philosophen, damit sei die Existenz des Quale bewiesen: man könne dieses Quale dem Menschen nicht beschreiben, er müsse es durch eigene Erfahrung kennenlernen, was im angenommenen Fall durch eine Operation ermöglicht wurde.

Doch wir können dieses nicht gelten lassen. Was hier gesagt werden soll, läßt sich gänzlich mit Hilfe von Gleichheitsbeziehungen sagen. Die neuen Farben gleichen den vorgestellten nicht – das beobachtet der Betreffende. Doch eine solche Erfahrung kann sich immer einstellen. Wir haben keine Garantie, daß die Farben, die wir morgen sehen, dieselben sein werden wie die heute gesehenen. Hier haben wir es mit der Unbestimmtheit zukünftiger Beobachtungen zu tun, die eine neue Quelle für die Idee des unausdrückbaren Quale liefert. Doch man darf nicht verkennen, daß es lediglich um das Bestehen oder Nichtbestehen von Gleichheitsbeziehungen geht.

Noch eine Bemerkung dazu. Gleichheitsbeziehungen ermöglichen Voraussagen; so kann man sagen: Wenn du dir diesen Gegenstand morgen ansiehst, wirst du die gleiche Farbe sehen. Für den Farbenblinden können wir keine solche Voraussage machen; d.h., wir können nicht sagen: Die Farbe, die du nach der Operation sehen wirst, wird die gleiche Farbe sein, die du dir vor der Operation vorgestellt hast. Dieser Unterschied betrifft indessen nur das Gewicht einer Voraussage. Die zweite Voraussage ist sinnvoll, aber

48) Es wäre eine interessante Aufgabe für den Psychologen herauszufinden, ob diese Grenzen so starr sind, wie gewöhnlich angenommen wird. Vielleicht ist durch Übung eine Erweiterung der Farbvorstellungen für farbenblinde wie für andere Menschen erreichbar.

wahrscheinlich falsch. Es gibt ein Naturgesetz, das wir oben die Konstanz der Wahrnehmungsfunktion genannt haben; es ermöglicht uns, genaue Voraussagen über die Ähnlichkeit zukünftiger Beobachtungen untereinander im Vergleich zu vergangenen untereinander anzustellen. Es gibt aber kein solches Gesetz für Vergleiche vorgestellter Dinge und zukünftiger Beobachtungen. Wenn der vorgestellte Gegenstand wenigstens in irgendeine Beziehung zu früher beobachteten Gegenständen anderer Art gebracht werden kann, ist eine gewisse Näherung möglich. Man kann jemandem die Farbe einer Blume, die er nie gesehen hat, durch Vergleich mit etwas verschiedenen Farben beschreiben, etwa: „Ein tieferes Violett als dieses, und mehr ins Rote gehend". So kann man zu einer ziemlich zuverlässigen Voraussage kommen. Für unseren Farbenblinden können wir keine Ähnlichkeit zwischen seinen vorgestellten Farben und seinen zukünftigen Farbwahrnehmungen voraussagen, weil wir ihm vor der Operation keine physikalischen Gegenstände zeigen können, die für ihn dieselben Farben haben wie die, die er nach der Operation beobachtet. Das verweist aber nur auf die Unbestimmtheit der Beziehung zwischen seinen Wahrnehmungen vor und nach der Operation.

Hinter allem steht die Tatsache, daß eine Beobachtung uns stets vorgegeben ist, daß wir sie nicht hervorbringen, sondern unabhängig von unserem Willen empfangen. Wir werden auf diese Passivität der Beobachtung später zu sprechen kommen (vgl. § 30 und § 31). Hier möge die Bemerkung genügen, daß dieser Gedanke manchmal so ausgedrückt wird, daß die Beobachtung das Quale einer Wahrnehmung liefert. Das ist aber eine ziemlich irreführende Bezeichnung. Die Beobachtung liefert die ganze Wahrnehmung, und ob sie einer früheren gleicht, und in welcher Hinsicht, läßt sich nicht mit Sicherheit voraussehen. Das ist alles, worum es geht; wir brauchen nicht das von Metaphysikern erfundene Qual.

§ 28 Was ist das Ich?

Die Frage nach der Verschiedenheit der Wahrnehmungen mehrerer Menschen führt zu der Frage nach unserer eigenen Sonderstellung in der Welt, zu der Frage: Was ist das Ich?

Zu allen Zeiten haben Metaphysiker viel über das Ich geschrieben. Sie haben behauptet, es sei der Angelpunkt, an dem alle Erkenntnis der Welt aufgehängt sei; das Ich sei eine uns unmittelbar bekannte metaphysische Entität, ein „Ding an sich", das uns aber ausnahmsweise bekannt sei – und viele andere Lehren, die sich unter dem Skalpell exakter Analyse als bloße Metaphern entpuppen, die eine mangelnde Erkenntnis der logischen Beschaffenheit der psychologischen Erscheinungen verdecken. Unsere Analyse der Psychologie liefert eine ganz andere Antwort: Das Ich ist ein Abstraktum, das aus Konkreta und Illata besteht und eine besondere Klasse empirischer Erscheinungen ausdrücken soll.

Bringen wir diese Erscheinungen zusammen. Unsere Kennzeichnung der Sonderstellung des Selbstbeobachters zeigt den Weg dazu. Erstens gibt es unter allen menschlichen Körpern einen, nämlich unseren eigenen, der alle Erscheinungen begleitet. Wir sehen den Tisch und das Papier, auf dem wir schreiben, und da liegt eine Hand, unsere Hand, auf diesem Tisch. Wir können unseren Kopf so drehen, daß wir die Hand nicht sehen – dann spüren wir das Dasein dieser Hand immer noch mit dem Tastsinn. Wir können uns nicht von dieser Welt körperlicher Gefühle losmachen. Wir bemerken, daß sie mit gewissen anderen Ereignissen zusammenhängen; wenn wir sehen, daß wir mit einer Nadel in die Hand gestochen werden, spüren wir es, aber wir spüren nichts, wenn wir sehen, daß dieselbe Nadel in die Hand eines anderen gestochen wird. Wir möchten unsere Beine bewegen, und schon geschieht es; aber die Beine anderer Körper können wir nicht so unmittelbar bewegen. Unser eigener physikalischer Körper scheint in einer einzigartigen Beziehung zu einer Klasse beobachteter Erscheinungen zu stehen.

Zweitens sind manche physikalischen Erscheinungen nur uns bekannt. Wir stehen am Fenster und sehen einen Wagen auf der Straße; eine andere Person im Inneren des Zimmers sagt uns, daß sie ihn nicht sieht. Wir erzählen von Dingen, die wir im Traum gesehen haben, und erfahren, daß andere sie nicht gesehen haben. So erkennen wir, daß unsere Beschreibung der physikalischen Welt in mancher Beziehung von der Beschreibung anderer Menschen abweicht. Die Klasse von Tatbeständen, von der wir hier sprechen, läßt sich auch so beschreiben, daß die unmittelbare Welt nur einer einzigen Person direkt zugänglich ist.

Die Gesamtheit dieser Tatsachen wird als das Abstraktum „Ich" zusammengefaßt. Man sagt: „Ich sehe den Wagen auf der Straße" und meint damit, der Gegenstand „Wagen" sei von anderen Erscheinungen begleitet wie Freude an der eleganten Form des Wagens oder Hungergefühl in unserem Magen; wenn wir „ich" sagen, sagen wir damit, wir wüßten sehr wohl, daß der Wagen für andere Menschen von ganz anderen Erscheinungen begleitet sein kann. Das Wort „ich" drückt die empirische Entdeckung des Unterschieds zwischen der subjektiven und der objektiven Welt aus. Diese Unterscheidung ist in die Grammatik eingegangen und hat die Sprache so durchdrungen, daß wir uns nicht mehr davon frei machen können und es fast in jedem Satz bezeugen. Unsere vorausgehende Beschreibung ist selbst nicht frei davon. Einige Zeilen weiter oben beschrieben wir die Tatsachen, die zur Entdeckung des Ichs führen, und sagten: „*Wir* stehen am Fenster und sehen einen Wagen ... eine andere Person ... sagt *uns* ..." So haben wir in dieser Beschreibung schon die Ich-Sprache benutzt, die wir erklären wollten. Das ist aber kein Widerspruch oder Zirkel. Wir haben die übliche Ich-Sprache nur benutzt, um uns leichter verständlich zu machen. Wir hätten dieselbe Beschreibung in neutraler Sprache geben können. Die ursprüngliche neutrale Sprache sagt nicht „ich sehe", sondern „da ist"; nur weil wir hören, daß ein anderer entgegnet „da ist nicht", beschränken wir uns auf die bescheidenere Aussage „ich sehe".

In diesem grammatischen Usus drückt sich der erkenntnistheoretische Übergang zu den Wahrnehmungen als Grundlage aus. Hinter diesem „ich" verbirgt sich eine lange Erfahrung. Das Ich wird keineswegs unmittelbar beobachtet; es ist ein Abstraktum, aufgebaut aus Konkreta und Illata als inneren Bestandteilen. Descartes' Behauptung, das Ich sei der einzige uns unmittelbar bekannte Gegenstand, und wir seien uns seiner absolut sicher, ist einer der Marksteine an den Sackgassen der traditionellen Philosophie. Sie enthält mehrere Fehler: ein Abstraktum wird für etwas unmittelbar Beobachtetes genommen, eine empirische Tatsache für eine apriorische Erkenntnis gehalten und ein Ergebnis von Erfahrungen und Schlußfolgerungen als metaphysische Grundlage der Welt gesetzt. Die Empiristen aller Zeiten sind dem mit Recht entgegengetreten[49]. Ich möchte an dieser Stelle Lichtenberg zitieren, der, obgleich er sich selbst einen Idealisten nannte, die schlagendste Formulierung einer empiristischen Antwort auf Descartes fand: „*Es denkt*, sollte man sagen, so wie man sagt: *es blitzt*. Zu sagen *cogito*, ist schon zu viel, sobald man es durch *ich denke* übersetzt."[50] Die ursprüngliche Sprache ist neutral und kennt kein Ich – dieses Ich ist eine logische Konstruktion.

Da das Abstraktum „Ich" eine empirische Tatsache ausdrücken soll, steht es uns frei, uns eine Welt vorzustellen, in der es kein Ich gibt. Stellen wir uns vor, alle Menschen seien mit der Salamanderoperation so verbunden (§ 27), daß jedermann auch die Wahrnehmungen jedes anderen hat. Dann würde niemand sagen „ich sehe" oder „ich fühle"; alle würden sagen „da ist". Andererseits kann man die Einheit einer Person in verschiedene Iche zu verschiedenen Zeiten auflösen; wenn es kein Gedächtnis gäbe, wären die Zustände einer Person zu verschiedenen Zeiten genau so verschiedene Personen, wie es räumlich verschiedene Körper sind. Der Ichbegriff wäre dann gar nicht entwickelt worden. Voltaire, den Humes Ideen beeindruckt hatten, wußte das, als er in seinem *Dictionnaire philosophique* in dem Artikel „Identité" schrieb: „Vous n'êtes le même que par le sentiment continu de ce que vous avez été et de ce que vous êtes; vous n'avez le sentiment de votre être passé que par la mémoire: ce n'est donc que la mémoire qui établit l'identité, la mêmeté de votre personne."

Ich freue mich, daß ich ältere Empiristen zur Verteidigung einer Auffassung zitieren kann, die ihren natürlichen Platz auch im modernen Empirismus findet. Wir wissen, daß unser Empirismus kein Produkt unserer Zeit allein ist, sondern in eine lange historische Entwicklung gehört. Die traditionelle metaphysische Philosophiegeschichtsschreibung hat das verschleiert und alle objektiven historischen Verhältnisse verzerrt. Die Vorherrschaft der Metaphysiker in der Geschichtsschreibung beruht meiner Ansicht nach auf ihrer besonderen Vorliebe für die Geschichte, während sich die Empiri-

49) Vgl. eine interessante Zusammenfassung der empiristischen Kritik des Ichbegriffs von H. Löwy, *Erkenntnis*, 3 (1932/33), S. 324 ff.

50) Lichtenberg, *Vermischte Schriften* (Göttingen, 1844), 1, S. 99.

sten lieber mit der Analyse von Problemen beschäftigen. Eines Tages wird die Geschichte des Empirismus von den Empiristen selbst umgeschrieben werden müssen.

§ 29 Die vier Basen des Erkenntnisaufbaus

In den vorangehenden Abschnitten haben wir einen erkenntnistheoretischen Aufbau der Welt auf der Basis der Konkreta angegeben. Wir zeigten zunächst, wie man von dieser Basis aus mit Projektionen die ganze äußere oder physikalische Welt konstruiert, sodann auf derselben Basis und ebenfalls durch Projektionen die ganze innere oder psychische Welt. Wir zeigten, daß das Wort ,,psychisch" irreführend ist, da die konstruierten Gegenstände nicht von anderer Art sind als die physikalischen; es sind physiologische Vorgänge im menschlichen Körper. Die falsche Auffassung dieser inneren Gegenstände als Objekte einer ,,anderen Sphäre", der ,,psychischen", zugehörig, beruht auf mangelhafter logischer Analyse. Dieses in der traditionellen Philosophie so verbreitete Mißverständnis liegt an der Sonderstellung des Beobachters oder Erschließers von Vorgängen in seinem eigenen Körper. Eine richtige Analyse weist den Weg, sich von derartigen falschen Auffassungen zu befreien.

Es besteht aber keine logische Notwendigkeit, die Konkreta als Basis für den Aufbau der Welt zu wählen. Wir haben das schon mehrmals betont; wir wollen jetzt einen systematischen Überblick über die verschiedenen möglichen Grundlagen der erkenntnistheoretischen Konstruktion geben.

Die Sonderstellung des Menschen als des Wesens, das diese Konstruktion ausführen will, regt zu einer Einteilung an, die den Menschen zum Ausgangspunkt nimmt. Dieser Gedanke führt zur Unterscheidung dreier Basen entsprechend der Dreiheit von Reiz, Innenvorgang und Reaktion:

a) Die erste ist die *Basis der Konkreta*, die wir bisher benutzt haben. Es ist die Basis der Reize, sie besteht aus den Gegenständen, die unmittelbare Reize werden können.

b) Die zweite ist die *Wahrnehmungsbasis*. Wahrnehmungen sind innere Vorgänge im menschlichen Körper; diese positivistische Basis besteht also aus *Innenvorgängen*.

c) Die dritte ist die *Basis der Reaktionen*. Von allen Reaktionen sind die Aussagen von Menschen die wichtigsten; es scheint daher zweckdienlich zu sein, als Basis nur *Aussagen* zu nehmen, d.h. eine *Aussagenbasis* aufzustellen.

Diese Basen kann man anthropozentrisch nennen, da sie im Hinblick auf den Menschen gewählt sind. Bevor wir näher auf sie eingehen, möchte ich noch eine vierte Basis nennen, die nichts mit dem Menschen zu tun hat:

d) Die vierte ist die *Basis der Atome*. Unter ,,Atomen" können wir alle Elementarteilchen wie Elektronen, Protonen und Photonen verstehen, die die Physik als Bausteine der Materie erkannt hat. Diese Basis ist nicht anthropozentrisch.

Die Anzahl der möglichen Basen ist unbeschränkt. Man könnte leicht weitere aufstellen; so könnte man alle physikalischen Einwirkungen auf gewisse physikalische Gegenstände wie photographische Platten als Basis für den Aufbau der Welt nehmen. Die Wahl ist eine Frage der Zweckmäßigkeit; die vier genannten Basen sind die gebräuchlichsten.

Betrachten wir jetzt einige allgemeine Beziehungen zwischen diesen Basen. Zunächst ist ein bemerkenswerter Unterschied festzustellen. Die Basen *a*, *b* und *d* ähneln einander insofern, als sie aus Gegenständen bestehen; man könnte sie *gegenständliche Basen* nennen. Dagegen steht Basis *c* auf einer anderen logischen Stufe, es ist eine *Aussagenbasis*. Nun ist das System der Erkenntnis selbst eine menschliche Reaktion, und zwar eine Aussagenreaktion; darum ist die Aussagenbasis, vom Aussagensystem der Erkenntnis her gesehen, die naheliegendste. Das führt zu einigen wichtigen Überlegungen, auf die wir später eingehen werden.

Zunächst wollen wir uns die gegenständlichen Basen ansehen. Auf ihnen erfolgt der Aufbau der Welt mit Projektionen und Reduktionen. Wenn wir die Konkreta benutzen, werden die Illata mit Projektionen und die Abstrakta aufgrund von Reduzierbarkeitsbeziehungen konstruiert; unter den Illata finden sich die meisten inneren Vorgänge im menschlichen Körper, außer denen, die dem inneren Tastsinn zugänglich sind. Geht man von den Wahrnehmungen aus, so wächst die Anzahl der Projektionen, da dann alle konkreten physikalischen Gegenstände durch Projektionen konstruiert werden müssen; nur gewisse innere Vorgänge werden in diesem Fall aufgrund von Reduzierbarkeitsbeziehungen konstruiert. Die Atome als Grundlage haben den Vorteil, daß es überhaupt keine Projektionen gibt und die ganze Konstruktion aufgrund von Reduzierbarkeitsbeziehungen durchgeführt wird. Das kann man als Definition dieser Basis nehmen; wegen dieser Eigenschaft wird sie von den Physikern benutzt.

Mathematisch kann man die Grundelemente der erkenntnistheoretischen Konstruktion als Menge unabhängiger Variablen $x_1, \ldots, x_m$ schreiben und einen auf dieser Grundlage konstruierten Gegenstand e als Funktion

$$e = f(x_1, \ldots, x_n) \qquad (1)$$

wobei f eine komplizierte logische Funktion ist, die im allgemeinen, wie erwähnt, Projektionen und Reduktionen einschließt. Die Einführung einer anderen Basis kann als Übergang zu einer anderen Menge von Variablen $y_1, \ldots, y_m$ mittels der Funktionen

$$\begin{aligned} x_1 &= t_1\,(y_1, \ldots, y_m) \\ &\cdots\cdots\cdots \\ &\cdots\cdots\cdots \\ x_n &= t_n\,(y_1, \ldots, y_m) \end{aligned} \qquad (2)$$

aufgefaßt werden. e ist dann bezüglich der neuen Variablen $y_1, \ldots, y_m$ eine andere Funktion f', die sich aus der Transformation (2) ergibt:

$$e = f'(y_1, \ldots, y_m) \qquad (3)$$

Die Funktionen $t_1, \ldots, t_n$ bestehen, wie f und f', aus Projektionen und Reduktionen. Das Auftreten von Wahrscheinlichkeitsverbindungen in diesen Funktionen ist von großer Tragweite; ihre Vernachlässigung führt zu dem Hauptfehler des Positivismus.

Die Konkretabasis hat den großen Vorteil der Anschaulichkeit; sie ist im psychologischen und historischen Sinne die erste Grundlage (vgl. § 25). Ihr Nachteil besteht darin, daß sie den Beriff der subjektiven Existenz erforderlich macht. Dazu führt die unvermeidbare Erweiterung des Begriffs der unmittelbaren Existenz auf einen Begriff, der sowohl wirkliche Dinge als auch im Traum oder im Kino gesehene umfaßt. Die Wahrnehmungsbasis hat diesen Nachteil nicht, da es auch bei nur subjektiv existierenden – etwa geträumten – Gegenständen eine objektiv existierende Wahrnehmung gibt. Darum wird die Wahrnehmungsbasis von vielen Erkenntnistheoretikern bevorzugt; sie ermöglicht den Aufbau der Welt allein mit Hilfe des Begriffs der objektiven Existenz. Andererseits sollten die Nachteile des Begriffs der subjektiven Existenz nicht überschätzt werden. Es mag zwar sein, daß dieser Begriff die Philosophen zu metaphysischen Hirngespinsten verleitet; das läßt sich aber vermeiden, wenn man sich daran hält, daß jede Aussage über subjektiv existierende Gegenstände mit einer Aussage über objektiv existierende Wahrnehmungen äquivalent ist. Die subjektive Sprache, d.h. der Teil der unmittelbaren Sprache, der sich auf subjektive Gegenstände bezieht, läßt sich daher in eine objektive Sprache übersetzen. Subjektive Gegenstände lassen sich also mit den fiktiven Gegenständen der Mathematik vergleichen wie dem „unendlich fernen Punkt" oder dem „imaginären Kegelschnitt". Diese Ausdrücke – und das trifft auch für unsere subjektive Sprache zu – lassen sich durch andere ersetzen; sie sind aber sehr praktisch, denn sie ermöglichen eine einfache Ausdrucksweise in Fällen, in denen eine andere Sprache recht undurchsichtig werden würde. Die Wahrnehmungssprache hat den großen Nachteil, daß sie sich hauptsächlich auf Illata bezieht und daher unanschaulich und unpsychologisch ist. Es hat sich in vielen Zweigen der modernen Wissenschaft gezeigt, daß es keine Idealsprache gibt, daß die beste Sprache für ein Wissenschaftsgebiet nicht immer die beste für ein anderes ist. Daraus folgt, daß die Konstruktion einer Universalsprache nicht von gewissen unliebsamen Konflikten mit dem sprachlichen Geschmack freigehalten werden kann.

Da der Begriff der unmittelbaren Existenz den der subjektiven Existenz einschließt, hat er den Vorteil, daß er Basisaussagen von höherer Sicherheit ermöglicht; denn es ist wesentlich sicherer, daß es einen unmittelbaren Gegenstand A, als daß es einen objektiven Gegenstand A gibt. Die Wahrnehmungsbasis erlangt denselben Vorteil durch Einführung der Wahrnehmung A statt des Gegenstands A. Doch da, wie wir sahen, die Wahrnehmung nur in der Reizsprache beschrieben werden kann, ist die Wahrnehmung von A durch den unmittelbar existierenden Gegenstand A definiert. Darum laufen die beiden Sprechweisen auf dasselbe hinaus.

Die Basis der Atome geht dagegen von Grundaussagen mit geringer Sicherheit aus, besonders wenn keine allgemeinen physikalischen Gesetze beschrieben werden sollen, sondern Einzelvorgänge. Deshalb können die Physiker zu vielen Zwecken nicht auf eine anthropozentrische Basis verzichten. Gewöhnlich wählen sie dann die Wahrnehmungsbasis, die den physikalischen Methoden gut entspricht. Stellen wir uns ein physikalisches Instrument vor, das als Anzeigevorrichtung für andere Vorgänge benutzt wird; es zeichnet die Wirkungen auf, die in ihm durch die Ankunft von Kausalketten verursacht werden, die von anderen Erscheinungen ausgehen. Das Instrument zeigt also die letzten Glieder von Kausalketten an, die auf ein bestimmtes physikalisches System hinlaufen, und „schließt" von ihnen auf die entfernteren Erscheinungen. Wahrnehmungen können nun gleichfalls als letzte Glieder von Kausalketten aufgefaßt werden, die von Gegenständen in der ganzen Welt ausgehen und auf den menschlichen Körper als Anzeigeinstrument hinauslaufen. Statt sich mit den Wirkungen in dessen Innerem zu beschäftigen, kann man auch die Wirkungen auf einer bestimmten geschlossenen Fläche um ihn herum betrachten; das läuft auf dasselbe hinaus, da alle Kausalketten diese Fläche passieren müssen. Die Fläche kann die Oberfläche des Anzeigers sein, d.h. die Oberfläche des menschlichen Körpers. Bei dieser Auffassung werden Wahrnehmungen nur als Vorgänge auf der Körperoberfläche angesehen; die Vorgänge auf der Netzhaut, die Schwingungen des Trommelfells und ähnliches sind dann die physikalischen Tatsachen, von denen der ganze Aufbau der Welt ausgeht. Das führt uns noch einmal zu unserem Beispiel der Würfelwelt (§ 14) als Analogie für Schlußfolgerungen aufgrund der Wahrnehmungsbasis; die Schatten der Vögel sind Wirkungen von zusammenlaufenden Kausalketten auf einer Fläche, die den Beobachter umgibt.

Man darf nicht vergessen, daß die Wahrnehmungsbasis nur so lange eine hohe Sicherheit besitzt, wie die Wahrnehmung in der Reizsprache definiert ist, d.h. als Wahrnehmung, die von einem physikalischen Gegenstand herrührt. Wenn wir zur Sprache der inneren Vorgänge übergehen, nimmt die Sicherheit ab. Daß es ein zweidimensionales Bild eines gesehenen Tisches auf meiner Netzhaut gibt, ist viel unsicherer, als daß ein Tisch vor mir steht, und zwar deshalb, weil die direkte Beschreibung der Wahrnehmung auf wissenschaftlichen Schlußfolgerungen beruht, die die Existenz der Konkreta voraussetzen. Die Konkretabasis ist die ursprüngliche Basis im psychologischen Sinne, in dem Sinne nämlich, daß das wirkliche Denken von ihr ausgeht.

Die Aussagenbasis erfordert eine gesonderte Behandlung, da sie einer anderen Stufe angehört.

Man könnte einwenden, Sätze seien genau wie Wahrnehmungen oder Konkreta physikalische Gegenstände: Farbflecken oder Schallwellen, also Konkreta wie Thermometer oder Manometer oder andere Instrumente, die der Physiker benutzt. Das stimmt; aber die Sätze als physikalische Gegenstände werden ganz anders verwendet, nämlich als Symbole, als eine Klasse von Dingen, die etwas anderem zugeordnet sind, die die Welt abbilden, wie eine Landkarte ein Land abbildet. Das System der Erkenntnis, das aus

Sätzen besteht, ist ebenfalls ein zugeordnetes System, das die Welt wiedergibt. Darum ist die Aussagenbasis mit der Erkenntnis viel enger verknüpft als eine gegenständliche Basis; sie ist von gleicher Natur wie das System der Erkenntnis.

Das hat einen Vorteil. Anstelle von Beziehungen zwischen Gegenständen oder Tatsachen können wir in der Aussagenbasis die Beziehungen zwischen Aussagen betrachten. Deshalb hat Carnap[51] die Aussagenbasis vertreten. Er behauptet, bestimmte Beziehungen, die zwischen Gegenständen oder Tatsachen gesehen werden, seien eigentlich Beziehungen zwischen Sätzen. Nehmen wir die Implikation. Wir sagen, daß es regnet, impliziert, daß die Straße naß wird. Nach Carnap ist das eine Beziehung zwischen Sätzen. Wenn wir sie als eine Beziehung zwischen den entsprechenden Tatsachen ansehen, verwenden wir eine „verschobene Redeweise" – eine Sprache, die ihre ursprüngliche Basis verlassen und eine andere angenommen hat.

Ich halte das nicht für eine Grundsatzfrage. Es scheint mir eine Frage der Konvention zu sein, ob man die Folgerelation als eine Beziehung zwischen Sätzen oder zwischen Tatsachen ansehen soll. Für viele Zwecke mag es zweckmäßig sein, sie als eine Aussagenrelation aufzufassen – so die Definition der Implikation als einer bestimmten tautologischen Verbindung zwischen Sätzen. Andererseits besteht keine Schwierigkeit, die Folgerelation als eine Beziehung zwischen Tatsachen zu betrachten. Das entspricht der wirklichen Bedeutung der Begriffe viel besser. Wenn wir in unserem Beispiel von einer Implikation sprechen, wollen wir ausdrücken, daß die Tatsache, daß es regnet, immer von der Tatsache, daß die Straße naß wird, begleitet ist. Solche ständigen Tatsachenverbindungen wollen wir mit dem Wort „Implikation" ausdrücken.

Man könnte einwenden, der Charakter der Notwendigkeit, der der Implikation anhaftet, könne nicht ausgedrückt werden, wenn man sie als Beziehung zwischen Gegenständen definiert; d.h., man könne dann nicht zwischen der strikten und der allgemeinen Implikation unterscheiden[52]. Das ist richtig und sicherlich ein wichtiges Ergebnis von Carnaps Untersuchungen. Idealisierte Begriffe wie die strikte Notwendigkeit, die strikte Unmöglichkeit und die strikte Implikation beziehen sich nur auf Aussagen und nicht auf Tatsachen. Die empirische Beobachtung liefert keine Möglichkeit, zwischen den beiden Aussagen „Die Tatsache A impliziert strikt die Tatsache B" und „Die Tatsache A ist immer von der Tatsache B begleitet" zu unterscheiden; wenn man trotzdem eine Mehrbedeutung der ersten Aussage behauptet, kann das nur als eine Eigenschaft der Aussagen formuliert werden. In unserem Beispiel wäre es die tautologische Verbindung der Aussagen über A und B. Es ist aber zu bedenken, daß die Mehrbedeutung, die bei dieser

51) *Logische Syntax der Sprache* (Wien, 1934), § 80.

52) Der Ausdruck „strikte Implikation" ist von C. I. Lewis eingeführt worden, während Carnap gewöhnlich von „Ableitbarkeitsbeziehung" spricht.

Deutung gewahrt bleibt, für den Inhalt der Wissenschaft belanglos ist. Die Wissenschaft soll verifizierbare Information über empirische Gegenstände liefern – dieses Ziel kann durchaus in der Gegenstandssprache erreicht werden, man braucht keinen Zusatz, der sich nur in der Aussagensprache ausdrücken läßt.

Der Gedanke, Relationen wie die Implikation seien Beziehungen zwischen Sätzen, hat Carnap zu der Behauptung veranlaßt, die Philosophie sei Analyse der Wissenschaftssprache. Das scheint mir nicht falsch zu sein, und es mag nützlich sein, die Philosophie im Sinne einer solchen Definition aufzufassen. Wir haben selbst von dieser Auffassung Gebrauch gemacht, als wir die Frage nach der Existenz der Außenwelt auf eine Frage nach der Bedeutung von Sätzen zurückführten. Ich möchte aber doch sagen, daß eine solche Definition der Philosophie nicht im Widerspruch zu der Auffassung steht, die Philosophie sei Analyse der allgemeineren Beziehungen in der physikalischen Welt. Diese zweite Auffassung ist richtig, weil die Wissenschaftssprache nicht willkürlich, sondern im Einklang mit den Tatsachen konstruiert wird. Nur einige Eigentümlichkeiten der Sprache sind für die Gegenstandswelt belanglos. Dazu gehören die oben erwähnten idealisierten Begriffe. Es gibt aber andere, die von bestimmten Eigenschaften der Welt herrühren. Eine Analyse der Sprache ist also gleichzeitig eine Analyse der Struktur der Welt.

Wird die zweite Deutung vergessen, so entsteht eine Gefahr für das Verständnis der philosophischen Methoden: Fragen der Wahrheit oder Falschheit können mit Fragen der willkürlichen Entscheidung verwechselt werden. Die Sprache enthält viel Willkürliches, und eine Analyse der Sprache ist für viele Menschen gleichbedeutend mit einer Analyse des Willkürlichen an der Erkenntnis. Das wäre aber ein grobes Mißverständnis der Aufgabe der Philosophie. Es gibt gewisse wesentliche Eigenschaften der Sprache, die nicht willkürlich sind, sondern auf der Übereinstimmung der Sprache mit den Tatsachen beruhen; es ist die Aufgabe der Philosophie, diese Eigenschaften herauszustellen, also zu zeigen, welche Eigenschaften der Sprache Struktureigenschaften der physikalischen Welt widerspiegeln.

Als Beispiel wollen wir das Problem der Geometrie nehmen. Die Geometrie kann in der Tat als Teil der Wissenschaftssprache aufgefaßt werden, was in der bekannten Relativität der Geometrie deutlich wird. Die Mathematiker haben gezeigt: Wenn eine Beschreibung der Welt in der euklidischen Geometrie möglich ist, ist sie auch in einer nichteuklidischen Geometrie möglich, und umgekehrt. Daher läßt sich die Entscheidung für die euklidische oder eine nichteuklidische Geometrie als eine Entscheidung für eine bestimmte wissenschaftliche Sprache auffassen. Obwohl also die Geometrie eine Konvention ist, enthält dieses Problem doch gewisse Fragen der Wahrheit oder Falschheit. Man kann zeigen, daß die Wahl einer Geometrie nur so lange frei ist, wie bestimmte Definitionen, die Zuordnungsdefinitionen, noch nicht formuliert worden sind. Danach wird die Frage nach der Geometrie der Welt zu einer empirischen; das heißt, wenn die Zuordnungsdefinitionen in verschiedenen Welten auf gleiche Art getroffen worden sind, können sich empirisch verschiedene Geometrien ergeben. Der geometrische Konventionalismus ist also irreführend; wir können die Geometrie nur so lange als konventionell betrachten, wie die Frage nach der Geometrie der Welt noch nicht hinreichend bestimmt ist. Trotzdem brauchen wir den Gedanken nicht aufzugeben, daß die Geometrie eine Eigenschaft der Wissenschaftssprache sei; sie ist aber eine Eigenschaft, in der die Struktur der physikalischen Wirklichkeit Ausdruck findet[53].

Ich möchte daher sagen, daß bei der Aussagenbasis keine grundsätzlich anderen Methoden benutzt werden als bei anderen Basen. Es ist richtig, daß jede physikalische Beobachtung in einem Satz ausgedrückt werden muß, wenn sie in die Erkenntnis eingehen soll, und darum ist es in vielen Fällen praktisch, von den Aussagen und nicht von den Tatsachen auszugehen. Das kann auch eine gute Kontrolle sein, falls eine gegenständliche Basis einmal irreführend wäre. Aber es gibt andere Probleme, bei denen uns die Aussagenbasis fehlleitet.

Wir haben die Aussagenbasis den drei gegenständlichen Basen gegenübergestellt; das erfordert indessen eine Korrektur. Man kann jeder gegenständlichen eine Aussagenbasis zuordnen, wobei die Aussagen von Konkreta, Wahrnehmungen oder Atomen handeln. Die Aussagenbasen spiegeln also die Unterschiede der gegenständlichen Basen auf einer anderen Stufe wider. Statt von einer besonderen Aussagenbasis zu sprechen, sollte man also besser von der Aussagenform der betreffenden Basis sprechen und eine gegenständliche Basis und die entsprechende Aussagenbasis als verschiedene Formen derselben Basis betrachten.

Der Übergang von der gegenständlichen zur Aussagenbasis ist kein Übergang zu einer anderen Basis und läßt sich nicht durch die mathematische Transformation (2) ausdrücken. Es ist nur ein Übergang zu einer anderen Sprechweise. Welche Sprechweise vorzuziehen ist, das freilich ist eine Sache der Zweckmäßigkeit und des wissenschaftlichen Geschmacks.

§ 30 Die Rolle des Systems der Gewichte beim Aufbau der Welt

Nachdem wir den Aufbau der Welt auf der Basis der Konkreta dargelegt haben, gehen wir jetzt zu der Frage nach der Verteilung der Gewichte in dieser Konstruktion über. Erst danach ist der Aufbau vollendet; ohne sie würde der logischen Konstruktion ihre innere Ordnung fehlen, die durch die erforderliche Wahrheit des Ganzen hergestellt wird. Dieses Problem kann jedoch nur im Rahmen der Wahrscheinlichkeitstheorie der Erkenntnis aufgeworfen werden, d.h. einer Theorie, in der die Wahrheit durch den weiteren Begriff der Wahrscheinlichkeit ersetzt worden ist. In einem zweiwertigen

53) Zur Begründung dieser Bemerkung über die Geometrie möchte ich auf meine *Philosophie der Raum-Zeit-Lehre*, § 8 (Berlin, 1928; [Nachdruck Braunschweig, 1977]), verweisen.

Erkenntnissystem sind alle zugehörigen Aussagen gleich wahr, so daß unter dem Gesichtspunkt der Wahrheit keine innere Ordnung zwischen ihnen besteht. Da dies offensichtlich sowohl der wissenschaftlichen als auch der ganzen alltäglichen Erkenntnispraxis widerspricht, kann man die Möglichkeit, dem Aufbau ein Gewichtssystem zuzuordnen, als neuen Beweis für die Überlegenheit der Wahrscheinlichkeitstheorie der Erkenntnis ansehen.

Die besondere Stellung der Konkretabasis beruht darauf, daß sie ein sehr hohes Gewicht besitzt. Aussagen über konkrete Gegenstände in unserer Umgebung wie Häuser, Möbel, Straßen, andere Menschen usw. sind praktisch sicher, d.h. haben ein sehr hohes Gewicht, das für viele Zwecke als Gewißheit angesehen werden kann. Der Übergang von Konkreta zu Illata ist von einer ständigen Gewichtsabnahme begleitet. Daß eine Nadel auf die Zahl 3,4 einer Skala zeigt, ist sehr sicher; weniger sicher ist, daß ein Galvanometer vor mir 3,4 Ampère anzeigt (weil das Wort „Galvanometer" Aussagen über weitere Bedingungen einschließt, die erfüllt sein müssen), aber es hat immer noch ein recht hohes Gewicht; daß ein elektrischer Strom von 3,4 Ampère vorliegt, hat ein niedrigeres Gewicht (weil diese Aussage das Funktionieren des Instruments voraussetzt); noch geringer ist das Gewicht der Aussage, daß die Temperatur in dem elektrischen Ofen, den dieser Strom heizt, ungefähr 357˘C beträgt. Solche Schlußketten kommen in der Physik häufig vor; jeder Physiker kennt die erwähnte Hierarchie der Sicherheit und wird im Falle eines Versagens seiner Versuchsanordnung das „Funktionieren" ihrer Bestandteile in umgekehrter Reihenfolge der Sicherheit in Frage stellen, d.h., er wird mit den unsichersten Teilen beginnen.

Diese Ketten abnehmenden Gewichts können zu komplizierten Zusammenhängen führen. In unserem Beispiel kann die Kette zu einem neuen Konkretum führen. Es könnte sich Quecksilber in dem elektrischen Ofen befinden; da Quecksilber bei 357°C siedet, kann man dies unmittelbar beobachten und damit die Schlußkette überprüfen. Das Ende der Kette erhält dann ein ziemlich hohes Gewicht; das wirkt sich auf die Innenglieder der Kette aus, deren Gewicht ebenfalls steigt, wenn es auch etwas niedriger bleibt als das der Enden der Kette. So wird ein System von Zusammenhängen geschaffen, und die Berechnung der Gewichte wird sehr kompliziert. Wir werden diese Verkettung von Wahrscheinlichkeiten im folgenden Kapitel ausführlicher analysieren.

Die Eigenart der Konkreta als Ausgangspunkt für alle diese Schlüsse wird jedesmal sichtbar, wenn eine neue und ungewöhnliche Erfahrung auftritt, die man noch nicht deuten kann. Stellen wir uns einen Ingenieur vor, der einen neuen Effekt in einer Kathodenstrahlröhre entdeckt, etwa ein plötzliches Ansteigen des Anodenstroms, wenn die Röhre mit einem bestimmten Gas unter einem bestimmten Druck gefüllt wird. Zuerst wird er nicht an einen physikalischen Effekt glauben. Er wird seine Drähte, Batterien und Schrauben überprüfen, um festzustellen, ob die Konkreta, von denen seine Schlußfolgerungen ausgehen, unverändert sind. Dann wird er seine Instrumente und seine Versuchsanordnung durch Austauschen der Röhre gegen eine andere prüfen, deren Wirkung er kennt; so prüft er, ob seine Konkretabasis zu den gewöhnlichen konkreten Wirkungen führt, wenn er den üblichen Gebrauch von ihr macht. So verknüpft er den beobachteten Sachverhalt mit einer erweiterten Konkretabasis. Wer in der praktischen Arbeit mit Abstrakta oder Illata zu tun hat – und das ist fast in jedem Zweig der höheren Ingenieurwissenschaft der Fall – , der weiß, daß eine solche Rückkehr zu der Konkretabasis als einzige entscheidende Prüfmethode angewandt wird.

Die konkreten Dinge kennen wir am besten; alle anderen Kenntnisse werden von diesem primitiven Wissen abgeleitet, und es erhebt sich die Frage, woher diese ursprünglichen Kenntnisse stammen.

Woher wissen wir etwas über die Welt der Konkreta? Die Antwort muß lauten: Die konkreten Dinge zeigen sich unmittelbar; sie erscheinen, sie sind da – es bleibt uns nicht die Wahl, sie anzuerkennen oder nicht. Man kann sich entscheiden, ob man diese Anerkennung aussprechen soll oder nicht, und der Unterschied zwischen Wahrheit und Lüge ist ein Zeichen für die Freiheit der Rede; aber dieser Unterschied zeigt gerade, daß es keine Freiheit gibt, über das unmittelbare Ding Bescheid zu wissen oder nicht – wer lügt, der weiß, daß seine Worte nicht mit den Beobachtungen übereinstimmen. Wir nennen das die *Unabweislichkeit der unmittelbaren Dinge*; die unmittelbaren Konkreta zwingen sich uns auf, doch wir bleiben passiv, empfangen Information, sind auf Beobachtung eingestellt.

Man kann einwerfen, die Beobachtung eines Gegenstandes hänge von unserem Willen ab; wenn wir ein offenes Fenster sehen wollen, wenden wir unseren Kopf vielleicht nach links und sehen es; wenn wir ein geschlossenes Fenster sehen wollen, wenden wir unseren Kopf nach rechts und sehen es. Was aber hier unserem Willen unterliegt, ist nicht das beobachtete Ding, sondern gewisse Bedingungen, unter denen es auftreten kann. Diese Bedingungen führen nur zu dem gewünschten Gegenstand, wenn seine physikalischen Zusammenhänge ungestört bleiben. Jemand kann das Fenster geschlossen haben, während ich nicht hingesehen habe; wenn ich mich dann nach links wende, sehe ich kein offenes Fenster, sondern ein geschlossenes. Die Erscheinung entspricht dann nicht meiner Erwartung und bezeugt wieder einmal die Unabweislichkeit der unmittelbaren Dinge.

In diesem Stadium besteht kein Unterschied zwischen nur subjektiven Gegenständen und solchen, die unmittelbar und gleichzeitig objektiv sind. Die Unterscheidung zwischen subjektiven und objektiven Gegenständen ist eine spätere Korrektur, die Widersprüche vermeiden soll. Die Unabweislichkeit kommt dem unmittelbaren Ding zu, gleichgültig, ob es gleichzeitig ein objektiver Gegenstand ist. Andererseits besitzen Dinge, die nur objektiv, aber nicht unmittelbar sind, diese Unabweislichkeit nicht.

Wir können unsere unmittelbaren Beobachtungen in Aussagen beschreiben und uns eine Liste von solchen Aussagen als die Aussagenbasis vorstellen, die unserer Konkretabasis entspricht. Man darf aber nicht vergessen, daß diese Berichte unmittelbar wahr sein müssen, d.h. mit den unmittelbar beobachteten Gegenständen übereinstimmen müssen. Im ersten Kapitel (§ 4 und § 5) zeigten wir, wie ein Satz mit einem Sachverhalt verglichen werden kann; wir sagten, es bestehe keine unmittelbare Ähnlichkeit zwischen Sätzen und Sachverhalten, sondern nur eine recht komplizierte Zuordnung, die die Regeln der Sprache voraussetzt. Diese Übereinstimmung mit den unmittelbaren Gegenständen muß vorliegen, wenn ein Beobachtungsbericht wahr sein soll.

Man hat eingewandt, eine Aussage werde nicht mit einem Sachverhalt, sondern nur mit einer anderen Aussage verglichen. Wenn wir eine Aussage a_1 über Konkreta prüfen wollen, so lautet diese Theorie, dann sehen wir uns den Sachverhalt an, machen eine zweite Aussage a_2, den Beobachtungsbericht, und vergleichen dann a_1 mit a_2. Mir scheint, daß diese Theorie die Lösung unseres Problems keinen Schritt weiterbringt. Natürlich kann man eine solche zweite Aussage a_2 einschieben, mit der a_1 verglichen werden soll; aber dann erhebt sich die Frage nach der Wahrheit der Aussage a_2. Wir müssen wissen, daß a_2 wahr ist, wenn diese Aussage den Satz a_1 prüfen soll; wenn wir auch nichts über die Wahrheit von a_2 wissen, dann haben wir zwei gleichberechtigte Aussagen a_1 und a_2, und wenn sie sich widersprechen, wissen wir nicht, welcher wir den Vorzug geben sollen.

Darauf hat man erwidert, man könne nicht zwischen zwei Aussagen allein entscheiden; die Aussagen seien in das ganze System der Erkenntnis eingebettet, und die Entscheidung zwischen a_1 und a_2 erfolge mit statistischen Methoden, die vom Übergewicht der größeren Zahl ausgehen. Ich glaube, dieser Gedanke ist nur zum Teil richtig. Es ist richtig, daß das ganze System der Erkenntnis in ein solches Problem eingreift und daß die Wahrheit von a_1 und a_2 durch das Gewicht geprüft wird, das diese Sätze in bezug auf das ganze System der Erkenntnis erhalten. Es ist aber nicht richtig, daß die Sätze a_1 und a_2 diese statistische Beurteilung unter gleichen Bedingungen erfahren; vielmehr haben sie *Anfangsgewichte*, die das Ergebnis der Berechnung erheblich beeinflussen. Diese Anfangsgewichte stehen in Beziehung zu dem Problem der unmittelbaren Wahrheit der Beobachtungssätze. Wer sich weigert, von der Übereinstimmung der Beobachtungsberichte mit dem unmittelbaren Ding zu sprechen, muß stattdessen von dem Anfangsgewicht eines Beobachtungsberichts sprechen. Wenn a_1 uns von einem anderen Menschen mitgeteilt wird, während wir a_2 selbst beobachten, so erhält a_2 ein hohes Anfangsgewicht und kann die Aussage a_1 überrunden.

Wir wollen dieses Verfahren an einem Beispiel vorführen. Ein Freund, der gestern die Sultan-Achmed-Moschee besucht hat, äußert den Satz a_1: „Die Sultan-Achmed-Moschee hat vier Minarette." Um diesen Satz zu prüfen, gehe ich zu der Moschee, sehe sie mir an und formuliere den Beobachtungsbericht a_2: „Die Sultan-Achmed-Moschee hat sechs Minarette." Überzeugt von der Richtigkeit meiner eigenen Beobachtung, ziehe ich jetzt a_2 vor und nenne a_1 falsch. Warum ziehe ich a_2 vor? Aufgrund allgemeiner Statistiken über Moscheen? Solche Statistiken sprechen vielmehr gegen a_2, da alle anderen Moscheen nur vier oder weniger Minarette haben. Ich glaube an den Satz a_2, weil ich die sechs Minarette selbst beobachtet habe. Die Unabweislichkeit des unmittelbaren Gegenstandes unterscheidet die zugehörige Aussage a_2 von a_1.

Das heißt nicht, daß keine allgemeinen Regeln in diese Entscheidung hineinkämen. Wir machen durchaus auch von ihnen Gebrauch. Wenn wir sagen, unser Freund habe eine falsche Auskunft gegeben, setzen wir erstens voraus, daß die beiden Minarette, die er ausgelassen hat, nicht an einem Tag gebaut werden konnten; ohne die Voraussetzung eines solchen Gesetzes über die Fähigkeiten der Bauleute hätte es wahr sein können, daß die Moschee gestern nur vier Minarette hatte. Zweitens machen wir von allgemeinen Statistiken Gebrauch, wenn wir behaupten, unser eigener Bericht sei in solchen Fällen sehr zuverlässig. In anderen Fällen ziehen wir den Bericht eines anderen Menschen unserem eigenen vor. Man stelle sich vor, man stünde auf der Kommandobrücke eines Schiffes; der Offizier vom Dienst zeigt auf den Horizont und sagt: ,,Da ist ein Leuchtturm.“ Man sieht hin, kann aber keinen erkennen; trotzdem glaubt man lieber daran, daß dort ein Leuchtturm ist, weil man sehr gut weiß, daß in einem solchen Fall die Augen eines alten Seebären zuverlässiger sind als die eines Philosophen. Hier greift die allgemeine Regel zugunsten einer Aussage ein, die unserem eigenen Beobachtungsbericht widerspricht.

Das steht aber nicht dem Prinzip der Unabweislichkeit der unmittelbaren Dinge entgegen. Hier zeigt sich nur, daß man von der Unabweislichkeit nicht auf die Objektivität schließen darf. Die Frage wird erst durch weitere Schlußfolgerungen entschieden, die jedoch ihrerseits für andere unmittelbare Gegenstände die Unabweislichkeit voraussetzen. Daß wir in unserem Beispiel die empirische Regel der Überlegenheit der Seemannsaugen anwenden können, wird nur durch Anerkennung anderer unmittelbarer Sachverhalte ermöglicht: Wir wissen aus eigener Beobachtung, daß der Mann vor uns ein Seemann ist, daß wir uns auf See befinden; wir erinnern uns, daß wir in ähnlichen Fällen mit dem Fernglas den Leuchtturm erkannten, den wir mit unbewaffnetem Auge nicht sehen konnten; wir erinnern uns auch daran, daß der Kapitän uns gestern abend erzählt hat, wir würden am nächsten Morgen die Küste erreichen; und so weiter. So führen Aussagen über unsere eigenen Beobachtungen und Erinnerungen in Verbindung mit gewissen empirischen Regeln zu der Folgerung, daß einer unserer eigenen Beobachtungssätze nicht objektiv wahr ist. Wenn es keine solche Aussagenmenge gäbe, die sich durch ein hohes Anfangsgewicht auszeichnet, könnte die statistische Berechnung, die zur Widerlegung der objektiven Bedeutung einer meiner eigenen Beobachtungen führt, nicht stattfinden, oder sie hätte vielmehr kein bestimmtes Ergebnis, da es von dem willkürlich gewählten statistischen Ausgangspunkt abhängen würde.

Um ,,Anfangsgewichte“ zu vermeiden, könnte man vorschlagen, sämtliche verfügbaren Aussagen zu berücksichtigen, und zwar gleichberechtigt. Unser Anfangsgewicht wäre dann das Ergebnis einer vorhergehenden statistischen Berechnung, die von gleichen Gewichten für alle Aussagen ausginge. Ein solcher Vorschlag würde aber die Erkenntnis völlig willkürlich machen. Wenn eine Klasse von Grundaussagen gegeben ist, die zu einem bestimmten System der Erkenntnis führt, könnte man sie leicht durch beliebige Sätze so erweitern, daß dadurch ein entgegengesetztes System der Erkenntnis bestimmt wird. Um etwa die sechs Minarette der Sultan-Achmed-Moschee loszuwerden, könnte man tausend Aussagen hinzufügen, die besagen, daß sie nur vier Minarette hat, und andere Aussagen, die besagen, daß unsere Augen unzuverlässig sind; dann ergäbe sich ein System, aus dem folgt, daß die Moschee nur vier Minarette hat. Wenn man eine solche willkürliche Erweiterung der Aussagenbasis nicht zuläßt, wenn man das ein Spiel mit Sätzen und keine Erkenntnis nennt, dann entscheidet man sich für die Anfangsgewichte; denn solche willkürlich hinzugefügten Sätze als unwahr zurückzuweisen, heißt in unserer Ausdrucksweise, daß sie das Anfangsgewicht null haben. Wir verbieten natürlich niemandem ein solches Spiel mit Sätzen; doch wir behaupten, daß ein solches Verfahren nicht der Erkenntnispraxis entspricht. Was wir Erkenntnis nennen, beruht auf Sätzen, die von vornherein ein hohes Anfangsgewicht oder unmittelbare Wahrheit besitzen.

Fassen wir zusammen: Die höchsten Anfangsgewichte gelten für unmittelbare Beobachtungen konkreter Dinge. Sie bilden den maßgebenden Mittelpunkt des Gewichtssystems. Mündliche oder schriftliche Berichte anderer Menschen können als wahr angesehen werden; doch vorher erhalten sie bestimmte Gewichte aufgrund dessen, was ich unmittelbar sehe und weiß. Alle solche Gewichte werden also als Funktionen der Anfangsgewichte bestimmt; die objektive Wahrheit im Sinne einer hohen Wahrscheinlichkeit ist eine logische Funktion der unmittelbaren Wahrheit.

Man muß indessen eine Zeitbestimmung hinzufügen. Wir beobachten Konkreta jeden Augenblick, den wir wach sind oder träumen; doch die Basis unserer Welt in einem bestimmten Augenblick besteht nur aus der Klasse der unmittelbaren Konkreta, die wir gerade in diesem Augenblick beobachten. Darum lassen wir keine Berichte über früher gesehene Gegenstände als unmittelbare Beobachtungsberichte zu, sondern unterwerfen sie einer Prüfung ähnlich wie die Berichte anderer Personen, die sich auf die unmittelbare Welt der Konkreta gründet, die wir im Augenblick des Urteils beobachten. Ich finde eine Notiz, daß ich diese Photographie mit 1/300 Sekunde und Blende 8 aufgenommen habe; soll ich das glauben? Es hängt davon ab, was ich jetzt auf dem Film sehe; wenn ein Mensch darauf zu erkennen ist und seine Umrisse sich verdoppelt haben, muß die Belichtungszeit länger gewesen sein. Alle Berichte über die Vergangenheit von anderen Menschen oder von mir sind mit einem Anfangsgewicht versehen, das zu dem in Beziehung gesetzt wird, was ich jetzt weiß und beobachte. Die Welt der unmittelbaren Gegenwart, die selbst die höchsten Gewichte hat, ist Bezugspunkt für alle anderen Gewichte, denen Aussagen über andere Dinge zugeordnet werden; der Aufbau der Welt ist so geordnet, daß das zugehörige Gewichtssystem seinen Schwerpunkt bei den gegenwärtigen Konkreta hat. Wir nennen das den *Vorrang der unmittelbaren Gegenwart*.

Wenn wir durch die Zeit wandern, führen wir den Gewichtsschwerpunkt mit. Was in einem Augenblick ein unmittelbarer Bericht ist, wird in einem späteren Augenblick zu einem überlieferten Bericht; sein unmittelbares Gewicht wird dann durch ein sekundäres von anderen unmittelbaren Gewichten abgeleitetes ersetzt. Diese Strukturänderung des Gewichtssystems ist unvermeidbar. Es wäre ein vergeblicher Versuch, die unmittelbaren Gewichte zu fixieren, indem man sie für später aufschriebe. Später hätte man dann eine Notiz auf einem Zettel; ob diese als das ursprüngliche unmittelbare Gewicht des Ereignisses angesehen werden darf, hängt davon ab, was wir zu dem späteren Zeitpunkt wissen und beobachten, und erfordert eine neue Bestimmung seines Gewichts von dem späteren Zeitpunkt aus. Man kann uns die Notiz aufbewahren, nicht das Ereignis. Das nennen wir den Fluß der Zeit; Ereignisse tauchen auf, verweilen einen Augenblick in der Sphäre der unmittelbaren Gegenwart und gleiten im Strom der Zeit in eine immer fernere Vergangenheit. Wir können die Ereignisse nicht begleiten, können ihnen nicht folgen oder sie an ihrem Ort in der Zeit aufsuchen; wir bleiben an unserem Ort in der unmittelbaren Gegenwart stehen, von dem wir, wie von einem perspektivischen Punkt aus, einerseits die vergangenen Geschehnisse eines nach dem anderen angeordnet sehen und andererseits die zukünftigen Geschehnisse in entsprechender Anordnung. Es ist, als sähe man die Landschaft von einem fahrenden Zug aus, in ständig wechselnden Perspektiven, die alle uns zum Mittelpunkt haben. Das Gewichtssystem, auf dem wir die Welt wie auf einem logischen Gerüst aufbauen, hat die Form von Projektionsstrahlen, die von der unmittelbaren Gegenwart ausgehen.

§ 31 Der Übergang von den unmittelbar beobachteten Dingen zu Beobachtungsberichten

Wir haben gezeigt, daß die Basis unserer Erkenntnis die Welt der unmittelbaren Dinge ist, wie sie in einem Augenblick erscheinen, und fügten hinzu, daß wir sie uns als in einer Klasse von Aussagen, den sogenannten Beobachtunsberichten, beschrieben denken können. Wir betonten, daß diese Aussagen nicht willkürlich sind, sondern wahre Berichte über das von uns Gesehene sein müssen. Wir müssen jetzt untersuchen, wie wir von den Dingen zu den Aussagen kommen.

Beginnen wir diese Untersuchung mit einem physikalischen Beispiel von einem Apparat, der ähnliche Fähigkeiten wie ein Berichterstatter hat — einer Fernsehkamera. Sie enthält eine photoelektrische Zelle, deren Öffnung nach und nach auf die verschiedenen Punkte des Gegenstandes gerichtet wird, indem sie einen regelmäßigen Zickzackkurs beschreibt; die verschiedenen Lichtintensitäten, die auf diese Weise eindimensional aufgereiht werden, erzeugen in der Zelle eine entsprechende Folge von elektrischen Stromstärken, gemäß der Intensität der Lichtstrahlen, die von den einzelnen Punkten des Gegenstandes kommen. Der Verlauf der elektrischen Stromstärke entspricht dem abzubildenden Gegenstand; man kann ihn als eine Folge von Beobachtungsberichten auffassen. Der Bericht ist wahr, wenn der Apparat richtig arbeitet, d.h., wenn nach den konstruktionsbedingten Regeln eine Übereinstimmung zwischen dem zweidimensionalen Gegenstand und dem eindimensionalen Verlauf der elektrischen Stromstärke besteht. Dieses Beispiel veranschaulicht unsere physikalische Wahrheitstheorie; es zeigt, daß eine Übereinstimmung zwischen Gegenständen und einer eindimensionalen Symbolfolge möglich ist. Es zeigt außerdem, daß die betreffende Übereinstimmung keine einfache Ähnlichkeit ist, sondern komplizierte Regeln voraussetzt. Wir würden den Zusammenhang zwischen der eindimensionalen Folge elektrischer Intensitäten, die aus der Fernsehkamera kommt, und dem ursprünglichen Gegenstand gar nicht erkennen, wenn wir diesen Verlauf unmittelbar beobachten, z.B. über einen Rundfunkempfänger als Folge von Tönen schwankender Lautstärke abhören würden. Wir würden komplizierte Überlegungen anstellen müssen, um festzustellen, ob diese lineare Tonfolge „wahr" wäre, d.h., ob sie gemäß den Zuordnungsregeln, die der Apparat festlegt, mit dem ursprünglichen Gegenstand übereinstimmt.

Der Empfänger am anderen Ende des Übertragungsweges prüft das automatisch durch Verwandlung des eindimensionalen Verlaufs elektrischer Stromstärken in ein zweidimensionales Bild; er übersetzt den eindimensionalen „Satz" aus elektrischen Stromstärken wieder in einen Gegenstand, der dem Original ähnelt und leicht mit ihm verglichen werden kann. So kommt es schließlich zur Übersetzung eines Gegenstandes in ein ihm ähnliches Bild; aber auf dem Übertragungswege ist eine eindimensionale Folge von „Symbolen" eingeschaltet, die keine Ähnlichkeit mit dem Gegenstand hat, jedoch kraft einer komplizierten Zuordnung alle Eigenschaften des Gegenstandes in sich trägt, so daß diese am Ende der Übertragung als Eigenschaften des Bildes wiedererscheinen. Man könnte sagen, die beiden Fernsehapparate, der Sender und der Empfänger, müßten den Gegenstand „denken", ehe sie das Bild am anderen Ende des Übertragungsweges erzeugen können.

Man kann leicht eine ähnliche Anordnung beschreiben, in der diese beiden elektromechanischen Apparate durch Menschen ersetzt sind und in der sogenanntes echtes Denken vor sich geht. Stellen wir uns einen Menschen vor, der einen Gegenstand beobachtet und einem anderen Menschen telephonisch zuspricht, was er sieht; dieser zeichnet den Gegenstand nach der Beschreibung. Die Vorgänge in diesen beiden Menschen sind von der gleichen Art wie die im Fernsehapparat. Der erste Mensch ist der Sender, der zweite der Empfänger; ihre Verständigung ist nur möglich, weil sie den Gegenstand „denken", d.h. sprachlich beschreiben. Die Beschreibung des Gegenstandes, die in Form von elektrischen Strömen durch den Draht läuft, steht zu dem Gegenstand in einer ähnlichen physikalischen Beziehung wie die Folge elektrischer Stromstärken, die von der Fernsehkamera ausgeht, zu dem abgebildeten Gegenstand.

Bei Menschen kennen wir den Mechanismus nicht genügend, der die den Gegenständen zugeordneten Sätze erzeugt; trotzdem können wir genau so gut mit ihm umgehen wie jemand, der nichts von höherer Ingenieurwissenschaft versteht, mit dem Fernsehapparat. Eine solche „Handhabung eines unbekannten Mechanismus" findet immer statt, wenn wir über von uns beobachtete Gegenstände berichten. Aber die Sätze eines menschlichen Beobachters sind nicht anders beschaffen als die Sätze, die von einer Fernsehkamera als Beobachter geliefert werden; sie sind beide wahr, indem sie mit dem beschriebenen physikalischen Gegenstand auf bestimmte Weise übereinstimmen.

Die Fernsehkamera funktioniert nicht immer richtig; es können Störungen eintreten, die zu „falschen" Sätzen führen. Der Apparat kann eine rote Kontrollampe aufweisen, die solange aufleuchtet, wie er richtig funktioniert. Das gleiche kann einem menschlichen Körper als Sender zustoßen; die von Menschen geäußerten Sätze können falsch sein, d.h. nicht in Übereinstimmung (wie sie von den Sprachregeln festgelegt ist) mit den beobachteten Tatsachen. Das ist der Fall, wenn der Beobachter lügt. Er selbst kennt diesen Unterschied sehr wohl; er weiß, ob die rote Lampe der unmittelbaren Wahrheit während seiner Rede brennt.

Die Anhänger der Satzsprache lassen diesen Unterschied manchmal fallen und sagen in behavioristischer Ausdrucksweise, bei einer Lüge gebe es den unhörbar gesprochenen Satz *a* und den hörbar gesprochenen Satz *nicht-a*. Das ist aber keine erschöpfende Beschreibung dieser Erscheinung; wir müssen hinzufügen, daß der unhörbar gesprochene Satz mit hohem Gewicht und der hörbar gesprochene Satz mit dem Gewicht Null auftritt. Die unmittelbare Wahrheit ist durch ihre *Evidenz* gekennzeichnet. Dieses Wort ist zwar in der traditionellen Philosophie sehr mißbraucht worden, doch wir wenden es hier in dem Bewußtsein an, daß es keine absolute Eigenschaft bezeichnen soll; ein evidenter Beobachtungssatz kann objektiv falsch sein, ja er kann schon einen Augenblick später bei einer zweiten Beobachtung seine Evidenz verlieren und durch einen entgegengesetzten Satz ersetzt werden, der nun die rote Lampe der Evidenz zeigt.

Bei einem Bericht einer anderen Person ist der Unterschied zwischen unmittelbarer Wahrheit und einer Lüge nicht so leicht festzustellen. Ein guter Psychologe kann aber dem Verhalten der Person und der ganzen Situation nach beurteilen, ob er dem Bericht trauen kann. Die rote Lampe der unmittelbaren Wahrheit ist nur dem Berichterstatter selbst sichtbar; wenn er aber ein „normales Verhalten" zeigt, können andere Leute schließen, daß sein rotes Licht brennt. „Normales Verhalten des Berichterstatters" drückt in Reaktionssprache das aus, was wir in der Reizsprache „Evidenzcharakter" nennen. Berichte, die von dieser Reaktion begleitet sind, können in die Liste der Beobachtungsberichte aufgenommen werden.

Die rote Lampe der Fernsehkamera ist kein absolut zuverlässiges Zeichen, daß der Apparat richtig funktioniert. Der Apparat kann gestört sein, aber so, daß die rote Lampe weiter brennt. Dasselbe gilt für die rote Lampe der unmittelbaren Wahrheit: es kann sein, daß wir das Gefühl haben, wahre Sätze auszusprechen, daß sie aber in Wirklichkeit nicht mit unseren Beobachtungen übereinstimmen. Das kommt vor, wenn wir uns versprechen oder beim Schreiben eines Berichts einen Fehler machen. Es sind keine Lügen, denn der Satz wird aufrichtig geäußert, aber sie führen trotzdem zu Beobachtungsberichten, denen die unmittelbare Wahrheit fehlt.

Dazu müssen wir noch folgendes sagen. Bei der Fernsehkamera gibt es Methoden, das Versagen des Apparats festzustellen, auch wenn die rote Lampe weiter brennt. Die Frage ist, ob es solche Methoden auch zur Prüfung der unmittelbaren Wahrheit gibt. Nun, es gibt welche, aber sie sind nicht eindeutig. Das liegt daran, daß sich alle Prüfungsmethoden auf die objektive Wahrheit richten; darum sind wir nicht sicher, ob der Fehler bei der Äußerung des Satzes auftrat oder ob sich der unmittelbare Gegenstand von dem objektiven unterschied. Wir erwähnten das Beispiel einer Notiz, daß eine photographische Belichtungszeit 1/300 Sekunde betragen habe; später stellte sich die Notiz als falsch heraus. Geschah der Fehler nur beim Schreiben, oder habe ich subjektiv die Zahl 300 auf dem Verschluß gesehen, obgleich objektiv eine andere Zahl angezeigt war? Erinnerungsbilder können eine Kontrolle sein; wir können uns erinnern, daß wir mit der Verschlußzahl 50 gearbeitet haben, und so den Fehler auf die Notiz schieben. Das setzt jedoch eine Zuordnungsdefinition über den Gebrauch von Erinnerungsbildern voraus (vgl. § 27). Ohne eine solche Definition oder eine ähnliche zur Anwendung anderer Methoden läge ein Scheinproblem vor; es ist aber nicht zu vergessen, daß eine solche Zuordnungsdefinition gegeben werden kann, womit eine Prüfung der unmittelbaren Wahrheit ebenso sinnvoll wird wie die der objektiven Wahrheit.

Im allgemeinen wollen wir nur die objektive Wahrheit des Satzes prüfen, und die Frage seiner unmittelbaren Wahrheit erhebt sich nicht; nur bei psychologischen Beobachtungen spielt die Frage der unmittelbaren Wahrheit eine Rolle. Das kommt nicht nur bei Beobachtungen anderer Menschen in Betracht, wo wir aus Reaktionen schließen müssen, ob ein gegebener Bericht für den Beobachter unmittelbar wahr ist; wir müssen manchmal auch feststellen, daß unseren eigenen Berichten die unmittelbare Wahrheit abgeht. Das kann bei Berichten über sehr gefühlsbetonte Erlebnisse geschehen, wie sie in einer Psychoanalyse vorkommen; in solchen Fällen ist ein gewisser Mut nötig, auf die rote Lampe der unmittelbaren Wahrheit zu achten.

Die Prüfung der unmittelbaren wie auch der objektiven Wahrheit beruht auf der Korrespondenztheorie der Wahrheit. Wie die elektrischen Impulse der Fernsehkamera in einer bestimmten Korrespondenz oder Zuordnung zu dem optischen Gegenstand stehen müssen, so müssen auch die von Menschen geäußerten Sätze mit den beobachteten Dingen übereinstimmen; dabei ist es gleichgültig, ob es sich um objektive oder subjektive Gegenstände handelt. Wir haben daher im Korrespondenzpostulat ein zweites Kriterium der unmittelbaren Wahrheit vor uns; es ist dem Evidenzkriterium an die Seite zu stellen, und man kann nach der Vereinbarkeit der beiden Kriterien fragen.

Was die Korrespondenztheorie anbelangt, so verweisen wir auf ihre Darstellung in § 5. Wir zeigten, daß der Satz *a* und der Satz „*a* ist wahr" verschiedene Sachverhalte betreffen: *a* sagt etwas über eine primäre Tatsache aus, z.B. daß ein Dampfer in den Hafen einläuft; „*a* ist wahr" sagt etwas über eine sekundäre Tatsache aus, über eine Beziehung zwischen dem Einlaufen des Dampfers in den Hafen und einer Gruppe von Wörtern. Nehmen wir an, daß wir die primäre Tatsache im Auge haben und daß der Satz *a* als evident erscheint. Wenn wir das prüfen wollen, müssen wir die sekundäre Tatsache beachten; wenn dann der Satz „*a* ist wahr" als evident erscheint, ist bewiesen, daß das Evidenzkriterium und das Korrespondenzkriterium für *a* zum gleichen Ergebnis führen, also sich nicht widersprechen.

Die Methode läßt sich weiterführen; die evidente Wahrheit des Satzes „*a* ist wahr" kann mit der Korrespondenzmethode geprüft werden, weil dieser Satz wiederum eine Korrespondenz zwischen einem Satz und einem Sachverhalt behauptet. Wir müssen dann fordern, daß der Satz „Der Satz ‚*a* ist wahr' ist wahr" aufgrund des Evidenzkriteriums als gerechtfertigt erscheint. Ist dies der Fall, so ist die Vereinbarkeit der beiden Kriterien auf einer höheren Stufe bewiesen.

Diese Überlegungen zeigen, daß man ohne das Evidenzkriterium der Wahrheit nicht auskommen kann; es wird nur auf eine höhere Stufe versetzt. Das Evidenzkriterium bleibt immer unsere letzte Instanz; wir müssen einen Tatbestand mit eigenen Augen sehen, wenn wir die Wahrheit eines Satzes prüfen wollen, und wenn wir die Korrespondenzdefinition der Wahrheit anwenden, so heißt das nur, daß wir unsere Augen auf eine andere Tatsache richten. Darin liegt der Unterschied zu der Fernsehkamera. Um ihr Funktionieren zu prüfen, brauchen wir nicht sie selbst, sondern haben andere Instrumente zur Verfügung. Wenn wir aber unsere eigene Berichterstattung prüfen wollen, müssen wir gerade den Apparat benutzen, den wir prüfen wollen; das käme einer Fernsehkamera gleich, die ihr eigenes Funktionieren dadurch prüfte, daß sie sich selbst aufnimmt und den entstehenden elektrischen Strom absendet. Darum ist das Evidenzkriterium dem Korrespondenzkriterium überlegen; das richtige Funktionieren der roten Lampe der Kamera muß durch einen zweiten Sendevorgang geprüft werden, bei dem wiederum eine rote Lampe das richtige Funktionieren anzeigt. Ein solches Verfahren ist nicht zirkulär, sondern eine wertvolle Prüfmethode. Sie kann zu Widersprüchen führen; wenn nicht, kommt das einer Bestätigung gleich. Unter „Bestätigung" verstehen wir eine einseitige Prüfung, die das Versagen einer Methode beweisen kann, aber nicht ihre Richtigkeit.

Wenn wir diese Prüfung auf das Problem der unmittelbaren Wahrheit anwenden, so können wir sagen, daß im allgemeinen beide Kriterien zum gleichen Ergebnis führen – daß in den meisten Fällen auch die Prüfung mit dem Korrespondenzkriterium zu einer Bestätigung führt, wenn ein Satz das Evidenzkriterium erfüllt. In der Sprache unseres elektrotechnischen Beispiels können wir sagen, daß der menschliche Körper ein guter Sender ist; er liefert automatisch Sätze, die einer Prüfung mit dem Korrespondenzkriterium standhalten können. Obwohl also das Evidenzkriterium unentbehrlich ist, ist das Korrespondenzkriterium ebenfalls zulässig; in Wirklichkeit fallen beide Kriterien zusammen.

Die Überlegenheit des Evidenzkriteriums könnte gewisse Zweifel bezüglich der Auffassung der Methoden der Wissenschaft erwecken. Wir haben gefunden, daß das Gefühl der unmittelbaren Wahrheit entscheidend dafür ist, welche Grundlagen für das ganze Erkenntnissystem gewählt werden sollen. Warum schreiben wir den unmittelbaren Dingen eine solche Bedeutung zu? Wenn sie nicht alle objektive Dinge sind, warum machen wir sie dann zu den maßgebenden Faktoren des wissenschaftlichen Denkens, zum Prüfstein für wissenschaftliche Theorien, zum Zielpunkt wissenschaftlicher Voraussagen? Warum richten sich alle wissenschaftlichen Bemühungen auf die Welt der unmittelbaren und nicht der objektiven Dinge?

Meine Antwort auf diese Frage lautet: Es ist gerade die Welt der unmittelbaren Dinge, die für unser Leben von Belang ist. Was uns vergnügt und glücklich und unglücklich und unzufrieden macht, sind die unmittelbaren Dinge unserer Umgebung – die Häuser, in denen wir wohnen, die Nahrung, die wir zu uns nehmen, die Bücher, die wir lesen, die Dinge, die unsere Hände erschaffen, die Freunde, mit denen wir uns unterhalten; und alles so, wie wir es sehen, hören, fühlen – in Form der unmittelbaren Dinge, die sie für uns sind. Wir können diese unmittelbare Welt nicht verlassen; wir müssen in ihr leben und nach ihrer Struktur und Ordnung forschen, um uns darin zurechtzufinden. Es ist gar keine Frage, ob wir sie anerkennen sollen; wir sind in sie hineinversetzt, und es ist unsere natürliche Lebensaufgabe, ihre Zukunft vorauszusehen und mit ihr fertig zu werden.

Ist das nicht Subjektivismus? Wenn wir uns mit jener Antwort zufrieden geben, bedeutet das nicht den Verzicht auf den Versuch, Erkenntnis als objektives System aufzubauen, unabhängig von menschlichen Gefühlen und subjektiven Setzungen?

Ich glaube nicht, daß wir das zugeben müssen. Eine solche Deutung widerspricht den Gefühlen, mit denen wir der Welt der unmittelbaren Dinge begegnen. Wir haben nicht das Gefühl, die unmittelbaren Dinge seien von uns selbst geschaffen. Wir empfinden sie als etwas, was uns von außen auferlegt wird; sie hängen nicht von unserem Willen ab; sie zwingen sich uns auf, auch gegen unsere Erwartungen und Wünsche. Das, was wir die Unabweislichkeit der unmittelbaren Dinge nannten, empfinden wir gefühlsmäßig als ihre Objektivität, als ihre Eigenständigkeit oder wenigstens als Abglanz einer solchen unabhängigen Welt. Das ist genau das Gegenteil der Gefühle, die mit dem Ausdruck „Subjektivismus" verbunden werden; und wenn der Wissenschaftler beständig das Gefühl hat, etwas zu entdecken, das eine eigene Existenz hat, so deshalb, weil gerade die unmittelbar beobachteten Dinge nicht seinem Willen unterliegen, sondern mit unwiderlegbarer Eindeutigkeit und Hartnäckigkeit erscheinen.

Es ist richtig, daß sich diese Behauptung nur auf Gefühlsassoziationen bezieht; man kann sie aber auch logisch deuten. Die Unterscheidung zwischen subjektiven und objektiven Gegenständen ist das Ergebnis von Schlußfolgerungen, die von den unmittelbaren Dingen ausgehen; wenn diese Schlußfolgerungen einerseits zeigen, daß das unmittelbare Ding nicht immer mit dem objektiven identisch ist, daß die bloß subjektiven unter den unmittelbaren Gegenständen als Produkt objektiver Dinge und des menschlichen Körpers anzusehen sind, so beweisen diese Schlußfolgerungen andererseits, daß dieses Produkt auch eine objektive Seite hat: es bedeutet einen Vorgang im menschlichen Körper. Dieser Übergang zu einer objektiven Auffassung der unmittelbaren Dinge drückt sich in dem Übergang von der unmittelbaren Sprache zu einer objektiven aus: spricht man von Wahrnehmungen statt von unmittelbaren Dingen, so setzt man ein objektives an die Stelle eines unmittelbaren Dinges. In diesem Zusammenhang ist es gleichgültig, daß Wahrnehmungen nur erschlossen und nicht beobachtet werden. Wir wissen, daß unmittelbare Dinge und sogar rein subjektive Gegenstände, wie geträumte, keine leeren Schatten ohne jeglichen Zusammenhang mit der objektiven Welt sind; jedenfalls zeigen sie immer Vorgänge in unserem Körper an, und da unser Körper ein Teil der objektiven Welt ist, wissen wir jedenfalls etwas über einen kleinen Teil dieser Welt. Diese Verwandlung von subjektiven Gegenständen in objektive ist ebenso berechtigt wie die Unterscheidung dieser beiden Kategorien: wenn man sogar gewisse Gegenstände als bloß subjektiv nennen darf, dann darf man auch subjektive Gegenstände als Zeichen für objektive Gegenstände anderer Art deuten, nämlich Vorgänge im menschlichen Körper.

Diese Auffassung gibt dem Problem der Objektivität der Erkenntnis eine entscheidende Wendung. Der Gedanke, daß alles, was wir beobachten, wenigstens einen inneren Zustand unseres eigenen Körpers anzeigt, ist als eine der größten Entdeckungen der traditionellen Erkenntnistheorie zu sehen; da unser Körper in ständigem physikalischem Kontakt mit anderen physikalischen Dingen steht, stößt diese Entdeckung die Tür unserer privaten Welt individualistischer Abgeschlossenheit auf. Es gibt wenigstens einen kleinen Teil der Welt, der uns bekannt ist; wir können ihn zum Ausgangspunkt von Schlußfolgerungen machen, die in die entferntesten Gegenden der Welt führen. Es ist der Gedanke der Projektion, der diese Fenster zur Welt aufstößt; wir sehen die Kausalketten, die die Welt auf unseren kleinen Beobachtungsstand projizieren, als Zeichen einer viel weiteren Umgebung, deren Struktur zurückverfolgt werden kann, wenn wir die Kausalketten durch Schlußketten in umgekehrter Richtung nachbilden.

Doch diese Erweiterung unserer Erkenntnis setzt den Begriff der Wahrscheinlichkeit voraus. Wir können diese Schlußketten nur mit Wahrscheinlichkeitsmethoden aufstellen. Wenn wir nur tautologische Umformungen zur Verfügung hätten, könnten wir unsere kleine Plattform nie verlassen und würden nur in verschiedener Form wiederholen, was wir dort beobachten. Mit Wahrscheinlichkeitsschlüssen dagegen können wir von Ort zu Ort fortschreiten; wir können unseren Beobachtungen von der persönlichen Plattform aus die Erkenntnis entfernterer Gegenstände hinzufügen. Das leisten die Wahrscheinlichkeitsschlüsse, weil sie keinen Anspruch auf Sicherheit erheben wie die tautologischen Umformungen; je weiter wir fortschreiten, desto geringer wird die Sicherheit – aber nur, weil wir dieses Wegegeld zahlen, kommen wir vorwärts.

Wir haben auf diese Funktion des Wahrscheinlichkeitsbegriffs auf allen Etappen unserer Untersuchung hingewiesen. Wir haben gezeigt, daß Aussagen über die physikalische Welt nur sinnvoll sind, wenn wir den Wahrscheinlichkeitsbegriff anstelle des Wahrheitsbegriffs setzen. Wir haben gezeigt, daß unter dieser Bedingung die Erkenntnis, die von einer gegebenen Beobachtungssphäre ausgeht, nicht an diese gebunden ist, sondern über sie hinausgehen kann. Wir wandten den gleichen Grundsatz auf die Untersuchung der Innenwelt unseres Körpers an und zeigten, daß diese mit Wahrscheinlichkeit aus der umgebenden Welt der Reize und Reaktionen erschlossen werden kann. Wir konnten die Abneigung gegen die physiologische Auffassung der Psychologie als eine berechtigte Abneigung gegen die Gleichsetzung von Aussagen über Reize und Reaktionen mit Aussagen über innere Vorgänge erklären – eine Abneigung, die jedoch verschwindet, wenn der Wahrscheinlichkeitscharakter dieser Schlußweisen erkannt wird. Schließlich zeigten wir, daß der ganze Aufbau der Welt von einem Gerippe von Wahrscheinlichkeitsverbindungen getragen wird, das auf der Welt der unmittelbaren Konkreta fußt, aber in zwei entgegengesetzten Richtungen nach außen in die Welt der großen und der kleinen Dimensionen führt. Selbst nur Teil der mittelgroßen Welt, schließen wir mit Wahrscheinlichkeitsketten das ganze Universum an unseren Standpunkt an.

Der Kern des Systems der Erkenntnis ist also der Wahrscheinlichkeitsbegriff. Solange man das nicht erkannt hatte – und die Logiker waren in dieser Hinsicht besonders blind – , wurde die logische Struktur der Welt mißverstanden und falsch dargestellt; das führte zu gewaltsamen erkenntnistheoretischen Konstruktionen, die weder auf die Wissenschaftspraxis paßten noch den Drang, die Erkenntnis zu begreifen, befriedigten. Der Wahrscheinlichkeitsbegriff befreit uns von diesen Schwierigkeiten, da er das eigentliche Werkzeug der empirischen Erkenntnis ist.

Wir haben aber bisher diesen Begriff naiv benutzt; wir haben ihn angewandt, ohne eine Analyse seiner logischen Struktur anzugeben. Dieser Aufgabe müssen wir uns jetzt zuwenden. Nur von einer solchen Analyse können wir die endgültige Klärung des Wesens der Erkenntnis erhoffen. Sie wird übrigens zu einem überraschenden Ergebnis führen – das Wesen der Erkenntnis wird sich als etwas ganz anderes herausstellen, als gewöhnlich behauptet wird. Wenn wir den Gewißheitsanspruch der Erkenntnis aufgeben, müssen wir zu einer völlig neuen logischen Auffassung von ihr bereit sein. Doch das wird sich aus dem nächsten Kapitel ergeben.

Kapitel 5 Wahrscheinlichkeit und Induktion

§ 32 Die beiden Formen des Wahrscheinlichkeitsbegriffs

Der Wahrscheinlichkeitsbegriff ist in den vorangegangenen Untersuchungen in Form des Gewichtsbegriffs benutzt worden. Wir haben jedoch von dieser Äquivalenz wenig Gebrauch gemacht, sondern den Gewichtsbegriff unabhängig verwendet und die Einschränkungen vernachlässigt, die sich aus der angenommenen Äquivalenz mit dem Wahrscheinlichkeitsbegriff ergeben. Wir haben gezeigt, daß es einen solchen Gewichtsbegriff gibt, daß ihn die Erkenntnis im Sinne eines Voraussagewerts benötigt und daß er in der Umgangssprache wie auch in wissenschaftlichen Aussagen verwendet wird – aber wir haben keine Analyse des Begriffs geliefert, sondern uns auf das Alltagsverständnis verlassen. Wir haben davon Gebrauch gemacht, daß die Verwendung eines Begriffs einer Analyse seiner Struktur vorausgehen kann. Wir haben die drei Eigenschaften – Bedeutung, Wahrheitswert und Gewicht – eingeführt und gefunden, daß sich alle auf die letzte zurückführen lassen. Die Wahrheit hat sich als bloßes hohes Gewicht herausgestellt, als eine Idealisierung, die für gewisse praktische Zwecke annähernd gültig ist; die Bedeutung wurde mittels der Verifizierbarkeitstheorie auf Wahrheit und Gewicht reduziert – und so zeigte sich, daß der Gewichtsbegriff logisch der eigentliche Grundbegriff bei der Erkenntnis ist. Unsere letzte Aufgabe besteht nun darin, diesen Begriff zu analysieren und seine Äquivalenz mit dem Wahrscheinlichkeitsbegriff zu beweisen; wir hoffen auch, seine Funktionen durch ihre Ableitung aus einem so wohlbestimmten Begriff wie dem Wahrscheinlichkeitsbegriff zu klären.

Nun gibt es zwei verschiedene Anwendungen des Wahrscheinlichkeitsbegriffs, von denen nur eine mit dem von uns eingeführten Gewichtsbegriff identisch zu sein scheint. Zu Beginn unserer Untersuchung über die Wahrscheinlichkeit müssen wir uns mit dieser Unterscheidung auseinandersetzen; wir müssen fragen, ob wir berechtigt sind, nur von einem Wahrscheinlichkeitsbegriff zu sprechen, der beide Anwendungen in sich vereint.

Zunächst gibt es den genau definierten Wahrscheinlichkeitsbegriff der Mathematik, der mathematischen Physik und der Statistik jeder Art. Dieser mathematische Wahrscheinlichkeitsbegriff ist der Gegenstand eines Zweiges der Mathematik geworden, der Wahrscheinlichkeitsrechnung; seine Eigenschaften sind exakt in mathematischer Sprache formuliert, und seine Anwendung hat eine ausführliche Analyse in den bekannten Methoden der mathematischen Statistik erfahren. Obwohl dieser Zweig der Mathematik noch ziemlich jung ist, hat er einen hohen Grad der Vollkommenheit erreicht.

Diese Entwicklung fing mit den Untersuchungen von Pascal und Fermat über die Theorie der Glücksspiele an, wurde in den grundlegenden Arbeiten von Laplace und Gauß fortgesetzt und bildet heute das weitreichende Arbeitsgebiet einer großen Anzahl von Mathematikern. Jeder Ansatz zu einer Theorie des mathematischen Wahrscheinlichkeitsbegriffs muß von seiner mathematischen Form ausgehen. Daher haben sich die Mathematiker bemüht, die Grundlagen des Begriffs zu klären; von den neueren Forschern auf diesem Gebiet seien von Mises, Tornier, Dörge, Copeland und Kolmogoroff genannt.

Es gibt aber einen zweiten Wahrscheinlichkeitsbegriff, der nicht in mathematischer Form erscheint. Es ist der Begriff, der in der Umgangssprache mit ,,wahrscheinlich", ,,voraussichtlich", ,,vermutlich" gemeint ist. Seine Anwendung beschränkt sich aber nicht auf die Umgangssprache, sondern erstreckt sich auch auf die Wissenschaftssprache, wo Annahmen und Vermutungen nicht vermieden werden können. Wir äußern wissenschaftliche Aussagen und wissenschaftliche Theorien nicht mit Anspruch auf Gewißheit, sondern im Sinne von wahrscheinlichen oder sehr wahrscheinlichen Mutmaßungen. Der hier erscheinende Ausdruck ,,wahrscheinlich" geht in keine statistischen Methoden ein. Es ist der logische Wahrscheinlichkeitsbegriff, und er hat nicht die exakte Bestimmung wie der mathematische Begriff gefunden, obwohl er für den Aufbau der Erkenntnis unentbehrlich ist. Die Logiker aller Zeiten, von Aristoteles bis auf unsere Tage, haben sich zwar mit diesem Begriff beschäftigt, so daß seine wissenschaftliche Behandlung viel älter ist als die der mathematischen Wahrscheinlichkeit, die mit den Forschungen von Pascal und Fermat begann. Doch die Theorie des logischen Wahrscheinlichkeitsbegriffs konnte nicht den Vollkommenheitsgrad der Theorie des mathematischen Wahrscheinlichkeitsbegriffs erreichen.

Es war das große Verdienst der Schöpfer der formalen Logik, daß sie von Anfang an eine Wahrscheinlichkeitslogik im Auge hatten, die ebenso exakt sein sollte wie die Wahrheitslogik. Leibniz forderte bereits ,,une nouvelle espèce de logique, qui traiterait des degrés de probabilité"; aber diese Forderung nach einer Wahrscheinlichkeitslogik wurde ebenso wie sein Plan eines Kalküls der Wahrheitslogik erst im 19. Jahrhundert verwirklicht. Nach einigen Versuchen de Morgans entwickelte Boole den ersten Kalkül einer Wahrscheinlichkeitslogik, der trotz einiger Fehler, die Peirce später berichtigte, als größter Fortschritt in der Geschichte des logischen Wahrscheinlichkeitsbegriffs seit Aristoteles anzusehen ist. Es war ein prophetisches Omen, daß diese Wahrscheinlichkeitslogik in dem gleichen Werk dargestellt wurde, das die Grundlage der modernen Entwicklung der zweiwertigen Logik bildet: in Booles *Laws of Thought*. In der weiteren Entwicklung nahmen die Probleme der Wahrheitslogik wesentlich mehr Raum ein; die Wahrscheinlichkeitslogik wurde nur von vereinzelten Autoren weitergeführt, von denen Venn und Peirce und von zeitgenössischen Autoren Keynes, Lukasiewicz und Zawirski genannt seien.

Wenn man sich die beiden Entwicklungsreihen ansieht, drängt sich die Vermutung auf, daß ihnen zwei Begriffe zugrundeliegen, die gewisse Ähnlichkeiten und Verbindungen zeigen mögen, aber logisch völlig verschieden sind. Diese *Verschiedenheitsauffassung* der beiden Wahrscheinlichkeitsbegriffe ist in der Tat von vielen Autoren vertreten worden, sei es ausdrücklich oder stillschweigend. Andererseits hat man behauptet, der Unterschied zwischen den beiden Begriffen sei nur ein oberflächlicher, eine nähere Untersuchung erweise sie als identisch, und nur auf der Grundlage einer *Identitätsauffassung* sei ein tieferes Verständnis der beiden Wahrscheinlichkeitsbegriffe möglich. Der Streit zwischen diesen beiden Auffassungen bildet einen großen Teil der philosophischen Diskussion des Wahrscheinlichkeitsproblems. Der Ausgang dieses Streites ist in der Tat von größter Bedeutung: da die Theorie des mathematischen Wahrscheinlichkeitsbegriffs eine befriedigende Lösung gefunden hat, führt die Identitätsauffassung zu einer Lösung des philosophischen Wahrscheinlichkeitsproblems insgesamt, während die Verschiedenheitsauffassung das Problem des logischen Wahrscheinlichkeitsbegriffs in einem recht unklaren und unbefriedigenden Zustand beläßt, und zwar deshalb, weil noch keine befriedigende Theorie dieses Begriffs vorgelegt worden ist, die ihn von dem mathematischen unterscheidet.

Die Verschiedenheitsauffassung entsprang dem Umstand, daß der mathematische Wahrscheinlichkeitsbegriff anhand der Häufigkeit gedeutet wird, während der logische Wahrscheinlichkeitsbegriff ganz anders beschaffen zu sein scheint.

Der große Erfolg der mathematischen Wahrscheinlichkeitstheorie beruht in der Tat darauf, daß sie als eine Theorie relativer Häufigkeiten entwickelt worden ist. Die ursprüngliche Definition der Wahrscheinlichkeit, die zur Anwendung auf Glücksspiele dienen sollte, war zwar keine Häufigkeitsdefinition; von Laplace stammt die berühmte Definition der Wahrscheinlichkeit als Verhältnis der günstigen zu den möglichen Fällen, die unter der strittigen Voraussetzung „gleichmöglicher" Fälle gilt. Diese Definition, die etwa für den Würfel als natürlich erscheint, wurde aber bei allen Anwendungen der Theorie auf praktisch interessante Fälle aufgegeben: kein Statistiker fragte nach Laplaces „gleichmöglichen" Fällen, sondern faßte den Zahlenwert der Wahrscheinlichkeit als das Verhältnis zweier Häufigkeiten auf – der Häufigkeit der Ereignisse aus der betreffenden engeren Klasse und der Häufigkeit der Ereignisse aus der weiteren Klasse, auf die sich die Wahrscheinlichkeit bezieht. Die Sterblichkeitstabellen der Lebensversicherungen beruhen nicht auf der Annahme „gleichmöglicher" Fälle; die betreffenden Wahrscheinlichkeiten werden als Brüche berechnet, deren Zähler die Anzahl der Todesfälle und deren Nenner die Anzahl der Mitglieder derjenigen Bevölkerungsklasse ist, auf die sich die Statistik bezieht. Diese relative Häufigkeit hat sich als eine viel nützlichere Wahrscheinlichkeitsgröße herausgestellt als die von Laplace. Die weitreichenden Verzweigungen der mathematischen Theorie – man denke an Begriffe wie Mittelwert, Streuung, mittlerer Fehler, Wahrscheinlichkeitsfunktion und Gaußsches Gesetz – beruhen auf der endgültigen Aufgabe der Laplaceschen Definition und dem Übergang zur Häufigkeitstheorie.

Im Gegensatz dazu scheint der logische Wahrscheinlichkeitsbegriff von der Häufigkeitsdeutung unabhängig zu sein, die auf viele Fälle der logischen Wahrscheinlichkeit überhaupt nicht anwendbar zu sein scheint. Wir fragen nach der Wahrscheinlichkeit bestimmter Ereignisse, z.B. ob morgen gutes Wetter sein wird oder ob Julius Cäsar in Britannien war; in diesen Fragen drückt sich kein statistischer Begriff aus. Das Problem der Wahrscheinlichkeit des Einzelfalls ist der Ursprung der Verschiedenheitstheorie; Autoren wie Keynes[54] stützen ihren Begriff der logischen Wahrscheinlichkeit vornehmlich auf dieses Problem.

Solche Autoren gehen sogar so weit, der logischen Wahrscheinlichkeit einen Zahlenwert abzusprechen. Keynes hat den Gedanken entwickelt, die logische Wahrscheinlichkeit befasse sich nur damit, eine Rangordnung aufzustellen, eine Reihenfolge, die von den Begriffen „wahrscheinlicher" bzw. „weniger wahrscheinlich" bestimmt wird, in der aber metrische Begriffe wie „zweimal so wahrscheinlich" nicht vorkommen. Diese Gedanken wurden von Popper fortgeführt[55]. Für diese Autoren ist die logische Wahrscheinlichkeit nur ein Ordnungsbegriff. Andere Autoren möchten ihn nicht derart beschränken. Ihr logischer Wahrscheinlichkeitsbegriff ist metrisch, aber kein Häufigkeitsbegriff. Sie meinen, die logische Wahrscheinlichkeit habe mit dem „vernünftigen Grad der Erwartung" zu tun, einem Begriff, der sich bereits auf den Einzelfall bezieht. Hier finden Laplaces „gleichmögliche" Fälle ihr Anwendungsgebiet als Ausgangspunkt für die Bestimmung des Erwartungsgrades, den vernünftige Wesen an die Stelle so unvernünftiger Gefühle wie Hoffnung und Furcht setzen lernen sollten.

Unsere erste Aufgabe besteht darin, diese Fragen zu erörtern. Wir müssen uns entweder für die Verschiedenheits- oder die Identitätsauffassung der beiden Formen des Wahrscheinlichkeitsbegriffs entscheiden.

§ 33 Verschiedenheitsauffassung oder Identitätsauffassung?

Die Verschiedenheitsauffassung wird manchmal damit begründet, daß der mathematische Wahrscheinlichkeitsbegriff eine Eigenschaft von *Ereignissen* angebe, der logische dagegen von *Aussagen*.

Wenn das der ganze Inhalt der Verschiedenheitsauffassung wäre, würden wir sie nicht angreifen; denn man kann tatsächlich einen solchen Unterschied machen. Wenn wir die Wahrscheinlichkeit als eine Häufigkeit von Ereignissen auffassen, würde eine Wahrscheinlichkeitsaussage Ereignisse betreffen; wenn wir dagegen die Wahrscheinlichkeit als eine Verallgemeinerung der Wahrheit auffassen, müssen wir sie als eine Eigenschaft von Sätzen betrachten. Das erfordert der Wahrheitsbegriff; nur Aussagen, nicht Gegenstände, können wahr genannt werden, und unser Gewicht, das wir mit der

54) J. M. Keynes, *A Treatise on Probability* (London, 1921).
55) K. R. Popper, *Logik der Forschung* (Berlin, 1935).

Wahrscheinlichkeit gleichsetzen wollen, ist ebenfalls als eine Eigenschaft von Aussagen eingeführt worden. Wenn man aber diese Überlegungen auf den Wahrscheinlichkeitsbegriff anwendet, so zeigt sich, daß sie nur eine formale Bedeutung haben und das Hauptproblem der Verschiedenheitsauffassung nicht berühren. Wenn man nämlich den logischen Wahrscheinlichkeitsbegriff ebenfalls mittels einer Häufigkeit deutet, werden die beiden Begriffe isomorph; der mathematische Begriff würde im Sinne einer Häufigkeit von Ereignissen gedeutet, der logische aber im Sinne einer Häufigkeit von Sätzen über Ereignisse[56]. Was die Identitätsauffassung behaupten will, ist gerade die Anwendbarkeit der Häufigkeitsdeutung auf den logischen Wahrscheinlichkeitsbegriff; wir sehen also, daß sie, streng genommen, eine Isomorphie, d.h. strukturelle Identität beider Begriffe behauptet. Selbst vom Standpunkt der Identitätsauffassung aus kann man daher den logischen Wahrscheinlichkeitsbegriff als einen Begriff einer höheren Sprachstufe ansehen; eine solche Unterscheidung bringt keine Schwierigkeiten für die Wahrscheinlichkeitstheorie mit sich, da man in jedem Fall gezwungen ist, eine unendliche Folge von Wahrscheinlichkeiten verschiedener logischer Stufen einzuführen (vgl. § 41).

Wir müssen noch in einem zweiten Sinne hier von einer Identität sprechen. Wenn die Häufigkeitsdeutung für den logischen Begriff akzeptiert wird, dann kann dieser auch auf Aussagen der mathematischen Statistik angewandt werden; das würde heißen, daß sogar rein statistische Aussagen sowohl die mathematische als auch die logische Wahrscheinlichkeitsauffassung zulassen. Ein Satz über die Wahrscheinlichkeit, an Tuberkulose zu sterben, könnte dann so gedeutet werden, daß er sich auf Statistiken über Tuberkulosefälle oder daß er sich über Aussagen über Tuberkulosefälle bezieht. Andererseits würden die Beispiele, die für die logische Bedeutung des Wahrscheinlichkeitsbegriffs angeführt wurden, ebenfalls beide Deutungen zulassen.

Aus diesen Gründen wollen wir in den folgenden Untersuchungen den Ausdruck „Identitätsauffassung" benutzen, ohne dabei immer zu erwähnen, daß, streng genommen, die logischen Stufen verschieden sind. Wir gebrauchen das Wort „Identität" hier im Sinne von Strukturidentität, und unsere These läuft darauf hinaus, *daß die Häufigkeitsdeutung auf alle Wahrscheinlichkeitsbegriffe anwendbar sei.*

Diese These wird von der Verschiedenheitsauffassung angegriffen, und wir wollen diese Frage jetzt erörtern. Wenn wir die Verschiedenheitsauffassung nicht anerkennen können, so deshalb, weil sie Konsequenzen hat, die den Grundsätzen des Empirismus widersprechen.

Erstens läßt sich der Grundsatz der Verifizierbarkeit bei der Verschiedenheitsauffassung nicht durchführen. Wenn eine Wahrscheinlichkeit für ein

56) Diese Isomorphie folgt streng aus dem axiomatischen Aufbau der Wahrscheinlichkeitsrechnung, der zeigt, daß alle Wahrscheinlichkeitsgesetze aus der Häufigkeitsdeutung abgeleitet werden können (vgl. § 37).

einzelnes Ereignis im Sinne eines Voraussagewertes erlaubt ist – wenn sie also etwas über zukünftige Ereignisse aussagt – , dann kann man die Wahrscheinlichkeit nicht durch Beobachtung des betreffenden zukünftigen Ereignisses verifizieren. Z.B. werfen wir einen Würfel und erwarten mit der Wahrscheinlichkeit 5/6 eine Zahl größer als 1; wie läßt sich das verifizieren, wenn wir nur einen Wurf beobachten? Wenn das erwartete Ergebnis nicht eintritt, widerlegt das nicht die Annahme, weil ja die Wahrscheinlichkeit 5/6 für die anderen Ereignisse nicht ausschließt, daß doch die Zahl 1 herauskommt. Und wenn das erwartete Ereignis eintrifft, so ist die Annahme nicht bewiesen; dasselbe könnte sich ereignen, wenn die Wahrscheinlichkeit nur 1/6 betrüge. Man könnte höchstens sagen, das Eintreten des Ereignisses sei mit der Annahme besser vereinbar als das Nichteintreten. Aber wie kann man dann zwischen verschiedenen Wahrscheinlichkeitsgraden unterscheiden, die beide größer als 1/2 sind? Wenn wir gesagt hätten, die Wahrscheinlichkeit betrage nicht 5/6, sondern 3/4, wie soll sich die Verifikation dieser Annahme von der anderen unterscheiden?

Die Schwierigkeit wird nicht beseitigt, wenn man versucht, Wahrscheinlichkeitsaussagen auf rein topologische Aussagen zu beschränken und den Wahrscheinlichkeitsgrad abzuschaffen. Eine Aussage von der Form „Dieses Ereignis ist wahrscheinlicher als jenes“ ist auch nicht verifizierbar, wenn sie einen Einzelfall betrifft. Nehmen wir zwei sich gegenseitig ausschließende Ereignisse, die mit der Wahrscheinlichkeit von 1/6 bzw. 1/4 erwartet werden; das zweite möge eintreten. Ist das ein Beweis, daß es wahrscheinlicher war als das andere? Keineswegs; es gibt keinen Satz, daß das wahrscheinlichere Ereignis eintreten müsse. Die topologische Fassung der logischen Wahrscheinlichkeit ist also denselben Einwänden ausgesetzt wie die metrische.

Diese Analyse zeigt, daß keine Verifikation möglich ist, wenn die Wahrscheinlichkeitsaussage nur einen Einzelfall betreffen soll. Die Einzelfallauffassung der Wahrscheinlichkeitsaussage ist unvereinbar mit der Verifizierbarkeitstheorie der Bedeutung, da weder die Zahlenwerte noch die Rangordnung, die mit der Wahrscheinlichkeitsaussage behauptet werden, geprüft werden können, wenn nur ein Ereignis in Betracht kommt. Einer der ersten Grundsätze des Empirismus wird also durch diese Deutung verletzt.

Die Verschiedenheitsauffassung führt zu einer zweiten Schwierigkeit, wenn die Wahrscheinlichkeit quantitativ bestimmt werden soll. Wir sagten, daß bei einer Zurückweisung der Häufigkeitsdeutung der Begriff der Gleichwahrscheinlichkeit durch den Begriff der „gleichmöglichen Fälle“ ausgefüllt werden muß, wie er von Laplace formuliert wurde. Das führt aber zum Apriorismus. Wie erkennt man die „Gleichmöglichkeit“? Die Anhänger von Laplace sind hier gezwungen, eine Art „synthetischen Urteils a priori“ zuzulassen; das Prinzip vom „mangelnden Grunde“ oder vom „fehlenden Grunde für das Gegenteil“ tut das nur in verschleierter Form. Das wird deutlich, wenn man zu einer Häufigkeitsaussage übergeht, wie sie in vielen Fällen, z.B. beim Würfel, an die Aussage von der „Gleichmöglichkeit“ angeknüpft wird. Woher wissen wir, daß „gleichmöglich“ gleiche Häufigkeit einschließt? Wir sind gezwungen, eine Übereinstimmung von Vernunft und Wirklichkeit anzunehmen, wie Kant das getan hatte.

Auf diesen zweiten Punkt wollen wir hier nicht eingehen, obwohl er eine große Rolle in älteren philosophischen Erörterungen über das Wahrscheinlichkeitsproblem gespielt hat. Ich möchte nur erwähnen, daß das Problem der gleichwahrscheinlichen Fälle, wie sie in Glücksspielen auftreten, eine recht einfache Lösung in der mathematischen Theorie findet; es wird hier keine Voraussetzung wie das Prinzip vom „mangelnden Grunde" gebraucht, und die ganze Frage läßt sich auf Voraussetzungen reduzieren, wie sie sich in der Häufigkeitstheorie der Wahrscheinlichkeit finden[57]. Es liegt auf der Hand, daß die Frage keine solche Bedeutung angenommen hätte, wenn die Häufigkeitstheorie der Wahrscheinlichkeit durchweg akzeptiert worden wäre. Der entscheidende Streitpunkt zwischen Verschiedenheits- und Identitätsauffassung ist im Problem des Einzelfalls zu suchen. Wenn sich zeigen läßt, daß die Einzelfalldeutung vermeidbar ist und daß die Beispiele, die eine solche Deutung zu verlangen scheinen, der Häufigkeitsdeutung zugänglich sind, dann ist die Überlegenheit der Identitätsauffassung bewiesen. Die Durchführung dieses Programms ist gleichbedeutend mit dem Nachweis, daß die Häufigkeitsdeutung der Wahrscheinlichkeit immer anwendbar ist. Wir wollen untersuchen, ob dem so ist.

Für die Häufigkeitsdeutung ist eine Verifikation des Wahrscheinlichkeitswertes möglich, sobald das Ereignis wiederholt werden kann; die Häufigkeit, die in einer Folge von Ereignissen beobachtet wird, dient zur Nachprüfung des Wahrscheinlichkeitswertes. Diese Auffassung setzt also voraus, daß das Ereignis nicht als Einzelgeschehen, sondern als Mitglied einer Klasse beschrieben wird; die „Wiederholung" des Ereignisses bedeutet sein Enthaltensein in einer Klasse ähnlicher Ereignisse. Beim Würfel ist diese Klasse leicht gefunden; sie besteht aus den verschiedenen Würfen des Würfels. Aber wie ist es in anderen Fällen, etwa bei einem historischen Ereignis, dem wir eine gewisse Wahrscheinlichkeit zuschreiben, oder bei einer wissenschaftlichen Theorie, die wir nicht mit Sicherheit, sondern nur mit mehr oder weniger Wahrscheinlichkeit annehmen?

Die Anhänger der Identitätsauffassung glauben, daß eine solche Klasse immer eingeführt werden kann und auch *muß*, wenn die Wahrscheinlichkeitsaussage sinnvoll sein soll. Die Einzelfalldeutung wurde dadurch veranlaßt, daß die Klasse in vielen Fällen nicht so naheliegend bestimmt ist wie beim Würfel, oder daß die Umgangssprache die Beziehung auf eine Klasse unterdrückt und fälschlich von einem Einzelereignis statt von einer Klasse von Ereignissen spricht. Wenn wir nun die Forderung deutlich im Auge behalten, finden wir, daß der Weg zur Einführung der entsprechenden Klas-

57) Vgl. die Darstellung dieses Problems in meiner *Wahrscheinlichkeitslehre* (1935), § 65. Auch wegen aller anderen mathematischen Einzelheiten, die im folgenden vernachlässigt werden, möchte ich auf dieses Buch verweisen.

se durch den Ursprung und Gebrauch von Wahrscheinlichkeitsaussagen gewiesen wird. Warum schreiben wir etwa der Aussage, daß Napoleon während der Schlacht von Leipzig plötzlich erkrankte, eine hohe Wahrscheinlichkeit zu und der Aussage, daß Kaspar Hauser der Sohn eines Prinzen war, eine niedrigere? Deshalb, weil Chroniken verschiedener Art diese Aussagen enthalten: die eine Art ist zuverlässig, weil ihre Aussagen bei häufigen Nachprüfungen bestätigt worden sind; die andere ist unzuverlässig, weil Nachprüfungsversuche häufig zu einer Widerlegung der Behauptungen geführt haben. Der Übergang zur Art der Chronik gibt die Klasse für die Häufigkeitsdeutung an; die Wahrscheinlichkeit, die in der Aussage über Napoleons Krankheit oder Kaspar Hausers Abstammung auftritt, muß dahin gedeutet werden, daß sie eine bestimmte Klasse geschichtlicher Berichte betrifft, und ihre statistische Deutung findet sie in der Häufigkeit der Bestätigungen, die in dieser Klasse vorkommen. Oder nehmen wir die Aussage eines Arztes, der den Tod in einem Tuberkulosefall für sehr wahrscheinlich hält: der Wahrscheinlichkeitswert in dieser Aussage bedeutet die Häufigkeit der Todesfälle in der Klasse ähnlicher Fälle.

Es läßt sich zwar nicht bestreiten, daß in solchen Fällen die entsprechende Klasse leicht zu bestimmen ist, doch man könnte einen anderen Einwand gegen unsere Deutung der Wahrscheinlichkeitsaussage vorbringen. Unsere Gegner bestreiten vielleicht nicht, daß die Häufigkeit in einer solchen Klasse der *Ausgangspunkt* unserer Wahrscheinlichkeitsaussage ist; *spricht* die Aussage aber über diese Häufigkeit? Natürlich wird der Arzt seine Voraussage, daß sein Patient sterben wird, auf Statistiken über die Tuberkulose stützen; meint er aber solche Statistiken, wenn er von dem bestimmten Patienten vor ihm spricht? Der Patient ist vielleicht ein enger Freund von uns, und was wir wissen wollen, ist seine persönliche Chance zu leben oder zu sterben; wenn die Antwort des Arztes eine Klasse ähnlicher Fälle betrifft, interessiert das vielleicht einen Statistiker, aber nicht uns, die das Schicksal unseres Freundes erfahren möchten. Vielleicht gehört er gerade zu dem kleinen Prozentsatz von Fällen mit glücklichem Ausgang, den die Statistik zuläßt; warum sollen wir an eine hohe Wahrscheinlichkeit für seinen Tod glauben, weil Statistiken über andere Menschen einen so hohen Prozentsatz ausweisen?

Mit diesem Einwand wird das Problem der *Anwendbarkeit der Häufigkeitsdeutung auf den Einzelfall* aufgeworfen. Dieses Problem spielt eine große Rolle in der Verteidigung der Verschiedenheitsauffassung; man sagt, die Häufigkeitstheorie könne bestenfalls eine Begründung für den Wahrscheinlichkeitswert liefern, aber nicht als seine Deutung akzeptiert werden, wenn nach der Wahrscheinlichkeit eines Einzelfalls gefragt wird. Der Einwand scheint sehr überzeugend; ich glaube aber nicht, daß er stichhaltig ist.

Das Problem kann nur durch eine Analyse der Situation geklärt werden, in der man Wahrscheinlichkeitsaussagen verwendet. Warum fragen wir nach der Wahrscheinlichkeit zukünftiger Ereignisse oder vergangener, über die wir keine genaue Kenntnis haben? Wir könnten uns mit der einfachen

Feststellung zufrieden geben, daß wir ihren Wahrheitswert nicht kennen – diese Einstellung hätte den Vorteil, keine logische Kritik herauszufordern. Wenn wir mit einem solchen Vorschlag nicht einverstanden sind, so deshalb, weil wir auf eine Entscheidung bezüglich des Ereignisses in dem Augenblick nicht verzichten können, da wir handeln müssen. Handlungen verlangen Entscheidungen bezüglich unbekannter Ereignisse; wenn wir versuchen, eine möglichst günstige Entscheidung zu treffen, wird die Anwendung von Wahrscheinlichkeitsaussagen unvermeidlich. Diese Überlegung zeigt den Weg für die Deutung von Wahrscheinlichkeitsaussagen: *Der Sinn von Wahrscheinlichkeitsaussagen muß so festgelegt werden, daß ihre Heranziehung zum Handeln gerechtfertigt werden kann.*

In diesem Sinne läßt sich die Häufigkeitsdeutung von Wahrscheinlichkeitsaussagen auch durchführen, wenn es um ein Einzelereignis geht. Die Entscheidung für das wahrscheinlichere Ereignis rechtfertigt sich nach der Häufigkeitsauffassung durch das *Argument für das im ganzen günstigste Verhalten.* Wenn wir das Eintreffen des wahrscheinlichsten Ereignisses vermuten, werden wir auf die Dauer die meisten Erfolge haben. Obgleich also das einzelne Ereignis unbekannt bleibt, ist es für uns am besten, an das Eintreffen des wahrscheinlichsten Ereignisses im Sinne der Häufigkeitsdeutung zu glauben; trotz möglicher Versager führt uns dieser Grundsatz zur bestmöglichen Erfolgsquote.

Einige Beispiele mögen das verdeutlichen. Wenn man gefragt wird, ob die Eins bei einem Wurf mit einem Würfel erscheinen wird, ist es klüger, auf nicht-Eins zu setzen, denn wenn das Experiment fortgesetzt wird, wird man auf die Dauer häufiger recht haben. Wenn wir morgen einen Ausflug machen wollen, und die Wettervorhersage ist schlecht, ist es besser, nicht zu gehen – nicht, weil gutes Wetter ausgeschlossen wäre, sondern weil wir am seltensten schlechtes Wetter bekommen, wenn wir bei allen unseren Ausflügen nach diesem Grundsatz verfahren. Wenn der Arzt uns mitteilt, daß unser Freund wahrscheinlich sterben wird, entscheiden wir uns dafür, ihm zu glauben – nicht, weil es unmöglich wäre, daß unser Freund seine Krankheit übersteht, sondern weil uns eine solche Entscheidung viele Enttäuschungen ersparen wird, wenn wir sie in ähnlichen Fällen immer wieder treffen.

Man könnte gegen die Häufigkeitsdeutung einwenden, das Prinzip der größten Erfolgszahl sei nicht auf Fälle anwendbar, in denen überhaupt nur ein einziges Mitglied der betreffenden Klasse verwirklicht wird. Würfelwürfe, Ausflüge oder Krankheitsfälle kommen immer wieder; wie ist es aber in den Fällen, in denen es keine Wiederholung gibt? Dieser Einwand faßt jedoch die einzuführende Klasse zu eng auf. Man kann Ereignisse der verschiedensten Art in eine Klasse im Sinne der Häufigkeitsdeutung einordnen, selbst wenn sich die Wahrscheinlichkeit von Ereignis zu Ereignis ändert. Die Wahrscheinlichkeitsrechnung hat den Begriff einer Wahrscheinlichkeitsfolge[58] mit

58) Vgl. *ebenda*, § 54 [1949, § 56].

veränderlichen Wahrscheinlichkeiten entwickelt; auch für diese läßt sich die Häufigkeitsdeutung durchführen, wobei die Häufigkeit durch den Mittelwert der auftretenden Wahrscheinlichkeiten bestimmt ist. So fällt jede Handlung unseres Lebens in eine Folge von Handlungen. Wenn wir die zahlreichen Handlungen des täglichen Lebens betrachten, die den Wahrscheinlichkeitsbegriff voraussetzen – wir drücken auf den Kontaktknopf an der Tür, weil eine Wahrscheinlichkeit besteht, daß die Klingel ertönen wird; wir geben einen Brief zur Post, weil eine Wahrscheinlichkeit besteht, daß er an der angegebenen Adresse ankommt; wir gehen zur Straßenbahnhaltestelle, weil eine Wahrscheinlichkeit besteht, daß die Straßenbahn kommt und uns mitnimmt usw. – , dann bilden sie zusammen eine recht lange Folge, auf die die Häufigkeitsdeutung anwendbar ist. Handlungen größerer Tragweite können zu einer anderen Folge zusammengefaßt werden, auch solche, die sich im engeren Sinne nicht wiederholen. Die Gesamtheit unserer Handlungen bildet eine ziemlich umfangreiche Folge, und man hätte bedeutend weniger Erfolge, wenn man auf sie nicht das Prinzip der Vermutung des wahrscheinlichsten Ereignisses anwenden würde.

Wir sagten, es sei am besten, das wahrscheinlichste Ereignis zu vermuten; das verlangt eine kleine Korrektur für Fälle, in denen die Entscheidungsmöglichkeiten verschieden wichtig sind. Wenn uns eine Wette 10 : 1 angeboten wird, daß eine andere Zahl als die Eins auf dem Würfel erscheint, dann ist es für uns natürlich günstiger, sie anzunehmen und auf die Eins zu setzen. Es ist aber wiederum die Häufigkeitsdeutung, die unsere Wette rechtfertigt; wegen der Höhe des Einsatzes gewinnen wir auf die Dauer mehr Geld, wenn wir diese Wette abschließen. Dieser Fall wird daher von unserem Prinzip des im Ganzen günstigsten Verhaltens gedeckt. Statt eines Geldbetrages kann die Tragweite eines Ereignisses die Funktion des Spielgewinns übernehmen. Wenn wir die Ankunft eines Freundes mit der Wahrscheinlichkeit 1/3 erwarten, gehen wir besser auf den Bahnhof. In diesem Fall ist die Mißlichkeit, daß unser Freund allein auf dem Bahnhof steht, so viel größer als die Unbequemlichkeit, daß wir umsonst hingehen, daß wir lieber die zweite Unbequemlichkeit in 2/3 aller Fälle in Kauf nehmen als die erste in 1/3 aller Fälle. Auch hier rechtfertigt die Häufigkeitsdeutung unser Verhalten; wenn die Wahrscheinlichkeit der Ankunft unseres Freundes nur 1/100 beträgt, gehen wir nicht auf den Bahnhof, weil unsere Unbequemlichkeit, 99 Mal vergeblich auf den Bahnhof zu gehen, größer ist als seine Unbequemlichkeit, einmal allein anzukommen.

Diese Überlegungen lösen das Problem der Anwendbarkeit der Häufigkeitsdeutung auf den Einzelfall. Obwohl der Sinn der Wahrscheinlichkeitsaussage an eine Klasse von Ereignissen gebunden ist, kann die Aussage auf Handlungen angewandt werden, die sich nur auf ein einzelnes Ereignis beziehen. Unser bisheriger Grundsatz, daß Aussagen so viel Bedeutung haben, wie für Handlungen nutzbar gemacht werden kann, wird erneut herangezogen und führt zur Bestimmung der Bedeutung von Wahrscheinlichkeitsaussagen. Wir brauchen keine „Einzelfallbedeutung“ der Wahrscheinlichkeitsaussage einzuführen; die „Klassenbedeutung" genügt, um die Anwendungen von Wahrscheinlichkeitsaussagen auf Handlungen zu rechtfertigen, die Einzelereignisse betreffen. Die Verschiedenheitsauffassung der beiden Wahrscheinlichkeitsbegriffe kann fallen gelassen werden; der Grundsatz der Verknüpfung von Bedeutung und Handeln entscheidet zugunsten der Identitätsauffassung.

§ 34 Der Begriff des Gewichts

Mit diesen Betrachtungen ist die Überlegenheit der Identitätsauffassung grundsätzlich bewiesen. Um die Auffassung aber folgerichtig durchzuführen, müssen wir die logische Stellung von Einzelfallaussagen weiter untersuchen.

Wenn in der Wahrscheinlichkeitsaussage nur von der Häufigkeit in der betreffenden Klasse die Rede ist, bleibt die Aussage über den Einzelfall gänzlich unbestimmt, solange sie noch nicht verifiziert ist. Wir erwarten z.B. das Erscheinen von anderen Zahlen als der Eins beim Würfeln mit der Wahrscheinlichkeit 5/6; was bedeutet das für den einzelnen Wurf hier und jetzt? Es bedeutet nicht: „Es ist wahr, daß eine von 1 verschiedene Zahl erscheinen wird", und es bedeutet nicht: „Es ist falsch, daß eine von 1 verschiedene Zahl erscheinen wird." Es bedeutet auch nicht: „Die Wahrscheinlichkeit ist 5/6, daß dieses Mal eine von 1 verschiedene Zahl erscheinen wird"; denn der Ausdruck „Wahrscheinlichkeit" bezieht sich nur auf eine Klasse, nicht auf das einzelne Ereignis. Die Einzelaussage wird also weder als wahr noch als falsch noch als wahrscheinlich geäußert; in welchem Sinne dann?

Wir wollen sie eine *Setzung* nennen. Wir setzen auf das Ereignis mit der höchsten Wahrscheinlichkeit als das Ereignis, das eintreffen wird. Damit sagen wir nicht, wir seien von seinem Eintreffen überzeugt, oder die Aussage über sein Eintreffen sei wahr; wir treffen nur die Entscheidung, sie als eine wahre Aussage *zu behandeln*. Das soll das Wort „Setzung" ausdrücken, ohne zu behaupten, es gebe einen Wahrheitsbeweis; wir entscheiden uns deshalb dafür, die Aussage als wahr zu behandeln, weil das auf längere Sicht zur größten Erfolgsquote führt.

Unsere Setzung kann jedoch gute oder schlechte Eigenschaften haben. Wenn die entsprechende Wahrscheinlichkeit hoch ist, ist sie gut; im entgegengesetzten Fall ist sie schlecht. Solche Überlegungen lassen sich am besten an Glücksspielern beobachten. Der Spieler wettet auf ein Ereignis – das ist seine Setzung; damit schreibt er ihm keinen bestimmten Wahrheitswert zu – er sagt aber, daß die Setzung des Ereignisses für ihn einen bestimmten Wert darstellt. Dieser Wert läßt sich sogar in Geld ausdrücken – die Höhe des Einsatzes kennzeichnet den Wert, den die Setzung für ihn besitzt. Wenn wir analysieren, wie dieser Wert bestimmt wird, stoßen wir auf zwei Gesichtspunkte: einmal den Geldgewinn beim Erfolg der Wette, zum anderen die Wahrscheinlichkeit des Erfolgs. Das arithmetische Produkt der beiden Größen läßt sich in Übereinstimmung mit Begriffen der Wahrscheinlichkeitsrechnung als das Maß des Wertes auffassen, den die Wette für den Spieler hat[59]. Man erkennt,

59) Das Produkt ergibt sich aus der Häufigkeitsdeutung; wenn die Wette oft wiederholt wird, bestimmt es den Gesamtgewinn oder -verlust des Spielers.

daß bei dieser Wertbestimmung die Wahrscheinlichkeit die Rolle eines Gewichtes spielt; die möglichen Gewinne werden mit der jeweiligen Erfolgswahrscheinlichkeit gewichtet, und der gewichtete Mittelwert bestimmt den Wert der Wette. Wir können sagen: *Ein Gewicht ist das, was aus einer Wahrscheinlichkeit wird, wenn sie auf einen Einzelfall angewandt wird.*

Dies ist der logische Ursprung des Ausdrucks „Gewicht", den wir bei unseren ganzen bisherigen Untersuchungen gebraucht haben. Jetzt verstehen wir, warum das Gewicht als der Voraussagewert des Satzes gedeutet werden kann; es mißt ja den Voraussageanteil des Gesamtwertes des Satzes. Mit dieser Deutung ist der Übergang von der Häufigkeitstheorie zum Einzelfall vollzogen. Die Aussage über den Einzelfall wird ohne Anspruch auf Wahrheit geäußert, vielmehr in Form einer *Setzung* oder – mit einem gebräuchlicheren Wort – in Form einer *Wette*. Die Häufigkeit in der entsprechenden Klasse bestimmt für den Einzelfall das Gewicht der Setzung oder Wette.

Das Glücksspiel kann als Musterbeispiel der Situation unbekannten Ereignissen gegenüber angesehen werden. Immer, wenn man eine Voraussage machen muß, steht man der Zukunft wie ein Glücksspieler gegenüber; man kann nichts über die Wahrheit oder Falschheit des in Frage kommenden Ereignisses sagen – aber eine Setzung hat ein bestimmtes Gewicht für uns, das sich als Zahl ausdrücken läßt. Jemand habe eine Schuld ausstehen, wisse aber nicht, ob sein Schuldner jemals seinen Verpflichtungen nachkommen wird. Wenn er heute Geld braucht, kann er seinen Anspruch für einen Betrag verkaufen, der von der Wahrscheinlichkeit abhängt, daß der Schuldner zahlen wird; diese Wahrscheinlichkeit ist daher ein Maß für den gegenwärtigen Wert dieses Anspruchs im Verhältnis zu seinem absoluten Wert und kann als sein Gewicht bezeichnet werden. Auf gleiche Art stehen wir vor jedem zukünftigen Ereignis, ob es sich nun um eine Anstellung handelt, die wir erwarten, um das Ergebnis eines physikalischen Experiments, um den morgigen Sonnenaufgang oder um den nächsten Weltkrieg. Alle unsere Setzungen auf diese Ereignisse sind in unserer Liste der Erwartungen mit einem Voraussagewert versehen, einem Gewicht, das von ihrer Wahrscheinlichkeit bestimmt wird.

Jede Zukunftsaussage wird im Sinne einer Wette geäußert; wir wetten auf den morgigen Sonnenaufgang, darauf, daß uns morgen etwas satt machen wird, daß die physikalischen Gesetze morgen noch gelten; wir sind alle Spieler – der Wissenschaftler, der Geschäftsmann und der Würfelspieler. Wie dieser kennen wir die Gewichte unserer Wetten; und wenn es einen Unterschied zugunsten des Wissenschaftlers gibt, dann nur insofern, als er sich nicht mit so niedrigen Gewichten zufrieden gibt wie der Würfelspieler. Das ist der einzige Unterschied; wir können Wetten nicht vermeiden, weil es die einzige Möglichkeit ist, zukünftige Ereignisse in Rechnung zu ziehen.

Weil wir handeln wollen, sind wir zu diesem Glücksspiel gezwungen. Der passive Mensch kann dasitzen und abwarten, was geschehen wird. Der aktive Mensch, der über seine eigene Zukunft entscheiden will, der seine Nahrung, sein Obdach, die Existenz seiner Familie und den Erfolg seiner Arbeit sichern möchte, muß Spieler sein, weil die Logik ihm keine bessere Möglichkeit bietet, mit der Zukunft fertig zu werden. Er kann sich nach den bestmöglichen Wetten umsehen, d.h. den Wetten mit den höchsten Gewichten[60], und die Wissenschaft wird ihm dabei helfen. Aber die Logik kann ihm keine Erfolgsgarantie geben.

Es bleiben noch einige Einwände gegen unsere Theorie der Gewichte zu analysieren.

Der erste Einwand betrifft die Definition des Gewichts für den Satz über das Einzelereignis. Wenn die Wahrscheinlichkeit eine Klasseneigenschaft ist, ist ihr Zahlenwert bestimmt, weil man für eine Klasse von Ereignissen eine Häufigkeit des Eintretens bestimmen kann. Ein Einzelereignis gehört aber vielen Klassen an; welche soll man zur Bestimmung des Gewichts wählen? Nehmen wir an, ein vierzigjähriger Mann habe Tuberkulose; wir möchten seine Sterbenswahrscheinlichkeit wissen. Soll man dazu die Sterbenshäufigkeit in der Klasse der vierzigjährigen Männer heranziehen oder in der Klasse der Tuberkulösen? Und es gibt natürlich noch viele Klassen, denen dieser Mensch angehört.

Ich glaube, die Antwort liegt auf der Hand. Wir nehmen die engste Klasse, für die wir zuverlässige Statistiken haben. In unserem Beispiel sollte man die Klasse der vierzigjährigen tuberkulösen Männer nehmen. Je enger die Klasse, desto besser die Gewichtsbestimmung. Das ist mit Hilfe der Häufigkeitsdeutung zu rechtfertigen, denn die Zahl der erfolgreichen Voraussagen ist am größten, wenn man die engste mögliche Klasse wählt[61]. Ein vorsichtiger Arzt wird den Mann sogar in eine noch engere Klasse einordnen, indem er eine Röntgenaufnahme macht; er benutzt dann als Gewicht dieses Falles die Sterbenswahrscheinlichkeit in der Klasse der Fälle mit dem betreffenden

60) Diese Bemerkung bedarf einer gewissen Einschränkung. Die Wette mit dem höchsten Gewicht ist nicht immer die beste Wette; wenn die Werte oder Gewinne, die den Ereignissen mit den verschiedenen Wahrscheinlichkeiten zugeordnet sind, in einem Verhältnis verschieden sind, das das umgekehrte Verhältnis der Wahrscheinlichkeiten übersteigt, dann ist die beste Wette die auf das weniger wahrscheinliche Ereignis (vgl. meine Bemerkung am Ende von § 33). Derartige Überlegungen können unsere Handlungen bestimmen. Wenn wir die Wette mit dem höchsten Gewicht unsere beste Wette nennen, meinen wir „unsere beste Wette, soweit es sich um Voraussagen handelt“. Dabei wollen wir nicht den Wert oder die Tragweite der Tatsachen in Betracht ziehen. Das Wort „Setzung“ vermeidet diese Zweideutigkeit, da der Ausdruck „beste Setzung“ immer diese engere Bedeutung haben soll.

61) Stellen wir uns eine Klasse A vor, in der ein Ereignis der Art B mit der Wahrscheinlichkeit 1/2 erwartet wird; wenn wir dann immer auf B wetten, haben wir in 50 % der Fälle Erfolg. Stellen wir uns jetzt die Klasse A in die Klassen A_1 und A_2 aufgeteilt vor; in A_1 habe B eine Wahrscheinlichkeit von 1/4, in A_2 von 3/4. Wir gehen jetzt verschiedene Wetten ein, je nachdem, ob das Ereignis B in A_1 oder A_2 stattfinden soll. Im ersten Fall wetten wir immer auf nicht-B, im zweiten auf B. Dann werden wir in 75 % aller Fälle Erfolg haben (vgl. meine *Wahrscheinlichkeitslehre* (1935), § 75).

Befund. Nur wenn der Übergang zu einer neuen Klasse die Wahrscheinlichkeit nicht ändert, kann er vernachlässigt werden; darum ist die Klasse der Personen, deren Name denselben Anfangsbuchstaben hat wie der des Patienten, unbeachtlich.

Die klassische Theorie der Kausalität besagt, daß die Wahrscheinlichkeit gegen 1 oder 0 geht, wenn der Einzelfall in immer engere Klassen eingeordnet wird, daß also das Eintreffen oder Nichteintreffen des Ereignisses immer eindeutiger bestimmt ist. Das gilt nicht in der Quantenmechanik; sie behauptet eine von der Gewißheit verschiedene unüberschreitbare Grenze für die erreichbare Wahrscheinlichkeit. Für das praktische Leben hat diese Frage keine große Bedeutung, da man ohnehin bei einer Klasse haltmachen muß, bei der man noch ziemlich weit von der Grenze entfernt ist. Das Gewicht, das wir benutzen, ist daher nicht allein von dem Ereignis, sondern auch von unserem Wissen bestimmt. Dieses Ergebnis unserer Theorie erscheint als durchaus natürlich, da unsere Wetten ja von unserem Wissen abhängen *müssen*[62].

Ein anderer Einwand geht davon aus, daß man in vielen Fällen keinen Zahlenwert für das Gewicht angeben kann. Wie groß ist die Wahrscheinlichkeit, daß Cäsar in Britannien war oder daß nächstes Jahr ein Krieg ausbricht? Es ist richtig, daß man aus praktischen Gründen diese Wahrscheinlichkeiten nicht bestimmen kann; aber ich glaube nicht, daß man daraus schließen sollte, es gebe hier grundsätzlich keine bestimmbare Wahrscheinlichkeit. Es hängt nur vom Stand der wissenschaftlichen Erkenntnis ab, ob es statistische Unterlagen für die Voraussage unbekannter Ereignisse gibt. Man kann sich ohne weiteres Methoden zur Zählung der Erfolgsquote bei Chroniken einer bestimmten Art vorstellen; auch statistische Informationen über Kriege in Beziehung auf gesellschaftliche Verhältnisse sind wissenschaftlich möglich.

Es ist eingewendet worden, unter solchen Umständen gebe es nur einen Vergleich von Wahrscheinlichkeiten, ein „wahrscheinlicher" und „weniger wahrscheinlich". Man könne vielleicht gerade noch sagen, dieses Jahr sei ein Krieg weniger wahrscheinlich als letztes Jahr. Das ist nicht falsch; es ist

62) Es ist gegen unsere Theorie eingewandt worden, daß die Wahrscheinlichkeit nicht nur von der Klasse abhänge, sondern auch von der Reihenfolge der Elemente in ihr. Das ist richtig, spricht aber nicht gegen unsere Theorie. Erstens ist es eine wichtige Eigenschaft vieler statistischer Erscheinungen, daß die Häufigkeitsstruktur von Änderungen der Anordnung weitgehend unabhängig ist. Zweitens muß die Anordnung, falls von Bedeutung, eben in der Vorschrift für die Gewichtsbestimmung berücksichtigt werden. Das ist etwa bei ansteckenden Krankheiten der Fall (wo die Erkrankungswahrscheinlichkeit von der Krankheit oder Gesundheit der Personen in der Umgebung abhängt), oder bei Krankheiten, die die Tendenz zur Wiederholung haben (bei denen sich die Wahrscheinlichkeit ändert, wenn man einmal krank gewesen ist), usw. Die mathematische Wahrscheinlichkeitstheorie hat Methoden für solche Fälle entwickelt. Sie haben keine praktischen Schwierigkeiten für die Definition des Gewichts zur Folge.

sicher leichter, eine Rangordnung anzugeben als Zahlenwerte. Ersteres schließt aber letzteres nicht aus; es gibt keinen Grund dafür, daß eine Maßbestimmung unmöglich wäre. Vielmehr zeigt die statistische Methode Wege dazu auf; es ist nur eine technische Frage, ob man sie begehen kann.

Viele Ansätze zu einer Maßbestimmung von Gewichten sind in den Gewohnheiten des Geschäfts- und des Alltagslebens enthalten. Die Sitte, auf beinahe alles Unbekannte, aber für uns Interessante zu wetten, zeigt, daß der praktische Mensch mehr über Gewichte weiß, als viele Philosophen zugeben wollen. Er hat eine Methode der instinktiven Beurteilung entwickelt, die dem Kostenanschlag eines guten Bauunternehmers ähnelt oder der Schätzung räumlicher Entfernungen durch einen Artillerieoffizier. In beiden Fällen ist die genaue Bestimmung mit quantitativen Methoden nicht ausgeschlossen; die instinktive Schätzung kann aber ein guter Ersatz dafür sein. Wer auf den Ausgang eines Boxkampfes, eines Pferderennens, einer wissenschaftlichen Untersuchung oder einer Forschungsreise wettet, macht von solchen instinktiven Schätzungen des Gewichts Gebrauch; die Höhe seiner Einsätze kennzeichnet das geschätzte Gewicht. Das System der Gewichte, das allen unseren Handlungen zugrundeliegt, hat nicht die sorgfältig ausgearbeitete Form der Sterblichkeitstabellen von Versicherungsgesellschaften; es zeigt aber sowohl metrische als auch topologische Eigenschaften, und man kann mit guten Gründen annehmen, daß es mit statistischen Methoden zu größerer Genauigkeit entwickelt werden kann.

§ 35 Die Wahrscheinlichkeitslogik

Die logische Auffassung sieht die Wahrscheinlichkeit als eine Verallgemeinerung der Wahrheit an; ihre Regeln müssen daher in Form eines logischen Systems entwickelt werden. Diese Wahrscheinlichkeitslogik wollen wir jetzt aufbauen.

Nehmen wir eine Klasse gegebener Symbole a, b, c, ... an; es können Sätze sein oder etwas Ähnliches — das können wir im Augenblick offen lassen. Jedem Symbol ist eine Zahl zwischen 0 und 1 zugeordnet; wir nennen sie die zu dem Symbol gehörende Wahrscheinlichkeit und schreiben sie

$$P(a)$$

Es kann z.B.

$$P(a) = \tfrac{1}{6}$$

sein. Außerdem haben wir die logischen Symbole zur Verfügung wie die Zeichen „$-$" für „nicht", „$\vee$" für „oder", „$.$" für „und", „$\supset$" für „impliziert" und „$\equiv$" für „ist äquivalent mit". Wenn man mit diesen Zeichen Operationen unter der Voraussetzung ausführt, daß $P(a)$ ähnliche Funktionen wie Wahrheit und Falschheit in der gewöhnlichen Logik übernehmen soll, dann kommen wir zu einer Art von Logik, die wir *Wahrscheinlichkeitslogik* nennen wollen. Da es für den Ausdruck „Wahrscheinlichkeit", wie er hier auftritt, keine weitere Festlegung gibt, ist die Wahrscheinlichkeitslogik ein formales System, das später interpretiert werden kann.

Logisch gesehen, ist nicht hinreichend bestimmt, wie dieses formale System aussehen soll. Man könnte irgendein beliebiges Regelsystem erfinden und es Wahrscheinlichkeitslogik nennen. Darum hat das Problem der Wahrscheinlichkeitslogik und das verwandte Problem einer Modalitätenlogik in letzter Zeit eine lebhafte Diskussion hervorgerufen; es wurden viele ausgeklügelte Systeme vorgelegt, besonders für die Modalitätenlogik, deren Vorteile von ihren jeweiligen Verfassern hervorgehoben werden. Ich glaube aber nicht, daß die Frage aufgrund der logischen Eleganz oder anderer logischer Vorteile der betreffenden Systeme zu entscheiden ist. Diese Logik, nach der wir suchen, soll mit der Wissenschaftspraxis übereinstimmen; und da die Wissenschaft die Eigenschaften des Wahrscheinlichkeitsbegriffs ganz genau entwickelt hat, bleibt uns praktisch gar keine Wahl. Das bedeutet, daß die Gesetze der Wahrscheinlichkeitslogik den Gesetzen der mathematischen Wahrscheinlichkeitsrechnung entsprechen müssen; diese Beziehung bestimmt die Struktur der Wahrscheinlichkeitslogik in vollem Umfang. Entsprechendes gilt für die Modalitätenlogik; die Begriffe der Möglichkeit, Notwendigkeit und dergleichen, um die es dort geht, benutzt man praktisch als topologischen Rahmen für den Wahrscheinlichkeitsbegriff; darum muß ihre Struktur in Systemen formuliert werden, die aus dem allgemeinen System der Wahrscheinlichkeitslogik ableitbar sind. Der Aufbau des Systems durch Ableitung aus den Regeln der mathematischen Wahrscheinlichkeitsrechnung ist daher das Grundproblem der ganzen Disziplin. Die Lösung liegt vor; wir können sie aber nicht im einzelnen darstellen, sondern müssen uns auf eine Wiedergabe der Ergebnisse beschränken[63].

Die Regeln der Wahrscheinlichkeitslogik ähneln den Regeln der gewöhnlichen oder Alternativlogik (auch „zweiwertige Logik" genannt). Es bestehen aber zwei entscheidende Unterschiede.

Der erste ist, daß der „Wahrheitswert" der Symbole a, b, c, ... nicht auf die beiden Werte „Wahrheit" und „Falschheit" beschränkt ist, die wir durch 1 und 0 kennzeichnen können, sondern auch jeden Wert zwischen 0 und 1 annehmen kann.

Der zweite Unterschied betrifft die Regeln. In der zweiwertigen Logik ist der Wahrheitswert einer Verknüpfung $a \vee b$, $a.b$ usw. bestimmt, wenn die Wahrheitswerte von a und b einzeln gegeben sind. Wenn man weiß, daß a wahr ist und b wahr ist, dann weiß man, daß $a.b$ wahr ist; oder wenn man weiß, daß a wahr ist und b falsch ist, weiß man, daß $a \vee b$ wahr ist, wäh-

63) Eine ausführliche Darstellung findet sich in meiner Arbeit „Wahrscheinlichkeitslogik" (1932[d]) und in meiner Wahrscheinlichkeitslehre (1935). Wegen weiterer Arbeiten des Verfassers vgl. Fußn. 14. Eine Zusammenfassung aller Beiträge zu dem Problem findet sich bei Z. Zawirski, „Über das Verhältnis der mehrwertigen Logik zur Wahrscheinlichkeitslogik", *Studia philosophica*, 1 (Warschau, 1935), S. 407 ff.

rend $a \, . \, b$ in diesem Falle falsch wäre. Eine solche Regel gilt in der Wahrscheinlichkeitslogik nicht. Wir können uns hier auf keine ausführliche Begründung dieser Behauptung einlassen, sondern können nur die Ergebnisse zusammenfassen[64]. Es stellt sich heraus, daß der „Wahrheitswert" einer Verknüpfung von a und b nur bestimmt ist, wenn außer den einzelnen „Wahrheitswerten" von a und b noch der „Wahrheitswert" *einer* der anderen Verknüpfungen gegeben ist. Das heißt: Wenn $P(a)$ und $P(b)$ gegeben sind, ist der Wert von $P(a \vee b)$ oder von $P(a \, . \, b)$ usw. noch nicht bestimmt; es kann Paare von Fällen geben, in denen $P(a)$ sowie $P(b)$ den gleichen Wert hat, während $P(a \vee b)$ sowie $P(a \, . \, b)$ einen jeweils verschiedenen Wert annimmt. Wenn jedoch der „Wahrheitswert" *einer* Verknüpfung bekannt ist, können die der anderen berechnet werden. Man kann z.B. $P(a \, . \, b)$ als dritten unabhängigen Parameter einführen und dann die „Wahrheitswerte" der anderen Verknüpfungen als eine Funktion von $P(a)$, $P(b)$ und $P(a \, . \, b)$ bestimmen. Wir haben z.B. die Formel

$$P(a \vee b) = P(a) + P(b) - P(a \, . \, b) \qquad (1)$$

Die Notwendigkeit eines dritten Parameters für die Bestimmung des „Wahrheitswertes" der Verknüpfungen unterscheidet die Wahrscheinlichkeitslogik von der zweiwertigen Logik; sie läßt sich nicht umgehen, da sie von einer entsprechenden Unbestimmtheit des mathematischen Kalküls herrührt. Wenn a und b die Augenzahlen 1 und 2 desselben Würfels sind, haben wir

$$P(a \, . \, b) = 0 \, ,$$

weil sie nicht gleichzeitig auftreten können; die Wahrscheinlichkeit der Disjunktion ist dann 2/6 wegen

$$P(a) = P(b) = \tfrac{1}{6}$$

und (1). Wenn dagegen a und b die Augenzahlen 1 auf *zwei* Würfeln sind, die gleichzeitig geworfen werden, ergibt sich wegen der Unabhängigkeit der Würfe[65]

$$P(a \, . \, b) = \tfrac{1}{6} \cdot \tfrac{1}{6} = \tfrac{1}{36} \, ,$$

und (1) liefert 11/36 für die Wahrscheinlichkeit der Disjunktion in Übereinstimmung mit bekannten Regeln der Wahrscheinlichkeitsrechnung.

Eine ähnliche Formel wird für die Implikation entwickelt. Man zeigt:

$$P(a \supset b) = 1 - P(a) + P(a \, . \, b) \qquad (2)$$

64) Vgl. des Verfassers *Wahrscheinlichkeitslehre* (1935), § 73. Statt wie oben den „Wahrheitswert" einer Verknüpfung von dem einer anderen Verknüpfung abhängig zu machen, kann man auch als einen dritten unabhängigen Parameter die „Wahrscheinlichkeit von b relativ zu a" einführen, die wir $P(a, b)$ schreiben. Dieses Verfahren wird in der *Wahrscheinlichkeitslehre* angewandt. Beide Verfahren laufen auf dasselbe hinaus.

65) Ich möchte bemerken, daß meine allgemeinen Formeln nicht auf den Fall unabhängiger Ereignisse beschränkt, sondern auf beliebige Ereignisse anwendbar sind.

Dieser Fall unterscheidet sich von dem der Disjunktion insofern, als zwei Angaben, die Wahrscheinlichkeit von a und die des Produkts $a.b$, genügen, um die Wahrscheinlichkeit der Implikation festzulegen; deren Wahrscheinlichkeit stellt sich als unabhängig von der Wahrscheinlichkeit von b heraus. Man kann auch nicht $P(b)$ anstelle von $P(a.b)$ einführen; das würde die Wahrscheinlichkeit der Implikation unbestimmt lassen.

Für die Äquivalenz gilt die Gleichung

$$P(a \equiv b) = 1 - P(a) - P(b) + 2P(a.b) \qquad (3)$$

Hier sind wieder die drei Wahrscheinlichkeiten $P(a)$, $P(b)$ und $P(a.b)$ zur Bestimmung der Wahrscheinlichkeit auf der linken Seite der Gleichung gebraucht.

Nur für die Negation $\overline{a}$ erhält man eine Formel, die derjenigen in der zweiwertigen Logik ähnelt:

$$P(\overline{a}) = 1 - P(a) \qquad (4)$$

Die Wahrscheinlichkeit von a genügt, um die von $\overline{a}$ zu bestimmen.

Diese Formeln zeigen eine allgemeinere logische Struktur als die der zweiwertigen Logik; sie enthalten diese aber als Spezialfall. Das ist leicht zu erkennen: wenn man die Zahlenwerte von $P(a)$ und $P(b)$ auf 1 und 0 beschränkt, dann liefern die Formeln (1) bis (4) automatisch die bekannten Beziehungen der zweiwertigen Logik, wie sie in den Wahrheitstafeln des Logikkalküls ausgedrückt sind. Man muß nur die zweiwertige Wahrheitstafel für das logische Produkt $a.b$ hinzufügen, die aber in der zweiwertigen Logik nicht unabhängig, sondern eine Funktion von $P(a)$ und $P(b)$ ist[66].

Diese knappen Bemerkungen mögen genügen, um das Wesentliche an der Wahrscheinlichkeitslogik zu kennzeichnen; sie stellt sich als eine Verallgemeinerung der zweiwertigen Logik heraus, da bei ihr die Argumente eine stetige Skala von Wahrheitswerten bilden. Wir wollen uns jetzt der Frage nach der Deutung des formalen Systems zuwenden.

Wenn wir unter a, b, c, ... Aussagen verstehen, wird unsere Wahrscheinlichkeitslogik mit dem Gewichtssystem identisch, das wir erklärt und in unseren vorhergehenden Untersuchungen benutzt haben. In dieser Deutung sprechen wir von der *Gewichtslogik*.

Wir können indessen den Symbolen a, b, c, ... auch eine andere Deutung geben. Wir können unter dem Symbol a statt eines Satzes eine bestimmte Satzfolge verstehen. Betrachten wir eine Satzfunktion wie „x_i ist ein Würfel, der die Eins zeigt"; die verschiedenen Würfe des Würfels, die mit dem Index „i" numeriert werden, liefern dann eine Folge von Sätzen, die manchmal wahr und manchmal falsch sind, die aber alle von derselben Satzfunk-

66) Man kann zeigen, daß für den Spezialfall von Wahrheitswerten, die auf 0 und 1 beschränkt sind, der Wahrheitswert des logischen Produkts nicht mehr beliebig, sondern durch andere Regeln der Wahrscheinlichkeitslogik bestimmt ist (vgl. *Wahrscheinlichkeitslehre* (1935), § 73).

tion abstammen. Wir wollen hier von einer *Satzfolge* (a_i) sprechen. Die Klammern sollen bedeuten, daß die ganze Folge gemeint ist, die aus den einzelnen Sätzen a_i besteht. Oder nehmen wir die Satzfunktion „x_i ist ein Tuberkulosefall mit tödlichem Ausgang"; sie ist manchmal wahr und manchmal falsch, wenn x_i den ganzen Bereich der tuberkulösen Personen durchläuft. Wenn wir die Symbole (a_i), (b_i) ... in unsere Formeln einsetzen, können wir $P(a_i)$, $P(b_i)$, ... als Grenzwerte der Häufigkeit deuten, mit der ein Satz in der Satzfolge wahr ist. Für die logischen Operationen definieren wir:

$$
\begin{aligned}
&[(a_{\mathrm{i}}) \vee (b_{\mathrm{i}}) \\
&[(a_i) \vee (b_i)] \equiv (a_i \vee b_i) \\
&[(a_i) \,.\, (b_i)] \equiv (a_i \,.\, b_i) \\
&[(a_i) \supset (b_i)] \equiv (a_i \supset b_i) \\
&[(a_i) \equiv (b_i)] \equiv (a_i \equiv b_i)
\end{aligned}
\qquad (5)
$$

d.h., eine logische Operation zwischen zwei Satzfolgen ist mit der Gesamtheit dieser logischen Operationen zwischen den Elementen der Satzfolgen äquivalent. Unser Formelsystem liefert dann die Wahrscheinlichkeitsgesetze im Sinne der Häufigkeitsdeutung. In diesem Fall sprechen wir von der Logik der Satzfolgen. Gemäß diesen beiden Deutungen zerfällt der logische Wahrscheinlichkeitsbegriff in zwei Unterbegriffe. Formal ist die Wahrscheinlichkeitslogik eine Struktur aus sprachlichen Gebilden; doch es ergeben sich zwei Deutungen der Struktur aufgrund verschiedener Deutungen dieser Gebilde. Nimmt man Sätze als die Bausteine dieser Struktur und ihre Gewichte als ihre „Wahrheitswerte", so ergibt sich die *Gewichtslogik*. Nimmt man Satzfolgen als Bausteine der logischen Struktur und die Grenzwerte ihrer Häufigkeiten als ihre „Wahrheitswerte", so ergibt sich die *Logik der Satzfolgen*.

Wir haben oben erklärt, daß die Identitätsauffassung die strukturelle Identität des logischen und des mathematischen Wahrscheinlichkeitsbegriffs behauptet; jetzt können wir an eine andere Formulierung dieser These herangehen. Unsere Gewichtslogik ist die Wahrscheinlichkeitslogik der Aussagen; sie formuliert die Regeln für den Begriff, den die Anhänger der Verschiedenheitsauffassung den logischen Wahrscheinlichkeitsbegriff nennen würden. Unsere Logik der Satzfolgen ist das logische Äquivalent zur mathematischen Wahrscheinlichkeitsauffassung, d.h. ein logisches System, das auf der Häufigkeitsdeutung beruht. Die Identitätsauffassung behauptet nun die *Identität dieser beiden logischen Systeme*, d.h. erstens ihre strukturelle Identität und zweitens dies, daß der Gewichtsbegriff keine andere Bedeutung hat, als was sich mit Häufigkeitsaussagen ausdrücken läßt. Der Gewichtsbegriff ist gewissermaßen eine fiktive Eigenschaft von Aussagen, die wir als eine Abkürzung für Häufigkeitsaussagen benutzen. Das bedeutet, daß jedes Gewicht grundsätzlich als von einer Häufigkeit bestimmt verstanden werden kann, und umgekehrt jede Häufigkeit, die in der Statistik erscheint, als ein Gewicht. Wenn die Anhänger der Verschiedenheitsauffassung das nicht zugeben wollen, so deshalb, weil sie in bestimmten Fällen nur die Gewichtsform der Wahrscheinlichkeit und in anderen nur ihre Häufigkeitsform sehen. Beide Formen liegen aber in jedem Fall vor. Etwa bei historischen Ereignissen fassen diese Philosophen nur die Gewichtsfunktion der Wahrscheinlichkeitsaussage ins Auge und berücksichtigen nicht die Möglichkeit, eine Folge zu konstruieren, in der das Gewicht durch eine Häufigkeit bestimmt wird. Bei Würfelspielen oder Sozialstatistiken ziehen diese Philosophen nur die Häufigkeitsdeutung der Wahrscheinlichkeit in Betracht und sehen nicht, daß die so gewonnene Wahrscheinlichkeit als Gewicht für jedes Einzelereignis der statistischen Folge aufgefaßt werden kann. Ein Wurf mit dem Würfel ist ein Einzelereignis im gleichen Sinne wie Julius Cäsars Aufenthalt in Britannien; beide lassen sich in die Gewichtslogik einbeziehen – doch das schließt die Bestimmung des Gewichts durch eine Häufigkeit nicht aus. Die nötigen Statistiken sind für den Würfel leicht erhältlich, aber sehr schwer für Cäsars Aufenthalt in Britannien. In diesem Fall müssen wir uns mit rohen Schätzungen zufrieden geben; das beweist aber keine wesentliche Verschiedenheit der beiden Fälle.

§ 36 Die zwei Arten der Überführung der Wahrscheinlichkeitslogik in die zweiwertige Logik

Wir müssen jetzt die Frage nach der Überführung der Wahrscheinlichkeitslogik in die Alternativlogik stellen. Mit „Überführung" meinen wir nicht einen Übergang wie den oben besprochenen durch Beschränkung des Wertebereichs der Variablen; das ist ein Übergang zu einem Spezialfall, der von der Art der gegebenen Variablen abhängt. Jetzt suchen wir einen Übergang, der für jede Art von Variablen durchgeführt werden kann und jedes System der Wahrscheinlichkeitslogik in die zweiwertige Logik überführt.

Dafür gibt es zwei Möglichkeiten. Die erste ist die Methode der *Einteilung der Wahrscheinlichkeitswerte*. In der einfachsten Form ist es eine *Zweiteilung*. Man teilt die Wahrscheinlichkeitsskala an einem kritischen Punkt in zwei Teile, z.B. an dem Wert $p = \frac{1}{2}$, und definiert:

Wenn $P(a) > p$, wird a wahr genannt.
Wenn $P(a) \leqslant p$, wird a falsch genannt.

Dieses Verfahren liefert eine ziemlich rohe Einteilung der Wahrscheinlichkeitsaussagen, ist aber immer anwendbar und genügt für gewisse praktische Zwecke.

Besser ist die Einteilung mit Hilfe einer dreiwertigen Logik. Man führt dann eine *Dreiteilung* ein; man wählt zwei kritische Werte p_1 und p_2 und definiert:

Wenn $P(a) \geqslant p_2$, wird a wahr genannt.
Wenn $P(a) \leqslant p_1$, wird a falsch genannt.
Wenn $p_1 < P(a) < p_2$, wird a unbestimmt genannt.

Wenn man für p_2 einen Wert nahe an 1 und für p_1 einen Wert nahe an 0 wählt, hat die Dreiteilung den Vorteil, daß nur hohe Wahrscheinlichkeiten als Wahrheit und nur niedrige Wahrscheinlichkeiten als Falschheit angesehen werden. Für das mittlere Gebiet der Unbestimmtheit entspricht das Verfahren der

Praxis: es gibt ja viele Aussagen, die man nicht benutzen kann, weil ihr Wahrheitswert unbekannt ist. Wenn wir diese unbestimmten Sätze weglassen, können wir die übrigen Aussagen als solche einer zweiwertigen Logik ansehen; auf diese Weise führt die Methode der Dreiteilung ebenfalls zu einer zweiwertigen Logik.

Bezüglich der Geltung der Regeln der zweiwertigen Logik für die Sätze, die durch Zweiteilung oder Dreiteilung als ,,wahr" oder ,,falsch" definiert sind, ist noch folgendes zu bemerken. Die Negation läßt sich bei der Zweiteilung anwenden, weil sie aufgrund von (4), § 35, von dem einen Teilgebiet ins andere führt. Dasselbe gilt für die Dreiteilung, wenn die kritischen Punkte p_1 und p_2 symmetrisch liegen; nach (4), § 35, ist dann wieder die Negation eines wahren Satzes falsch, und umgekehrt. Doch bei den anderen Operationen gelten die Regeln der zweiwertigen Logik nur näherungsweise. Wenn z.B. nach unseren Definitionen a wahr ist und b wahr ist, ist das logische Produkt $a.b$ nicht immer wahr. Wenn $P(a)$ und $P(b)$ nahe bei p_1 oder p_2 liegen, kann $P(a.b)$ darunter liegen. Wenn nun a und b unabhängig sind, ist $P(a.b)$ durch das arithmetische Produkt von $P(a)$ und $P(b)$ gegeben; da diese Zahlen dem Betrag nach kleiner als 1 sind, kann ihr Produkt unter dem kritischen Wert liegen, während sie selbst beide darüber liegen. Ein ähnlicher Fall ist für die Disjunktion möglich. Wenn a falsch ist und b falsch ist, ist ihre Disjunktion $a \vee b$ auch falsch; sie kann aber in unserer abgeleiteten Logik auch wahr sein, wie (1), § 35, zeigt; wenn $P(a)$ und $P(b)$ unter dem kritischen Wert liegen, kann $P(a \vee b)$ darüber liegen.

Die zweiwertige Logik, die aus der Wahrscheinlichkeitslogik durch Zweiteilung der Wahrscheinlichkeitswerte hervorgeht, stellt sich als eine nur angenäherte Logik heraus. Dasselbe gilt für die zweiwertige oder dreiwertige Logik, die durch Dreiteilung entsteht. Diese wird nur dann eine strenge Logik, wenn $p_1 = 0$ und $p_2 = 1$, d.h. wenn das ganze Gebiet zwischen 0 und 1 unbestimmt genannt wird. Dann kann es keine Ausnahmen wie die oben erwähnten geben; nur wenn a und b beide unbestimmt sind, liegt eine gewisse Mehrdeutigkeit vor[67]. Eine solche Logik paßt aber nicht auf die Physik, da die Fälle $P(a) = 1$ und $P(a) = 0$ in der Praxis nicht vorkommen. Es würde in der ganzen Physik keinen wahren oder falschen Satz geben, wenn diese Logik benutzt würde. Eine Überführung durch Einteilung muß also notwendigerweise eine Näherung bleiben.

Wir wenden uns jetzt der zweiten Überführungsmethode zu. Sie beruht auf der Häufigkeitsdeutung der Wahrscheinlichkeit. Wir gingen von einem System L von Beziehungen zwischen den Elementen $a, b, c, \dots$ aus:

$$L[a, b, c, \dots]$$

Da der ,,Wahrheitswert" der Elemente $a, b, c, \dots$ überall zwischen 0 und 1 liegen kann, hat L den Charakter einer Logik mit stetigem Wahrheitswert

67) Vgl. des Verfassers *Wahrscheinlichkeitslehre* (1935), §§ 72 und 74.

und ist die Wahrscheinlichkeitslogik. Wir sagten, daß die Elemente a, b, c, ... durch (a_i), (b_i), (c_i), ... ersetzbar seien, die wir Satzfolgen nannten; dann ergibt sich das System

$$L[(a_i), (b_i), (c_i), \ldots]$$

Der Wahrheitswert der Elemente (a_i), (b_i), (c_i), ... liegt ebenfalls auf einer stetigen Skala. Nun bestehen die Satzfolgen (a_i), (b_i), ... aus Sätzen mit nur zwei Wahrheitswerten, und der ,,Wahrheitswert" der Satzfolge (a_i) kann als die Häufigkeit aufgefaßt werden, mit der die Sätze a_i wahr sind. Damit geht das System von Beziehungen L in eines mit anderen Elementen über:

$$L_0[a_i, b_i, c_i, \ldots]$$

Dieser Übergang ist mit der Einführung neuer Variablen in der Mathematik vergleichbar. L_0 ist also nichts anderes als die gewöhnliche zweiwertige Logik.

Das bedeutet: Jede Aussage der Wahrscheinlichkeitslogik über Satzfolgen läßt sich in eine Aussage der zweiwertigen Logik über die Häufigkeit überführen, mit der die Sätze in einer Satzfolge wahr sind.

Auf dieser Möglichkeit beruht die Tragweite der Häufigkeitsdeutung. Die Häufigkeitsdeutung erlaubt uns, die Wahrscheinlichkeitslogik auszuschalten und die Wahrscheinlichkeitsaussagen auf Aussagen der zweiwertigen Logik zurückzuführen.

Dieser Übergang scheint im Gegensatz zu dem durch Zweiteilung oder Dreiteilung keine Näherung, sondern streng gültig zu sein; dazu müssen aber zwei Bedingungen erfüllt sein:

1. die neuen Elemente a_i, b_i, ... müssen Sätze von streng zweiwertigem Charakter sein; und

2. die Aussage über die Häufigkeit, mit der die Sätze in einer Satzfolge wahr sind, muß streng zweiwertigen Charakter haben.

Diese Bedingungen sind für die rein mathematische Wahrscheinlichkeitsrechnung erfüllt; darum kann diese völlig im Rahmen der zweiwertigen Logik aufgebaut werden. Bei der Anwendung dieses Kalküls auf die Wirklichkeit, d.h. auf physikalische Aussagen, sind die beiden Bedingungen jedoch nicht erfüllt; für alle Aussagen der empirischen Wissenschaft bleibt der erwähnte Übergang nur eine Näherung.

Für die zweite Bedingung ergibt sich die Schwierigkeit aus der Unendlichkeit der Folge. Eine mathematisch unendliche Folge wird durch eine Vorschrift gegeben, die die Mittel liefert, um ihre Eigenschaften, soweit erforderlich, zu berechnen; insbesondere kann eine relative Häufigkeit in ihr berechnet werden. Darum bietet die zweite Bedingung keine Schwierigkeiten für die Mathematik. Eine physikalisch unendliche Folge ist uns aber nur in Form eines bestimmten Anfangsabschnitts bekannt; ihre Fortsetzung ist uns unbekannt und bleibt von dem problematischen Mittel der Induktion abhängig. Daher ist eine Aussage über die Häufigkeit in einer physikalischen Folge nicht mit Sicherheit möglich; sie ist selbst nur wahrscheinlich. Wie wir sehen, führen diese Betrachtungen zu einer Theorie von Wahrscheinlichkeitsaussagen höherer Stufe; da hier einige weitere Analysen erforderlich sind, wollen wir die Diskussion dieser Theorie auf später verschieben (§ 41 und § 43). Im Augenblick genüge die Feststellung, daß die zweite Bedingung für Aussagen der empirischen Wissenschaft nicht erfüllbar ist.

Jetzt ist die erste Bedingung näher zu betrachten. Sie ist in der empirischen Wissenschaft nicht erfüllt, weil es keine absolut verifizierbaren Aussagen gibt. Das war das Ergebnis unserer vorangehenden Überlegungen; wir zeigten, daß es sich nur um eine Schematisierung handelt, wenn man von einer streng wahren oder falschen Aussage spricht. Vor dem Würfelwurf haben wir nur eine Wahrscheinlichkeitsaussage über das Ergebnis; nachher sagen wir, wir kennten das Ergebnis genau. Strenggenommen, ist das aber nur ein Übergang von einer niedrig[er]en zu einer hohen Wahrscheinlichkeit; es ist nicht absolut sicher, daß vor mir auf dem Tisch ein Würfel liegt, der die Eins zeigt. Dasselbe gilt für jede beliebige andere Aussage; wir brauchen das hier nicht erneut auseinanderzusetzen. Wenn die zweite Bedingung als erfüllt angesehen wird – und für gewisse Zwecke kann das praktisch sein –, so gilt das also nur im Sinne einer Schematisierung.

Wir wollen jetzt angeben, was bei dieser Schematisierung vor sich geht. Genaugenommen besitzen die Sätze a_i für uns nur ein Gewicht; wenn wir dieses Gewicht durch Wahrheit oder Falschheit ersetzen, führen wir einen Übergang durch Zweiteilung oder Dreiteilung aus. Die Überführung von L in L_0 aufgrund der Häufigkeitsdeutung setzt daher eine andere Überführung durch Einteilung bei der neuen Klasse von Elementen voraus.

Die Häufigkeitsdeutung kann uns durch die Einführung der zweiwertigen Logik nicht von dem Näherungscharakter dieser Logik befreien, selbst wenn wir von der zweiten Bedingung absehen. Das bedeutet aber nicht, daß ein solcher Übergang überflüssig wäre; im Gegenteil, er verbessert die Näherung ganz erheblich. Darum ist dieser Übergang eine sehr wichtige wissenschaftliche Methode.

Wir könnten versuchen, unser System der Erkenntnis so aufzubauen, daß jede Aussage ein geschätztes Gewicht erhält; doch das würde sich als ein recht schlechtes Gewichtssystem herausstellen. Die Wissenschaftspraxis ersetzt ein solches direktes Verfahren durch ein indirektes, was als eine der scharfsinnigsten wissenschaftlichen Erfindungen anzusehen ist. Man beginnt mit einer Dreiteilung, behält nur Aussagen mit hohem und niedrigem Gewicht bei und läßt den mittleren Bereich fallen. Dann wendet man die Häufigkeitsdeutung der Wahrscheinlichkeit an und ermittelt durch Zählungen das Gewicht der Sätze, die vorher weggelassen worden waren. Das ist nicht das einzige Ziel der Berechnungen; man kann sogar das Gewicht der Sätze, die anfangs beibehalten worden waren, überprüfen und sie möglicherweise von dem vermuteten Platz auf der Gewichtsskala an einen neuen Platz verschieben. So kann sich ein Satz, der ursprünglich als wahr angenommen wurde, als unbestimmt oder falsch erweisen. Das ist kein Widerspruch in der statistischen Methode, weil die Änderung des Wahrheitswertes einiger Aussagen im ganzen keinen großen Einfluß auf die Häufigkeit hat. Man muß ständig darauf achten, daß Schätzungen des Gewichts später durch eine Zurückführung auf die Häufigkeit anderer Sätze bestätigt werden, die selbst in Form von Schätzungen beurteilt werden. Die ursprünglichen Schätzungen werden so im Lichte der Häufigkeitsdeutung allmählich beseitigt. Das führt zu neuen Schätzungen; der Fortschritt besteht darin, daß jede einzelne Schätzung weniger wichtig wird, indem ihre mögliche Falschheit das ganze System weniger beeinflußt. So konstruieren wir durch Zusammenspiel von Dreiteilung und Häufigkeitsdeutung ein Gewichtssystem, das viel genauer ist als eines der direkten Gewichtsschätzungen.

Bei diesem Verfahren wird die wichtige Funktion der Häufigkeitsdeutung deutlich. Obwohl die Logik unserer Sätze nicht zweiwertig ist, sondern eine stetige Skala besitzt, braucht die Erkenntnis nicht mit der Wahrscheinlichkeitslogik anzufangen. Man fängt mit einer angenäherten zweiwertigen Logik an und entwickelt die stetige Skala mit Hilfe der Häufigkeitsauffassung. Diese Methode ist umkehrbar: Wenn eine Wahrscheinlichkeitsaussage gegeben ist, verifizieren wir sie mit Hilfe der Häufigkeitsdeutung, indem wir sie auf Aussagen einer approximativen zweiwertigen Logik zurückführen. Diese ist besser als die ursprüngliche Wahrscheinlichkeitslogik, weil sie den zweifelhaften mittleren Bereich der Gewichte wegläßt. Die Häufigkeitsdeutung der Wahrscheinlichkeit ermöglicht diese Zurückführung, denn durch die Auflösung von Gewichten in Häufigkeiten gestattet sie uns, die direkte Schätzung von Gewichten auf hohe und niedrige zu beschränken. Die Häufigkeitsdeutung befreit uns von einem logischen System, das für den direkten Gebrauch zu unhandlich ist.

Wir dürfen jedoch nicht vergessen, daß die zweiwertige Logik immer eine Näherung bleibt. Das System der Erkenntnis ist in der Sprache der Wahrscheinlichkeitslogik geschrieben; die zweiwertige Logik ist eine Ersatzsprache, die nur als Näherung brauchbar ist. Jede Erkenntnistheorie, die das übersieht, läuft Gefahr, sich auf den kahlen Höhen einer Idealisierung zu verlieren.

§ 37 Die aprioristische und die formalistische Auffassung der Logik

Wir wollen uns jetzt der Frage nach dem Ursprung der Wahrscheinlichkeitsgesetze zuwenden. Diese Frage läßt sich nicht von der Frage nach dem Ursprung der Logik überhaupt trennen; darum müssen wir das Wesen der Logik untersuchen.

In der Geschichte der Philosophie gibt es zwei Auffassungen der Logik, die eine hervorragende Rolle gespielt und sich so lange gehalten haben, daß sie auch heute der Hauptgegenstand der Diskussion über die Logik sind.

Für die erste Auffassung, die ich die *aprioristische Auffassung* nennen möchte, ist die Logik eine Wissenschaft mit eigener Autorität, ob sie nun auf dem aprioristischen Charakter des Denkens oder auf geistiger Intuition oder Evidenz beruht – die Philosophen haben uns viele solche Formulierunauf dem apriorischen Charakter der Vernunft, auf den psychologischen Eigenschaften des Denkens oder auf geistiger Intuition oder Evidenz beruht – die Philosophen haben uns viele solche Formulierungen beschert, die ausdrücken sollen, daß wir uns der Logik einfach wie einem höheren Befehl unterwerfen müssen.

Das war Platons Auffassung, der er noch den Seherblick in die Welt der Ideen hinzufügte; das war die Lehre der meisten Scholastiker, für die die Logik die Gesetze und die Natur Gottes offenbarte; es war die Auffassung der modernen Rationalisten, von Descartes, Leibniz und Kant, Männern, die als Begründer des modernen Apriorismus in der Logik und Mathematik angesehen werden müssen. Die Begründer der modernen Wahrscheinlichkeitslogik waren auch nicht weit von dieser Auffassung entfernt. Sie entdeckten, daß die Gesetze dieser Logik ebenso evident waren wie die Gesetze der älteren Logik; sie faßten daher die Wahrscheinlichkeitslogik als die Logik des ,,vernünftigen Glaubens" an Ereignisse auf, deren Wahrheitswert unbekannt ist, und setzten auf diese Weise die aprioristische Logik fort. Boole sah seine Wahrscheinlichkeitslogik als einen Ausdruck der ,,Denkgesetze" an und wählte dieses Wort als Titel seines Hauptwerkes; Venn nannte die Wahrscheinlichkeitslogik einen ,,Zweig der allgemeinen Wissenschaft von der Beweiskraft" [science of evidence], und Keynes, der Vertreter dieser Auffassung der Wahrscheinlichkeitslogik in unseren Tagen, läßt die Theorie des ,,vernünftigen Glaubens" [rational belief] wieder aufleben. Der Apriorismus reicht also bis in die Reihen der modernen Logiker.

Die zweite Auffassung erkennt die Logik nicht als eine inhaltliche Wissenschaft an; man könnte sie die *formalistische Auffassung* der Logik nennen. Die Vertreter dieser Auffassung glauben an keinen apriorischen Charakter der Logik. Sie sprechen nicht einmal von den ,,Gesetzen" der Logik, weil dieser Ausdruck nahelegt, es gebe in der Logik etwas mit Autorität Ausgestattetes, dem man gehorchen müsse. Für sie ist die Logik ein System von Regeln, die in keiner Weise den Inhalt der Wissenschaft bestimmen und lediglich eine Aussage in eine andere umformen, ohne ihrer Intension etwas hinzuzufügen. Diese Auffassung der Logik wurde von den mittelalterlichen Nominalisten ins Feld geführt; sie wurde von Empiristen wie Hume vertreten, der das Bedürfnis nach einer Erklärung des Notwendigkeitsanspruchs der Logik erkannte; sie wurde auch die Grundlage der modernen Entwicklung der Logik, die mit den Namen Hilbert, Russell, Wittgenstein und Carnap verbunden ist[68]. Wittgenstein lieferte die wichtige Definition der Tautologie: Eine Tautologie ist eine Formel, deren Wahrheit unabhängig von den Wahrheitswerten der Elementarsätze ist, die in ihr vorkommen. Die Logik wurde als die Wissenschaft von den tautologischen Formeln definiert; die Auffassung von der Inhaltsleere der Logik fand in der Wittgensteinschen Definition ihre strenge Formulierung.

Carnap fügte einen Punkt hinzu, der für die Erklärung des Notwendigkeitsanspruchs der Logik wesentlich war. Im Anschluß an die Gedanken Witt-

68) Es ist zu betonen, daß wir den Ausdruck ,,formalistisch" in einem etwas weiteren Sinne gebrauchen, als er in der modernen Logik in Gebrauch ist, wo die Formalisten die engere Gruppe um Hilbert sind. Die Unterschiede zwischen diesen Gruppen sind aber für unseren Überblick nicht wesentlich.

gensteins sagte er, die Logik befasse sich nur mit der Sprache und nicht mit dem, worüber sie spricht. Die Sprache besteht aus Symbolen, deren Gebrauch von gewissen Regeln bestimmt wird. Die logische Notwendigkeit ist daher nichts als eine Beziehung zwischen Symbolen aufgrund der Sprachregeln. Es gibt keine logische Notwendigkeit, die „den Dingen innewohnt", wie sie die Propheten aller möglichen „Ontologien" behaupten. Die Notwendigkeit liegt völlig bei den Symbolen; sie sagt nichts über die Welt aus, weil die Sprachregeln so gefaßt sind, daß sie die möglichen Erfahrungen nicht einschränken.

Dementsprechend nennt Carnap die Logik die Syntax der Sprache. Es gibt keine logischen Gesetze der Welt, sondern nur syntaktische Sprachregeln. Was wir eine logische Tatsache genannt haben (§ 1), würde in dieser besseren Ausdrucksweise eine syntaktische Tatsache heißen. Statt von der logischen Tatsache zu sprechen, daß ein Satz *b* nicht aus einem Satz *a* ableitbar ist, sollte man besser von einer syntaktischen Tatsache sprechen: die Struktur der Formeln *a* und *b* ist derart, daß die syntaktische Beziehung der Ableitbarkeit zwischen ihnen nicht besteht.

Die formale Auffassung der Logik befreit uns von allen Problemen des Apriorismus, von allen Fragen nach einer Übereinstimmung von Geist und Wirklichkeit. Darum ist sie die natürliche Logiktheorie eines jeden Empirismus. Sie verlangt von uns keinen Glauben an nichtempirische Gesetze. Was wir über die Natur wissen, stammt aus der Erfahrung; die Logik fügt den Ergebnissen der Erfahrung nichts hinzu, weil die Logik leer ist, nichts als ein System syntaktischer Sprachregeln.

Wir wollen jetzt fragen, ob wir die Wahrscheinlichkeitslogik in die formalistische Logikauffassung einbeziehen können. Offensichtlich ist das für jede Art von Empirismus eine Grundfrage. Wir fanden, daß der Wahrscheinlichkeitsbegriff für die Erkenntnis unentbehrlich ist, daß die Wahrscheinlichkeitslogik die Methoden der wissenschaftlichen Forschung bestimmt. Wenn wir keine formalistische Deutung der Wahrscheinlichkeitslogik geben könnten, wären alle Anstrengungen der Antimetaphysiker vergeblich gewesen; sie hätten zwar die Schwierigkeiten in der zweiwertigen Logik überwunden, würden aber jetzt an dem Kernbegriff der wissenschaftlichen Voraussage scheitern — am Wahrscheinlichkeitsbegriff. Ein logischer Empirismus wäre unhaltbar, wenn sich keine formalistische Lösung des Wahrscheinlichkeitsproblems finden ließe.

Es gibt eine solche Lösung. Wir stellen sie in zwei Schritten dar.

Der erste Schritt ist durch die Häufigkeitsdeutung gekennzeichnet. Wir haben gezeigt, daß die Wahrscheinlichkeitslogik durch die Häufigkeitsdeutung in die zweiwertige Logik übergeführt werden kann. Dazu ist eine weitere Bemerkung nötig. Es ist zwar leicht einzusehen, daß die Häufigkeitsdeutung dies leistet, doch es ist nicht unmittelbar deutlich, ob dazu noch andere Axiome erforderlich sind, für die wir vielleicht keine Rechtfertigung haben. Diese Frage kann nur mit einem axiomatischen Verfahren gelöst werden, das die mathematische Wahrscheinlichkeitsrechnung auf ein System einfacher Voraussetzungen zurückführt, aus denen sich das ganze mathematische System ableiten läßt. Diese Axiome sind dann zu untersuchen.

Dieses Verfahren ist durchgeführt worden; es erbringt ein für unser Problem höchst wichtiges Ergebnis. Es stellt sich nämlich heraus, daß sich alle Lehrsätze der Wahrscheinlichkeitsrechnung auf eine einzige Voraussetzung zurückführen lassen, und zwar gerade auf die Häufigkeitsdeutung. Wenn die Wahrscheinlichkeit als Grenzwert der relativen Häufigkeit in einer unendlichen (oder endlichen) Folge aufgefaßt wird, werden alle Sätze der Wahrscheinlichkeitsrechnung zu arithmetischen Sätzen und damit zu Tautologien. Der Beweis ist etwas kompliziert, da sich die Theorie der mathematischen Wahrscheinlichkeit auf sehr viele Arten von Wahrscheinlichkeitsfolgen bezieht, von denen die gewöhnliche Folge, wie sie in Glücksspielen auftritt, nur ein Spezialfall ist. Auch eine kurze Andeutung dieses Beweises würde unsere Darstellung übermäßig in die Länge ziehen, und wir müssen uns darauf beschränken, das Ergebnis festzustellen[69].

Die Konsequenzen dieses Ergebnisses für die Einfügung der Wahrscheinlichkeitslogik in die formalistische Deutung der Logik liegen auf der Hand: das Problem der Rechtfertigung der Sätze der Wahrscheinlichkeitslogik verschwindet. Diese sind als arithmetische Sätze im Rahmen der formalistischen Deutung der Mathematik gerechtfertigt. Um die Auswirkungen dieses Ergebnisses zu erkennen, erinnern wir uns an die Schwierigkeiten der älteren Autoren in der Wahrscheinlichkeitslogik. Sie erkannten, daß die Wahrscheinlichkeitsgesetze, obwohl von jedermann anerkannt, nicht aus dem Wahrscheinlichkeitsbegriff logisch abgeleitet werden können, wenn dieser Begriff so etwas wie vernünftige Erwartung bedeuten soll oder die Möglichkeit des Eintretens eines Einzelereignisses; die Gesetze mußten also synthetische Aussagen a priori sein. Die Vorstellung von den „Gesetzen des vernünftigen Glaubens", die diesen Gedanken ausdrückte, rührte daher, daß man die Ableitbarkeit dieser Gesetze aus der Häufigkeitsdeutung nicht erkannte. Wir brauchen keine „Wissenschaft von der Beweiskraft", um die Wahrscheinlichkeitsgesetze zu beweisen, wenn wir unter der Wahrscheinlichkeit den Grenzwert einer Häufigkeit verstehen. Andererseits ist dies einer der Gründe, warum wir auf der Identitätsauffassung der beiden Wahrscheinlichkeitsbegriffe bestehen müssen: wenn sie verschiedenartig wären, wenn es einen nichtstatistischen Wahrscheinlichkeitsbegriff gäbe, könnten dessen Gesetze nicht durch die Häufigkeitsdeutung gerechtfertigt werden, und die formalistische Deutung der Wahrscheinlichkeitslogik wäre nicht durchführbar[70]. Wir würden auf die apriori-

69) Diese Zurückführung der Wahrscheinlichkeitsrechnung auf ein einziges Axiom über die Existenz eines Grenzwerts der Häufigkeit ist in meiner Arbeit „Axiomatik der Wahrscheinlichkeitsrechnung" (1932[c]), durchgeführt worden. Eine ausführliche Darstellung findet sich in meiner *Wahrscheinlichkeitslehre* (1935).

70) Diese Tatsache ist von einigen modernen Positivisten nicht genügend beachtet worden, die versucht haben, die Verschiedenheitsauffassung gegen mich zu verteidigen (vgl. meine Antwort an Popper und Carnap in *Erkenntnis* (1935[e]).

stische Situation zurückgeworfen und müßten an Gesetze glauben, die wir nicht rechtfertigen können. Nur die Häufigkeitsdeutung befreit uns von metaphysischen Annahmen und bezieht auch das Wahrscheinlichkeitsproblem in die umfassende Auflösung des Apriori ein, die die Entwicklung des modernen logischen Empirismus kennzeichnet.

Die Zurückführung der Wahrscheinlichkeitsgesetze auf Tautologien durch die Häufigkeitsdeutung ist aber nur der erste Schritt in dieser Richtung. Es muß noch ein zweiter getan werden.

§ 38 Das Induktionsproblem

Bisher haben wir nur von den nützlichen Eigenschaften der Häufigkeitsdeutung gesprochen. Sie hat aber auch gefährliche Eigenschaften.

Die Häufigkeitsdeutung hat zwei Funktionen in der Wahrscheinlichkeitstheorie. Erstens wird eine Häufigkeit zur *Begründung* der Wahrscheinlichkeitsaussage benutzt; sie liefert den Grund, warum wir die Aussage für richtig halten. Zweitens wird eine Häufigkeit zur *Verifikation* der Wahrscheinlichkeitsaussage benutzt; das heißt, sie soll ihre Bedeutung liefern. Diese beiden Funktionen sind nicht identisch. Die beobachtete Häufigkeit, von der wir ausgehen, ist nur die Grundlage für den Wahrscheinlichkeitsschluß; wir wollen noch zu einer anderen Häufigkeit kommen, die sich auf *zukünftige Beobachtungen* bezieht. Der Wahrscheinlichkeitsschluß geht von einer bekannten Häufigkeit zu einer unbekannten über; darin liegt seine Tragweite. Die Wahrscheinlichkeitsaussage stützt eine Voraussage, und darum brauchen wir sie.

Mit dieser Formulierung kommen wir zum Problem der Induktion. Die Wahrscheinlichkeitstheorie enthält das Induktionsproblem, und das Wahrscheinlichkeitsproblem kann nicht ohne eine Antwort auf die Frage der Induktion gelöst werden. Der Zusammenhang dieser beiden Probleme ist bekannt; Philosophen wie Peirce haben die Auffassung geäußert, eine Lösung des Induktionsproblems sei in der Wahrscheinlichkeitstheorie zu finden. Das Umgekehrte gilt jedoch auch. Vorsichtig möchte ich formulieren: die Lösung beider Probleme muß in derselben Theorie geliefert werden.

Mit dieser Zusammenfassung des Problems der Wahrscheinlichkeit mit dem der Induktion entscheiden wir uns eindeutig für diejenige Bestimmung der Wahrscheinlichkeit, die die Mathematiker als *aposteriorische Bestimmung* bezeichnen. Wir erkennen keine sogenannte *apriorische Bestimmung* an, wie manche Mathematiker sie in der Theorie der Glücksspiele einführen; zu diesem Punkt verweisen wir auf unsere Bemerkungen in § 33, daß die sogenannte apriorische Bestimmung auf eine aposteriorische zurückgeführt werden kann. Dieses Verfahren müssen wir daher jetzt analysieren.

Unter „aposteriorischer Bestimmung“ verstehen wir ein Verfahren, bei dem angenommen wird, daß die statistisch beobachtete relative Häufigkeit näherungsweise für jede zukünftige Fortsetzung der Folge gilt. Dieser Gedanke soll jetzt exakt formuliert werden. Wir nehmen eine Folge von Ereignissen A und $\overline{A}$ (nicht-A) an; n sei die Anzahl der Ereignisse, m die Anzahl der Ereignisse von der Art A unter ihnen. Dann haben wir die relative Häufigkeit

$$h^n = \frac{m}{n}$$

Die Annahme bei der aposteriorischen Bestimmung lautet dann:

Für jede beliebige Verlängerung der Folge auf s Ereignisse ($s > n$) wird die relative Häufigkeit in einem kleinen Intervall um h^n verbleiben, d. h.

$$h^n - \epsilon \leqslant h^s \leqslant h^n + \epsilon,$$

wo ϵ eine kleine Zahl ist.

Diese Annahme formuliert das *Induktionsprinzip*, und zwar in einer allgemeineren Form als in der traditionellen Philosophie üblich. Die übliche Formulierung lautet: Die Induktion ist die Annahme, daß ein Ereignis, das n mal eingetroffen ist, in Zukunft immer wieder eintreffen wird. Offenbar ist diese Formulierung ein Spezialfall unserer Formulierung mit $h^n = 1$. Wir können unsere Untersuchung nicht darauf beschränken, da der allgemeine Fall bei vielen Problemen vorkommt.

Das liegt daran, daß die Wahrscheinlichkeitstheorie die Definition der Wahrscheinlichkeit als Grenzwert der Häufigkeit braucht. Unsere Formulierung ist eine notwendige Bedingung für die Existenz eines Grenzwerts der Häufigkeit nahe bei h^n; es fehlt noch, daß es ein solches h^n für jedes noch so kleine ϵ [> 0] gibt. Beziehen wir dies in unsere Annahme ein, so wird unser Induktionspostulat zu der Hypothese, daß es einen Grenzwert der relativen Häufigkeit gibt, der sich nicht sehr von dem beobachteten Wert unterscheidet.

Wenn wir jetzt ausführlicher auf diese Annahme eingehen, so brauchen wir einen Punkt nicht weiter zu beweisen: die Formel ist keine Tautologie. Es gibt einfach keine logische Notwendigkeit, daß h^s in dem Intervall $h^n \pm \epsilon$ verbleibt; man kann sich leicht vorstellen, daß das nicht der Fall ist.

Der nichttautologische Charakter der Induktion ist seit langem bekannt; Bacon hatte schon betont, gerade diese Eigenschaft verleihe der Induktion ihre Bedeutung. Wenn der Induktionsschluß im Gegensatz zum deduktiven Schluß etwas Neues lehren kann, kommt das daher, daß er keine Tautologie ist. Diese nützliche Eigenschaft ist aber zum Kern der erkenntnistheoretischen Schwierigkeiten im Zusammenhang mit der Induktion geworden. David Hume griff das Prinzip als erster von dieser Seite her an; er zeigte, daß die scheinbare Stringenz des Induktionsschlusses nicht gerechtfertigt werden kann, obwohl jedermann sich ihr unterwirft. Wir glauben an die Induktion; wir können uns nicht einmal von diesem Glauben befreien, wenn wir wissen, daß kein logischer Beweis der Geltung des Induktionsschlusses möglich ist; doch als Logiker müssen wir zugeben, daß dieser Glaube eine Illusion ist – das ist das Ergebnis der Humeschen Kritik. Wir können seine Einwände in zwei Sätzen zusammenfassen:

1. Es gibt keinen logischen Beweis für die Geltung des Induktionsschlusses.

2. Es gibt keinen aposteriorischen Beweis für den Induktionsschluß; jeder solche Beweis würde gerade das Prinzip voraussetzen, das er beweisen soll.

Diese beiden Säulen der Humeschen Kritik des Induktionsprinzips sind zwei Jahrhunderte lang unerschüttert geblieben, und ich glaube, sie werden es so lange bleiben, wie es eine wissenschaftliche Philosophie gibt.

Trotz des tiefen Eindrucks, den Humes Entdeckung auf seine Zeitgenossen machte, wurde ihre Tragweite während der nachfolgenden geistigen Entwicklung nicht genügend beachtet. Ich meine hier nicht die spekulativen Metaphysiker, die uns das 19. Jahrhundert besonders in Deutschland in so großer Zahl bescherte; man braucht sich nicht zu wundern, daß sie Einwände, die so nüchtern die Grenzen der menschlichen Vernunft bewiesen, keiner Beachtung würdigten. Doch die Empiristen und sogar die mathematischen Logiker waren in dieser Beziehung nicht besser. Es ist erstaunlich, daß klardenkende Logiker wie John Stuart Mill, Whewell, Boole oder Venn in ihren Schriften über das Induktionsproblem die Tragweite der Humeschen Einwände verkannten; sie übersahen, daß keine Wissenschaftslogik ihr Ziel erreicht hat, solange es keine Induktionstheorie gibt, die nicht der Humeschen Kritik ausgesetzt ist. Es war zweifellos ihr logischer Apriorismus, der sie daran hinderte, die Mangelhaftigkeit ihrer eigenen Induktionstheorien zu erkennen. Doch es bleibt unbegreiflich, daß ihre empiristischen Grundsätze sie nicht veranlaßten, der Humeschen Kritik mehr Gewicht beizulegen.

Mit dem Aufkommen der formalistischen Auffassung der Logik in den letzten Jahrzehnten wurde die ganze Bedeutung von Humes Einwänden wieder erkannt. Die Anforderungen an die logische Strenge sind gewachsen, und die Lücke in der Kette der wissenschaftlichen Schlüsse, die Hume aufgezeigt hatte, war nicht mehr zu übersehen. Der Versuch der modernen Positivisten, die Erkenntnis als System mit absoluter Gewißheit aufzubauen, stieß im Induktionsproblem auf ein unüberwindliches Hindernis. In dieser Situation wurde ein Ausweg vorgeschlagen, den man nur als einen Verzweiflungsakt bezeichnen kann.

Man suchte das Heilmittel im Retrogressionsprinzip. Wir erinnern uns an die Rolle, die dieses Prinzip in der Wahrheitstheorie der Bedeutung indirekter Sätze spielte (§ 7); die Positivisten, die schon versucht hatten, das Prinzip auf diesem Gebiet durchzuführen, wollten es nun auf das Induktionsproblem anwenden. Sie fragten: Unter welchen Umständen wendet man das Induktionsprinzip an, um auf eine neue Aussage zu schließen? Sie gaben die richtige Antwort: Man wendet es an, wenn eine Anzahl von Beobachtungen vorliegt, die sich auf gleichartige Ereignisse beziehen und eine Häufigkeit h^n für eine bestimmte Art von Ereignissen unter ihnen liefern. Was wird daraus geschlossen? Man glaubt, sagten die Positivisten, man könne daraus auf eine ähnliche Fortsetzung der Folge schließen; aber nach dem Retrogressionsprinzip kann diese „Voraussage der Zukunft" keine Bedeutung haben, die über eine Wiederholung der Prämissen des Schlusses hinausgeht – sie bedeutet nichts anderes als „Es *gab* eine Folge von Beobachtungen der und der Art". Die Bedeutung einer Aussage über die Zukunft ist eine Aussage über die Vergangenheit – das kommt bei der Anwendung des Retrogressionsprinzips auf den Induktionsschluß heraus.

Ich glaube nicht, daß eine solche Argumentation einen vernünftigen Menschen überzeugen könnte. Weit entfernt davon, sie als eine Analyse der Wissenschaft anzusehen, möchte ich eine solche Deutung der Induktion eher als einen Akt geistigen Selbstmords betrachten. Der Widerspruch zwischen dem wirklichen Denken und diesem erkenntnistheoretischen Ergebnis ist nur allzu deutlich. Das einzige, was aus diesem Beweis geschlossen werden kann, ist dies, daß das Retrogressionsprinzip nicht gilt, wenn wir unsere erkenntnistheoretische Konstruktion im Einklang mit der Wissenschaftspraxis halten wollen. Wir wissen sehr wohl, daß die Wissenschaft die Zukunft voraussagen will; und wenn uns jemand weismachen möchte, die Zukunft voraussagen sei nichts anderes als die Vergangenheit beschreiben, so kann man ihm nur antworten, daß die Erkenntnistheorie etwas anderes als ein Spiel mit Worten sein sollte.

Die Forderung der Nutzbarkeit schließt nun die Deutung des Induktionsschlusses anhand des Retrogressionsprinzips aus. Wenn wissenschaftliche Aussagen für Handlungen brauchbar sein sollen, müssen sie über die Aussagen hinausreichen, von denen sie ausgehen; sie müssen von zukünftigen Ereignissen handeln und nicht nur von denen der Vergangenheit. Außer einer Willensentscheidung über das Ziel einer Handlung setzt die Vorbereitung zum Handeln einige Kenntnis der Zukunft voraus. In korrekter Form liefe die beschriebene Auffassung auf die Behauptung hinaus, es gebe keine beweisbare Erkenntnis der Zukunft. Das war sicherlich Humes Gedanke. Statt einer Scheinlösung des Induktionsproblems sollte man sich einfach auf die Wiederholung von Humes Ergebnis beschränken und zugeben, daß die Forderung der Nutzbarkeit nicht erfüllt werden kann. Die Wahrheitstheorie der Bedeutung führt zu einer Humeschen Skepsis – das ergibt sich aus dem angeführten Gedankengang.

Der moderne Positivismus hatte das Ziel, der Erkenntnis wieder absolute Sicherheit zu verleihen; und die formalistische Deutung der Logik wollte nichts anderes als eine Wiederaufnahme des Descartesschen Programms. Der große Begründer des Rationalismus wollte alle Erkenntnis zurückweisen, die nicht als absolut sicher gelten konnte; der gleiche Grundsatz veranlaßte die modernen Logiker zur Leugnung apriorischer Prinzipien. Zwar führte dieser Grundsatz Descartes selbst zum Apriorismus; doch das lag wohl nur an dem unterschiedlichen Stand der historischen Entwicklung – sein rationalistischer Apriorismus hatte die gleiche Funktion, alle unhaltbaren wissenschaftlichen Ansprüche abzuweisen, wie es der spätere Kampf gegen die apriorischen Prinzipien wollte. Die Ablehnung jeder inhaltlichen Logik – d.h. einer Logik, die über irgendeine Materie Auskunft gibt – entspringt der Kartesischen Quelle: Es ist der unausrottbare Wunsch nach absolut gewisser Erkenntnis, der hinter dem Rationalismus von Descartes wie auch dem Logizismus der Positivisten steht.

Die Antwort, die Hume an Descartes gab, trifft auch auf den modernen Positivismus zu. Es gibt keine Gewißheit bei irgendeiner Erkenntnis über die Welt, weil diese Prognosen einschließt. Das Ideal absolut sicherer Erkenntnis führt zur Skepsis — das sollte man besser zugeben, als Träumen über apriorische Erkenntnis nachzuhängen. Nur ein Mangel an geistigem Radikalismus konnte die Rationalisten daran hindern, das zu sehen; die heutigen Positivisten sollten den Mut haben, diesen skeptischen Schluß zu ziehen und das Ideal absoluter Gewißheit bis in seine unvermeidlichen Konsequenzen hinein zu verfolgen.

Doch statt einer solchen strikten Ablehnung der Voraussagen als Ziel der Wissenschaft herrscht im modernen Positivismus die Tendenz, dieser Konsequenz auszuweichen und die Bedeutung von Humes skeptischen Einwänden zu unterschätzen. Zwar ist Hume selbst in dieser Beziehung nicht ganz unschuldig. Er ist nicht bereit, den tragischen Konsequenzen seiner Kritik ins Auge zu sehen; seine Theorie des induktiven Glaubens als einer Gewohnheit — die bestimmt nicht als Lösung des Problems gelten kann — hat die Absicht, die Kluft zu verschleiern, die er zwischen Erfahrung und Prognose aufgezeigt hatte. Er ist von seiner Entdeckung nicht beunruhigt; er sieht nicht ein, daß die Wissenschaft ebensogut aufhören könnte, wenn es keinen Ausweg aus dem von ihm aufgezeigten Dilemma gibt — ein System von Voraussagen ist nutzlos, wenn es nichts als eine lächerliche Selbsttäuschung ist. Manche heutigen Positivisten sehen das ebenfalls nicht ein. Sie reden von der Schaffung wissenschaftlicher Theorien, sehen aber nicht, daß die Arbeitsmethode der Wissenschaft zu einem bloßen Spiel herabsinkt und nicht mehr durch die Anwendbarkeit ihrer Ergebnisse beim Handeln begründet werden kann, wenn es keine Rechtfertigung des induktiven Schlusses gibt. Es war das Ziel von Kants synthetischem Apriori, dieses Arbeitsverfahren gegen Humes Zweifel zu schützen; wir wissen heute, daß Kants Rettungsversuch versagt hat. Dieses kritische Ergebnis verdanken wir der formalistischen Auffassung der Logik. Wenn wir nun keine Antwort auf Humes Einwände im Rahmen des Logikkalküls finden könnten, so sollten wir freimütig bekennen, daß die antimetaphysische Form der Philosophie zum Zusammenbruch jeglicher Rechtfertigung der Voraussagemethoden der Wissenschaft geführt hat — zum endgültigen Versagen der wissenschaftlichen Philosophie.

Der Induktionsschluß ist unentbehrlich, weil wir ihn zum Handeln brauchen. Es ist eine billige Selbsttäuschung, dem Induktionsprinzip die philosophische Bedeutung abzusprechen, eine vornehme Zurückhaltung zu üben und den Versuchen anderer, die Kluft zwischen Erfahrung und Prognose zu überbrücken, mit einem herablassenden Lächeln zu begegnen; im gleichen Augenblick, da die Apostel einer solchen höheren Philosophie das Feld der theoretischen Diskussion verlassen und sich den einfachsten Handlungen des täglichen Lebens zuwenden, folgen sie dem Induktionsprinzip so gewiß wie jedes erdgebundene Bewußtsein. Bei jeder Handlung gibt es verschiedene Möglichkeiten zur Verwirklichung unseres Ziels; wir müssen eine Wahl treffen, und wir treffen sie im Einklang mit dem Induktionsprinzip. Obwohl es keine Möglichkeit gibt, die gewünschte Wirkung mit Sicherheit hervorzubringen, überlassen wir die Wahl nicht dem Zufall, sondern ziehen die Mittel vor, die das Induktionsprinzip angibt. Warum drehen wir das Steuerrad nach rechts, wenn wir am Steuer eines Wagens sitzen und nach rechts fahren wollen? Es ist nicht sicher, daß der Wagen dem Steuerrad gehorchen wird; es gibt ja Wagen, die sich nicht immer so verhalten. Zum Glück sind solche Fälle Ausnahmen. Wenn wir aber die induktive Vorschrift nicht beachten und die Wirkung einer Drehung des Steuerrades als uns gänzlich unbekannt betrachten würden, dann könnten wir es genausogut nach links drehen. Ich sage das nicht, um einen solchen Versuch nahezulegen; die Auswirkungen einer skeptischen Philosophie, die auf den Autoverkehr angewandt würde, wären recht unangenehm. Ich möchte aber sagen, daß ein Philosoph, der seine Grundsätze jedes Mal im Stich lassen muß, wenn er ein Auto steuert, ein schlechter Philosoph ist.

Es ist keine Rechtfertigung des induktiven Glaubens, wenn man zeigt, daß er eine Gewohnheit ist. Er *ist* eine Gewohnheit; aber die Frage ist, ob er eine gute Gewohnheit ist, wobei „gut" bedeuten soll „nützlich für Handlungen, die sich auf die Zukunft richten". Wenn mir jemand sagt, Sokrates sei ein Mensch, und alle Menschen seien sterblich, dann habe ich die Gewohnheit zu glauben, daß Sokrates sterblich ist. Ich weiß aber, daß dies eine gute Gewohnheit ist. Wenn jemand in einem solchen Fall gewohnt wäre zu glauben, daß Sokrates nicht sterblich ist, könnten wir ihm beweisen, daß das eine schlechte Gewohnheit ist. Dieselbe Frage muß für den Induktionsschluß gestellt werden. Wenn wir nicht beweisen könnten, daß er eine gute Gewohnheit ist, sollten wir ihn entweder nicht mehr benutzen oder offen zugeben, daß unsere Philosophie auf dem Holzweg ist.

Die Wissenschaft bedient sich der Induktion und nicht der tautologischen Umformung von Beobachtungsberichten. Bacon hat recht bezüglich Aristoteles, aber das *novum organon* braucht eine Rechtfertigung so gut wie das *organon*. Humes Kritik war der schwerste Schlag gegen den Empirimus; wenn wir uns darüber nicht mit dem Rauschmittel des aprioristischen Rationalismus oder dem Schlafmittel der Skepsis hinwegtäuschen wollen, müssen wir eine Rechtfertigung für den Induktionsschluß finden, die ebenso stichhaltig ist wie die formalistische Rechtfertigung der deduktiven Logik.

§ 39 Die Rechtfertigung des Induktionsprinzips

Wir wollen jetzt mit der Rechtfertigung der Induktion beginnen, die Hume für unmöglich hielt. Dabei fragen wir zunächst, was, genau genommen, durch Humes Einwände eigentlich bewiesen worden ist.

Hume ging davon aus, daß eine Rechtfertigung des Induktionsschlusses erst dann vorliege, wenn man zeigen könne, daß sie zum Erfolg führen muß. Mit anderen Worten, Hume glaubte, jede gerechtfertigte Anwendung des Induktionsschlusses setze den Nachweis voraus, daß die Konklusion wahr ist. Auf dieser Voraussetzung beruht Humes Kritik. Seine beiden Einwände beziehen sich unmittelbar nur auf die Frage der Wahrheit der Konklusion; sie zeigen, daß diese nicht beweisbar ist. Die beiden Einwände gelten daher nur, soweit Humes Voraussetzung gilt. Dieser Frage müssen wir uns jetzt zuwenden: Ist für die Rechtfertigung des Induktionsschlusses der Beweis notwendig, daß seine Konklusion wahr ist?

Eine recht einfache Analyse zeigt, daß dem nicht so ist. Natürlich wäre der Induktionsschluß gerechtfertigt, wenn man die Wahrheit der Konklusion beweisen könnte; aber das Umgekehrte gilt nicht: eine Rechtfertigung des Induktionsschlusses setzt keinen Beweis der Wahrheit der Konklusion voraus. Ein Beweis der Wahrheit der Konklusion ist zwar eine hinreichende, aber keine notwendige Bedingung für die Rechtfertigung der Induktion.

Der Induktionsschluß soll uns die besten Annahmen über die Zukunft liefern. Wenn wir die Wahrheit über die Zukunft nicht kennen, kann es trotzdem eine beste Annahme über sie geben, d.h. eine beste Annahme relativ zu unseren Kenntnissen. Die Frage ist, ob das Induktionsprinzip diese Annahme liefert. Wenn das gezeigt werden kann, ist das Induktionsprinzip gerechtfertigt.

Ein Beispiel möge die logische Struktur unseres Gedankenganges zeigen. Jemand leide unter einer schweren Krankheit; der Arzt sagt uns: „Ich weiß nicht, ob eine Operation den Patienten retten wird; aber wenn es überhaupt ein Mittel *gibt*, dann ist es eine Operation.“ In einem solchen Fall wäre die Operation gerechtfertigt. Natürlich wäre es besser, wenn man wüßte, daß die Operation den Menschen retten wird; aber wenn man das nicht weiß, ist das Wissen, das der Arzt ausgesprochen hat, eine ausreichende Rechtfertigung. Wenn man die hinreichenden Bedingungen für einen Erfolg nicht erfüllen kann, wird man wenigstens die notwendigen Bedingungen erfüllen. Wenn wir zeigen könnten, daß der Induktionsschluß eine notwendige Bedingung für den Erfolg ist, wäre er gerechtfertigt; ein solcher Beweis würde alle Anforderungen erfüllen, die man an eine Rechtfertigung der Induktion stellen kann.

Nun besteht offensichtlich ein großer Unterschied zwischen unserem Beispiel und der Induktion. Die Überlegung des Arztes setzt Induktionen voraus; sein Wissen, daß eine Operation das einzige Mittel zur Rettung des Lebens ist, stützt sich auf induktive Verallgemeinerungen, genau wie alle anderen empirischen Aussagen. Aber wir wollten nur die logische Struktur unseres Gedankenganges klar machen. Wenn dies eine Rechtfertigung des Induktionsprinzips sein soll, muß seine Notwendigkeit für den Erfolg ohne Voraussetzung der Induktion bewiesen werden. Ein solcher Beweis ist aber möglich.

Dazu müssen wir mit einer Bestimmung des Zieles der Induktion beginnen. Gewöhnlich sagt man, Induktionen dienten dem Ziel, die Zukunft vorauszusagen. Das ist eine unscharfe Bestimmung; wir wollen sie durch eine präzisere Formulierung ersetzen:

Das Ziel der Induktion ist, Ereignisfolgen zu finden, bei denen die Häufigkeit des Eintreffens eines bestimmten Ereignisses einem Grenzwert zustrebt.

Wir haben diese Formulierung gewählt, weil wir gezeigt haben, daß man Wahrscheinlichkeiten braucht und daß eine Wahrscheinlichkeit als Grenzwert einer Häufigkeit definiert werden muß; wir legen also das Ziel der Induktion so fest, daß man Wahrscheinlichkeitsmethoden anwenden kann. Gegenüber den üblichen Bestimmungen ist das keine Beschränkung, sondern eine Erweiterung des Ziels. Was man gewöhnlich „Zukunftsvoraussage" nennt, ist in unserer Formulierung als Spezialfall enthalten; der Fall, daß man mit Sicherheit weiß, daß auf jedes Ereignis *A* das Ereignis *B* folgt, würde in unserer Formulierung dem Fall entsprechen, daß der Grenzwert der Häufigkeit gleich 1 ist. Hume hat nur an diesen Fall gedacht. Unsere Untersuchung unterscheidet sich also von der Humes insofern, als sie das Ziel der Induktion allgemeiner faßt. Und wir erfassen alle überhaupt möglichen Anwendungen, wenn wir das Induktionsprinzip als das Mittel bestimmen, den Grenzwert einer Häufigkeit zu ermitteln. Wenn wir Häufigkeitsgrenzwerte haben, dann haben wir alles, was wir brauchen, und auch den Humeschen Fall erfaßt; wir haben dann die Naturgesetze in ihrer allgemeinsten Form, die statistischen wie auch die sogenannten Kausalgesetze – die letzteren sind nur ein Spezialfall statistischer Gesetze, bei dem der Grenzwert der Häufigkeit gleich 1 ist. Darum dürfen wir die Bestimmung des Grenzwerts einer Häufigkeit als das Ziel des Induktionsschlusses ansehen.

Es ist natürlich klar, daß wir keine Garantie für die Erreichbarkeit dieses Ziels haben. Die Welt könnte so ungeordnet sein, daß man gar keine Folge mit einem Grenzwert finden könnte. Ich möchte die Bezeichnung „voraussagbar" für eine Welt einführen, die genügend geordnet ist, um Folgen mit einem Grenzwert finden zu lassen. Wir müssen zugeben, daß wir nicht wissen, ob unsere Welt voraussagbar ist.

Wenn die Welt aber voraussagbar ist, wollen wir fragen, was dann die logische Funktion des Induktionsprinzips wäre. Dazu müssen wir die Definition des Grenzwerts in Betracht ziehen. Die Folge der Häufigkeiten h^n hat den Grenzwert p, wenn es zu jedem vorgegebenen $\epsilon > 0$ ein n gibt, derart, daß h^n innerhalb von $p \pm \epsilon$ liegt und für den Rest der Folge in diesem Intervall verbleibt. Wenn wir unsere Formulierung des Induktionsprinzips (§ 38) mit dieser Definition vergleichen, so können wir schließen: wenn ein Grenzwert existiert, dann gibt es ein Element der Folge, von dem aus das Induktionsprinzip zu diesem Grenzwert führt. In diesem Sinne ist das Induktionsprinzip eine notwendige Bedingung zur Bestimmung des Grenzwerts.

Wenn man vor einem statistisch berechneten Wert h^n steht, weiß man allerdings nicht, ob dieses n mindestens so groß wie das n der „Konvergenzstelle" von ϵ ist. Es kann sein, daß unser n noch nicht groß genug ist und es später noch eine Abweichung von p gibt, die größer als ϵ ist. Darauf können wir antworten: Wir sind nicht gezwungen, bei h^n stehen zu bleiben; wir können unser Verfahren fortsetzen und werden immer das letzte h^n als unseren besten Wert ansehen. Diese Methode muß irgendwann zu dem richtigen Grenzwert p führen, wenn er überhaupt existiert; die Anwendbarkeit dieses

Verfahrens überhaupt ist eine notwendige Bedingung für die Existenz eines Grenzwertes p.

Um das zu verstehen, stellen wir uns ein gegenteiliges Beispiel vor. Stellen wir uns vor, jemand mache immer, wenn er h^n erreicht hat, die Annahme, daß der Grenzwert der Häufigkeit bei $h^n + a$ liegt, wobei a eine Konstante ist. Wenn man dieses Verfahren für wachsendes n fortsetzt, wird man ganz bestimmt den Grenzwert verfehlen; das Verfahren muß irgendwann falsch werden, wenn es überhaupt einen Grenzwert gibt.

Wir haben jetzt eine bessere Formulierung für die notwendige Bedingung gefunden. Man muß nicht die einzelne Annahme für ein bestimmtes h^n in Betracht ziehen, sondern die ganze Folge von induktiven Annahmen. Die Anwendbarkeit dieser Methode ist die gesuchte notwendige Bedingung.

Wenn aber erst das ganze Verfahren die notwendige Bedingung abgibt, wie kann man dann diesen Gedanken auf den Einzelfall hier und jetzt anwenden? Man möchte wissen, ob das bestimmte h^n, das man beobachtet hat, weniger als ϵ von dem Grenzwert abweicht; das kann weder garantiert noch als eine notwendige Bedingung für die Existenz eines Grenzwerts bezeichnet werden. Was für Konsequenzen hat dann unser Gedanke der notwendigen Bedingung für den Einzelfall? Es scheint, daß sich das Verfahren für den Einzelfall als unanwendbar herausstellt.

Diese Schwierigkeit entspricht in gewissem Sinne der Schwierigkeit, der wir bei der Anwendung der Häufigkeitsdeutung auf den Einzelfall begegnet sind. Sie muß durch einen Begriff ausgeschaltet werden, den wir schon für das andere Problem herangezogen haben: den Begriff der Setzung.

Wenn wir eine Häufigkeit h^n beobachten und sie als Annäherung an den Grenzwert betrachten, so ist das für uns keine wahre Behauptung; es ist eine Setzung, wie wir sie bei einer Wette machen. Wir setzen h^n als Grenzwert, d.h., wir wetten auf h^n gerade so, wie wir auf die Augenzahl eines Würfels wetten. Wir wissen, daß h^n unsere beste Wette ist, und darum setzen wir sie. Es ist jedoch eine etwas andere Setzung als beim Würfeln.

Beim Würfeln kennen wir das Gewicht, das zu der Setzung gehört: es ist durch die Wahrscheinlichkeit gegeben. Wenn wir auf den Fall einer von 1 verschiedenen Augenzahl setzen, erhält diese Setzung das Gewicht 5/6. In diesem Fall spricht man von einer *qualifizierten Setzung*.

Wenn wir dagegen h^n setzen, kennen wir das Gewicht nicht. Darum sprechen wir von einer *blinden Setzung*. Wir wissen, daß sie unsere beste Setzung ist, aber wir haben keine Ahnung, wie gut sie ist. Sie ist unsere beste, aber vielleicht immer noch ziemlich schlecht.

Die blinde Setzung kann aber verbessert werden. Wenn wir unsere Folge fortsetzen, erhalten wir neue Werte h^n; wir wählen immer das letzte h^n. Die blinde Setzung ist also eine Näherung; wir wissen, daß die Methode, Setzungen zu machen und sie zu korrigieren, schließlich einmal zum Erfolg führen muß, falls es einen Grenzwert der Häufigkeit gibt. Dieser Gedanke ist die Rechtfertigung der blinden Setzung. Die beschriebene Methode kann als *Methode der Antizipation* bezeichnet werden; wenn wir h^n als unsere

Setzung wählen, antizipieren wir den Fall, daß n die „Konvergenzstelle" ist. Diese Vorwegnahme kann einen falschen Wert liefern; wir wissen aber, daß ein fortgesetztes Vorwegnehmen zu dem richtigen Wert führen muß, wenn es überhaupt einen Grenzwert gibt.

Hier könnte ein Einwand erhoben werden. Es stimmt, daß das Induktionsprinzip zu dem Grenzwert führt, wenn es einen gibt. Ist es aber das einzige Prinzip mit dieser Eigenschaft? Vielleicht gibt es andere Methoden, die ebenfalls den Grenzwert erkennen lassen würden.

Sicherlich könnte es welche geben. Es könnte sogar bessere Methoden geben, die uns den richtigen Grenzwert p oder jedenfalls einen besseren Wert als den unsrigen bereits an einer Stelle der Folge liefern, an der h^n noch ziemlich weit von p entfernt ist. Stellen wir uns einen Hellseher vor, der den Grenzwert p an einer solchen frühen Stelle der Folge voraussagen könnte; wir wären natürlich sehr froh, einen solchen Mann zu unserer Verfügung zu haben. Wir können aber, ohne irgendetwas über die Voraussagen des Hellsehers zu wissen, zwei allgemeine Feststellungen über sie treffen: (1) Wenn die Angaben des Hellsehers wahr sind, können sie sich nur am Anfang der Folge von denen des Induktionsprinzips unterscheiden. Schließlich muß es zur Konvergenz zwischen den Angaben des Hellsehers und denen des Induktionsprinzips kommen. Das folgt aus der Definition des Grenzwerts. (2) Der Hellseher könnte ein Scharlatan sein; seine Prophezeiungen könnten falsch sein und nie zu dem richtigen Grenzwert p führen.

Der zweite Satz enthält den Grund, warum wir Hellseher nicht ohne Kontrolle zulassen können. Wie können wir sie überprüfen? Offenbar nur durch eine Anwendung des Induktionsprinzips: wir fragen nach der Voraussage des Hellsehers und vergleichen sie mit späteren Beobachtungen; wenn dann eine gute Übereinstimmung zwischen den Voraussagen und den Beobachtungen herrscht, schließen wir induktiv, daß die Prophezeiungen des Mannes auch in Zukunft wahr sein werden. Das Induktionsprinzip muß entscheiden, ob der Mann ein guter Hellseher ist. Diese Sonderstellung des Induktionsprinzips kommt daher, daß wir wissen, daß es schließlich zum richtigen Grenzwert führt, während wir über den Hellseher nichts wissen.

Diese Überlegungen veranlassen uns zu einem Zusatz zu unseren Formulierungen. Es gibt natürlich viele notwendige Bedingungen für die Existenz eines Grenzwerts; von derjenigen, die wir benutzen wollen, müssen wir aber wissen, daß sie notwendig ist. Darum müssen wir das Induktionsprinzip den Angaben des Hellsehers vorziehen und diesen mit jenem prüfen: wir prüfen die unbekannte Methode mit einer bekannten nach.

Von jetzt an wollen wir uns also bei der Suche nach anderen Methoden auf diejenigen beschränken, von denen wir wissen können, daß sie zu dem richtigen Grenzwert führen müssen. Nun ist leicht einzusehen, daß nicht nur das Induktionsprinzip zum Erfolg führt, sondern auch jede Methode, die die Setzung als

$$h^n + c_n$$

bestimmt, wobei die Zahl c_n eine Funktion von n oder auch von h^n ist und der Bedingung genügt:

$$\lim_{n=\infty} c_n = 0$$

Wegen dieser Bedingung muß die Methode zu dem richtigen Grenzwert führen; sie besagt, daß alle solchen Methoden, einschließlich des Induktionsprinzips selbst, auf denselben Wert konvergieren müssen. Das Induktionsprinzip ist der Spezialfall mit

$$c_n = 0$$

für alle Werte von n.

Nun kann offenbar ein System von Setzungen der allgemeineren Art Vorteile haben. Die „Korrektur" c_n kann so beschaffen sein, daß die Setzung schon an einer frühen Stelle der Folge eine gute Annäherung an den Grenzwert liefert. Die Prophezeiungen eines guten Hellsehers wären von dieser Art. Andererseits kann c_n auch schlecht gewählt sein, so daß die Konvergenz verzögert wird. Wenn c_n willkürlich festgelegt wird, wissen wir nichts über diese beiden Möglichkeiten. Der Wert $c_n = 0$ – d.h. das Induktionsprinzip – ist daher der Wert mit dem kleinsten Risiko; jede andere Bestimmung kann die Konvergenz verschlechtern. Das ist ein praktischer Grund, das Induktionsprinzip vorzuziehen.

Diese Gedanken führen aber zu einer genaueren Formulierung der logischen Struktur des Induktionsschlusses. Wenn es irgendeine Methode gibt, die zum Grenzwert der Häufigkeit führt, dann, so können wir sagen, tut es das Induktionsprinzip auch; wenn es einen Grenzwert der Häufigkeit gibt, ist die Anwendung des Induktionsprinzips eine hinreichende Bedingung dafür, ihn zu finden. Wenn wir jetzt die Voraussetzung, daß es einen Grenzwert der Häufigkeit gibt, fallen lassen, so können wir nicht behaupten, das Induktionsprinzip sei notwendig dafür, ihn zu finden, weil es andere Methoden gibt, die eine Korrektur c_n benutzen. Es gibt jetzt eine Klasse äquivalenter Bedingungen, derart, daß die Wahl einer von ihnen notwendig ist, wenn man den Grenzwert finden will; und wenn es einen Grenzwert gibt, ist jede dieser Methoden geeignet, ihn zu finden. Wir können also sagen, daß die *Anwendbarkeit* des Induktionsprinzips eine notwendige Bedingung für die Existenz eines Grenzwerts der Häufigkeit ist.

Die Entscheidung für das Induktionsprinzip unter den äquivalenten Methoden läßt sich dadurch begründen, daß es das kleinste Risiko mit sich bringt; im übrigen ist diese Entscheidung nicht sehr belangvoll, da alle diese Methoden zu demselben Grenzwert führen müssen, wenn sie lange genug angewandt werden. Man darf aber nicht vergessen, daß die Hellsehermethode nicht ohne weiteres dazugehört, weil man nicht weiß, ob die Korrektur c_n gegen Null konvergiert. Das muß erst bewiesen werden, und das ist nur mit Hilfe des Induktionsprinzips möglich, von dem man weiß, daß es zu der Klasse gehört; darum muß die Hellseherei, ungeachtet aller magischen Ansprüche, mit wissenschaftlichen Methoden geprüft werden, d. h. mit dem Induktionsprinzip.

In dieser Analyse erblicken wir die Lösung des Humeschen Problems[71]. Hume forderte zuviel, wenn er für die Rechtfertigung des Induktionsschlusses den Beweis verlangte, daß die Folgerung wahr sei. Seine Einwände zeigen nur, daß ein solcher Beweis nicht möglich ist. Wir ziehen aber keinen induktiven Schluß mit dem Anspruch, zu einer wahren Aussage zu kommen. Wir kommen zu einer Setzung, und es ist die beste Wette, die wir eingehen können, weil sie einem Verfahren entspricht, dessen Anwendbarkeit die notwendige Bedingung für die Möglichkeit von Voraussagen ist. Die Erfüllung der Bedingungen, die zur Erlangung wahrer Voraussagen hinreichend wären, liegt nicht in unserer Macht; seien wir froh, daß wir wenigstens die Bedingungen erfüllen können, die zur Verwirklichung dieses eigentlichen Ziels der Wissenschaft notwendig sind.

§ 40 Zwei Einwände gegen unsere Rechtfertigung der Induktion

Unsere Analyse des Induktionsproblems stützt sich auf unsere Definition des Ziels der Induktion als der Bestimmung eines Grenzwerts der Häufigkeit. Dagegen könnten bestimmte Einwände erhoben werden.

Der erste Einwand geht von dem Gedanken aus, unsere Formulierung verlange zuviel und das Postulat der Existenz des Grenzwerts der Häufigkeit sei zu stark. Die Welt könne voraussagbar sein, auch wenn die Häufigkeiten keinen Grenzwert hätten; unsere Definition der Voraussagbarkeit fasse diesen Begriff zu eng und schließe andere Strukturen aus, die vielleicht Voraussagen ermöglichten, ohne Ereignisfolgen mit einem Grenzwert der Häufigkeit zu enthalten. Angewandt auf unsere Induktionstheorie, würde dieser Einwand unsere Rechtfertigung erschüttern; wenn der Wissenschaftler sich streng an das Induktionsprinzip hält, könnte er andere Möglichkeiten zur Voraussage der Zukunft übersehen, die noch Erfolg bringen könnten, wenn der Induktionsschluß versagen sollte[72].

Darauf ist zu antworten, daß unser Postulat nicht für alle Ereignisfolgen die Existenz eines Grenzwerts der Häufigkeit verlangt. Es genügt, wenn es eine Anzahl solcher Folgen gibt; mit ihrer Hilfe könnte man die anderen bestimmen. Man kann sich Folgen vorstellen, die zwischen zwei Werten der Häufigkeit hin und her schwanken; man kann zeigen, daß die Beschreibung solcher Folgen auf die Angabe bestimmter Teilfolgen mit einem Grenzwert der Häufigkeit reduzierbar ist. Ich möchte solche Folgen *reduzierbar* nennen; unsere Definition der Voraussagbarkeit der Welt besagt dann nur, daß die

71) Diese Induktionstheorie wurde vom Verfasser zuerst in *Erkenntnis* (1933 [b]), S. 421–425, veröffentlicht. Eine ausführlichere Darstellung findet sich in meiner *Wahrscheinlichkeitslehre* (1935), § 80.

72) Dieser Einwand wurde von P. Hertz erhoben, *Erkenntnis*, 6 (1936), S. 25 ff.; vgl. auch meine Antwort, *ebenda* (1936[g]).

Welt aus reduzierbaren Folgen besteht. Das Induktionsverfahren, die Methode der Antizipation und späteren Korrektur führt automatisch dazu, daß Folgen mit einem Grenzwert von anderen Folgen unterschieden werden, und daß diese anderen mit Hilfe der Folgen mit einem Grenzwert beschrieben werden. Wir können uns hier nicht auf die mathematischen Einzelheiten dieses Problems einlassen, sondern müssen dazu auf eine andere Arbeit verweisen[73].

Um unserer Verteidigung zu begegnen, könnte sich ein weiterer Einwand auf die Denkbarkeit einer Welt berufen, in der es keine Folgen mit einem Grenzwert gibt, aber einen Hellseher, der jedes einzelne Ereignis einer Folge kennt und genau voraussagen könnte – wäre das kein „Vorhersehen der Zukunft", ohne den Grenzwert einer Häufigkeit zu kennen?

Das können wir nicht gelten lassen. Sei C irgendeine Prophezeiung des Hellsehers, die dem später beobachteten Ereignis entspricht, $\overline{C}$ (nicht-C) der entgegengesetzte Fall. Wenn nun der Hellseher die angenommene Fähigkeit besitzen sollte, würde die Folge der Ereignisse aus C und $\overline{C}$ eine Folge mit einem Grenzwert der Häufigkeit bilden. Sollte er ein vollkommener Prophet sein, so würde dieser Grenzwert gleich 1 sein; wir können aber auch weniger vollkommene Propheten mit niedrigerem Grenzwert zulassen. Jedenfalls haben wir hier eine Folge mit einem Grenzwert angegeben. Wir brauchen eine solche Folge, wenn wir den Propheten überprüfen wollen; unsere Überprüfung besteht lediglich in der Anwendung des Induktionsprinzips auf die Folge der Ereignisse C und $\overline{C}$, d.h. in einem induktiven Schluß auf die Zuverlässigkeit des Propheten anhand seiner Erfolge. Nur wenn die Zurückführung auf eine solche Folge mit einem Grenzwert möglich ist, können wir wissen, ob er ein guter Prophet ist, denn nur sie ermöglicht eine Nachprüfung.

Es zeigt sich also, daß der vorgestellte Fall nicht allgemeiner, sondern weniger allgemein ist als unsere Welt reduzierbarer Folgen. Eine jedesmal richtige Voraussage ist ein viel speziellerer Fall als die Angabe des Grenzwerts der Häufigkeit und ist daher in unserem Induktionsverfahren enthalten. Gleichzeitig erkennt man, daß unser Postulat der Existenz von Häufigkeitsgrenzwerten keine Einschränkung des Begriffs der Voraussagbarkeit ist. Jede Voraussagemethode führt ohnehin zu einer Folge mit einem Grenzwert der Häufigkeit; wenn also Voraussagen möglich sind, gibt es Folgen mit Häufigkeitsgrenzwerten.

Wir sind also berechtigt, die Anwendbarkeit des Induktionsverfahrens als eine notwendige Bedingung für die Voraussagbarkeit zu bezeichnen. Man erkennt auch den Grund: *es handelt sich um eine logische Konsequenz der Definition der Voraussagbarkeit*. Darum können wir unseren Beweis der einzigartigen Stellung des Induktionsprinzips mit Hilfe tautologischer Beziehungen allein liefern. *Obwohl die Induktionsregel keine Tautologie ist, stützt sich der Beweis, daß sie zur besten Setzung führt, nur auf Tautologien.* Die

73) Vgl. *ebenda* (1936[g]), S. 36.

formalistische Auffassung der Logik stand beim Induktionsproblem vor der Paradoxie, daß eine Schlußfolgerung, die zu etwas Neuem führt, innerhalb einer Logik gerechtfertigt werden mußte, die nur leere, d.h. tautologische Umformungen gestattet; die Paradoxie wird durch die Einsicht gelöst, daß das „Neue", das die Schlußfolgerung liefert, nicht als wahre Aussage, sondern als unsere beste Setzung behauptet wird; daß sich der Beweis nicht auf die Wahrheit der Konklusion richtet, sondern auf den logischen Zusammenhang der Methode mit dem Ziel der Erkenntnis.

Instinktiv könnte ein Einwand gegen unsere Theorie der Induktion erhoben werden: es trete so etwas wie „eine notwendige Bedingung der Erkenntnis" auf – ein Begriff, der seit Kants Erkenntnistheorie einen recht unangenehmen Beigeschmack hat. In unserer Theorie entspringt diese Eigenschaft des Induktionsprinzips jedoch keinerlei apriorischen Eigenschaften der menschlichen Vernunft, sondern etwas ganz anderem. Wer etwas will, muß sagen, was er will; wer Voraussagen machen will, muß sagen, was er darunter versteht. Wenn wir versuchen, eine Definition für diesen Ausdruck zu finden, die wenigstens teilweise dem üblichen Sprachgebrauch entspricht, so stellt sich heraus, daß die Definition – unabhängig von weiteren Bestimmungen – das Postulat der Existenz gewisser Folgen mit einem Grenzwert der Häufigkeit enthält. Aus diesem Bestandteil der Definition folgt, daß das Induktionsprinzip eine notwendige Bedingung der Voraussagbarkeit ist. Die Anwendung des Induktionsprinzips bedeutet deshalb keinerlei Einschränkung und keinerlei Verzicht auf Voraussagbarkeit in anderer Form – sie bedeutet nichts anderes als die mathematische Fassung dessen, was wir eigentlich mit Voraussagbarkeit meinen.

Wenden wir uns jetzt dem zweiten Einwand zu. Der erste Einwand hatte behauptet, unsere Definition der Voraussagbarkeit fordere zuviel; der zweite besagt, sie verlange zu wenig: das, was wir als Voraussagbarkeit bezeichnen, sei keine hinreichende Bedingung für wirkliche Voraussagen. Dieser Einwand beruht darauf, daß unsere Definition unendliche Ereignisfolgen zuläßt; dem wird entgegengehalten, daß jede tatsächlich beobachtete Folge endlich ist, sogar von recht beschränkter Länge wegen der kurzen Dauer des Menschenlebens.

Das nun leugnen wir nicht. Wir müssen zugeben, daß es eine Ereignisfolge mit einem Grenzwert geben kann, dessen Konvergenz so spät beginnt, daß der kleine Teil der Folge, den Menschen beobachten, keinen Hinweis auf die spätere Konvergenz gibt. Eine solche Folge würde für uns den Charakter einer nichtkonvergierenden Folge haben. Bei Anwendung des Induktionsprinzips würden wir nie mit unseren Schlußfolgerungen Erfolg haben; nach einer kurzen Zeit würden sich unsere Setzungen stets als falsch herausstellen. Obwohl die Bedingung der Voraussagbarkeit erfüllt wäre, wäre das Induktionsverfahren praktisch nicht geeignet, das zu zeigen.

Wir bestreiten auch diese Konsequenz nicht. Wir geben aber nicht zu, daß sich aus dem betrachteten Fall irgendwelche Einwände gegen unsere Theorie ergeben. Wir haben bei unserer Rechtfertigung der Induktion nicht vorausgesetzt, daß es Folgen mit einem Grenzwert gibt; trotzdem war die gesuchte Rechtfertigung möglich, und zwar mit Hilfe des Begriffs der notwendigen Bedingung; wir sagten, wenn wir des Erfolgs nicht sicher sind, sollten wir wenigstens seine notwendigen Bedingungen erfüllen. Der Fall der zu spät eintretenden Konvergenz entspricht dem Fall der Nicht-Konvergenz, soweit menschliche Fähigkeiten in Betracht kommen. Wenn uns aber eine Rechtfertigung der Induktionsmethode selbst dann gelingt, wenn dieser schlimmste aller Fälle, die Nicht-Konvergenz, nicht a priori ausgeschlossen werden kann, stellt unsere Rechtfertigung auch den anderen Fall in Rechnung, daß die Konvergenz zu spät eintritt.

Wir wollen den Begriff des *praktischen Grenzwerts* für eine Folge einführen, die eine ausreichende Konvergenz innerhalb des Bereichs zeigt, der menschlichen Beobachtungen zugänglich ist; dieser Begriff – dies sei hier vermerkt – findet auch auf Folgen Anwendung, die, obwohl sie nicht im Unendlichen konvergieren, in einem Abschnitt eine angenäherte Konvergenz aufweisen, die in praktischen Fällen erreicht wird und hinreichend lange anhält (sogenannte „semikonvergente Folgen"). Wir können dann sagen, daß unsere Theorie nicht mit dem mathematischen, sondern dem praktischen Grenzwert zu tun hat. Die Voraussagbarkeit muß anhand eines praktischen Grenzwerts definiert werden, und die Induktionsmethode ist eine hinreichende Bedingung des Erfolgs nur dann, wenn die Folge einen praktischen Grenzwert besitzt. Wir können nun unsere Argumentation genau so gut mit diesen Begriffen durchführen. Die Anwendbarkeit des Induktionsverfahrens kann auch dann als notwendig für die Voraussagbarkeit nachgewiesen werden.

Unser Gedankengang stützt sich auf den Begriff der notwendigen Bedingung. Wenn die Folge keinen praktischen Grenzwert haben sollte – einschließlich des Falles einer zu späten Konvergenz – , würde das allerdings die Erfolglosigkeit des Induktionsverfahrens nach sich ziehen. Daß so etwas möglich ist, braucht uns aber nicht davon abzuhalten, wenigstens auf den Erfolg zu wetten. Nur wenn man wüßte, daß der ungünstige Fall tatsächlich vorliegt, würde man auf Voraussageversuche verzichten. Das ist aber offenbar nicht unsere Situation. Wir wissen nicht, ob wir Erfolg haben werden; aber wir wissen auch nicht das Gegenteil. Hume glaubte, eine Rechtfertigung der Induktion sei nicht möglich, weil *man nicht wisse, ob man Erfolg haben wird*; richtig müßte man sagen, eine Rechtfertigung der Induktion wäre nicht möglich, wenn *man wüßte, daß man keinen Erfolg haben wird*. Wir befinden uns aber nicht in dieser, sondern in der anderen Situation; die Frage des Erfolgs ist für uns unbestimmt, und wir können wenigstens eine Wette wagen. Diese aber sollte nicht beliebig, sondern so günstig wie möglich gewählt werden; wir sollten wenigstens die notwendigen Bedingungen für den Erfolg erfüllen, wenn die hinreichenden Bedingungen nicht erreichbar sind. Da die Anwendbarkeit des Induktionsverfahrens eine notwendige Bedingung für die Voraussagbarkeit ist, macht diese Methode unsere beste Wette ausfindig.

Wir können unsere Situation mit der eines Menschen vergleichen, der in einem unerforschten Teil des Meeres fischen will. Es gibt niemanden, der ihm sagen kann, ob es dort Fische gibt. Soll er sein Netz auswerfen? Nun, wenn er an diesem Ort fischen will, würde ich ihm raten, das Netz auszuwerfen und wenigstens die Möglichkeit wahrzunehmen. Es ist besser, selbst bei Ungewißheit den Versuch zu machen, als nichts zu tun und sicher zu sein, daß man nichts erreicht.

§ 41 Verkettete Induktionen

Die Bedenken wegen der Möglichkeit einer zu langsamen Konvergenz der Folge konnte unsere Rechtfertigung des Induktionsverfahrens als des Versuchs, wenigstens eine praktisch konvergierende Folge zu finden, nicht erschüttern; sie weisen aber auf den Nutzen von Methoden hin, die zu einer schnelleren Annäherung führen würden, d. h. die den richtigen Grenzwert schon an einer Stelle in der Folge erkennen lassen würden, an der die relative Häufigkeit noch ziemlich weit von ihm entfernt ist. Wir könnten sogar noch mehr verlangen: Methoden, die uns den Grenzwert angeben, ehe noch die physikalische Verwirklichung der Folge begonnen hat — man kann das als einen Extremfall des ersten Problems ansehen. Solche Methoden wären von größter Bedeutung; wir wollen jetzt untersuchen, ob es welche gibt und wie man sie finden kann.

Wir sind schon einem Beispiel begegnet, das man als eine Methode schnellerer Annäherung betrachten kann. Wir sprachen von der Möglichkeit eines Hellsehers und sagten, seine Fähigkeiten könnten mit dem Induktionsprinzip nachgeprüft werden: der Hellseher müsse als zuverlässiger Prophet und seine Angaben als dem Induktionsprinzip überlegen betrachtet werden, wenn sich seine Voraussagen bestätigen sollten. Dieser Gedanke zeigt eine wichtige Eigenschaft der induktiven Methoden. Man kann manchmal mit Hilfe des Induktionsprinzips schließen, daß es besser ist, eine andere Voraussagemethode anzuwenden; das Induktionsprinzip kann zu seiner eigenen Aufhebung führen. Das ist kein Widerspruch; im Gegenteil, es besteht keine logische Schwierigkeit bei einem solchen Verfahren — es ist sogar eine der nützlichsten Methoden der wissenschaftlichen Forschung.

Wenn wir solche Schlußfolgerungen untersuchen wollen, brauchen wir keine Hellseher oder mystischen Orakel zu bemühen: die Wissenschaft selbst hat in großem Umfang solche Methoden entwickelt. Die Methode der wissenschaftlichen Forschung läßt sich als eine Verkettung von Induktionsschlüssen auffassen, die das Induktionsprinzip in allen jenen Fällen ausschalten soll, in denen es zu einem falschen oder zu spät zum richtigen Ergebnis führen würde. Die wissenschaftliche Methode verdankt ihren überwältigenden Erfolg diesem Verfahren der Induktionsverkettung. Wegen seiner Kompliziertheit ist es von vielen Philosophen falsch gedeutet worden; der scheinbare Widerspruch zu einer direkten Anwendung des Induktionsprinzips im Einzelfall ist als ein Beweis für die Existenz nicht-induktiver Methoden betrachtet worden, die der „primitiven" Methode der Induktion überlegen sein sollen. So ist das Prinzip der Kausalverknüpfung als eine nicht-induktive Methode aufgefaßt worden, die uns eine „innere Verknüpfung" der Erscheinungen statt, wie die Induktion, eine „bloße Aufeinanderfolge" liefern sollte. Solche Auffassungen verraten ein tiefes Mißverständnis der Methoden der Wissenschaft. Es gibt keinen Unterschied zwischen kausalen und induktiven Gesetzen; erstere sind nur ein Spezialfall der letzteren, bei dem der Grenzwert gleich 1 ist oder wenigstens annähernd gleich 1; wenn man in einem solchen Fall den Grenzwert auch noch kennt, ehe die Folge begonnen hat, dann hat man den Fall der Einzelvoraussage zukünftiger Ereignisse, die unter neuartigen Bedingungen stattfinden, wie es in der Kausalauffassung der Erkenntnis verlangt wird. Dieser Fall ist also in unserer Theorie der Induktionsverkettung enthalten.

Bei allen Schlußketten, die zu Voraussagen führen, ist das Bindeglied immer der Induktionsschluß. Das liegt daran, daß er unter allen wissenschaftlichen Schlüssen der einzige gehaltvermehrende ist. Alle anderen Schlüsse sind leer, tautologisch; sie fügen den Erfahrungen, von denen sie ausgehen, nichts Neues hinzu. Der Induktionsschluß tut es; darum ist er die Urform der Methode wissenschaftlicher Entdeckungen. Und er ist die einzige Form; es gibt in der Wissenschaft keine Verknüpfungen von Erscheinungen, die nicht in das induktive Schema passen. Man muß es nur allgemein genug fassen, dann begreift es alle Methoden der Wissenschaft ein. Zu diesem Zweck müssen wir uns jetzt einer Analyse der Induktionsverkettungen zuwenden.

Wir beginnen mit einem recht einfachen Fall, der aber bereits die logische Struktur zeigt, durch die der Induktionsschluß in einem einzelnen Fall ersetzt werden kann. Die Chemiker haben entdeckt, daß fast alle Substanzen schmelzen, wenn sie genügend erhitzt werden; nur der Kohlenstoff ist nicht verflüssigt worden. Die Chemiker glauben aber nicht, daß er unschmelzbar ist; sie sind überzeugt, daß er bei einer höheren Temperatur noch schmilzt, die aus technischen Gründen noch nicht erreicht worden ist. Zur Darstellung der logischen Struktur dieser Schlüsse wollen wir einen geschmolzenen Zustand der Substanz mit A bezeichnen, einen entgegengesetzten Zustand mit $\bar{A}$ und die Zustände in der Reihenfolge steigender Temperatur anordnen; dann erhalten wir folgendes Schema:

Kupfer:	$\bar{A}\ \bar{A}\ A\ A\ A\ A\ A\ A\ A \ldots$
Eisen:	$\bar{A}\ \bar{A}\ \bar{A}\ A\ A\ A\ A\ A\ A \ldots$
...	....
...	....
Kohlenstoff:	$\bar{A}\ \bar{A}\ \bar{A}\ \bar{A}\ \bar{A}\ \bar{A}\ \bar{A}\ \bar{A}\ \bar{A} \ldots$

Auf dieses Schema, das wir *Wahrscheinlichkeitsgitter* nennen wollen, wenden wir den Induktionsschluß in zwei Richtungen an. Einmal waagerecht: Für die ersten Zeilen liefert er das Ergebnis, daß sich die Substanz oberhalb einer bestimmten Temperatur immer im flüssigen Zustand befindet. (Unser Beispiel ist ein Spezialfall des Induktionsschlusses, bei dem der Grenzwert der Häufigkeit gleich 1 ist.) Für die letzte Zeile würde der entsprechende Schluß ergeben, daß der Kohlenstoff unschmelzbar ist. Hier greift aber ein Schluß in der senkrechten Richtung ein; er besagt, daß die Folge in allen anderen Fällen zum Schmelzen führt, und schließt daraus, daß das auch für die letzte Zeile gilt, wenn das Experiment weit genug fortgesetzt wird. Hier tritt also eine übergreifende Induktion auf, die eine Folge von Folgen betrifft und die Induktion erster Stufe ersetzt.

Dieses Verfahren läßt sich folgendermaßen beschreiben: Wenn das Induktionsprinzip in waagerechter Richtung angewandt wird, machen wir Setzungen über den Grenzwert der Häufigkeit; das sind blinde Setzungen, wir kennen für sie kein Gewicht. Unter Voraussetzung der Richtigkeit dieser Setzungen zählen wir dann in senkrechter Richtung und finden, daß der Wert 1 eine hohe relative Häufigkeit unter den waagerechten Grenzwerten hat, während der Wert 0 in der letzten Zeile eine Ausnahme ist. So erhält man ein Gewicht für die waagerechten Grenzwerte; die blinden Setzungen gehen in solche mit einem Gewicht über. Unter Berücksichtigung dieser Gewichte ändern wir jetzt die Setzung für die letzte Zeile in eine mit dem höchsten Gewicht. Die Methode läßt sich also als Übergang von blinden Setzungen zu Setzungen mit einem Gewicht auffassen, gefolgt von Korrekturen aufgrund der erhaltenen Gewichte – eine typische Wahrscheinlichkeitsmethode, die auf der Häufigkeitsdeutung fußt. Sie macht von der Existenz von Wahrscheinlichkeiten verschiedener Stufen Gebrauch. Die Häufigkeit in den waagerechten Reihen bestimmt eine Wahrscheinlichkeit erster Stufe; wenn man die Häufigkeit in einer Folge zählt, deren Elemente selbst Folgen sind, erhält man eine Wahrscheinlichkeit zweiter Stufe[74]. Die Wahrscheinlichkeit zweiter Stufe bestimmt das Gewicht des Satzes, der eine Wahrscheinlichkeit erster Stufe angibt. Man darf aber nicht vergessen, daß der Übergang zu qualifizierten Setzungen nur auf der ersten Stufe stattfindet, während die Setzungen der zweiten Stufe blinde Setzungen bleiben. So erscheint am Ende eine blinde Setzung höherer Stufe. Diese kann natürlich auch in eine qualifizierte Setzung übergeführt werden, wenn wir sie in eine höhere Mannigfaltigkeit eingliedern, deren Elemente Folgen von Folgen sind; offenbar führt dieser Übergang zu einer neuen blinden Setzung von noch höherer Stufe. Wir können sagen: jede blinde Setzung kann in eine qualifizierte Setzung übergeführt werden, aber damit führt man neue blinde Setzungen ein. So gibt es immer einige blinde Setzungen, auf denen das ganze Netz beruht.

Unser Beispiel handelt insofern von einem Spezialfall, als nur die Grenzwerte 1 und 0 vorkommen. Wenn wir Beispiele für den allgemeinen Fall finden wollen, müssen wir zu statistischen Gesetzen übergehen. Als ein Modell der auftretenden Schlußfolgerungen wollen wir ein Beispiel aus der Theorie der Glücksspiele betrachten, bei dem vereinfachte Schlüsse vorkommen.

74) Wegen der Theorie der Wahrscheinlichkeiten höherer Stufe vgl. des Verfassers *Wahrscheinlichkeitslehre* (1935), § 56–60 [1949, § 58–62].

Es seien drei Urnen gegeben, die weiße und schwarze Kugeln in verschiedenen Mischungsverhältnissen enthalten; es sei bekannt, daß der Anteil der weißen Kugeln 1/4, 2/4 und 3/4 beträgt, nicht aber, zu welcher Urne jede dieser Zahlen gehört. Wir wählen eine Urne und ziehen viermal eine Kugel (wobei wir die gezogene Kugel jedesmal wieder in die Urne zurückwerfen, bevor wir eine neue ziehen); es ergeben sich drei weiße Kugeln. Für weitere Züge aus derselben Urne stellen sich jetzt zwei Fragen:

1. Wie groß ist die Wahrscheinlichkeit einer weißen Kugel?

Nach dem Induktionsprinzip lautet die Antwort: 3/4. Das ist eine blinde Setzung. Um sie in eine Setzung mit einem Gewicht überzuführen, gehen wir zur zweiten Frage über:

2. Wie groß ist die Wahrscheinlichkeit, daß die Wahrscheinlichkeit einer weißen Kugel gleich 3/4 ist?

Diese Frage bezieht sich auf eine Wahrscheinlichkeit zweiter Stufe; sie ist dasselbe wie die Frage nach der Wahrscheinlichkeit aufgrund der vorliegenden Züge, daß die gewählte Urne die mit 3/4 weißen Kugeln ist. Die Wahrscheinlichkeitsrechnung gibt mit Hilfe von Überlegungen, die auch ein Wahrscheinlichkeitsgitter betreffen, eine recht komplizierte Antwort, die wir hier nicht zu analysieren brauchen; in unserem Beispiel liefert sie den Wert 27/46. Unsere beste Setzung in dem gegebenen Fall ist zwar der Häufigkeitsgrenzwert 3/4, doch es zeigt sich, daß diese Setzung nicht sehr gut ist; sie hat selbst nur das Gewicht 27/46. Wenn wir den nächsten Zug als Einzelereignis nehmen, so haben wir zwei Gewichte: das Gewicht 3/4 für das Ziehen einer weißen Kugel und das Gewicht 27/46 für den Wert 3/4 des ersten Gewichts. In diesem Fall ist das zweite Gewicht kleiner als das erste; wenn wir sie um der besseren Vergleichbarkeit willen als Dezimalbrüche schreiben, lauten die Gewichte 0,75 und 0,59.

In diesem Beispiel wird die ursprüngliche Setzung durch die Bestimmung des Gewichts zweiter Stufe bestätigt, da es größer als 1/2 ist und damit größer als das Gewicht zweiter Stufe für die Wetten auf die Grenzwerte 2/4 oder 1/4. Bei einer anderen Wahl der Zahlenwerte würde sich ein Korrekturfall ergeben, bei dem das Gewicht der zweiten Stufe uns veranlassen würde, die erste Setzung zu ändern. Wenn es 20 Urnen gäbe, von denen 19 weiße Kugeln in der relativen Häufigkeit 1/4 enthielten und nur eine in der relativen Häufigkeit 3/4, so würde obige Wahrscheinlichkeit zweiter Stufe gleich 9/28 = 0,32 werden; in einem solchen Fall sollte man die erste Setzung korrigieren und auf den Grenzwert 1/4 setzen im Widerspruch zum Induktionsprinzip. Das Auftreten von drei weißen Kugeln unter vier würde dann als eine zufällige Ausnahme angesehen werden, die nicht als ausreichende Grundlage für einen Induktionsschluß gelten kann; die Korrektur würde auf dem Übergang von einer blinden Setzung zu einer qualifizierten beruhen.

Wie wir schon sagten, ist unser Beispiel vereinfacht; und zwar in folgenden zwei Punkten: Erstens setzten wir ein bestimmtes Wissen über die möglichen Werte der Wahrscheinlichkeiten erster Stufe voraus: daß nur die Werte 1/4, 2/4 und 3/4 (im zweiten Fall: nur die Werte 1/4 und 3/4) in Frage kommen. Zweitens setzten wir voraus, daß die Urnen bei unserer Wahl gleichwahrscheinlich sind, d.h., wir schreiben ihnen die Anfangswahrscheinlichkeiten 1/3 (im zweiten Fall: 1/20) zu; diese Voraussetzung geht auch in die Berechnung des Wertes 27/46 (im zweiten Fall: 9/28) für die Wahrscheinlichkeit zweiter Stufe ein.

Im allgemeinen kann man nicht von solchen Voraussetzungen ausgehen. Man muß vielmehr Untersuchungen über die möglichen Werte der Wahrscheinlichkeiten erster Stufe und ihrer eigenen Anfangswahrscheinlichkeiten anstellen. Die Struktur dieser Schlußfolgerungen muß ebenfalls in einem Wahrscheinlichkeitsgitter ausgedrückt werden, aber in einem von allgemeinerer Art als das in dem Beispiel vom Schmelzen chemischer Substanzen: Es können auch andere Häufigkeitsgrenzwerte als 1 oder 0 auftreten. Die Antworten können nur in Form von Setzungen aufgrund von Häufigkeitsbeobachtungen gegeben werden, so daß die ganze Berechnung noch weitere Setzungen einschließlich blinder Setzungen enthält. Darum können wir ohne blinde Setzungen nicht auskommen; wenn auch jede blinde in eine qualifizierte Setzung übergeführt werden kann, werden dadurch neue blinde Setzungen eingeführt[75].

Ehe wir an eine Analyse dieses Übergangs zu Setzungen und Gewichten höherer Stufe gehen, müssen wir einige Einwände gegen unsere Wahrscheinlichkeitsdeutung der wissenschaftlichen Schlußfolgerungen besprechen. Man könnte behaupten, nicht alle wissenschaftlichen Schlußfolgerungen seien reine Wahrscheinlichkeitsschlüsse, wie sie von unserem induktiven Schema gedeckt werden. Der Einwand könnte lauten, es stünden Kausalannahmen hinter unseren Schlüssen, ohne die wir keine Wetten riskieren würden. In unserem Beispiel aus der Chemie beruht die Setzung des Limes 1 in den waagerechten Reihen des Gitters nicht nur auf einer einfachen Auszählung der A und $\bar{A}$; wenn eine Substanz einmal geschmolzen ist, wissen wir, daß sie bei höheren Temperaturen nicht wieder fest wird. Und unsere Setzung der Möglichkeit, Kohlenstoff bei höherer Temperatur zu schmelzen, beruht auch nicht einfach auf einer Abzählung der Zeilen; wir wissen aus der Atomtheorie der Materie, daß die Wärme die Geschwindigkeit der Atome erhöht und daher die Festkörperstruktur der Materie zum Zusammenbruch bringen muß. Derartige Kausalannahmen spielen eine entscheidende Rolle bei Schlußfolgerungen wie in unserem Beispiel.

Wir möchten zwar das Gewicht dieser Überlegungen nicht bestreiten, soweit es um die tatsächlichen Schlußfolgerungen des Physikers geht; doch sie schließen die Möglichkeit nicht aus, daß diese sogenannten Kausalannahmen eine induktive Deutung zulassen. Wir haben unsere Analyse vereinfacht, um die induktive Struktur der hauptsächlichen Schlüsse zu zeigen; der Einwand zeigt nun, daß eine Isolierung einiger induktiver Ketten nicht statthaft ist, daß jeder Fall in das ganze Netz der Erkenntnis eingebettet ist. Unsere These, daß alle vorkommenden Schlüsse induktiv sind, wird dadurch

75) Wegen einer genauen Analyse dieser Schlußfolgerungen siehe *ebenda*, § 77.

nicht erschüttert. Wir wollen das an einem anderen Beispiel zeigen, das den induktiven Charakter sogenannter kausaler Erklärungen deutlich machen soll.

Das Newtonsche Gravitationsgesetz ist stets als Muster eines erklärenden Gesetzes angesehen worden. Das Galileische Fallgesetz und das Keplersche Gesetz der elliptischen Bewegungen der Himmelskörper waren induktive Verallgemeinerungen beobachteter Tatsachen; aber das Newtonsche Gesetz, so wurde behauptet, war eine kausale Erklärung der beobachteten Sachverhalte. Newton habe keine Tatsachen beobachtet, sondern Überlegungen über sie angestellt; seine Idee einer Anziehungskraft erkläre die beobachteten Bewegungen, und die mathematische Form, die er seinen Überlegungen gab, zeige keine Ähnlichkeit mit den Wahrscheinlichkeitsmethoden, wie sie in unserem Schema erscheinen. Ist das nicht eine Widerlegung unserer induktiven Deutung der wissenschaftlichen Schlußfolgerungen?

Dem kann ich nicht zustimmen. Im Gegenteil, mir scheint Newtons Entdeckung mit typischen Wahrscheinlichkeitsverfahren der Wissenschaft verbunden zu sein. Um das zu zeigen, möchte ich das Beispiel analysieren[76].

< Die Versuche Galileis wurden an fallenden Körpern vollzogen, deren raum-zeitliche Positionen er beobachtete; er fand, daß die gemessenen Größen sich der Formel $s = \frac{1}{2} g t^2$ einordnen, und schloß hieraus unter Benutzung der Induktionsregel, daß das gleiche Gesetz für alle derartigen Fälle gilt. Bezeichnen wir mit A den Fall, daß die gemessenen Raum-Zeit-Werte die Beziehung $s = \frac{1}{2} g t^2$ erfüllen, so haben wir es also mit einer Folge zu tun, in der A nahezu mit der Häufigkeit 1 beobachtet wurde und für die der limes 1 behauptet wird. Entsprechend hat Kepler eine Reihe raum-zeitlicher Positionen des Mars beobachtet und gefunden, daß sie sich durch die mathematische Beziehung des Flächensatzes verbinden lassen; bezeichnen wir hier wieder mit A den Fall, daß diese Beziehung von den Raum-Zeit-Werten erfüllt wird, so liegt also ebenfalls eine Folge vor, in der A die Häufigkeit von nahezu 1 hat und in der auf den Limes 1 geschlossen wird. Die Fälle $\overline{A}$ beziehen sich hier wie in dem ersten Beispiel auf die niemals ganz auszuscheidenden Fälle, wo die Beobachtungen zu der mathematischen Beziehung nicht stimmen. Da sich die Beobachtungen beider Beispiele auf nicht nur eine, sondern zahlreiche Versuchsreihen beziehen, so haben wir sie durch das folgende Schema wiederzugeben:

$$\left.\begin{array}{l} A\;A\;A\;A\;A\;A\;A\;A\;\ldots \\ \ldots\ldots\ldots\ldots\ldots\ldots\ldots \\ \ldots\ldots\ldots\ldots\ldots\ldots\ldots \end{array}\right\} \text{Galilei}$$

$$\left.\begin{array}{l} A\;A\;A\;\overline{A}\;A\;A\;A\;A\;\ldots \\ \ldots\ldots\ldots\ldots\ldots\ldots\ldots \\ \ldots\ldots\ldots\ldots\ldots\ldots\ldots \end{array}\right\} \text{Kepler}$$

76) [Text in spitzen Klammern wörtlich in „Wahrscheinlichkeitslogik als Form wissenschaftlichen Denkens" (1936e), in *Experience and Prediction* (1938) ins Englische übersetzt; Anm. d. Hrsg.].

Die Entdeckung Newtons besteht nun darin, daß er eine Formel angibt, die die Beobachtungen Galileis und Keplers *zugleich* umfaßt; d.h., wir dürfen danach das obige, aus zwei Teilen bestehende Schema als ein einheitliches Schema ansehen, in dem der Fall *A* durch dieselbe mathematische Beziehung definiert wird, > die berühmte Beziehung $k\,(m_1\,m_2/r^2)$; man kann den Fall so auffassen, daß er in beiden Teilen des Schemas eine Übereinstimmung von Beobachtungen mit diesem mathematischen Gesetz anzeigt.

Mit dieser Einsicht wird die Anwendbarkeit der Wahrscheinlichkeitsmethoden stark erweitert. < Der Fortschritt dieser Entdeckung besteht darin, daß jetzt *übergreifende Induktionen* möglich werden von den Galileischen Reihen des Schemas zu den Keplerschen, und umgekehrt; d.h., die Geltung der Keplerschen Gesetze wird jetzt nicht nur auf das Keplersche Beobachtungsmaterial gestützt, sondern zugleich auch auf das Galileische Beobachtungsmaterial, und umgekehrt wird die Geltung des Galileischen Gesetzes zugleich mit durch das Keplersche Beobachtungsmaterial gestützt. Derartige übergreifende Induktionen waren vorher nur für beide Abteilungen des Schemas getrennt möglich, d.h. innerhalb jeder Abteilung für sich. Die Entdeckung der Newtonschen Theorie bringt also eine Erhöhung des Sicherheitsgrades für die bereits vorher bestehenden Theorien mit sich, deren Zusammenfassung sie ist; sie schließt ein umfassenderes Erfahrungsmaterial zu einer Induktionsgruppe zusammen.

Dieses Anwachsen der Sicherheit entspricht ja der bei solchen theoretischen Entdeckungen auftretenden Auffassung der Forscher; während aber die klassische Logik und Wissenschaftstheorie dafür gar keinen Rechtsgrund angeben kann, vermag die Wahrscheinlichkeitslogik dafür eine Begründung zu geben, > mit dem Gedanken der verketteten Induktion. Man muß also die kausale Struktur der Erkenntnis in die Wahrscheinlichkeitsbetrachtungen einbeziehen, um das Wesentliche an ihr zu verstehen.

§ 42 Die zwei Arten der Einfachheit

Man könnte gegen unsere Deutung einwenden, Newtons Entdeckung sei logisch trivial; wenn eine endliche Klasse von Beobachtungen verschiedenster Art gegeben sei, könne man immer eine mathematische Formel aufstellen, die gleichzeitig alle Beobachtungen erfasse. Im allgemeinen wäre eine solche Formel sehr kompliziert, ja so kompliziert, daß kein menschlicher Geist sie entdecken könnte; im Falle der Newtonschen Entdeckung habe eben eine sehr einfache Formel genügt. Und das, so fährt der Einwand fort, sei Newtons ganze Leistung; seine Theorie sei einfacher und eleganter als die anderen – aber ein Fortschritt in Richtung auf die Wahrheit sei mit dieser Entdeckung nicht verbunden. Die Einfachheit sei eine Sache des wissenschaftlichen Geschmacks und der wissenschaftlichen Sparsamkeit, aber mit der Wahrheit habe sie nichts zu tun.

Diese Auffassung, die aus vielen positivistischen Schriften wohlbekannt ist, ist das Ergebnis eines gründlichen Mißverständnisses des Wahrscheinlichkeitscharakters der wissenschaftlichen Methoden. Es ist richtig, daß für jede Menge von Beobachtungen wenigstens theoretisch eine umfassende Formel konstruiert werden kann und daß sich die Newtonsche Formel durch besondere Einfachheit auszeichnet. Aber diese Einfachheit ist keine Sache des wissenschaftlichen Geschmacks; sie hat vielmehr eine induktive Funktion, d.h., sie verleiht der Newtonschen Formel gute Voraussageeigenschaften. Um das zu zeigen, müssen wir eine Bemerkung über die Einfachheit anfügen.

Es gibt Fälle, in denen die Einfachheit einer Theorie nur eine Sache des Geschmacks oder der Ökonomie ist. Es sind Fälle, in denen die verglichenen Theorien logisch äquivalent sind, d.h. bezüglich aller beobachtbaren Tatsachen dasselbe besagen. Ein bekannter Fall dieser Art ist der Unterschied zwischen den Maßsystemen. Das metrische System ist einfacher als das System von Fuß und Zoll, aber es besteht kein Unterschied bezüglich der Wahrheit; zu jeder Angabe im metrischen System gibt es eine entsprechende Angabe im System von Fuß und Zoll – wenn die eine wahr ist, ist die andere auch wahr, und umgekehrt. In diesem Fall ist die größere Einfachheit wirklich eine Sache des Geschmacks und der Ökonomie. Berechnungen im metrischen System gestatten die Anwendung der Regeln für Dezimalbrüche; das ist ein großer praktischer Vorteil, der die Einführung des metrischen Systems in den Ländern wünschenswert macht, die sich noch an Fuß und Zoll halten – aber das ist der einzige Unterschied. Für diese Art der Einfachheit, die sich nur auf die Beschreibung bezieht und nicht auf die ihr entsprechenden Tatsachen, habe ich die Bezeichnung *deskriptive Einfachheit* vorgeschlagen. Sie spielt eine große Rolle in der modernen Physik überall dort, wo man zwischen Definitionen wählen kann. Das ist bei vielen Einsteinschen Sätzen der Fall; die Relativitätstheorie bietet zahlreiche Beispiele für die deskriptive Einfachheit. So ist die Wahl eines Bezugssystems, das als das *ruhende System* bezeichnet werden soll, eine Sache der deskriptiven Einfachheit; eines der Ergebnisse der Einsteinschen Überlegungen ist, daß es sich hier um deskriptive Einfachheit handelt und daß hier kein Unterschied in der Wahrheit vorliegt, wie Kopernikus glaubte. Die Frage der Definition der Gleichzeitigkeit oder der Wahl der euklidischen oder einer nichteuklidischen Geometrie sind von der gleichen Art. In allen diesen Fällen ist es nur eine Sache der Zweckmäßigkeit, für welche Definition wir uns entscheiden.

Es gibt jedoch andere Fälle, in denen die Einfachheit eine Wahl zwischen nichtäquivalenten Theorien betrifft. Solche Fälle treten auf, wenn eine Kurve gezeichnet werden soll, die durch einige physikalische Messungen bestimmt ist. Stellen wir uns vor, ein Physiker habe experimentell die Punkte in Abb. 6 gefunden; er möchte eine Kurve durch die beobachteten Punkte legen. Bekanntlich wählt der Physiker die einfachste Kurve, aber das darf nicht als eine Sache der Bequemlichkeit angesehen werden. Wir haben in Abb. 6 außer der einfachsten Kurve eine Kurve gezeichnet (die punktierte Linie), die viele Schwankungen zwischen den beobachteten Punkten aufweist. Die beiden Kurven stimmen in den beobachteten Messungen über-

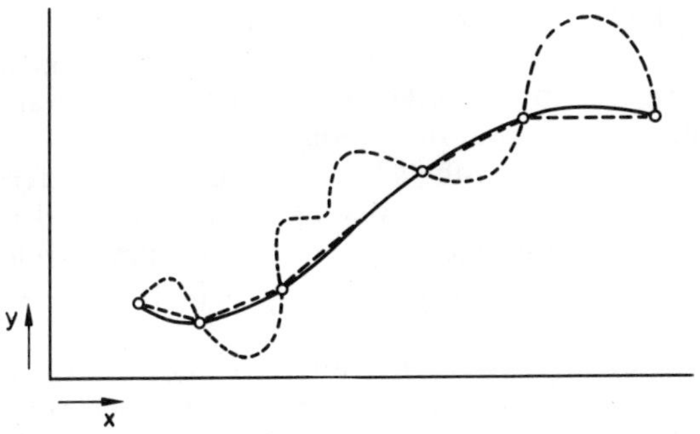

Abb. 6
Die einfachste Kurve: induktive Einfachheit

ein, aber sie unterscheiden sich hinsichtlich zukünftiger Messungen; darum stellen sie verschiedene Prognosen dar, die auf dem gleichen Beobachtungsmaterial beruhen. Die Wahl der einfachsten Kurve hängt infolgedessen von einer induktiven Annahme ab: wir glauben, daß die einfachste Kurve die besten Prognosen liefert. In einem solchen Fall sprechen wir von *induktiver Einfachheit*; dieser Begriff bezieht sich auf Theorien, die sich in ihren Voraussagen unterscheiden, obwohl sie auf dem gleichen Beobachtungsmaterial beruhen. Oder, genauer gesagt: die Beziehung „Unterschied der induktiven Einfachheit" gilt zwischen Theorien, die hinsichtlich aller beobachteten Tatsachen äquivalent sind, nicht aber hinsichtlich ihrer Voraussagen[77].

Die Verwechslung dieser beiden Arten der Einfachheit hat viel Unheil auf dem Gebiet der Wissenschaftstheorie angerichtet. Positivisten wie Mach haben von einem Ökonomieprinzip gesprochen, das das von der Wissenschaft angeblich verfolgte Ziel der Wahrheit ersetzen soll; sie behaupten, es gebe keine wissenschaftliche Wahrheit, sondern nur eine möglichst ökonomische Beschreibung. Darin zeigt sich nur eine Verwechslung der beiden Einfachheitsbegriffe. Das Ökonomieprinzip bestimmt die Wahl zwischen Theorien, die sich in der deskriptiven Einfachheit unterscheiden; dieser Gedanke wird irrtümlicherweise auf Fälle induktiver Einfachheit übertragen, mit dem Ergebnis, daß es überhaupt keine Wahrheit, sondern nur noch Zweckmäßigkeit gibt. In Wirklichkeit bestimmt in Fällen induktiver Einfachheit nicht die Ökonomie unsere Wahl. Das regulative Prinzip bei der Aufstellung wissenschaftlicher Theorien ist das Postulat der besten Voraussageeigenschaften; alle unsere Entscheidungen zwischen nichtäquivalenten Theorien werden von diesem Postulat bestimmt. Wenn das Einfachheitsproblem in solchen Fällen eine gewisse Rolle bei unserer Entscheidung spielt, so beruht das auf

77) Die „deskriptive" und „induktive Einfachheit" wurden in meiner *Axiomatik der relativistischen Raum-Zeit-Lehre* (1924) eingeführt (S. 9); [Nachdruck 1977, S. 21]). Ich habe diese Begriffe weiter erläutert in *Ziele und Wege der physikalischen Erkenntnis* (1929[a]) auf S. 34–36.

unserer Annahme, daß die einfachste Theorie die besten Prognosen liefert. Diese Annahme läßt sich nicht mit der Bequemlichkeit rechtfertigen; sie ist bedeutsam für die Wahrheit und bedarf einer Rechtfertigung im Rahmen der Theorie der Wahrscheinlichkeit und der Induktion.

Unsere Induktionstheorie gibt uns die Möglichkeit zu dieser Rechtfertigung. Wir haben den Induktionsschluß mit dem Beweis gerechtfertigt, daß er einem Verfahren entspricht, dessen fortgesetzte Anwendung zum Erfolg führen muß, wenn Erfolg überhaupt möglich ist. Dieselbe Überlegung gilt für das Prinzip der einfachsten Kurve.

Man möchte in einem Diagramm eine stetige Funktion konstruieren, die sowohl für vergangene als auch zukünftige Beobachtungen gilt, ein mathematisches Gesetz der Erscheinungen. Mit diesem Ziel vor Augen können wir eine Rechtfertigung für die einfachste Kurve geben, wobei wir in zwei Schritten vorgehen.

Beim ersten Schritt stellen wir uns vor, daß wir die beobachteten Punkte durch eine Kette gerader Strecken verbinden wie in Abb. 6 dargestellt. Das muß eine erste Näherung sein; denn wenn es eine Funktion gibt, wie wir sie konstruieren wollen, muß es möglich sein, sie mit Geradenstücken anzunähern. Vielleicht zeigen weitere Beobachtungen eine starke Abweichung; dann korrigieren wir unsere Zeichnung, indem wir einen neuen Streckenzug zeichnen, der die neuen Punkte einbezieht. Dieses Verfahren der vorläufigen graphischen Darstellung und späteren Korrektur muß zu der richtigen Kurve führen, wenn es überhaupt eine gibt – seine Anwendbarkeit ist eine notwendige Bedingung für die Existenz eines Gesetzes, das die Erscheinungen beherrscht.

Es wird also die Methode der Antizipation angewandt. Wir wissen nicht, ob unsere beobachteten Punkte dicht genug liegen, um eine lineare Näherung an die Kurve zu ermöglichen; aber wir antizipieren diesen Fall und sind bereit, unsere Setzung zu korrigieren, wenn spätere Beobachtungen sie nicht bestätigen. Irgendwann haben wir mit diesem Verfahren Erfolg – wenn Erfolg überhaupt erreichbar ist.

Jedoch der Streckenzug entspricht nicht dem tatsächlichen Vorgehen der Physiker. Er zieht eine glatte Kurve ohne Ecken vor. Die Rechtfertigung dieses Verfahrens erfordert den zweiten Schritt unserer Analyse.

Dazu müssen wir die Ableitungen der dargestellten Funktion betrachten. Sie gelten in der Physik im gleichen Sinne als physikalische Größen wie die Werte der Funktion selbst; wenn die ursprüngliche Größe eine räumliche Entfernung ist, die als Funktion der Zeit dargestellt wird, dann ist die erste Ableitung eine Geschwindigkeit, die zweite eine Beschleunigung, usw. Unser Ziel ist, auch für alle diese abgeleiteten Größen mathematische Gesetze aufzustellen; auch sie sollen stetige Funktionen sein, wie wir sie mit der ursprünglichen Kurve suchen. Von diesem Standpunkt aus ist der Streckenzug schon wegen seiner ersten Ableitung ungeeignet: seine erste Ableitung als Funktion des Arguments x ist keine stetige Kurve, sondern eine unstetige Folge waagerechter Linien. Das wird durch Abb. 7 deutlich, wo die gestrichelten Linien

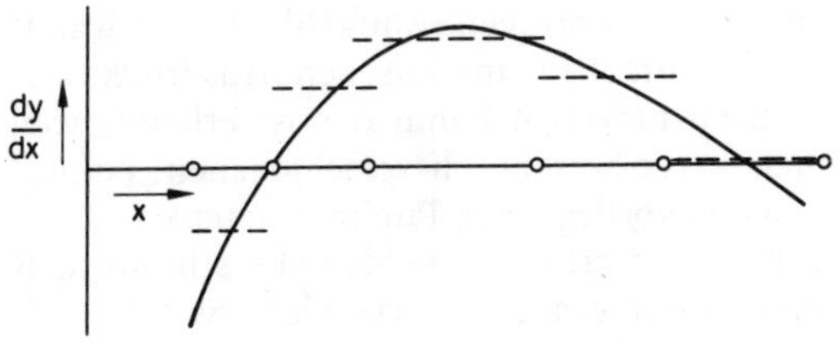

Abb. 7
Ableitung der einfachsten Kurve und des Streckenzuges für die Kurve aus Abb. 6

der ersten Ableitung des Streckenzuges in Abb. 6 entsprechen; es ergibt sich also nicht einmal ein stetiger Streckenzug, sondern eine Kurve, die in verschiedene Teile aufgelöst ist. Wenn man also die ursprüngliche Kurve durch einen Streckenzug annähert, dann ist nur die Näherungskurve selbst eine lineare Näherung; die erste Ableitung ist schon keine mehr. Bei der glatten Kurve verhält es sich jedoch anders; ihre Ableitungen als Funktionen von x sind auch glatte Kurven. Das läßt sich an Abb. 7 sehen, wo die erste Ableitung der glatten Kurve von Abb. 6 durch die stetige glatte Linie dargestellt wird. Aus diesem Grunde zieht man die glatte Kurve vor. In bezug auf die Klasse der beobachteten Punkte hat sie ähnliche Eigenschaften wie eine lineare Interpolation und läßt sich ebenfalls durch das Prinzip der Antizipation rechtfertigen; darüber hinaus erfüllen auch ihre Ableitungen dieses Postulat.

Das Verfahren der glattesten Interpolation läßt sich daher als gleichzeitige lineare Interpolation bei der ursprünglichen Funktion und ihren Ableitungen auffassen. Die nichtlineare Interpolation durch die glatteste Kurve läßt sich durch Zurückführung auf lineare Interpolationen rechtfertigen, die insgesamt eine nichtlineare Interpolation zur besten machen. Dieses Verfahren entspricht nicht einer einzelnen Induktion, sondern einer Verkettung von Induktionen über verschiedene Funktionen, von denen die einen Ableitungen der anderen sind; das Ergebnis ist eine bessere Induktion, da sie auf wiederholter Anwendung des Prinzips beruht und Korrekturen im Sinne von § 41 einschließt.

Es bleibt noch ein Einwand gegen unsere Überlegung. Wir konnten die Bevorzugung der glatten Kurve gegenüber dem Streckenzug rechtfertigen; aber das Postulat der glatten Kurve ist nicht eindeutig. Kurven wie die punktierte in Abb. 6 werden zwar ausgeschlossen, doch es gibt andere glatte Kurven, die der gezeichneten sehr ähnlich sind; die beobachteten Punkte liefern uns keine klare Entscheidung zwischen derart ähnlichen glatten Kurven. Welche soll man wählen?

Darauf müssen wir antworten, daß die Entscheidung unwichtig ist. Vom Standpunkt der Annäherung aus besteht kein großer Unterschied zwischen diesen Kurven. Alle konvergieren schließlich auf dieselbe; sie unterscheiden sich nicht wesentlich im Hinblick auf die Voraussagen. Die Wahl unter ihnen kann daher unter Zweckmäßigkeitsgesichtspunkten erfolgen. Der Grundsatz der induktiven Einfachheit bestimmt die Wahl nur zum Teil: er schließt die schwankende Kurve in Abb. 6 aus, aber es bleibt ein kleiner Unbestimmtheitsbereich, in dem das Prinzip der deskriptiven Einfachheit angewandt werden kann. Man zieht hier einen einfachen analytischen Ausdruck vor, weil man mit ihm besser mathematisch umgehen kann; das ist erlaubt, weil die zur Wahl stehenden Funktionen keine wesentlich verschiedenen Voraussagen neuer Beobachtungen zwischen den vorliegenden Punkten liefern.

Dagegen könnte ein weiterer Einwand erhoben werden. Es stimmt, daß im Gebiet der beobachteten Punkte kein großer Unterschied zwischen allen diesen glatten Kurven besteht; das gilt aber nicht mehr außerhalb dieses Gebiets. Alle analytischen Funktionen definieren eine Fortsetzung der Kurve in ein entferntes Gebiet, und zwei analytische Funktionen, die sich im inneren Gebiet nur wenig unterscheiden, können bei Extrapolationen zu großen Unterschieden führen. Die Wahl zwischen ihnen läßt sich also nicht mit der deskriptiven Einfachheit rechtfertigen, soweit Extrapolationen in Frage kommen; wie können wir sie dann rechtfertigen?

Die Antwort ist, daß eine Gruppe von Beobachtungen überhaupt keine Extrapolationen von größerer Reichweite rechtfertigt. Der Wunsch des Physikers, die Fortsetzung der Kurve weit über das beobachtete Gebiet hinaus zu kennen, mag sehr stark sein; wenn er aber nichts weiter als die beobachtete Klasse zu seiner Verfügung hat, muß er auf jede Hypothese bezüglich Extrapolationen verzichten. Die einzige Regel, die der Physiker in der Hand hat, ist das Induktionsprinzip. Wenn es nicht anwendbar ist, kann die Philosophie ihm kein geheimnisvolles Prinzip liefern, das den Weg dort zeigt, wo die Induktion versagt – in einem solchen Fall bleibt nichts anderes übrig als ein bescheidenes „ignoramus".

Unser Gegner könnte einwenden, der Wissenschaftler halte sich nicht immer daran. „Nur der mittelmäßige Geist ergibt sich dem Verzicht", wird er ausrufen, „das wissenschaftliche Genie fühlt sich nicht an die engen Beschränkungen der Induktion gebunden – es wird das Gesetz außerhalb der Beobachtungstatsachen erraten, auch wenn dein Induktionsprinzip seine Ahnungen nicht rechtfertigen kann. Deine Theorie der Induktion als Interpolation, als einer Methode ständiger Annäherung durch Antizipation, mag für untergeordnete Probleme der wissenschaftlichen Forschung, für die Vervollständigung und Vereinigung wissenschaftlicher Theorien gut genug sein. Überlassen wir diese Aufgabe den Handwerkern der wissenschaftlichen Forschung – das Genie geht andere Wege, die wir nicht kennen, die nicht von vornherein gerechtfertigt werden können, sich aber später durch den Erfolg der Voraussagen rechtfertigen. Ist Newtons Entdeckung nicht das Werk eines Genies, das nie mit den Methoden der einfachen Induktion zustande gekommen wäre? Sind Einsteins Entdeckungen neuer Gesetze der Planetenbewegung, der Lichtablenkung durch die Gravitation, der Identität von Masse und Energie usw. nicht Gedankengebilde, die nichts mit Interpolationskurven, Statistiken relativer Häufigkeiten und langsamen, schrittweisen Annäherungen zu tun haben?"

Ich möchte betonen, daß ich der letzte wäre, der das Werk der großen Männer der Wissenschaft herabsetzen wollte. Ich weiß so gut wie andere, daß ihre geistigen Leistungen nicht durch Anleitungen zum Gebrauch von Diagrammen und Statistiken ersetzt werden können. Ich möchte keinerlei Beschreibung der Gedankengänge versuchen, die sie in den Augenblicken ihrer größten Entdeckungen verfolgen; das Geheimnis großer Schöpfungen wird nie zufriedenstellend durch psychologische Untersuchungen aufgeklärt werden können. Ich gebe aber nicht zu, daß dies ein Einwand gegen meine Theorie der Induktion als des einzigen Mittels zur Erweiterung der Erkenntnis sein kann.

Zu Beginn unserer Analyse (§ 1) führten wir den Unterschied zwischen Entdeckungszusammenhang und Rechtfertigungszusammenhang ein. Wir betonten, daß sich die Erkenntnistheorie nicht mit dem ersten beschäftigen kann, sondern nur mit dem zweiten; wir zeigten, daß sich die Analyse der Wissenschaft nicht auf die tatsächlichen Denkvorgänge richtet, sondern auf die rationale Nachkonstruktion der Erkenntnis. An diese Definition der Aufgabe der Erkenntnistheorie müssen wir uns erinnern, wenn wir eine Theorie der wissenschaftlichen Forschung aufstellen wollen.

Was ich mit der Induktionstheorie aufzeigen möchte, ist der logische Zusammenhang einer neuen Theorie mit den bekannten Tatsachen. Ich behaupte nicht, daß die neue Theorie auf eine Weise entdeckt wird, die den dargestellten Überlegungen ähnelt; ich sage überhaupt nichts über die Frage der Theoriefindung – nur über die Beziehung einer Theorie zu den Tatsachen, unabhängig davon, wer die Theorie gefunden hat. Es muß eine ganz bestimmte solche Beziehung geben, sonst gäbe es für den Wissenschaftler nichts zu entdecken. Warum war Einsteins Gravitationstheorie eine große Entdeckung, noch ehe sie durch astronomische Beobachtungen bestätigt wurde? Weil Einstein sah – was seine Vorgänger nicht gesehen hatten – , daß die bekannten Tatsachen auf eine solche Theorie hinwiesen, das heißt, daß eine induktive Fortsetzung der bekannten Tatsachen zu der neuen Theorie führte. Das ist genau das, was den großen wissenschaftlichen Entdecker vom Hellseher unterscheidet. Dieser möchte die Zukunft voraussehen, ohne sich der Induktionen zu bedienen; seine Voraussagen schweben im luftleeren Raum, ohne irgendeine Brücke zum festen Grund der Beobachtungen, und es ist reiner Zufall, ob sich seine Voraussagen bestätigen oder nicht. Der Wissenschaftler macht seine Voraussage so, daß sie von bekannten Tatsachen durch induktive Beziehungen gestützt wird; darum vertrauen wir seiner Voraussage. Die Größe seiner Leistung besteht darin, daß er induktive Zusammenhänge zwischen verschiedenen Bestandteilen des Systems der Erkenntnis sieht, wo andere Menschen keine sehen; aber es stimmt nicht, daß er Erscheinungen voraussagt, die überhaupt keine induktiven Beziehungen zu bekannten Tatsachen haben. Das wissenschaftliche Genie offenbart sich nicht darin, daß es die induktiven Methoden verächtlich beiseite schiebt; im Gegenteil, es zeigt seine denkerische Überlegenheit durch geschicktere Handhabung der Induktionsmethoden, die immer die eigentlichen Methoden der Wissenschaftlichen Entdeckung bleiben werden.

Folgende Überlegung macht deutlich, daß es eine induktive Beziehung bekannter Tatsachen zu einer neuen Theorie gibt. Die Vertreter der entgegengesetzten Auffassung glauben, die Aufstellung der neuen Theorie beruhe auf einer Art mystischer Ahnung; wenn sich aber später die Voraussagen der neuen Theorie bestätigt hätten, werde sie als wahr erwiesen. Doch das ist wieder einmal nur eine berechtigte Vereinfachung durch die zweiwertige Logik. Es gibt niemals einen endgültigen Beweis für die Theorie; die sogenannte Bestätigung besteht im Aufweis einiger Tatsachen, die der Theorie eine höhere Wahrscheinlichkeit verleihen, d.h., die ziemlich einfache Induktionsschlüsse auf die Theorie zulassen. Es besteht nur ein Gradunterschied zwischen dem Zustand vor und nach der Bestätigung: danach gibt es einige Tatsachen, die der Theorie wenigstens eine gewisse Wahrscheinlichkeit verleihen und sie vor anderen als unsere beste Setzung im Sinne der Induktionsmethoden auszeichnen. Das sieht der gute Theoretiker. Gäbe es keine solchen induktiven Zusammenhänge, so wäre seine Annahme bloß geraten und sein Erfolg nur dem Zufall zu verdanken.

Ich möchte noch bemerken, daß sich die Unterscheidung zwischen Entdeckungszusammenhang und Rechtfertigungszusammenhang nicht auf das induktive Denken beschränkt; sie ist auch auf deduktive Denkoperationen anwendbar. Wenn man vor einem mathematischen Problem steht, z.B. der Konstruktion eines Dreiecks aus drei gegebenen Bestimmungsstücken, ist die Lösung (oder die Klasse der Lösungen) ausschließlich von dem Problem bestimmt. Wenn uns eine Lösung vorgelegt wird, können wir unzweideutig und allein mit deduktiven Operationen entscheiden, ob sie richtig ist. Doch die Art und Weise, wie man die Lösung findet, verbleibt größtenteils im unerforschten Dunkel des schöpferischen Denkens und kann von ästhetischen Gesichtspunkten oder einem „Gefühl der geometrischen Harmonie“ beeinflußt sein. Aus den Berichten großer Mathematiker ist bekannt, daß ästhetische Gesichtspunkte eine entscheidende Rolle bei ihren Entdeckungen berühmter mathematischer Sätze spielen können. Doch trotz dieser psychologischen Tatsache würde niemand eine philosophische Theorie verkünden, nach der die Lösung mathematischer Probleme von der Ästhetik bestimmt ist. Die objektive Beziehung vom Gegebenen zur Lösung und die subjektive Weise, sie zu finden, sind für deduktive Probleme klar getrennt; wir müssen lernen, den gleichen Unterschied beim Problem der induktiven Beziehung von Tatsachen zu Theorien zu machen.

Es gibt zwar Fälle, in denen eine beste Theorie nicht eindeutig ermittelt werden kann, weil es mehrere Theorien mit gleichem Gewicht aufgrund der Tatsachen gibt. Das bedeutet aber nicht, daß das Induktionsprinzip unbrauchbar wäre; im Gegenteil, es scheidet immer eine große Anzahl von Theorien aus. Aber unter den Gewichten des zulässigen Rests braucht es kein Maximum zu geben oder nur ein so flaches, daß es keine klare Entscheidung ermöglicht. In solchen Fällen, die ich *Differentialentscheidungen*[78] nennen möchte, werden sich verschiedene Wissenschaftler für verschiedene Theorien entscheiden, wobei sie sich mehr vom persönlichen Geschmack als von wissenschaftlichen Grundsätzen leiten lassen; die endgültige Entscheidung wird dann später durch darauf abgestellte Experimente herbeigeführt. Eine Art „natürliche Auslese", eine Art „Existenzkampf" bestimmt in einem solchen Fall schließlich die Annahme einer wissenschaftlichen Theorie; das kommt zwar nicht allzu selten vor, doch man darf nicht vergessen, daß dies gerade ein Beispiel ist, in dem die wissenschaftliche Voraussage versagt und die Entscheidung für eine Hypothese erst nach dem Eintreten des Ereignisses selbst möglich ist. Die Person, die die richtige Theorie vorausgesagt hat, wird dann manchmal als großer Prophet angesehen, weil sie die richtige Voraussage selbst in einem Fall kannte, in dem wissenschaftliche Voraussagemethoden versagten. Man darf aber nicht vergessen, daß das nur der Erfolg eines Spielers ist, der stolz darauf ist, das *Rot* (oder das *Schwarz*) vorausgesehen zu haben. Die Hinfälligkeit dieser angeblichen prophetischen Begabung wird bei einer zweiten Voraussage offenbar, wenn der Erfolg ausbleibt. Der Wissenschaftler sollte im Fall einer Differentialentscheidung lieber zugeben, daß er keine rationale Wahl treffen kann.

Die Bedeutung der induktiven Einfachheit veranschaulichten wir mit einem Diagramm und sprachen von der glatten Kurve als Muster dieser Einfachheit. Und das ist nicht der einzige Fall dieser Art. Die induktiven Beziehungen der modernen Physik werden analytisch konstruiert; darum muß der theoretische Physiker ein guter Mathematiker sein[79].

Newtons induktives Verfahren bestand in seinem Beweis, daß eine einfache mathematische Formel sowohl die Galileischen als auch die Keplerschen Gesetze enthält. Die Einfachheit der Formel kennzeichnet sie als eine Interpolation, als eine lineare oder doch fast lineare Näherung; dieser Eigenschaft verdankt sie ihre Voraussageeigenschaften. Die Newtonsche Theorie schließt nicht nur die Beobachtungen von Galilei und Kepler ein, sondern führt auch zu Voraussagen. Diese können sich auf Erscheinungen beziehen, die schon bekannt sind, die aber weder vorher in Verbindung mit den anderen Erscheinungen gesehen wurden noch zum Aufbau der neuen Theorie herangezogen wurden. Von dieser Art war Newtons Erklärung der Gezei-

78) Ich habe diesen Namen in Anlehnung an den Ausdruck „Differentialdiagnose" gewählt, mit dem die Ärzte einen Fall bezeichnen, in dem die beobachteten Symptome auf mehrere Krankheiten als ihre mögliche Ursache hinweisen und keine Entscheidung gestatten, wenn nicht gewisse weitere Symptome beobachtet werden können. Diese Differentialdiagnose ist logisch ein Spezialfall unserer Differentialentscheidung.

79) Übrigens ist die graphische Darstellung von Induktionsschlüssen auch in komplizierten Fällen möglich, wenn man zu einem Parameterraum mit einer höheren Anzahl von Dimensionen übergeht (vgl. des Verfassers Schrift „Die Kausalbehauptung und die Möglichkeit ihrer empirischen Nachprüfung" (1932[a])).

ten. Andererseits führte die Newtonsche Theorie auch zu Voraussagen im eigentlichen Sinne, z.B. der Anziehung zwischen einer Bleikugel und anderen Körpern, wie sie Cavendish mittels einer Drehwaage beobachtete.

Wir fragten, ob eine Extrapolation auf ein von den beobachteten Punkten weiter entferntes Gebiet möglich sei. Es gibt Beispiele, in denen derartige Extrapolationen vorzukommen scheinen. Sie sind aber anders zu erklären; es gibt dann Tatsachen anderer Art, die nicht in das Gebiet der beobachteten Punkte gehören, aber die Extrapolation stützen. Beispiele sind Fälle, in denen die analytische Form der Kurve dem Physiker vor den Beobachtungen bekannt ist, die nur noch zur Bestimmung der Konstanten des analytischen Ausdrucks dienen. Diese Fälle, die in der Physik ziemlich häufig vorkommen, entsprechen in unserem Beispiel einer Bestimmung der Kurve durch Tatsachen außerhalb des beobachteten Gebiets; denn die analytische Form der Kurve wird dann durch Überlegungen festgelegt, die die betreffende Erscheinung mit anderen Erscheinungen verknüpften.

Ein ähnliches Beispiel ist Einsteins Voraussage, daß die Lichtstrahlen von den Sternen im Schwerefeld der Sonne eine Ablenkung erfahren. Hätte er nur eine Verallgemeinerung des Newtonschen Gesetzes der Planetenbewegung beabsichtigt, um die Irregularitäten des Planeten Merkur zu erklären, so wäre seine Hypothese der Lichtablenkung eine unbegründete Extrapolation gewesen, die sich nicht auf Induktionen stützen konnte. Einstein sah aber ein viel größeres Beobachtungsmaterial vorliegen, welches mit Hilfe des Gedankens interpoliert werden konnte, daß ein Gravitationsfeld und eine beschleunigte Bewegung immer äquivalent sind. Aus diesem „Äquivalenzprinzip“ folgte die Lichtablenkung sofort; im größeren Zusammenhang war also Einsteins Voraussage die „glatteste Interpolation“. Und diese Eigenschaft ist gemeint, wenn häufig etwa von der „natürlichen Einfachheit seiner Annahmen“ gesprochen wird; solche Bezeichnungen drücken die induktive Einfachheit einer Theorie aus, d.h. ihre Eigenschaft, eine glatte Interpolation zu sein. Das mindert die Größe der Einsteinschen Entdeckung nicht; im Gegenteil, gerade daß er diese Beziehung gesehen hat, unterscheidet ihn vom Hellseher und macht ihn zu einem der bewunderungswürdigsten Propheten im Rahmen der wissenschaftlichen Methoden. Das Talent, glatte Interpolationskurven in dem riesigen Gebiet der Beobachtungstatsachen zu sehen, ist eine seltene Gabe des Schicksals; seien wir froh, daß wir Männer haben, die fähig sind, für das Gesamtgebiet der Erkenntnis Schlußfolgerungen zu ziehen, deren Struktur auch in den bescheidenen Schlüssen wiederkehrt, die der wissenschaftliche Handwerker in seiner täglichen Arbeit zieht.

§ 43 Die Wahrscheinlichkeitsstruktur der Erkenntnis

Unsere Diskussion der wissenschaftlichen Forschungsmethoden und der Aufstellung wissenschaftlicher Theorien hat zu dem Ergebnis geführt, daß die Struktur wissenschaftlicher Schlußfolgerungen als eine Verkettung von Induktionsschlüssen aufzufassen ist. Die Grundstruktur dieser Verkettung ist das Wahrscheinlichkeitsgitter (§ 41). Wegen gewisser Idealisierungen, bei denen der Übergang von der Wahrscheinlichkeit zur praktischen Wahrheit eine entscheidende Rolle spielt, ist der Wahrscheinlichkeitscharakter der Schlußfolgerungen nicht immer leicht erkennbar; die kurzen Schritte der Induktionsschlüsse können zu langen Ketten von so komplizierter Struktur zusammentreten, daß der Induktionsschluß als der einzige Grundbestandteil vielleicht nur noch schwer zu erkennen ist. Wir sollen die Auflösung solcher Strukturen und ihre Zurückführung auf Induktionsschlüsse jetzt an einigen Beispielen aufzeigen.

Es gibt Fälle, in denen ein einziges Experiment das Geschick einer Theorie entscheiden kann. Solche *experimenta crucis* werden oft gegen unsere induktive Wissenschaftsauffassung angeführt; sie scheinen zu beweisen, daß nicht die Anzahl der Fälle zugunsten einer Theorie entscheidet, sondern so etwas wie eine „unmittelbare Einsicht in das Wesen der Erscheinung", die ein einziges Experiment eröffne. Bei näherer Betrachtung jedoch stellt sich das Verfahren als ein Spezialfall von Induktionsketten heraus. Man weiß vielleicht aus früherer Erfahrung, daß es für ein bestimmtes Experiment nur zwei Möglichkeiten gibt, daß auf *A* entweder *B* oder *C* folgt und daß ferner eine große Wahrscheinlichkeit besteht, daß auf *A* immer dasselbe Ereignis folgt, nicht abwechselnd beide. Wenn dann die Wahrscheinlichkeiten hoch sind, kann allerdings ein Experiment für die Entscheidung genügen. Von dieser Art war Lavoisiers entscheidendes Experiment über die Verbrennung. Praktisch waren nur zwei Theorien als Erklärung der Verbrennung übrig geblieben: die eine behauptete, bei der Verbrennung entwiche eine Substanz, das Phlogiston; die andere nahm an, bei der Verbrennung ginge eine Substanz aus der Luft in den Körper über. Lavoisier zeigte in einem berühmten Experiment, daß der Körper nach der Verbrennung schwerer war als vorher; so konnte ein einziges Experiment zugunsten der Sauerstofftheorie der Verbrennung entscheiden. Das war aber nur möglich, weil vorausgehende Induktionen alle Theorien bis auf zwei ausgeschlossen und es sehr wahrscheinlich gemacht hatten, daß alle Verbrennungsvorgänge von der gleichen Art sind. So findet das experimentum crucis seine Erklärung in der Induktionstheorie und erfordert keine weiteren Annahmen; erst die Aufeinanderschichtung einer großen Anzahl elementarer Induktionsschlüsse schafft die logischen Strukturen, die als Ganzes wie ein nichtinduktiver Schluß aussehen, wenn man an einer schematisierten Vorstellung festhält.

Es ist das große Verdienst von John Stuart Mill, darauf hingewiesen zu haben, daß alle empirischen Schlüsse auf die *inductio per enumerationem simplicem* zurückführbar sind. Der genaue Beweis lag aber erst vor, als gezeigt war, daß die Wahrscheinlichkeitsrechnung auf diesen Grundsatz zurückgeführt werden kann, und dazu ist ein axiomatischer Aufbau der Wahrscheinlichkeitsrechnung nötig. Die Physik wendet bei ihren Schlußfolgerungen neben Logik und Mathematik im allgemeinen die Methoden der Wahrscheinlichkeitsrechnung an; daher war eine Analyse dieser Disziplin für die Erkenntnistheorie ebenso notwendig wie eine Analyse der Logik und der allgemeinen Methoden der Mathematik.

Wegen dieser Zurückführbarkeit der Wahrscheinlichkeitsschlüsse auf das Induktionsprinzip kann man die Schlußfolgerungen von Beobachtungen auf Tatsachen als Induktionsschlüsse auffassen. Schlußfolgerungen in der Form der Schemata der Wahrscheinlichkeitsrechnung sind also auf Induktionsschlüsse zurückführbar. Von dieser Art sind viele Schlußfolgerungen, die bei oberflächlicher Betrachtung keinen Wahrscheinlichkeitscharakter zeigen, sondern wie eine Entscheidung über eine Annahme aufgrund der Beobachtung ihrer „notwendigen Konsequenzen" aussehen. Wenn ein Detektiv aus Fingerabdrücken auf einem blutigen Messer schließt, daß Herr X ein Mörder ist, wird das gewöhnlich dadurch gerechtfertigt, daß man sagt: Es ist unmöglich, daß ein anderer dieselben Fingerabdrücke hat wie Herr X; es ist den Umständen nach unmöglich, daß das blutige Messer, das neben der Leiche liegt, nicht als Mordwaffe benutzt worden ist, usw. Diese sogenannten Unmöglichkeiten sind indessen nur sehr niedrige Wahrscheinlichkeiten, und die ganze Schlußfolgerung muß als ein Fall der Bayesschen Regel angesehen werden, eines der bekannten Schemata der Wahrscheinlichkeitsrechnung, mit dem man von gegebenen Beobachtungen auf die Wahrscheinlichkeiten ihrer Ursachen schließt. Infolgedessen liefert sie keine Gewißheit, sondern nur eine hohe Wahrscheinlichkeit für die betreffende Annahme.

Wissenschaftliche Schlußfolgerungen von Beobachtungen auf Tatsachen sind von der gleichen Art. Wenn Darwin die Theorie aufstellte, daß die systematische Ordnung der lebenden Organismen nach der Differenzierung ihrer inneren Struktur als die historische Reihenfolge der Entwicklung der Arten gedeutet werden kann, dann stützte sich diese Theorie auf Tatsachen wie die Übereinstimmung der zeitlichen Ordnung der geologischen Ablagerungen (die an ihrer Übereinanderschichtung festgestellt wird) mit der des Auftretens höherer Arten. Aufgrund einer Theorie dagegen, nach der die höchsten Arten ebenso alt sind wie die niedersten, wäre diese Übereinstimmung sehr unwahrscheinlich. Umgekehrt macht die beobachtete Tatsache nach der Bayesschen Regel die Darwinsche Theorie wahrscheinlich und die andere Theorie unwahrscheinlich. Der Wahrscheinlichkeitscharakter dieser Schlußfolgerung wird gewöhnlich durch Aussagen verschleiert wie „Die andere Theorie ist mit den beobachteten Tatsachen unvereinbar", womit man von einer niedrigen Wahrscheinlichkeit zur Unmöglichkeit übergeht; und es sind erkenntnistheoretische Auffassungen entwickelt worden, nach denen eine Theorie unzweideutig durch ihre Konsequenzen geprüft wird. Ein geübtes Auge entdeckt trotzdem Wahrscheinlichkeitsstrukturen in allen diesen Schlüssen von Tatsachen auf Theorien. Damit sind die Schlußfolgerungen gleichzeitig auf Induktionsschlüsse zurückgeführt, da ja die Wahrscheinlichkeitsrechnung auf das Induktionsprinzip zurückführbar ist. Darum können wir sagen, daß wissenschaftliche Schlußfolgerungen von Tatsachen auf Theorien Induktionsschlüsse sind.

Wissenschaftliche Induktionen sind nicht von „höherer" Art als die gewöhnlichen Induktionen des täglichen Lebens; aber sie sind besser als diese im Sinne eines Gradunterschiedes, und zwar wegen der Verkettung von

Induktionen nach den Regeln der Wahrscheinlichkeitsrechnung; sie führen zu Ergebnissen, die mit direkten Induktionen nie erzielt würden. Wir erwähnten, daß die induktive Natur dieser Schlußfolgerungen manchmal durch eine Schematisierung undurchsichtig gemacht wird, in der Wahrscheinlichkeitsimplikationen durch strikte Implikationen ersetzt werden; das soll wieder durch ein Beispiel verdeutlicht werden. Einige Philosophen haben eine verallgemeinernde von einer exakten Induktion unterschieden; die erste soll unsere dürftige häufigkeitsgebundene Induktion sein, die auf Wahrscheinlichkeiten beschränkt ist, die zweite dagegen eine höhere Erkenntnismethode, die, obgleich auf Erfahrung beruhend, zu absoluter Gewißheit führen soll. Ich möchte hier eine Diskussion erwähnen, die ich einmal mit einem hervorragenden Biologen hatte, der nicht zugeben wollte, daß seine Wissenschaft von einem so unvollkommenen Prinzip wie der *inductio per enumerationem simplicem* abhängt. Er legte mir als Beispiel die fleischfressenden und pflanzenfressenden Tiere vor und argumentierte: Wir beobachten, daß erstere kurze Därme haben, letztere lange; wir schließen dann durch verallgemeinernde Induktion, daß ein Kausalzusammenhang zwischen der Nahrung und der Länge des Darmes besteht. Das ist eine reine Annahme, sagte er; aber sie wird später durch exakte Induktion bewiesen, wenn es gelingt, die Länge des Darmes durch die verabreichte Nahrung experimentell zu verändern. Solche Experimente sind in der Tat mit Erfolg an Kaulquappen durchgeführt worden[80]. Es wird nun aber übersehen, daß es sich hier nur um einen Gradunterschied handelt. Die Experimente mit den Kaulquappen erweitern das Beobachtungsmaterial, und zwar genau in einer Richtung, die uns erlaubt, von gewissen Gesetzen Gebrauch zu machen, die durch vorhergehende Induktionen gut gesichert sind, so das Gesetz, daß die Nahrung einen Einfluß auf die Entwicklung des Organismus hat, daß die anderen Umstände, unter denen die Tiere gehalten wurden, im allgemeinen keinen Einfluß auf ihre Därme haben, und ähnliches. Ich sage das nicht, um die Leistungen der Biologen herabzusetzen; im Gegenteil, der Fortschritt der Erkenntnis von niedrigeren zu höheren Wahrscheinlichkeiten ist gerade solchen Experimenten zu verdanken. Es besteht aber kein Grund, einen qualitativen Unterschied der Methoden zu konstruieren, wo nur quantitative Unterschiede vorliegen. Der experimentelle Wissenschaftler stellt Bedingungen her, unter denen alle Vorgänge außer dem einen, der geprüft werden soll, mit bekannten Fällen übereinstimmen; durch diese Isolierung der unbekannten Erscheinung von anderen unbekannten Erscheinungen kommt er zu einfacheren Formen des Induktionsschlusses. Bei der Deutung dieses Verfahrens darf man nun nicht eine Idealisierung mit den wirklich auftretenden Schlußfolgerungen verwechseln. Wenn man jene hohen Wahrscheinlichkeiten gleich 1 setzt, verwandelt man das eigentliche Verfahren in ein Schema, in dem „Kausalverknüpfun-

80) Vgl. Max Hartmann, „Die methodologischen Grundlagen der Biologie“, *Erkenntnis*, 3 (1932/33), S. 248.

gen" erscheinen und in dem ein einziges Experiment ein neues „Kausalgesetz" mit Sicherheit beweisen kann. Doch wenn man aus der Anwendbarkeit eines solchen Schemas die Existenz einer „exakten Induktion" folgert, die sich logisch von der gewöhnlichen Induktion unterscheiden soll, wird die Näherung überbeansprucht und man zieht Schlüsse, die nur im Rahmen des Schemas gelten, nicht aber für das wirkliche Verfahren, auf das es angewandt wird.

Jede Erkenntnistheorie, die die Erkenntnis in den Rahmen der zweiwertigen Logik preßt, ist dieser Gefahr ausgesetzt. Die traditionelle Erkenntnistheorie hat den schweren Fehler begangen, die Erkenntnis als ein System zweiwertiger Aussagen anzusehen; auf dieser Auffassung beruhen alle Arten des Apriorismus, lauter Versuche, eine absolut sichere synthetische Erkenntnis zu rechtfertigen. Dieser Auffassung haben wir auch alle Arten der Skepsis zu verdanken, weil kritische Geister angesichts des Problems einer solchen absoluten Erkenntnis lieber ganz auf die Wahrheit verzichten. Der Weg zwischen Szylla und Charybdis wird von der Wahrscheinlichkeitstheorie der Erkenntnis gewiesen. Es gibt weder absolut sicheres Wissen noch absolutes Unwissen – es gibt einen Mittelweg, den uns das Induktionsprinzip als unser bester Führer zeigt.

Wenn wir sagen, die zweiwertige Logik sei nicht auf die wirkliche Erkenntnis anwendbar, so heißt das nicht, sie sei falsch. Es wird nur behauptet, daß die Bedingungen ihrer Anwendung nicht vorliegen. Wissenschaftliche Aussagen werden nicht als zweiwertig gebraucht, sondern als Aussagen mit Gewichten auf einer stetigen Skala; darum sind die Voraussetzungen der zweiwertigen Logik in der Wissenshaft nicht verwirklicht. Die Wissenschaft als System zweiwertiger Aussagen zu behandeln, wäre so gut wie auf einem Brett Schach zu spielen, dessen Felder kleiner sind als die Standflächen der Figuren; die Spielregeln sind in einem solchen Fall nicht anwendbar, weil es unbestimmt bleibt, auf welchem Feld eine Figur steht. Ebenso können die Regeln der zweiwertigen Logik nicht auf wissenschaftliche Aussagen angewandt werden, wenigstens nicht im allgemeinen, weil diese keinen bestimmten Wahrheitswert, sondern nur ein Gewicht haben. Darum paßt nur die Wahrscheinlichkeitslogik auf die allgemeine Struktur der Erkenntnis.

Man wird vielleicht fragen, ob man dieser Konsequenz nicht entgehen könne. Besteht denn keine Möglichkeit, die Wahrscheinlichkeitslogik in eine zweiwertige Logik überzuführen? Dazu greifen wir auf unsere einschlägigen Untersuchungen zurück (§ 36). Wir zeigten, daß es zwei Möglichkeiten einer solchen Überführung gibt: Die erste ist die Methode der Zweiteilung oder Dreiteilung, die aber nur zu einer annähernden Geltung der zweiwertigen Logik führt; die zweite Methode macht von der Häufigkeitsdeutung Gebrauch, doch auch sie gilt aus zwei Gründen nur annähernd: erstens, weil das einzelne Element der Satzfolge nicht streng wahr oder falsch ist, und zweitens, weil die angezielte Häufigkeit nicht mit Sicherheit behauptet werden kann. Den zweiten Punkt wollen wir jetzt genauer analysieren.

Der Übergang läßt sich im Sinne des logischen Wahrscheinlichkeitsbegriffs (§ 33) als Übergang von Wahrscheinlichkeitsaussagen zu Aussagen über die Wahrscheinlichkeit anderer Aussagen auffassen; man darf aber nicht glauben, auf diese Weise käme man zu einer strengen zweiwertigen Logik. Ein Satz über die Wahrscheinlichkeit eines anderen Satzes ist selbst nicht wahr oder falsch, sondern nur mit einem bestimmten Gewicht versehen. Mit dem in Rede stehenden Übergang kommt man stets nur wieder zu Wahrscheinlichkeiten. Wir sind an diese Treppe gebunden, die von einer Wahrscheinlichkeit zu einer anderen führt. Es bedeutet lediglich eine Schematisierung, wenn wir auf einer Stufe halt machen und die dort bestehende hohe Wahrscheinlichkeit als Wahrheit ansehen. Es war also eine Schematisierung, wenn wir während unserer ganzen Untersuchung von *dem* Gewicht gesprochen haben; wir hätten von einer unendlichen Klasse von Gewichten aller Stufen sprechen sollen, die einer Aussage zugeordnet sind. Ich verweise auf das Zahlenbeispiel (§ 41), in dem wir die Wahrscheinlichkeit 0,75 für eine Aussage erster Stufe berechneten und die Wahrscheinlichkeit 0,59 für die Aussage zweiter Stufe, daß die erste Aussage die Wahrscheinlichkeit 0,75 hat; in diesem Beispiel brachen wir die Treppe auf der zweiten Stufe ab. Auch das war eine Schematisierung, dank der vereinfachten Bedingungen des Problems; eine erschöpfende Analyse müßte alle Wahrscheinlichkeiten der unendlich vielen Stufen berücksichtigen.

An diesem Beispiel zeigt sich noch eine andere Eigenschaft der Wahrscheinlichkeitsstruktur der Erkenntnis: die auftretenden Wahrscheinlichkeiten sind keineswegs alle sehr hoch oder niedrig. Es gibt auch mittlere Werte; sie können auf der Häufigkeit von Grundaussagen beruhen, deren Wahrscheinlichkeit nahe bei 1 oder 0 liegt (vgl. § 36) – aber die Aussagen, denen diese Wahrscheinlichkeiten als Gewichte zugeordnet sind, gehen in das System der Erkenntnis als Aussagen mit mittlerem Gewicht ein. Darum ist die zweiwertige Logik nicht einmal im Sinne einer Näherung auf die Wissenschaft anwendbar. Das ist nur der Fall, wenn man nicht die direkten Aussagen der Wissenschaft betrachtet, sondern die der zweiten oder einer höheren Stufe – Sätze über die Wahrscheinlichkeit direkter wissenschaftlicher Aussagen[81].

81) In unseren vorangehenden Untersuchungen haben wir häufig von der annähernden Geltung der zweiwertigen Logik für die Sprache zweiter Stufe Gebrauch gemacht. Eine dieser Schematisierungen bestand darin, daß wir Aussagen über das Gewicht eines Satzes als wahr oder falsch ansahen; eine weitere ist in unseren Begriffen der physikalischen und logischen Möglichkeit enthalten, die in unseren Definitionen der Bedeutung auftreten. Streng genommen, besteht zwischen diesen Arten der Möglichkeit nur ein Gradunterschied. Wir konnten sie in schematisierter Form als qualitativ verschieden ansehen, weil sie sich auf Überlegungen beziehen, die der Sprache zweiter Stufe angehören. Die annähernde Geltung der zweiwertigen Logik für die Sprache zweiter Stufe erklärt auch, warum die positivistische Sprache als annähernd gültig im Sinn einer Sprache zweiter Stufe angesehen werden kann (vgl. die Bemerkung am Ende von § 17).

Das Auftreten von Wahrscheinlichkeiten höherer Stufen ist ein besonderes Merkmal der Wahrscheinlichkeitslogik; die zweiwertige Logik zeigt diese Eigenschaft nur in entarteter Form. Unserer Wahrscheinlichkeit zweiter Stufe entspräche in der zweiwertigen Logik die Wahrheit des Satzes „Der Satz *a* ist wahr"; wenn aber *a* wahr ist, dann ist „*a* ist wahr" auch wahr. Daher braucht man die Wahrheitswerte höherer Stufen in der zweiwertigen Logik nicht zu berücksichtigen, und das Problem spielt auch in der traditionellen Logik und in der Logistik keine Rolle. In der Wahrscheinlichkeitslogik kann man auf solche Überlegungen nicht verzichten; deshalb ist die Anwendung der Wahrscheinlichkeitslogik auf die logische Struktur der Wissenschaft recht kompliziert.

Diese Überlegungen werden wichtig, wenn wir die Wahrscheinlichkeit einer wissenschaftlichen Theorie definieren wollen. Diese Frage hat kürzlich in der Diskussion über die Wahrscheinlichkeitstheorie der Erkenntnis gewisse Bedeutung erlangt. Man hat zu zeigen versucht, daß die Wahrscheinlichkeitslogik zu eng sei, um wissenschaftliche Theorien im ganzen zu erfassen. Man hat behauptet, eine Wahrscheinlichkeit könne nur für einfache Aussagen bestimmt werden; für wissenschaftliche Theorien sei keine bestimmte Wahrscheinlichkeit bekannt, und man könne auch keine bestimmen, weil es dazu keine Methoden gebe.

Dieser Einwand entspringt aus einer Unterschätzung der Bedeutung von Wahrscheinlichkeiten höherer Stufen. Wir sagten, es sei schon eine Schematisierung, wenn wir von *der* Wahrscheinlichkeit oder *dem* Gewicht eines einfachen Satzes sprechen; diese Schematisierung ist aber als eine ausreichende Näherung zulässig. Das gilt nun nicht mehr, wenn man von einfachen Sätzen zu wissenschaftlichen Theorien übergeht. Es gibt z.B. nicht so etwas wie *die* Wahrscheinlichkeit der Quantentheorie. Eine physikalische Theorie ist ein recht kompliziertes Gebilde; seine verschiedenen Bestandteile können verschiedene Wahrscheinlichkeit haben, die getrennt bestimmt werden müssen. Und diese Wahrscheinlichkeiten sind nicht alle von derselben Stufe. Zu einer wissenschaftlichen Theorie gehört also eine ganze Klasse von Wahrscheinlichkeiten, darunter die Wahrscheinlichkeiten der verschiedenen Teile der Theorie und Wahrscheinlichkeiten verschiedener Stufen[82].

Bei der Analyse des Problems der Wahrscheinlichkeit von Theorien steht eine bestimmte Frage im Vordergrund der Diskussion, nämlich, ob sich die Wahrscheinlichkeit einer Theorie auf die von der Theorie vorausgesagten Tatsachen bezieht oder ob man die Theorie als eine soziale Erscheinung auffassen und die Anzahl der erfolgreichen Theorien bestimmen soll, die die Mensch-

82) Diese verschiedenen Wahrscheinlichkeiten können im allgemeinen nicht mathematisch zu einer Wahrscheinlichkeit zusammengefaßt werden; eine solche Vereinfachung setzt spezielle mathematische Bedingungen voraus, die, wenn überhaupt, nur auf Teile der Theorie zutreffen (vgl. meine *Wahrscheinlichkeitslehre* (1935), § 58 [1949, § 60]).

heit hervorgebracht hat. Die Antwort ist, daß beide Berechnungen sinnvoll sind, aber verschiedenen Stufen angehören. Die Quantentheorie sagt z.B. viele Erscheinungen mit ganz bestimmten Wahrscheinlichkeiten voraus, wie z.B. Beobachtungen über Elektrometer und Lichtstrahlen; da die Theorie als die logische Konjunktion der Aussagen über diese Erscheinungen aufzufassen ist, ergibt sich ihre Wahrscheinlichkeit als das Produkt dieser Einzelwahrscheinlichkeiten. Das ist die Wahrscheinlichkeit erster Stufe der Quantenmechanik. Andererseits kann man die Quantentheorie als eine der vielen Theorien ansehen, die von den Physikern geschaffen worden sind, und nach dem Anteil der erfolgreichen Theorien in dieser Menge fragen. Diese Wahrscheinlichkeit ist nicht als die direkte Wahrscheinlichkeit der Quantentheorie aufzufassen, sondern als die Wahrscheinlichkeit der Annahme „Die Quantentheorie ist wahr"; und da diese Wahrheit keine strenge, sondern nur eine hohe Wahrscheinlichkeit ist, nämlich die der ersten Stufe, ist die Wahrscheinlichkeit zweiter Stufe von der erster Stufe unabhängig und erfordert eine eigene Berechnung. Man sieht, daß wenigstens zwei Wahrscheinlichkeiten verschiedener Stufe eine Rolle bei Fragen über Theorien spielen; weitere ergäben sich aus anderen Einteilungsgesichtspunkten für die Theorie. Und wenn man noch berücksichtigt, daß die Teile einer Theorie bereits verschiedenen Stufen angehören können, dann erkennt man, daß eine Theorie in der Wahrscheinlichkeitstheorie der Erkenntnis nicht durch ein einfaches Gewicht, sondern durch eine ganze Klasse von Gewichten gekennzeichnet ist, die verschiedenen Stufen angehören.

Die praktische Berechnung der Wahrscheinlichkeit einer Theorie macht Schwierigkeiten, aber man kann nicht behaupten, unsere Auffassung habe überhaupt keine praktische Bedeutung. Zwar wird die Wahrscheinlichkeit von Theorien großer Allgemeinheit gewöhnlich nicht quantitativ bestimmt; sobald es aber in der Wissenschaft um Zahlenwerte geht, etwa um physikalische Konstanten, so treten gleichzeitig Berechnungen auf, die als vorläufige Schritte zur Berechnung der Wahrscheinlichkeit einer Theorie aufgefaßt werden können. Es handelt sich um die mathematische Fehlertheorie. Der „mittlere Fehler" einer Größe liefert gemäß bekannten Ergebnissen der Wahrscheinlichkeitsrechnung[83] die Grenzen, innerhalb derer die Abweichung zukünftiger Beobachtungen mit der Wahrscheinlichkeit 2/3 bleiben wird; seine Angabe kann also als die Berechnung einer Wahrscheinlichkeit erster Stufe einer Hypothese aufgefaßt werden. Wenn man sagt: „Die Lichtgeschwindigkeit beträgt 299796 km/s mit einem mittleren Fehler von ± 4 oder ± 0,0015 %"[84], dann heißt das: „Die Wahrscheinlichkeit, daß die Lichtgeschwindigkeit zwischen 299792 km/s und 299800 km/s liegt, ist 2/3." Man kann leicht zeigen, daß sich daraus eine untere Grenze für die Wahrscheinlichkeit (erster Stufe) der Einsteinschen Hypothese von der Konstanz der Lichtgeschwindigkeit ergibt; wenn man die Fehlerspanne noch etwas weiter ansetzt und Eigenschaf-

83) Vgl. *ebenda*, S. 226 [1949, S. 223].
84) A. A. Michelson, *Astrophysical Journal*, 65 (1927), S. 1.

ten des Gaußschen Gesetzes anwendet, kann man formulieren: „Die Wahrscheinlichkeit der Einsteinschen Hypothese der Konstanz der Lichtgeschwindigkeit ist größer als 99,99%, wenn ein Fehlerintervall von 0,0052% für den möglichen Wert der Konstante zugelassen wird." Entsprechende Überlegungen lassen sich für umfassendere Theorien durchführen.

Wir können noch keine Zahlenwerte für Wahrscheinlichkeiten zweiter Stufe bestimmen. Man hat eingewendet, hier liege eine grundsätzliche Schwierigkeit vor, weil man nicht wisse, in welche Klasse man die Theorie einordnen soll, um ihre Wahrscheinlichkeit im Sinne der Häufigkeitsdeutung zu bestimmen. Wenn man etwa die Wahrscheinlichkeit zweiter Stufe für die Quantentheorie bestimmen will, soll man dazu die Klasse der wissenschaftlichen Theorien im allgemeinen oder nur die der physikalischen Theorien oder nur die der physikalischen Theorien unserer Zeit heranziehen? Ich glaube nicht, daß das eine ernste Schwierigkeit ist; dieselbe Frage tritt bei der Bestimmung der Wahrscheinlichkeit von Einzelereignissen auf. Ich habe in § 34 das Vorgehen in einem solchen Fall beschrieben. Die engste mögliche Klasse ist die beste; sie muß indessen so groß sein, daß sie zuverlässige Statistiken ermöglicht. Wenn die Wahrscheinlichkeit (zweiter Stufe) von Theorien noch nicht quantitativ bestimmbar ist, so deshalb, meine ich, weil es auf diesem Gebiet keine genügend umfangreichen Statistiken gleichartiger Fälle gibt. Das heißt, wenn man von einer zu kleinen Klasse von Fällen ausgeht, kann man leicht eine Teilklasse angeben, in der die Wahrscheinlichkeit wesentlich verschieden ist. Das weiß man aus allgemeinen Überlegungen, und daher versucht man nicht, eine Statistik aufzustellen. Vielleicht wird die Statistik diese Schwierigkeiten noch überwinden, wie ähnliche Schwierigkeiten in der meteorologischen Statistik überwunden worden sind. Solange es keine solchen Statistiken gibt, werden an ihrer Stelle rohe Schätzungen benutzt, wie auf allen Gebieten der menschlichen Erkenntnis, auf denen noch keine befriedigenden quantitativen Bestimmungen möglich sind. Derartige Schätzungen (der Wahrscheinlichkeit zweiter Stufe einer Theorie) können praktischen Wert erlangen, wenn man eine Theorie aufgrund des Erfolgs beurteilt, den andere Theorien auf diesem Gebiet erreicht haben. Wenn ein Astronom eine neue Theorie der Entwicklung des Weltalls vorschlägt, begegnet man ihr mit Mißtrauen, weil man mit anderen derartigen Theorien schlechte Erfahrungen gemacht hat.

Es bleibt noch ein letzter Einwand. Wir sagten, eine Theorie, und sogar eine einfache Aussage, werde nicht von einem einzigen Gewicht, sondern von einer Klasse von Gewichten gekennzeichnet, und zwar von unendlich vielen. Nun muß man sich jedenfalls auf eine endliche Anzahl beschränken. Das wäre gerechtfertigt, wenn alle folgenden Gewichte den Wert 1 hätten; dann könnten wir das letzte benutzte Gewicht als sicher richtig bestimmt ansehen. Wenn wir aber nichts über die ganzen übrigen Gewichte wissen, wie können wir sie dann alle auslassen? Wie können wir die Verwendung von Gewichten der niedrigeren Stufen rechtfertigen, wenn wir nicht das geringste über die Gewichte der höheren Stufen wissen?

Um das Gewicht dieses Einwands richtig einzuschätzen, wollen wir uns den Fall vorstellen, daß alle übrigen Gewichte sehr niedrig sind – nahe an Null. Dann wäre das von uns zuletzt bestimmte Gewicht unzuverlässig; infolgedessen würde das vorhergehende Gewicht auch unzuverlässig werden, und da sich diese Unzuverlässigkeit bis auf das Gewicht der ersten Stufe überträgt, würde das ganze Gewichtssystem wertlos werden. Wie können wir unsere Gewichtstheorie und damit das Wahrscheinlichkeitsverfahren der Erkenntnis angesichts dieser unbestreitbaren Möglichkeit rechtfertigen?

Der Einwand ist nichts anderes als der bekannte Einwand, dem das Induktionsverfahren schon in seiner einfachsten Form ausgesetzt ist. Wir wissen nicht, ob wir Erfolg haben werden, wenn wir unsere Wette gemäß dem Induktionsprinzip eingehen. Aber wir haben gefunden, daß es ratsam ist zu wetten, solange nicht das Gegenteil feststeht – man muß wenigstens seine Chance wahrnehmen. Wir wissen, daß das Induktionsprinzip unsere beste Wette oder Setzung bestimmt, weil es die einzige Setzung ist, von der wir wissen, daß sie zum Erfolg führen muß, wenn ein Erfolg überhaupt erreichbar ist. Über das System der verketteten Induktionen wissen wir mehr: es ist besser als jede einzelne Induktion. Das System als ganzes führt früher zum Erfolg als irgendeine einzelne Induktion; und es kann zum Erfolg führen, selbst wenn einige Einzelinduktionen erfolglos bleiben sollten. Dieser logische Unterschied, die Überlegenheit des Netzes verketteter Induktionen, kann rein mathematisch bewiesen werden, d.h. mit Hilfe von Tautologien; darum läßt sich unsere Bevorzugung des Induktionssystems ohne irgendeine Voraussetzung über die Welt rechtfertigen. Es ist bemerkenswert, daß ein solcher Beweis möglich ist; obwohl wir nicht wissen, ob unsere Voraussagemittel überhaupt erfolgreich sein werden, können wir doch eine Rangordnung unter ihnen aufstellen und eines davon als das beste auszeichnen, das System verketteter Induktionen. Damit findet das System der wissenschaftlichen Induktionen eine ähnliche und sogar bessere Rechtfertigung als die einzelne Induktion: *Das System der wissenschaftlichen Induktionen ist die beste Setzung über die Zukunft, die wir kennen.*

Wir fanden, daß die Setzungen der höchsten Stufe immer blinde Setzungen sind; damit ist das System der Erkenntnis als ganzes eine blinde Setzung. Setzungen niedrigerer Stufen haben Gewichte; aber deren Brauchbarkeit hängt von den unbekannten Gewichten der Setzungen höherer Stufen ab. Die Ungewißheit der Erkenntnis als ganzer wirkt sich daher noch auf die einfachsten Setzungen aus, die wir machen können – auf die, die sich auf die Ereignisse des täglichen Lebens beziehen. Ein solches Ergebnis scheint für jede Theorie der Voraussage unvermeidlich zu sein. Wir können die Zukunft nicht mit Sicherheit voraussehen. Wir wissen nicht, ob sich die Voraussagen komplizierter Theorien wie der Quantentheorie oder der Theorie der Eiweißmoleküle als wahr herausstellen werden; und wir wissen noch nicht einmal, ob sich die einfachsten Setzungen über unsere unmittelbare Zukunft bestätigen werden, mögen sie sich nun auf den Sonnenaufgang oder die Dauerhaftigkeit unserer persönlichen Umgebung beziehen. Es gibt kein philosophisches Prinzip, das die Zuverlässigkeit solcher Voraussagen verbürgen würde; das ist unsere Antwort auf alle Versuche in der Geschichte der Philosophie, eine solche Sicherheit zu schaffen, von Platon über alle möglichen Arten der Theologie bis hin zu Descartes und Kant. Trotzdem geben wir Voraussagen nicht auf; Argumente von Skeptikern wie Hume können unseren Entschluß nicht erschüttern: Voraussagen wenigstens zu *versuchen*. Wir wissen mit Sicherheit, daß unter allen Methoden zur Voraussage der Zukunft, die nachweislich Erfolg bringen, falls Erfolg möglich ist, das Verfahren der verketteten Induktionen das beste ist. Wir versuchen es mit ihm als unserer besten Setzung, um unsere Chance wahrzunehmen – wenn wir keinen Erfolg haben, nun, dann war unser Versuch eben vergebens.

Heißt das, daß wir auf jeden Glauben an den Erfolg verzichten müssen? Dieser Glaube ist ja da; jeder hat ihn, wenn er Induktionen macht. Verpflichtet uns unsere Lösung des Induktionsproblems, ihm diesen festen Glauben auszureden?

Das ist keine philosophische, sondern eine soziale Frage. Als Philosophen wissen wir, daß ein solcher Glaube ungerechtfertigt ist; als Soziologen sind wir vielleicht froh, daß es einen solchen Glauben gibt. Nicht jeder wird gern nach einem Prinzip handeln, an dessen Erfolg er nicht glaubt; so kann der Glaube ihn leiten, wenn sich die Logik dazu als zu schwach erweist.

Aber wenn wir diesen Glauben gewähren lassen, so ist das nicht die Haltung des Skeptikers, der jedem erlaubt zu glauben, was er will, da er selbst gar keine Lösung hat. Wir können den Glauben gewähren lassen, weil wir wissen, daß er zu denselben Handlungen führt wie die logische Analyse. Wir können den Glauben nicht rechtfertigen, wohl aber die logische Struktur der Schlußfolgerungen, denen er glücklicherweise entspricht, soweit es sich um praktische Ergebnisse handelt. Dieses glückliche Zusammentreffen läßt sich sicherlich mit dem Darwinschen Gedanken einer natürlichen Auslese erklären; diejenigen Lebewesen haben überlebt, deren Glaubensgewohnheiten dem besten Mittel zur Voraussage der Zukunft entsprachen. Es besteht kein Grund, jemandem davon abzuraten, etwas mit dem Glauben zu tun, was er auch dann tun sollte, wenn er den Glauben nicht hätte.

Diese Bemerkung bezieht sich nicht nur auf den Glauben an die Induktion als solche. Es gibt noch andere Arten von Glauben, die sich um die Methoden der Erkenntniserweiterung herum gebildet haben. Wissenschaftliche Forscher haben nicht immer eine so klare Einsicht in philosophische Probleme, wie es die logische Analyse erfordern würde: sie haben die Welt der Forschungsarbeit mit mystischen Begriffen angefüllt; sie sprechen von „instinktiver Ahnung", von „natürlichen Hypothesen", und einer der besten unter ihnen erzählte mir einmal, er habe seine großen Theorien gefunden, weil er von der Harmonie der Natur überzeugt war. Würde man die Entdekkungen dieser Männer analysieren, so fände man, daß ihre Vorgehensweise in überraschend hohem Maße den Regeln des Induktionsprinzips entspricht, nur auf ein Tatsachengebiet angewandt, auf dem der durchschnittliche Geist nicht mehr durchblickt. In solchen Fällen sind die induktiven Operationen in einen Glauben eingebettet, der sich inhaltlich vom Induktionsprinzip unterscheidet, aber im System der Erkenntnisgewinnung die gleiche Funktion erfüllt. Das mystische Gerede über die wissenschaftliche Entdeckung ist nur ein Überbau von Bildern und Wünschen; der stützende Unterbau wird vom Induktionsprinzip bestimmt.

Ich sage das nicht in der Absicht, den Glauben schlecht zu machen – den Überbau abzureißen. Im Gegenteil, es scheint ein psychologisches Gesetz zu sein, daß Entdeckungen eine Art Mythologie brauchen. Genau wie der Induktionsschluß uns in bestimmten Fällen veranlassen kann, auf andere Methoden überzugehen, kann er uns auch das psychologische Gesetz vor Augen führen, daß diejenigen die besten Induktionsschlüsse ziehen, die glauben, daß sie andere Wegweiser besitzen. Der Philosoph sollte sich darüber nicht wundern.

Das heißt nicht, daß ich ihm raten würde, sich irgendeinen derartigen Glauben zu eigen zu machen. Der Philosoph möchte sich dessen bewußt sein, was er tut; er möchte die Denkoperationen verstehen und nicht nur instinktiv und automatisch anwenden. Er möchte durch den Überbau hindurchblicken und den tragenden Unterbau finden. Glaube an die Induktion, Glaube an die Gleichförmigkeit der Welt, Glaube an eine mystische Harmonie zwischen Natur und Vernunft – das alles gehört dem Überbau an; das feste Fundament ist das System der induktiven Operationen. Die Schwierigkeit einer logischen Rechtfertigung dieser Operationen hat die Philosophen dazu verleitet, eine Rechtfertigung des Überbaus, eine ontologische Rechtfertigung des induktiven Glaubens zu versuchen, indem sie nach notwendigen Eigenschaften der Welt forschten, die den Erfolg der induktiven Schlüsse garantieren würden. Alle diese Versuche werden fehlschlagen – weil wir nie einen zwingenden Beweis irgendeiner inhaltlichen Annahme über die Natur werden liefern können. Der Weg zu einem Verständnis des Schrittes von der Erfahrung zur Prognose liegt auf dem Gebiet der Logik; um ihn zu finden, müssen wir uns von einem tief eingewurzelten Vorurteil befreien; von der Vorstellung, das System der Erkenntnis müsse ein System wahrer Sätze sein. Wenn man dieses Postulat in der Erkenntnistheorie streicht, so lösen sich die Schwierigkeiten auf und mit ihnen der mystische Nebel, der über den Forschungsmethoden der Wissenschaft liegt. Dann werden wir die Erkenntnis als ein System von Setzungen oder Wetten deuten; damit wird die Rechtfertigungsfrage zur Frage, ob die wissenschaftliche Erkenntnis unsere beste Wette ist. Die logische Analyse zeigt, daß das bewiesen werden kann, daß sich das Induktionsverfahren der Wissenschaft vor anderen Methoden dadurch auszeichnet, daß es zu den günstigsten Setzungen führt. So wetten wir auf die Prognosen der Wissenschaft wie auch des praktischen Verstandes: wir wetten auf den morgigen Sonnenaufgang, wir wetten darauf, daß unsere Nahrungsmittel uns morgen noch ernähren werden, wir wetten, daß unsere Füße uns morgen noch tragen werden. Unser Einsatz ist nicht klein; unsere ganze persönliche Existenz, ja unser Leben steht auf dem Spiel. Unwissenheit angesichts der Zukunft zu bekennen, ist die tragische Pflicht aller wissenschaftlichen Philosophie; doch wenn uns auch das Wissen von wahren Prognosen versagt ist, sind wir doch froh, wenigstens den Weg zu unseren besten Wetten zu kennen.

Erläuterungen, Bemerkungen und Verweise zum Buch „Erfahrung und Prognose"

von Alberto Coffa

Vorbemerkung: Von der Erfahrung zur Prognose, das grundlegende Problem der Erkenntnistheorie

Das Hauptziel dieses Buches ist leicht ausgesprochen. Die Erkenntnistheorie, dachte Reichenbach, muß im Empirismus begründet sein; aber alle früheren Formen des Empirismus hatten entscheidende Mängel, und seine einzige vollständig formulierte Form der Gegenwart – der Wiener Positivismus – ist völlig unhaltbar. Reichenbach verfolgt eine doppelte Absicht: er will die Unhaltbarkeit des Positivismus zeigen und den empirischen aber antipositivistischen Standpunkt formulieren, den er seit den zwanziger Jahren entwickelt hatte.
Die Mängel des Positivismus rührten zum großen Teil von seinem Mißverständnis dessen her, was Reichenbach „Prognose" [prediction] nannte und was besser als „Schluß auf das Unbekannte" bezeichnet werden sollte. Nach seiner Auffassung war Hume der erste, der wirklich die Kluft zwischen dem sah, was uns in der sinnlichen Erfahrung als (angeblich) sicheres Wissen vorgegeben ist, und dem, was wir bis jetzt noch nicht wissen. Hume war jedoch „nicht bereit, den tragischen Konsequenzen seiner Kritik ins Auge zu sehen; seine Theorie des induktiven Glaubens als einer Gewohnheit... hat die Absicht, die Kluft zu verschleiern, die er zwischen Erfahrung und Prognose aufgezeigt hatte." (S. 216) Seit Hume war immer das grundlegende Problem der Erkenntnistheorie, die Kluft zwischen Erfahrung (dem Bekannten) und Prognose (dem Unbekannten) zu überwinden.
Reichenbach stimmt mit den Positivisten in der Ansicht überein, daß alle früheren Versuche, diese Kluft zu überwinden, gescheitert sind. Aber der damals gegenwärtige (Wiener) Positivismus war bei seiner Behandlung dieses Problems nicht erfolgreicher, was klar wird, sobald man erkannt hat, daß nach seiner Lehre niemals „Prognosen" im Wissen, es sei nun wissenschaftlich oder nicht, enthalten sind. Die Positivisten „gelangten zu einer Bedeutungsanalyse, nach der jede wissenschaftliche Aussage nichts als eine Wiederholung von „Protokollsätzen" enthält... Daher konnte der tautologische Charakter des positivistischen Systems nicht den prognostischen Gehalt der Wissenschaft begründen... Es konnte keine Theorie der Aussagen über die Zukunft entwickeln. Dies genau war der Grund, warum die Berliner Gruppe den Positivismus nicht akzeptieren konnte." (Reichenbach 1936 f, S. 152; vgl. in diesem Buch S. 214f)

Von den zwei großen Wortführern des Wiener Positivismus, Carnap und Schlick, hatte der letztere seine vollständige Übereinstimmung mit Reichenbachs Position in diesem Punkt ausgesprochen:

> „Der Übergang von wahren Aussagen zu neuen, deren Wahrheit nicht bekannt ist, aber erwartet wird, heißt Induktion. Alles, was ich hier darüber sagen möchte, ist, daß eine Induktion sicher kein logischer Prozeß ist. [Ihre] Gültigkeit kann nicht bewiesen werden. Es kann nicht einmal gezeigt werden, daß eine mit Hilfe der Induktion erschlossene Aussage *wahrscheinlich* wahr sein wird, was immer man für einen Grad der Wahrscheinlichkeit annehmen will. Logisches Schließen, wie wir gesehen haben, ist eine Umformung eines Ausdrucks in einen äquivalenten anderer Gestalt, aber die neue Aussage, da sie wirklich etwas Neues enthält, ist sicher nicht nur eine Umformung der alten Aussage, von der sie mittels Induktion erschlossen worden ist." (Schlick 1932a, S. 227)

Reichenbach griff tatsächlich in erster Linie Carnap an, genauer, jene Auffassung von Wissen, die in *Der logische Aufbau der Welt* (1928a) ihre am vollständigsten ausformulierte Gestalt erhielt. 1931 schrieb Reichenbach:

> „... durch die Carnapsche Fassung [im *Aufbau* hat] das Realitätsproblem überhaupt erst eine greifbare Form angenommen ...; Die Erkenntnistheorie wird an dieser Fassung ihren Ausgang zu nehmen haben ..." (Reichenbach 1931, S. 51–52, 1978, Bd. 1, S. 382)

Was Carnaps Analyse klarer als jede vorausgegangene positivistische Untersuchung zeigte, war der grundlegende Fehler dieser philosophischen Position:

> „...geht doch die unbestreitbare Grundtatsache, daß wissenschaftliche Aussagen nicht nur Berichte über vergangene Wahrnehmungserlebnisse, sondern immer auch Prophezeiungen zukünftiger Wahrnehmungserlebnisse sind, bei der Carnapschen Reduktion der wissenschaftlichen Aussage verloren." (Reichenbach 1933e, S. 200)

Dieser Punkt war in einer früheren, verschleierten Bezugnahme auf den *Aufbau* ausgeführt worden:

> „Es gibt in dieser Situation eine Radikallösung, die auch von einigen durchzuführen versucht wird. Nach dieser Auffassung ist der erkenntnistheoretische Bericht der eigentliche Inhalt aller naturwissenschaftlichen Sätze... Prophezeiungssätze gibt es dann in der Naturwissenschaft nicht... der Satz ‚morgen wird die Sonne aufgehen' heißt dann soviel wie ‚gestern, vorgestern usw. ist die Sonne aufgegangen'. (Seine Bedeutung umschließt für diese Auffassung auch noch einiges mehr, jedoch auch nur Vergangenes und keine Zukunftsaussage.)" (Reichenbach 1931d, S. 160)

Es wäre nicht schwer, zu zeigen, daß das Bild vom Positivismus, das in solchen und ähnlichen Zitaten angeboten wird, eine allzu grobe Vereinfachung darstellt. Zum einen verwechselten die Positivisten nie so offensichtlich wie in Reichenbachs Beispiel die theoretischen Gründe für die Behauptung, daß die Sonne morgen aufgehen wird, mit den begrifflichen Elementen, die ihre Bedeutung konstituieren. Sicher werden im *Aufbau* die Bedeutungen von Ausdrücken ohne Rücksicht auf die Behauptungen angegeben, die man mit ihrer Hilfe aufstellen kann, von den Bedingungen ihrer induktiven Glaubwürdigkeit ganz abgesehen. Darüber hinaus könnten Reichenbachs Vorwürfe plausibel scheinen, wenn man sie auf einen der im *Aufbau* konstruierten Bereiche, den des Eigenpsychischen, einschränkt. Aber Carnaps Konstruktion der physikalischen Welt und der Welt der Physik bleiben anscheinend von Reichenbachs Kritik völlig unberührt. Außerdem vernachlässigt diese Kritik den rein strukturellen Charakter allen Wissens, den die Positivisten einschließlich Carnaps und Schlicks damals annahmen.

Selbst in diesem Fall muß Reichenbach in einem wesentlichen Punkt rechtgegeben werden. Reichenbach hatte eines der wichtigen, wenn auch unausgesprochenen Dogmen des Wiener Positivismus der späten zwanziger Jahre genau erfaßt. Carnaps Haltung in dieser Angelegenheit wird in der folgenden Diskussion mit Reichenbach, die während der Prager Konferenz 1929 stattfand, deutlich.

In einer Entgegnung auf Waismanns Vortrag, in dem ungefähr die Induktionstheorie des *Tractatus* entwickelt worden war, hatte Reichenbach darauf hingewiesen, daß dieser Ansatz keine befriedigende Rechtfertigung für „Prognosen“ liefere. An dieser Stelle kam Carnap Waismann zuhilfe:

> „[Reichenbach] sagte nämlich, daß eine Wahrscheinlichkeitsaussage über die Zukunft, wenn man die Waismannsche Interpretation annehmen würde, nichts weiter enthalten würde als einen Bericht über das in der Vergangenheit Erfahrene, also nichts mehr besagen würde, als wir schon wissen. Ich möchte hier wieder die besondere Anwendung auf den Wahrscheinlichkeitsbegriff beiseite lassen und die prinzipielle Frage stellen: Darf eine wissenschaftliche Aussage mehr sagen, als wir schon wissen? Vermutlich wird hier Herr Reichenbach mit „nein“ antworten und hinzufügen, man müsse aber einen Unterschied machen zwischen dem, was wir unmittelbar aus der Erfahrung wissen, und dem, was wir erst mittelbar daraus erschließen. Daraufhin würde ich dann meine Frage so stellen: Können wir mit Hilfe irgendeines Schlußverfahrens aus dem, was wir wissen, auf etwas „Neues“ schließen, das in dem Gewußten nicht schon enthalten ist? Ein solches Schlußverfahren wäre offenbar Zauberei. Mir scheint, das müssen wir ablehnen.“ (Carnap 1930, S. 269)

Reichenbachs Antwort war wie folgt:

> „Vom Standpunkt der Klassischen Logik darf ich natürlich nicht auf etwas schließen, was mehr aussagt, als ich schon weiß. Aber wir kommen mit einem derartigen Verfahren weder in der Wissenschaft noch im täglichen Leben aus. Die Frage von Herrn Carnap, ob der Wissenschaftler etwas aussagen darf, was er nicht weiß, klingt so, als ob ihm von der Wahrscheinlichkeitstheorie etwas beinahe Unmoralisches zugemutet würde. Gewiß darf der Wissenschaftler nicht Beliebiges aussagen, was mit seinem Wissensbestand in keinerlei Zusammenhang steht; es liegt aber völlig anders, wenn er für das Hinausgehen über seinen Wissensbestand das Induktionsprinzip zugrundelegt. Meine Antwort auf Herrn Carnaps Frage lautet also: „Ja, aber es gibt bestimmte Prinzipien, nach denen dieses Hinausgehen über den Wissensbestand geregelt sein muß, wenn es erlaubt sein soll.“ Auch die Aussage des vereidigten Zeugen vor Gericht darf ja in diesem Sinne über den unmittelbaren Wahrnehmungsbestand hinausgehen.“ (1930g, S. 270)

Reichenbachs Widerlegung der Carnapschen Lehre ging mit der Entwicklung eigener positiver Vorschläge zu einer alternativen Erkenntnistheorie Hand in Hand.

Reichenbach dachte, der Hauptfehler, der den Positivismus in die Irre geführt hätte, sei das Festhalten an der traditionellen Lehre der Verbindung zwischen Wissen und Sicherheit (oder, wie es Reichenbach oft genannt hatte, „Wahrheit") gewesen – dem Glauben, daß es kein Wissen ohne sichere Basis gebe, von der aus wir dann Wahrscheinlichkeiten aufstellen. Im Gegensatz dazu versuchte Reichenbach zu zeigen, daß Sicherheit („Wahrheit") in keinem Bereich erlangt werden kann, nicht einmal für die Sinndesdaten, die unserer gesamten Erfahrung zugrundeliegen. Im besten Fall können wir für unser Wissen Wahrscheinlichkeit anstreben, und diese Wahrscheinlichkeit kann letzten Endes nur als unbegründete Setzung angegeben werden.

Aber Wahrscheinlichkeit ist nicht nur das Äußerste, was wir für unser Wissen anstreben können; sie ist auch das Mindeste, was wir verlangen müssen. Diese letztere Behauptung rührt aus dem explikativen Charakter der Erkenntnistheorie, denn ihr Ziel ist nicht, die *apriorische* Begründung allen Wissens zu entdecken, sondern die Natur der besonders in der Naturwissenschaft historisch vorgegebenen Erkenntnis.

> „Ich finde, daß wir verpflichtet sind, die Erkenntnis so zu nehmen, wie sie ist, und sehen müssen, was für Operationen in der Erkenntnis vorliegen." (Reichenbach 1930g, S. 270)

Die Aufgabe der Erkenntnistheorie wird durch das Postulat der Nutzbarkeit [utilizability] (vgl. die Bemerkung über § 1) genauer beschrieben, das uns dazu anhält, nach solchen Bedeutungen zu suchen, die unsere (vernünftigen) Handlungen vernünftig scheinen lassen. In Übereinstimmung mit seinen positivistischen Freunden dachte Reichenbach, daß die Handlungen eines Wissenschaftlers das Paradigma der Rationalität seien, und in Übereinstimmung mit einigen von ihnen (sicher nicht mit Popper) dachte er auch, daß solche Handlungen letzten Endes auf einen Komplex von Anwendungen der Induktionsregel (die heute meist „straight rule" genannt wird) reduziert werden können.

Daher kann Erkenntnistheorie nicht nur, sie muß sich auch auf Wahrscheinlichkeiten berufen, und sie muß auch einen Weg finden, um zu zeigen, daß solche Wahrscheinlichkeitsschlüsse vernünftig sind. Reichenbach sollte Popper vorwegnehmen, indem er zugibt, daß wir unsere Behauptungen nicht als sicher und nicht einmal als wahrscheinlich *nachweisen* können. Aber, selbst auf die Gefahr hin, noch einmal bei der Überwindung der Kluft zwischen Erfahrung und Prognose zu scheitern, müssen wir in der Lage sein, ein rationales Muster in der Weise zu entdecken, wie sie der Wissenschaftler überwindet. Das ist das Ziel von Reichenbachs pragmatischer Rechtfertigung oder „Verteidigung" [vindication] der Induktion, – in der Terminologie H. Feigls (1950b) – die auch seine Lösung von Humes Problem war.

Sobald die Rolle der Prognose in der Erkenntnis einmal richtig verstanden ist, können wir auch jene Art von Phänomenalismus aufgeben, mit dem der Empirismus üblicherweise in Verbindung gebracht worden ist. Die positivistische

Lehre der „Prognose" ist auch „die Wurzel der positivistischen Existenzlehre" (§ 15), d.h., der Verleugnung der Außenwelt; im Gegensatz dazu eröffnet eine richtige Auffassung der Prognose einen Weg zum Realismus.

So sind die wesentlichen Teile der Auffassung, die Reichenbach dem Wiener Positivismus entgegenstellt, die folgenden: (1) der Verzicht auf die Rolle, welche die Gewißheit in der Erkenntnis gespielt hat, (2) die Verpflichtung zum Realismus sowohl in der wissenschaftlichen wie in der Alltagserkenntnis und (3) die Zuweisung einer weitreichenden und nie zuvor dagewesenen Rolle für die Wahrscheinlichkeit in Semantik und Logik. Besonders diese dritte Komponente im Bild der Erkenntnis, wie es in diesem Buch entworfen wird, mag in großem Maße für seine weitgehende Vernachlässigung und seinen verschwindenden Einfluß auf die zeitgenössische Wissenschaftstheorie verantwortlich sein.

Während der ausgehenden dreißiger und vierziger Jahre kamen die analytischen Philosophen dazu, die Notwendigkeit anzuerkennen, daß jene Standards von Klarheit und Strenge in semantische Bezüge eingebracht würden, die Frege in einsamer Arbeit erreicht und einer verständnislosen philosophischen Zuhörerschaft ans Herz gelegt hatte. Sogar Russell, der mehr als irgendein anderer dazu beitrug, die Aufmerksamkeit seiner Kollegen auf Freges Werk zu lenken, hatte es entschieden versäumt, die Fregeschen Standards in der Semantik zu erreichen. Erst Jahrzehnte später begriffen Carnap, Church und Quine die Botschaft in ihrer vollen Bedeutung und begannen, eine Gemeinschaft von Philosophen zu erziehen, die um 1940 wohl darauf vorbereitet war, routinemäßig Unterscheidungen zu treffen, die Reichenbach vernachlässigt hatte oder nicht anerkennen wollte. Der heutige Leser hat zum Beispiel Grund, von Reichenbachs Verwendung von „Wahrheit" und „Sicherheit" irritiert zu sein. Meistens ist es leicht, zu sagen, wann Reichenbach „Sicherheit" statt „Wahrheit" meinte, und umgekehrt, so daß wir normalerweise die Zweideutigkeiten in seinem Text beseitigen können, ohne den beabsichtigten Sinn zu ändern. Aber gelegentlich scheint die Überzeugungskraft seiner Argumente dahinzuschwinden, wenn die richtigen Unterscheidungen getroffen werden. Das gilt auch für andere semantische Begriffe: wenige werden sich zu Reichenbachs Behauptung verleiten lassen, alle Gesetze hätten die Gestalt von Wahrscheinlichkeitsaussagen, sobald sie die alte Fregesche Unterscheidung zwischen dem Inhalt einer Aussage [Gedanke] und dem Akt ihrer Behauptung [Urteil] getroffen haben (G. Frege 1879, S. 1–2; 1966, S. 35).

Aber selbst, wenn diese Mängel zugegeben werden, ist zu bemerken, daß Reichenbachs semantische Nachlässigkeiten einen verhältnismäßig beschränkten Teil des Buches, seine semantische These (3) betreffen, und die beiden anderen wichtigeren Thesen unberührt lassen. Der Fallibilismus, der zuerst von Reichenbach und Neurath gegen ihre positivistische Zuhörerschaft verteidigt wurde, sollte eines Tages die offizielle Lehre unter Wissenschaftstheoretikern werden; aber die meisten Philosophen sollten ihn eher mit der Popperschen Idee der Vermutung [„conjecture"] in Verbindung bringen, als mit dem früheren Reichenbachschen Begriff einer Setzung. (Wesley Salmon untersucht in seiner Einführung zu Band 1 dieser Ausgabe (S. 16 ff.) die enge Verbindung zwischen [Reichenbachs] „Setzung" und [Poppers] „Vermutung".) Der wissenschaftliche Realismus, die Verwerfung des Gegebenen und der postulierte theoretische Charakter des Kantschen „Mannigfaltigen der Empfindung" sollte schließlich in den Lehren von Sellars annehmbar werden; aber wenige sollten sich an Reichenbachs Pionierleistung der Verteidigung jener Thesen in diesem Buch erinnern. Dasselbe könnte von anderen jetzt verbreiteten Lehren gesagt werden, deren Ursprünge hier von jedem gefunden werden können, der geduldig genug ist, um unter die Oberfläche semantischer Unsauberkeit zu schauen.

Übersicht über Kapitel 1: „Bedeutung"

In diesem Kapitel soll die positivistische Bedeutungslehre untersucht und verbessert werden. Nach einem vorläufigen Bericht über die Art und Weise, wie in diesem Buch vorgegangen werden soll (§ 1) und über die erkenntnistheoretische Bedeutung semantischer Zusammenhänge (§ 2) werden wir in die Unterscheidung zwischen Bedeutung, Wahrheit und Wahrscheinlichkeit (§ 3) eingeführt. Die positivistische Bedeutungslehre verfolgt die Beantwortung zweier Fragen: Was bedeutet ein Satz? Wann haben zwei Sätze dieselbe Bedeutung? Die Antwort wird durch die beiden Prinzipien des Verifikationismus in Form einer Berufung auf die „Wahrheit" gegeben (d.h., auf die Sicherheit oder Ableitbarkeit aus einer endlichen Ansammlung von Erfahrungsprotokollen) (§ 4, S. 18–19). Nach diesem Standpunkt hat Wahrheit (Wahrheitswert) den Vorrang vor der Bedeutung; daher brauchen wir eine Wahrheitstheorie, die von der Bedeutung unabhängig ist. Um das Argument weiterzuführen, wird angenommen, daß eine Unterscheidung zwischen Erfahrung und Theorie (zwischen direkten und indirekten Verhältnissen) möglich wäre, und für die erstere Art von Sätzen skizziert Reichenbach eine „physikalische Theorie der Wahrheit" (§ 5) und untersucht anschließend die verschiedenen „Wahrheitstheorien der Bedeutung", die auf dieser Grundlage entwickelt werden können (§ 6). Probleme entstehen bei der Bedeutung indirekter Sätze; ihre Lösung verlangt die Einführung einer neuen, probabilistischen Theorie der Bedeutung, deren Antworten auf die semantischen Fragen des Positivisten nicht in der „Wahrheit" sondern der Wahrscheinlichkeit begründet sind (§ 7). Die Vorteile dieses neuen Ansatzes zur Semantik werden untersucht, und es wird gezeigt, daß der Ansatz durch das Prinzip der Nutzbarkeit (§ 8) bestimmt wird.

Erläuterungen zu § 1: Beschreibung, Explikation und das Postulat der Nutzbarkeit

Die erkenntnistheoretische Aufgabe der Beschreibung stellt sich als eng verwandt zur Carnapschen Vorstellung der Explikation heraus, obwohl manche von Reichenbachs Bemerkungen in diesem Abschnitt diese Tatsache verschleiern mögen. Zum Beispiel kann seine Behauptung, die Aufgabe der Beschreibung richte sich nach dem „was wir eigentlich meinen" analog zur sokratischen Methode der Befragung, und daß sie versucht „in Verbindung mit dem tatsächlichen Denken zu verbleiben", den Leser fälschlich zu der Annahme verleiten, Reichenbach sei daran interessiert, verborgene Bedeutungen aufzudecken, die vielleicht von dem Benützer der explizierten Bedeutung unbewußt beabsichtigt werden.

Verborgene Bedeutungen waren natürlich der Gegenstand der britischen und der Wiener [logischen] Analyse gewesen. Einige Positivisten waren dahingelangt, diese Analyse als das Wesentliche in der Philosophie zu betrachten. Carnap zum Beispiel war ein aktiver Verfechter dieser Theorie, bis er sein Toleranzprinzip entdeckte. Schlick sagt:

> „Insofern der Wissenschaftler die verborgene Bedeutung der von ihm in seiner Wissenschaft verwendeten Begriffe entdeckt, ist er ein Philosoph. Alle großen Wissenschaftler ... haben die wirkliche Bedeutung von Worten entdeckt, die ganz allgemein in den Anfängen der Wissenschaft verwendet wurden, aber über die niemand je vollständig klar und entgültig Rechenschaft abgelegt hatte." (Schlick 1932a, S. 127)

Dem stimmte Reichenbach nicht zu. In seinen sorgfältigeren Aussagen zu diesem Thema verlangte er immer eindeutig, daß es „für eine Explikation keine Rolle spielt, was eine Person meint" (Reichenbach 1951b, S. 52). Darin stimmt er mit der nun selbstverständlich gewordenen Explikationstheorie von Carnap und Quine überein. Aber es ist interessant, zu untersuchen, wo der Unterschied zwischen diesen beiden Ansätzen liegt, der sofort sichtbar wird, wenn wir die Frage aufwerfen, was für eine Rolle er bei der Explikation spielt.

In Quines Charakterisierung der Carnapschen Explikation (die mit seiner eigenen Vorstellung zu diesem Thema übereinstimmt) gibt es nur eines, was bei der Explikation eines Begriffs oder Ausdrucks eine Rolle spielt: die Erhaltung jener Satzkontexte, in denen der explizierte Ausdruck auftritt und die als ganze klar und genau genug sind, um brauchbar zu sein (Quine 1960, § 53). Um den Ausdruck „$\langle x, y\rangle$" (d.h. „Das geordnete Paar x, y") zu explizieren, werden z.B. zuerst jene Sätze identifiziert, in denen der Ausdruck auftritt und die klar und genau genug sind, um brauchbar zu sein. Im vorliegenden Fall, bemerkt Quine, bestehen die fraglichen Kontexte lediglich aus

$$(*) \quad \langle x, y\rangle = \langle z, w\rangle \supset x = z \,.\, y = w$$

und dem, was aus ihnen hergeleitet werden kann. „$\langle x, y\rangle$" explizieren heißt *jede* Bedeutung festzuhalten, unter der (*) wahr wird. Man muß sich weder um den Wahrheitswert in anderen Kontexten kümmern (die nach Quine vernachlässigt werden können) noch um das, was irgendjemand einmal unter dem Ausdruck „geordnetes Paar" verstand. Carnaps *Aufbau* und ebenso dessen Vorbild, die Reduktion der Mathematik auf die Arithmetik, stimmten mit Quines Beschreibung des Explikationsvorgangs darin überein, daß es nicht ihr Ziel war festzustellen, was mit den explizierten Ausdrücken gemeint wurde oder hätte gemeint werden sollen, genausowenig wie Kuratowskis Explikation des geordneten Paars (siehe Quine 1960, S. 259) beabsichtigte, Bedeutungen zu entdecken, die irgendjemand irgendwann einmal intendiert hatte.

Für Reichenbach auf der anderen Seite besteht die grundlegende Überlegung bei Explikationsaufgaben nicht darin, gewisse linguistische Kontexte zu bewahren, sondern die rationale Struktur im Verhältnis zwischen (rationalem) menschlichen Handeln und den Behauptungen aufzudecken, mit denen wir es üblicherweise begründen. Das Ziel der Explikation eines Begriffes oder eines Ausdrucks besteht darin, eine Bedeutung zu finden, die es uns erlaubt, dem Verhalten, das wir mit dem regelmäßigen Gebrauch dieses Ausdrucks in Verbindung bringen, einen rationalen Sinn zu geben.

> „Was ist die Bedeutung, die ein Term „tatsächlich hat"? ... Wenn wir die objektive Bedeutung eines Terms herstellen wollen ... müssen wir uns fragen, was wir dem Term für eine Bedeutung zuschreiben, *wenn die übliche Verwendung des Terms gerechtfertigt sein soll.*" (Kursivsetzung von Reichenbach; Reichenbach 1938a, S. 33)

Die Forderung nach dieser rationalen Verbindung nennt Reichenbach das „Postulat der Nutzbarkeit" (in diesem Band, S. 95).

Reichenbachs Behandlung der Wahrscheinlichkeit ist ein wesentliches Beispiel für seine Haltung in dieser Frage. Als seine Theorie des Einzelfalles mit der Begründung kritisiert wurde, daß sie nicht das berücksichtigt, was wir tatsächlich meinen, wenn wir Einzelfällen Wahrscheinlichkeiten zuschreiben, antwortete er, der Einwand sei unerheblich; denn entscheidend, sagte er, sei das rationale Verhaltensmuster, das mit dem Gebrauch der *Explikanda* verknüpft ist.

> „Das von mir gegebene *Explikans* hatte die Eigenschaft, das Verhalten eines Menschen in jeder Situation zu rechtfertigen, die er in Übereinstimmung mit dem herrschenden Gebrauch mit Hilfe des Terms „wahrscheinlich" beschreibt... Das ist ein hinreichender Grund für die Annahme meiner Explikation." (Reichenbach 1951b, S. 52; vgl. in diesem Band, S. 192f.)

An anderer Stelle behauptete er auch, daß dieser Grund notwendig sei:

> „Ich glaube nicht, daß es andere Gründe gibt, die eine philosophische Theorie für eine Behauptung anführen könnte, um eine adäquate Interpretation von Termen zu erhalten." (Reichenbach 1949, S viii)

Das Postulat der Nutzbarkeit ist tatsächlich eines von Reichenbachs führenden Prinzipien. In der einen oder anderen Form erscheint es bei einer Anzahl wesentlicher Stationen in der Entwicklung seiner Erkenntnistheorie. Zum Beispiel beruft er sich in § 15 auf das Prinzip, um die Unzulässigkeit der positivistischen Auffassung über Zukunftsaussagen im Hinblick auf sein Verhalten ihnen gegenüber aufzuzeigen; in § 38 rechtfertigt es seine Ablehnung der positivistischen Zuhilfenahme der Retrogression, um induktive Schlüsse zu interpretieren (S. 215); und wir können es sogar hinter der ironischen Antwort auf Poppers Weigerung, Reichenbachs Analyse des wissenschaftlichen Verhaltens als induktiv anzuerkennen, bemerken:

> „... die Obstverkäufer auf der Straße haben die Angewohnheit, die guten Äpfel auf die Vorderseite ihres Karrens, also auf die dem Publikum zugewandte Seite, zu legen, während die schlechten Äpfel hinten liegen; beim Einfüllen des Obstes in die Tüten pflegen sie dann die Äpfel immer von der hinteren Seite des Haufens zu nehmen. Stellt man einen Obstverkäufer deshalb zur Rede, so wird er energisch bestreiten, daß er ein solches Prinzip bei seinem Obstverkauf benutzt; er wird die Wahl der ausgeliefer-

ten Äpfel als unabhängig von solchen Überlegungen bestimmt bezeichnen. Gerade so wenig wie ich diesem Obstverkäufer Glauben schenke, kann ich denjenigen glauben, die behaupten, ohne das Induktionsprinzip ihre Zukunftsaussagen zu bilden.“ (Reichenbach 1935e, S. 282)

Bemerkungen und Verweise zu § 1: Über die Elimination von Konventionen

Reichenbach bemerkt, daß der objektive Teil des Wissens von willkürlichen Bestandteilen durch eine Methode der Reduktion befreit werden kann, die darin besteht, daß man eine Liste aller möglichen Entscheidungen zusammen mit den daraus ableitbaren Entscheidungen herstellt. Gelegentlich ist eine bessere Methode anwendbar, durch die sich der konventionelle Anteil vollständig eliminieren läßt. Ein ausgezeichnetes Beispiel für den Unterschied zwischen beiden Methoden liefert John Winnies Behandlung der Gleichzeitigkeit.

Reichenbach hatte gezeigt, daß der Begriff der Gleichzeitigkeit nur bis auf einen konventionellen Faktor ϵ bestimmbar ist, wenn man die kausale Theorie der Zeit voraussetzt und annimmt, daß die physikalische und nicht die logische Bedeutung gelten soll. Sind t_1 und t_2 die Aussendungs- bzw. Ankunftszeit eines Lichtsignals am Ort A, dessen Reflektion am Ort B als das Ereignis e bezeichnet wird, dann wird die Zeit t des Ereignisses in A, das gleichzeitig mit e ist, bestimmt mittels der Gleichung

$$t = t_1 + \epsilon\,(t_2 - t_1),$$

wobei ϵ irgendeine Zahl im offenen Intervall zwischen 0 und 1 ist. (Zu Einzelheiten vgl. *Phil. d. RZL* 1928, § 19 und Erläuterungen zu Bd. 2, S. 418 ff.) Reichenbach bemerkte als erster, daß die Wahl von $\epsilon = 1/2$ konventionell ist und daß jede andere Wahl zwischen 0 und 1 im Hinblick auf die induktive Einfachheit genauso annehmbar wäre. Nur in der deskriptiven Einfachheit treten hier Unterschiede auf. Nach Reichenbachs Regel müßten wir, wenn wir den konventionellen Bestandteil ausschalten wollten, alle möglichen Parameter ϵ zwischen 0 und 1 auflisten und jeweils dazu die Ausdrücke für die relativistischen Gleichungen, die man in jedem einzelnen Fall erhält. Das kann – nach Winnie – geschehen, indem man *vor* der Wahl eines ϵ-Wertes eine Gleichung für die Lorentz-Transformation festlegt. In Winnies ϵ-Lorentztransformationen (vgl. Winnie 1970) kommt ϵ vor als eine explizite Variable, der kein spezieller Wert zugeschrieben wird, und die ϵ-Lorentztransformationen werden zur üblichen Lorentztransformation, wenn ϵ den Wert 1/2 erhält. Untersuchen wir die Ableitungen aus jeder ϵ-Lorentztransformation, kommen wir in die Lage, die Ableitung jeder möglichen Wahl von ϵ zu untersuchen. Das wäre Reichenbachs Methode.

Winnie, auf der anderen Seite, formulierte und löste das Problem, eine ϵ-freie Version der Relativitätstheorie zu finden. (Winnie, im Ersch.) Er fand in der Tat eine Version der speziellen Relativitätstheorie, die faktisch der durch die ϵ-Lorentztransformationen beschriebenen äquivalent ist, aber die Variable „ϵ“ nicht mehr enthält. Diese neue Version der Relativität stimmt im Inhalt mit der ursprünglichen überein, vermeidet aber jeden Bezug auf eine ϵ-Konvention. Auf diese Weise zeigt Winnies Arbeit, daß wir unter gewissen Bedingungen, statt eine gegebene Konvention mit allen ihren Formen zu akzeptieren und alle ihre Konsequenzen zu untersuchen; einfach die konventionelle Komponente beseitigen können. Dieses Thema wird in Zusammenhang mit Reichenbachs Axiomatisierung der Relativitätstheorie in (Winnie 1978, S. 191 ff.) noch eingehender behandelt.

Erläuterungen zu § 6: Semantischer Konventionalismus

Die drei wesentlichen Fragen der Semantik, mit denen sich die Positivisten in den dreißiger Jahren beschäftigten, waren: Unter welchen Bedingungen hat ein Satz Bedeutung? Wann haben zwei Sätze dieselbe Bedeutung? Was bedeutet ein sinnvoller Satz? Wittgenstein lenkte als erster die Aufmerksamkeit der Positivisten auf diese Fragen. Wie auch immer seine unergründlichen Lehren in dieser Sache im *Tractatus* ausgesehen hatten (was bis heute kaum jemand zu sagen vermag), in den späten zwanziger Jahren gab er darauf eindeutig verifikationistische Antworten. Reichenbach wies die dritte Frage als verworren zurück (vgl. Reichenbach 1951 b, S. 47; im vorliegenden Buch S. 100f.; vgl. aber auch Reichenbach 1936 f, S. 150) und beantwortete die beiden anderen mit Hilfe seiner beiden berühmten Prinzipien einer Wahrscheinlichkeitstheorie der Bedeutung.
Der sichtbarere Konflikt zwischen Reichenbachs Position und der von Wittgensteins Anhängern liegt darin, daß sich der erstere in der Semantik auf Wahrscheinlichkeiten beruft. Das ist jedoch nicht der entscheidende Punkt der semantischen Abweichung. Tatsächlich hatte schon Carnap in 1928b seine Zustimmung zu einer vorläufigen Form des probabilistischen Verifikationismus ausgesprochen (vgl. Carnap 1928b, § 7). Die entscheidende Meinungsverschiedenheit bestand in der Frage, ob es einen semantischen Tatsachenbereich gibt, für den die Bedeutungstheorien verantwortlich sein sollen; d.h., ob die Antworten auf die semantischen Fragen der Positivisten Tatsachen oder Konventionen darstellen.
Russell, Wittgenstein und seine Anhänger im Wiener Kreis zogen die erstere Möglichkeit vor: Bedeutungstheorien sind wahr oder falsch; was sinnvoll ist und was nicht, ist in keinem Fall von irgendjemandes Wahl abhängig, sondern nur von den semantischen Tatsachen. Reichenbach und Popper waren anderer Ansicht und versuchten jenen Standpunkt zu widerlegen.
Es ist vielleicht wichtig, den Unterschied zwischen Carnaps und Reichenbachs Position in dieser Frage hervorzuheben, denn Reichenbachs Hinweise auf die Vorteile einer toleranten Haltung der Semantik gegenüber könnte den Leser zu der fälschlichen Annahme verleiten, daß der semantische Konventionalismus in irgendeiner Weise mit dem Toleranzprinzip verwandt sei. Im Gegenteil: Carnap steht voll in der Tradition, die Reichenbach angreift. Carnaps Toleranzprinzip bezieht sich lediglich auf den Bereich sprachlicher Formen (er schlug später vor, es „das Prinzip der Konventionalität sprachlicher Formen" zu nennen, Carnap 1963, S. 55). Ob ein Satz in einer gegebenen Sprache sinnvoll ist oder nicht, ist eine Tatsache, und Toleranz wäre hier genauso unerwünscht wie in der Physik. So dachte Carnap nicht, daß wir nur darin übereinstimmen, daß einige von Heideggers Ausdrücken sinnlos seien; wir *sehen*, daß sie es sind. Nach ihm stimmen wir nicht nur darin überein, daß der Streit zwischen Intuitionisten und Vertretern der klassischen Logik sinnlos ist; wir *sehen*, daß diese

Lehren, wie sie von ihren Anhängern verstanden werden, keine Bedeutung haben. Natürlich, wenn sie auf richtige Weise neu formuliert werden, kann man sehen, daß Intuitionismus und Logizismus Behauptungen über linguistische Strukturen darstellen und mit Hilfe des Toleranzprinzips als Vorschläge zur Annahme von Konventionen angesehen werden können, die nicht mit Recht als Tatsachenbehauptungen bezeichnet würden. Toleranz gilt für diese richtigen Reformulierungen metaphysischer Aussagen in der „formalen Redeweise". Was als richtige Neuformulierung solcher Aussagen zählt, ist wieder keine Frage der Konvention oder Toleranz, sondern streng durch semantische Tatsachen bestimmt.

Reichenbach formulierte wiederholt seine konventionalistischen Auffassungen in semantischen Fragen, versäumte es aber, die vorherrschende entgegengesetzte Meinung zu kritisieren. Das ist unglücklich, weil man oft am besten die Thesen erkennen kann, die ein Philosoph verwirft, indem man seine Argumente dagegen untersucht, statt sich an seine eigene Beschreibung dieser Thesen zu halten. Die Gültigkeit dieser Vorgehensweise zeigt sich im Falle Poppers, der wie Reichenbach aktiv den semantischen Realismus (oder, wie er es nannte, „Naturalismus") bekämpfte, aber der im Gegensatz zu Reichenbach ausführlich die Gründe erläuterte, die ihn zur Verwerfung dieser Lehre führten. Eine Untersuchung von Poppers Argumenten macht einigermaßen die Vermutung glaubhaft, seine konventionalistische Position in der Semantik stamme von einer falschen Interpretation dessen, was die Leute behaupten, die glauben, daß es semantische Tatsachen gibt. Denn die Lehre, die Popper (Popper 1965, S. 258–264) widerlegt, ist nicht die Lehre, Bedeutungsfragen seien Tatsachenfragen, sondern eine extreme, tatsächlich groteske Version dieser Anschauung, die weder Russell, Wittgenstein noch irgendein anderer Philosoph im zwanzigsten Jahrhundert aller Wahrscheinlichkeit nach je vertreten hat. Man hat aber trotz seiner wiederholten Äußerungen Grund zur Frage, worin denn genau Poppers Position in der Frage des semantischen Konventionalismus besteht.

Ebenso hat man einige Ursache, über das Ausmaß nachzudenken, in dem Reichenbach dem semantischen Konventionalismus anhing. Zunächst hat die Lehre ironischerweise eine vernichtende Wirkung auf seinen gefeierten geometrischen Konventionalismus, denn sie impliziert, daß zum Beispiel die Konventionalität der Gleichzeitigkeit nicht selber eine Tatsache, sondern eine Frage der Konvention ist. Wir belieben (als Folge) Gleichzeitigkeit als konventionell zu betrachten, sobald wir die physikalische Bedeutungstheorie gewählt haben. Hätten wir anders gewählt, wozu wir wohl in der Lage wären, würde die Gleichzeitigkeit objektiv bestimmt sein (vgl. S. 80f.). Aus dieser Sicht wäre Reichenbachs *Philosophie der Raum-Zeit-Lehre* kein Buch, das sich mit gewissen erstaunlichen Eigenschaften des Universums beschäftigt, sondern mit gewissen erstaunlichen Folgerungen aus semantischen Konventionen. Das Interesse an diesen Folgerungen würde durch die Tatsache, daß sie bei verschiedener Wahl der Konventionen nicht invariant bleiben, nicht gefördert.

Ungeachtet expliziter Äußerungen fällt es außerdem schwer, in Reichenbachs gesamtem Plädoyer für eine probabilistische Bedeutungstheorie in diesem Buch nicht mehr als einen Vorschlag zur Annahme einer Konvention zu sehen. In seiner Analyse der Aussagen des Katzenanbeters am Ende von § 8 kann man kaum daran zweifeln, daß sich Reichenbach auf die Vorstellung, daß beobachtungsäquivalente Aussagen dieselbe Bedeutung haben, in einer Weise beruft, wie man sich auf eine Tatsache und nicht auf eine Konvention stützt. Hier droht das Nutzbarkeitsprinzip mit seinem unerwarteten Auftreten das, was offiziell als konventionell beschrieben wurde, in etwas Faktisches zu verwandeln. Im gleichen Sinne sollte Reichenbach (in 1951) Jahre später verkünden, daß es für seine Wahrscheinlichkeitstheorie der Bedeutung „... triftige Gründe gibt: wenn wir diese Regel für die Deutung der Worte eines Menschen benutzen, dann lassen sich seine Worte mit seinen Handlungen in Einklang bringen. Und nur diese Eigenschaft ist es, die man vernünftigerweise von einer Sinntheorie verlangen kann. Wer das Verifizierbarkeitskriterium anerkennt, spricht eine Sprache, die mit seinem Verhalten vereinbar ist; ..." (Gesamtausgabe, Bd. 1, S. 370; 1951, S. 258).

Ein anderer bezeichnender Fall ist Reichenbachs Verwerfung von Poppers Falsifikationstheorie mit der Begründung, daß kein Gesetz die von Popper angenommene Form eines universellen Konditionalsatzes hat:

> „Kein Naturgesetz besitzt nämlich die von Herrn Popper vermutete Form, nach der es widerlegt wäre, wenn sich ein Gegenfall aufzeigen läßt; sondern es besteht immer die Möglichkeit, das Versagen dadurch zu erklären, daß die Voraussetzungen des Gesetzes nicht vollständig realisiert waren. In anderer Ausdrucksweise heißt dies, daß jedes Naturgesetz, formuliert als Aussage über wirkliche Dinge, eine Wahrscheinlichkeitsimplikation darstellt und darum das Eintreffen des vermuteten Ereignisses niemals mit Sicherheit, sondern nur mit Wahrscheinlichkeit prophezeien kann." (Reichenbach 1932h, S. 428; dies ist die Antwort auf Popper 1933, das in Popper 1966, S. 254–256 abgedruckt ist.)

Wie klar aus dem Kontext hervorgeht, bietet Reichenbach diese Bemerkung nicht als Vorschlag, sondern als Tatsachenaussage an, die der Poppers widerspricht; tatsächlich sagt er uns, daß kein Gesetz das aussage, was Popper für seine Aussage hält. Ungeachtet seiner Gründe nimmt hier Reichenbach eine Position ein, die von einer „toleranten" Haltung bezüglich von Bedeutungen weit entfernt ist.

Diese Überlegungen werfen die Frage auf, in welchem Maß Reichenbach sich nicht nur zum semantischen Konventionalismus bekannte, sondern ihn auch praktizierte.

Übersicht über Kapitel 2: „Sinneswahrnehmungen und Außenwelt"

Reichenbach wendet sich nun einer Untersuchung der positivistischen Einstellung zum Realismus zu. Diese Einstellung gründet in dem Glauben, daß wir die Welt auf der Grundlage eines absolut sicheren Wissens konstruieren können. Was könnte diese Grundlage sein? Aussagen über physikalische Gegenstände kommen nicht in Frage (§ 9), so daß die einzigen verbleibenden Kandidaten dafür die Aussagen über Empfindungen sind. Daß diese weder gegeben sind noch eine Quelle der Sicherheit darstellen, wird in Kapitel 3 gezeigt werden, aber ihre Sicherheit und ihre Gegebenheit wird für den Gang der Argumentation vorausgesetzt (§ 10). Wenn uns eine Welt von Empfindungen, eine phänomenale Welt, vorgegeben wird, stellt sich das Problem der Existenz der Außenwelt, die sowohl aus Abstrakta als auch aus Konkreta besteht. Abstrakta können tatsächlich nach positivistischer Weise auf Konkreta zurückgeführt werden, ohne daß man sich auf probabilistische Zusammenhänge beruft (§ 11). Aber der Versuch, in ähnlicher Weise Konkreta auf Eindrücke zu reduzieren (§ 12), scheitert bei Berücksichtigung des Unterschiedes zwischen Reduktion und Projektion (§ 13). Das Scheitern der positivistischen Versuche, Konkreta auf Eindrücke zu reduzieren, wird unter der Annahme gezeigt, daß der Positivist die Kausalitätspostulate akzeptiert, die in der Alltagssprache implizit enthalten sind (§§ 14–15). Wenn er diese Postulate nicht akzeptiert, vertritt der Positivist keine andere Auffassung als der Realist; er benützt nur eine andere Sprache mit einem geringeren Ausdrucksreichtum als der Realist (§§ 16–17).

Erläuterungen zu § 9: Reichenbach und Popper

Die ausgesprochen schlechte Meinung, die Reichenbach und Popper gegenseitig von ihren Erkenntnistheorien hatten, hat zu einer Überschätzung von deren Unterschieden geführt. Reichenbachs und Poppers Hauptziel in der Erkenntnistheorie war die Entwicklung einer empiristischen Alternative zum Positivismus. Tatsächlich zeugen schon eine Reihe von Themen in diesem Abschnitt für eine große Anzahl von Punkten, in denen sie übereinstimmten: die Ablehnung der Beobachtbarkeit der Sinnesdaten, die Theoriegeladenheit der Beobachtung, die Lehre, daß alle Universalien Dispositionsbegriffe sind u.s.w.
Die wichtigste Übereinstimmung betrifft jedoch einen Punkt, der in den frühen dreißiger Jahren Reichenbach und Popper gegen die nahezu einhellige Ansicht ihrer Freunde im Wiener Kreis zusammenbrachte: die Ablehnung der Rechtfertigungstheorie oder des Fundamentalismus. Fundamentalismus ist die (z.B. von Schlick und Russell vertretene) Ansicht, nach der alles echte Wissen auf einer Grundlage absolut sicherer oder wenigstens wahrscheinlicher Aussagen ruht. Um nicht in einen infiniten Regreß oder in einen Zirkel zu geraten, muß der Fundamentalismus annehmen, daß es Basissätze gibt, die entweder sicher oder wahrscheinlich sind, deren Sicherheit oder Wahrscheinlichkeit von keinen anderen Aussagen herrührt, und die die Quelle aller Sicherheit oder Wahrscheinlichkeit innerhalb des Wissens darstellen. Reichenbach und Popper (zusammen mit Neurath) waren die ersten Vertreter einer falsifikationistischen Alternative zum Fundamentalismus, der nicht nur im frühen logischen Positivismus, sondern auch in den meisten philosophischen Theorien aus den ersten Jahrzehnten unseres Jahrhunderts implizit enthalten war.
Diese grundlegende Übereinstimmung wurde von Reichenbach und Popper oder von ihren Anhängern selten erkannt. Reichenbach dachte, Popper hinge der Ansicht an, daß die Widerlegung von Teilen einer Theorie mit Sicherheit bekannt sein könne (vgl. Reichenbach 1953a). Hierin irrte er sich gewiß, wie etwa Poppers Diskussion über die Konventionalität von Basissätzen zeigt (in

§ 29 von Popper 1934, vgl. auch unsere Bemerkungen zu den §§ 29–31). Auf der anderen Seite dachten Popper und fast jeder andere, Reichenbach hinge einer probabilistischen Variante der Rechtfertigungstheorie an. Während uns Poppers Fallibilismus sagt, daß weder mit Sicherheit noch mit Wahrscheinlichkeit irgend etwas bekannt ist (Popper 1965, S. vii), klingen Reichenbachs fallibilistische Bekenntnisse gewöhnlich so: „Es gibt überhaupt keine Gewißheit – alles, was wir wissen, kann nur mit Wahrscheinlichkeit behauptet werden" (S. 121), und Reichenbach sprach wiederholt von der Möglichkeit, die Induktion zu *rechtfertigen* [justify] (vgl. § 39). Trotz alledem ist der Unterschied zwischen ihren erkenntnistheoretischen Positionen in Bezug auf den Fundamentalismus unbedeutend.

Ihre Übereinstimmung in ihren „positiven" Aussagen wurde tatsächlich von Reichenbach in seiner Rezension von (Popper 1934) hervorgehoben. Nach Popper, bemerkte Reichenbach, stellt

> „die Naturwissenschaft ... theoretische Annahmen nicht mit dem Anspruch wahrer Sätze auf. Vielmehr sind alle theoretischen Annahmen der Naturwissenschaft nur versuchsweise aufgestellt; sie werden so lange festgehalten, wie sie sich bewähren, aber aufgegeben, wenn sie sich als falsch herausstellen." (Reichenbach 1935e, S. 268)

Diesen Ansichten, fügte er hinzu, könne er nicht widersprechen, denn sie drückten „die von mir seit langem vertretene Theorie der Erkenntnis ebenfalls" aus. Außerdem ist es entscheidend für Reichenbachs Rechtfertigung der Induktion, zwischen Gründen zur Annahme, daß eine Aussage p wahr sei, und den Gründen dafür, so zu handeln, als ob p wahr sei, zu unterscheiden. Der Fundamentalist sucht nach Gründen der ersten Art; Reichenbachs „Rechtfertigung" der Induktion liefert nur Gründe der zweiten (vgl. Feigl 1950b). Die Zuweisung von Wahrscheinlichkeiten, die sich aus der Anwendung der induktiven Regeln ergibt, liegt schließlich in blinden Setzungen begründet, die sich von Poppers per Konvention eingeführten Basissätzen nur geringfügig unterscheiden (vgl. Salmons Bemerkung über die Verbindung zwischen Poppers Vermutungen [„conjectures"] und Reichenbachs Setzungen in seiner „Einleitung" zu den vorliegenden Bänden, S. 16–17; zu Poppers Auffassung über Basissätze vgl. unsere Erläuterungen zu § 29). Wissen ist „ein System von Setzungen oder Wetten; damit nimmt die Frage nach Rechtfertigung die Form an, ob wissenschaftliches Wissen unsere beste Wette darstellt" (S. 253). Aber das Wettsystem, das die Wissenschaft begründet, stellt sich letzten Endes als blinde Setzung heraus:

> „Die Wissenschaft als Ganzes ... ist blinde Setzung. Wir können sie in eine qualifizierte Setzung verwandeln, wenn wir sie in ein umfassenderes Erfahrungsmaterial einbetten, aber das neue Ganze der Wissenschaft ist dann wieder blinde Setzung. So stellt sich das Aussagensystem des Menschen dar als ein System, das nicht den Anspruch von sicherem Wissen machen kann, sondern von uns nur *gesetzt* wird; seiner inneren Struktur nach besteht es aus qualifizierten Setzungen, während es als Ganzes stets blinde Setzung bleibt." (Reichenbach 1936e, S. 30; siehe auch in diesem Band S. 229)

Nach diesen Ausführungen müssen wir zugeben, daß – während Poppers Verteidigung des Fallibilismus keine schwache Stelle aufweist – dasselbe von Reichenbach nicht gesagt werden kann. Popper weicht nie von seiner Theorie ab, daß wir nie einen Grund haben, an irgendetwas (außer vielleicht an den Fallibilismus) zu glauben; dagegen gibt es Augenblicke, in denen Reichenbachs Fallibilismus beinahe unkenntlich wird. Da ist zunächst die verdächtige Beschäftigung mit Beobachtungssätzen, die einem radikalen Fallibilisten nicht gut ansteht. Die Behandlung solcher Aussagen in § 21 suggeriert, daß, auch wenn es hier keine Sicherheit gibt, wir Aussagen vorfinden, an die wir nahezu mit vollem Recht glauben können. Wir erfahren sogar, daß der einzige Grund dafür, daß wir der durch eine bestimmte Variante von Beobachtungssatz gemachten Aussagen nicht vollständig sicher sein können, darin liegt, daß die Beurteilung nicht augenblicklich erfolgt (S. 118). In diesem Zusammenhang ist es vielleicht wichtig, sich daran zu erinnern, daß Reichenbach in den zwanziger Jahren noch ein überzeugter Fundamentalist war. Im Handbuchartikel von 1929 nimmt er immer noch Empfindungen (oder „Tatsachen nullter Stufe", „unmittelbare Wahrnehmungserlebnisse") als grundlegend und sicher an: „Die Tatsachen nullter Stufe sind deshalb, eben weil sie nur über Empfindungen berichten, völlig sicher" (Reichenbach 1929a, S. 15). Um 1935 war diese Anschauung aus dem Kern von Reichenbachs System verschwunden; aber, wie gewöhnlich bei der Revision einer tief eingewurzelten, weitreichenden Überzeugung, war die Beseitigung ihrer peripheren Einflüsse weit schwieriger zu erreichen.

Abschließend möchten wir anmerken, daß Reichenbach sich von Popper in der Berücksichtigung einer Tatsache wesentlich unterscheidet. Reichenbach bemerkt, daß wir tatsächlich zwischen verschiedenen Aussagen über die Zukunft einen Unterschied machen, indem wir einige den anderen als Handlungsanleitung vorziehen. In dieser Bevorzugung sieht er das unfehlbare Zeichen einer stillschweigenden Zuordnung von Gewichten zu allen Aussagen. Tatsächlich wäre es schwierig, sich das Ausmaß vorzustellen, in dem sich das menschliche Verhalten ändern müßte, wenn nicht diese Praxis befolgt würde. Das ist vielleicht für Reichenbach die grundlegende erkenntnistheoretische Voraussetzung; sowohl seine Behandlung der Induktion als auch seine sogenannte Wahrscheinlichkeitslogik sind nicht mehr als fragmentarische Versuche, solches Verhalten in Übereinstimmung mit den Nutzbarkeitsprinzip zu erklären (vgl. die Bemerkungen zu § 1).

Im Gegensatz dazu haben für Popper Wahrscheinlichkeitszuweisungen nichts mit Wissen zu tun. Die Erkenntnistheorie muß vor dem Eindringen des „erkennenden Subjekts" und seinen Ansichten bewahrt werden. Poppers Aphorismus „Ich glaube nicht an Glauben" zeigt deutlich seine Weigerung, Reichenbachs Problem ernstzunehmen. (Zu Reichenbachs Antwort auf Popper vgl. das Zitat am Ende der Erläuterungen zu § 1).

Erläuterungen zu § 12–17: Reichenbachs Einstellung zum Realismus

In der Einleitung zu seiner eigenen induktiven Verteidigung des Realismus, gab D. Williams folgenden bissigen Überblick über die ziemlich traurige Geschichte des Realismus in der neueren Zeit:

> „Von Decartes bis zu Dewey hat es Versuche gegeben, den Realismus als *apriorische* Schlußfolgerung einzuführen. Nach deren Scheitern haben ihn die Philosophen im Gefolge von Hume als „natürlichen Instinkt oder natürliche Leidenschaft" angesehen. Humes natürlicher Instinkt erscheint heutzutage als der „animalische Glaube" [animal faith] von Santayana, der den Realismus als eine „Voraussetzung des gesunden Menschenverstandes" einführt. Strong hat „instinktives Vertrauen" dazu. Russell schreibt ihn einem „Vorurteil" zu. Moore *„weiß"* es einfach. Broad „postuliert" ihn. Planck erfährt ihn durch einen „besonderen Sinn", „unmittelbare Wahrnehmung", „Glauben". Daher kann Hocking den Realismus mit gutem Grund ziemlich elegant als bloße „Intuition" abtun, während ihn Chesterton in einem literarischen Paradox als „ein religiöses Dogma... eine mystische Vernünftigkeit" preist." (Williams 1934, S. 187)

Die Hauptabsicht Reichenbachs in diesen Abschnitten scheint darin zu bestehen, noch ein anderes Argument für den Realismus anzubieten, das – wie das von Williams – zugunsten dieser Lehre eine Berufung auf induktive empirische Befunde enthält. Das Argument entwickelt sich in zwei Stufen. Kern der ersten Stufe ist Reichenbachs berühmtes Beispiel einer würfelförmigen Welt (S. 73ff.), das die Behauptung illustrieren soll, sogar der Positivist müsse es vernünftig finden, aus Daten, die sich auf das Beobachtbare beschränken, Schlüsse auf das zu ziehen, was sich nicht beobachten läßt. Auf der zweiten Stufe behandelt es eine andere Variante des Positivismus, die sich ebenfalls als mangelhaft erweist.

Die Überlegungen gehen von einem vertrauten Problem aus: Wie kommt es, daß mein Tastfrühstück immer zusammen mit dem Sehfrühstück serviert wird, und die Tastzeitung mit der Seh- und der Hör-(Raschel-)Zeitung (Popper 1934, S. 62; 1966, S. 71)? Es ist eine Tatsache, daß diese „drei" Zeitungen und diese „zwei" Frühstücke ein Verhalten aufweisen, das bemerkenswert übereinstimmt. Reichenbach scheint zu behaupten, daß diese Tatsache unwahrscheinlich wäre ohne gemeinsame Ursache, d.h. ohne „äußere" Zeitung und Frühstück, die für die Übereinstimmung verantwortlich sind.

Das scheint einleuchtend genug, bis wir bemerken, was das in der Sprechweise Reichenbachs heißt. Danach ist der Grenzwert der relativen Häufigkeit von Fällen, in denen äußere Objekte die Übereinstimmung zwischen unseren Empfindungen erzeugen, ziemlich hoch. Das Problem ist, daß wir nach Voraussetzung selbst zu dem kleinsten Anfangsstück dieser Folge keinen Zugang haben, so daß wir unter Anwendung der direkten Regel [straight rule, Reichenbach sagt „Induktionsprinzip" oder „Induktionsregel", was ungefähr das Gleiche ist (siehe S. 213)] nicht das Gewicht der Setzung des Realismus feststellen könnten. Daher könnten wir eine vernünftige Entscheidung über das richtige Gewicht nur über verkettete Induktionen im Zusammenhang mit Folgen „ähnlicher" Umstände erreichen. Aber wenn die Umstände wirklich ähnlich sind, beginnt man nach beigebrachten Erfahrungsdaten für die Gewichte, die wir ihnen zuordnen, zu suchen. Gerade diese Schwierigkeit hatte schließlich viele Philosophen dazu bewogen, die Berufung auf Induktion bei der Lösung der Kontroverse zwischen Realismus und Positivismus aufzugeben. (Vgl. z.B. Russells *Analysis of Matter* (1928), wo er die Ungültigkeit eines heterogenen Schlusses von dem in der Erfahrung Gegebenen auf ein zugrundeliegendes Substrat als offensichtlich annimmt, E. J. Nelsons Antwort auf Williams (1934), und Staces „Refutation of Realism" (1934)). Feigl faßt seine eigene Kritik an Reichenbachs Argumentation wie folgt zusammen:

> „Das entscheidende Problem liegt in der Rechtfertigung dafür, den Begriff der induktiven Wahrscheinlichkeit auf den Schluß von prinzipiell verifizierbaren zu prinzipiell unverifizierbaren Aussagen anzuwenden. Jede übliche Häufigkeitsinterpretation der Wahrscheinlichkeit könnte hier nur dann etwas nützen, wenn die Erfolgsraten von solchen Schlüssen feststellbar wären. Das ist völlig unmöglich, wenn der unabhängige Zugang zu den „Illata" verwehrt ist. ... Die Berechtigung dafür, den Wahrscheinlichkeitsbegriff auf das gesamte Gebäude des Realismus anzuwenden, statt nur innerhalb von diesem Schlüsse zu ziehen, bleibt äußerst fraglich." (Feigl 1950a, S. 53)

Man kann hinzufügen, daß die Unfähigkeit des „induktiven Schlusses", zur Sache des Realismus auszusagen, offensichtlich wird, wenn wir diesen Schluß so definieren wie es Reichenbach in 1929 tat:

> „Wir stellen fest, daß für bereits erlebte Wahrnehmungen eine Regelmäßigkeit gilt, und behaupten dann, daß zukünftige Wahrnehmungen dieselbe Regelmäßigkeit zeigen." (Reichenbach 1929a, S. 25)

Aber Reichenbachs Überlegungen können nicht so leicht abgetan werden. Ich möchte zunächst eine Unterscheidung zwischen zwei Varianten des Realismus einführen, die uns zu einem besseren Verständnis der Situation verhelfen wird. Aus noch zu erwähnenden Gründen werden wir sie als „homogenen" und „heterogenen" Realismus bezeichnen. Der heterogene Realismus behauptet, daß unsere Empfindungen durch Gegenstände verursacht werden, die wir (wie das Kantsche Ding an sich) nicht direkt wahrnehmen können, die aber vernünftigerweise postuliert werden, um unsere Erfahrung zu erklären. So postuliert der heterogene Realismus „hinter" dem Baum, den ich gerade sehe, einen physikalischen Gegenstand, der die Ursache meiner gegenwärtigen Empfindungen ist, obwohl er die Attribute der Erscheinung: Farbe, Klang usw., mit denen Wahrnehmungsgegenstände unvermeidlich ausgestattet sind, vermissen läßt. Im Gegensatz dazu sagt der homogene Realismus, daß die Dinge, die wir wahrnehmen, auch dann weiterexistieren, wenn unsere Wahrnehmung von ihnen aufgehört hat; wenn ich also erst zur Zeit t_1 und dann zur Zeit t_2 einen Baum betrachte, habe ich einen Eindruck von dem Baum zur Zeit t_1 und t_2, nicht aber zu irgendeiner Zeit zwischen t_1 und t_2. Trotzdem nimmt der homogene Realismus an, daß (unter normalen Bedingungen) für den Baum die Verhältnisse zwischen t_1 und t_2 nicht anders waren, als an diesen beiden zeitlichen Endpunkten. Grob gesprochen besagt eine Ablehnung des homogenen Realismus, daß die Dinge nicht vorhanden sind, wenn wir sie nicht wahrnehmen; eine Ablehnung des heterogenen Realismus, daß sie selbst dann nicht vorhanden sind, wenn wir sie sehen. Ich nenne die erste Form des Realismus *heterogen*, weil er einen Schluß von einer gewissen Art von Entitäten (Empfindungen) auf eine völlig andere Art (die aus Gegenständen besteht, die sich nicht auf Empfindungen reduzieren lassen) verlangt. Im Gegensatz dazu verlangt der *homogene* Realismus nach einem Schluß von Entitäten einer Art (meine Empfindung eines Baums oder vielleicht des Baumes, den ich gesehen habe) auf Entitäten genau derselben Art (Empfindung eines Baums, die ich hätte haben können, oder des Baumes, den ich nicht gesehen habe). Der radikale Unterschied zwischen diesen beiden Theorien wird vielleicht am besten durch die Bemerkung unterstrichen, daß neutrale Monisten wie Russell die erste Theorie für unhaltbar und die zweite für wahr hielten.

Was für eine Art von Realismus nimmt Reichenbach in diesen Abschnitt an? Das Beispiel der würfelförmigen Welt scheint nur eine Möglichkeit zuzulassen: den heterogenen Realismus. Reichenbach sagt uns, daß wir Gründe haben, an eine Welt zu glauben, die von der unserer Empfindungen unabhängig und tatsächlich grundlegend verschieden ist, und daß diese Gründe induktiv sind und auf unserem Wissen über Empfindungen beruhen.

Gegen diese Interpretation von Reichenbachs Behauptung waren die Kritik Feigls und ähnliche Einwände gerichtet. Aber diese Interpretation von Reichenbachs Realismus ist nicht einleuchtend, denn in Kapitel 4 werden wir erfahren, daß wir, weit davon entfernt, physikalische Gegenstände aus Empfindungen zu erschließen, induktiv die Existenz von Empfindungen aus der von physikalischen Gegenständen folgern. Man muß sich daran erinnern, daß Reichenbach uns angekündigt hat (S. 56), er werde Empfindungen nur für den Gang des Argumentes als gegeben voraussetzen. Für Reichenbach sind in der Wahrnehmung nicht Empfindungen sondern die physikalischen Gegenstände das Gegebene; wir sehen nicht die Eindrücke von Bäumen, sondern Bäume. (Es ist jedoch verwirrend, wenn man bemerkt, daß Reichenbach „sehen" manchmal vieldeutig verwendet, so daß man Dinge *X* sehen kann, auch wenn gar keine *X* da sind, (siehe z.B. S. 124), oder daß er sagt: „Wir sehen die Dinge, auch die Konkreta, nicht so, wie sie objektiv sind, sondern in verzerrter Form; wir sehen eine *Ersatzwelt* – nicht die Welt, wie sie objektiv beschaffen ist." (S. 137); oder das er Konkreta „subjektive Gegenstände" nennt (S. 138), oder daß er sagt: „Unsere unmittelbare Welt ist, streng genommen, gänzlich subjektiv; wir leben in einer Ersatzwelt" (S. 138).)

Empfindungen werden, sagten wir, für den Gang des Argumentes als gegeben betrachtet. Aber worin *besteht* dessen Absicht? Vermutlich soll gezeigt werden, daß der Positivist keinen Grund hat, die Gültigkeit der Schlußfolgerung auf heterogene Gegenstände abzulehnen. Um das zu zeigen, beruft sich Reichenbach auf gewisse Annahmen über die Kausalität. Es wird angenommen, daß die im ersten Abschnitt des Arguments angegriffene Variante diese Annahmen enthält, von denen einige nach Reichenbach stillschweigende Übereinkünfte innerhalb der Alltagssprache darstellen. Es ist schwer zu sagen, was genau diese Postulate behaupten oder warum sie für konventionell gehalten werden. An ver-

schiedenen Stellen beruft sich Reichenbachs Argument auf zwei dieser Forderungen: (1) daß regelmäßiges gemeinsames Auftreten soweit wie möglich erklärt werden muß, entweder durch eine gemeinsame Ursache oder aber eine direkte kausale Verknüpfung der zusammen auftretenden Elemente; (2) daß wir soweit wie möglich homogene kausale Gesetze annehmen sollen (S. 88).
Sowohl der im ersten Abschnitt des Argumentes angegriffene Positivist als auch der Realist akzeptieren Postulat (1); der (heterogene) Realist plädiert dafür, sich auf eine gemeinsame Ursache, und der Positivist dafür, sich auf eine direkte kausale Verknüpfung zu berufen. Daher postuliert der Realist die wirkliche Zeitung als Ursache ihrer Geräusche und Erscheinungen; der Positivist müßte „die Übereinstimmung ... als eine Kausalverknüpfung deuten" (S. 77); „... dann – so muß der Positivist sagen – gibt es eine Wirkung" (S. 77) von der Seh- zur Tast-Zeitung (oder umgekehrt). Gegen diese Variante des Positivismus richtet sich Reichenbachs induktives Argument. Die Entscheidung liegt zwischen der Berufung des Positivisten auf Kausalketten, die nicht einsichtig sind, und dem heterogenen Schluß des Realisten. Er nimmt an, es müsse eine kausale Verknüpfung geben und die von den Positivisten angenommene Verknüpfung sei zwar prinzipiell auffindbar, werde aber tatsächlich niemals entdeckt. Daher zieht er dann die Entscheidung des Realisten vor.
Offensichtlich muß an diesem Punkt die Frage gestellt werden, wer jene positivistische Ansicht vertritt, die durch die vorhergegangenen Überlegungen erschüttert worden ist. Ob nun Positivisten das kausale Postulat (1) vertreten oder nicht – und Reichenbach sagt uns nie, warum sie das tun müßten –, tatsächlich wäre es schwer, unter Reichenbachs Zeitgenossen einen Positivisten zu finden, der (1) in dem Sinn vertrat, wie es Reichenbachs Überlegungen voraussetzen. Daher muß die Diskussion zu ihrem zweiten und letzten Teil fortschreiten, wo ein Positivist einer zweiten, verbreiteteren Spielart auftritt, der Postulat (1) ablehnt.
An diesem Punkt nimmt das Argument eine überraschende Wendung. Der angegriffene Positivismus lehnt jetzt nicht nur (1), sondern auch (2) ab. Außerdem wird der gegnerische Realismus homogen. Darüber hinaus spielt in diesem neuen Konflikt zwischen Realismus und Positivismus das induktive Argument keine Rolle. Das wird in § 17 klar ausgesprochen und in Reichenbachs *Phil. Grundl. d. QM.* wiederholt:

> „Es wäre falsch, zu behaupten, daß es für die Annahme, der Baum verschwinde nicht, wenn wir nicht hinsehen, einen induktiven Beweis gebe, oder daß diese Annahme sehr wahrscheinlich sei. Es gibt keinen induktiven Beweis." (1944, S. 18, 1949ü, S. 29–30)

Daher gibt es keinen induktiven Grund, den homogenen Realismus dem Positivismus vorzuziehen. Die Lösung des Konflikts zwischen diesen beiden Theorien, sagt uns Reichenbach, beruht auf der Wahrnehmung der Tatsache, daß zwischen ihnen keine echte Meinungsverschiedenheit besteht. Die kausalen Annahmen (1) und (2) – scheint Reichenbach zu denken – sind so tief in der Alltagssprache verwurzelt, daß sie aufzugeben heißt, eine andere Art von Sprache anzunehmen. Wenn er Annahme (2) verwirft, ist der Positivist keiner

anderen Meinung als der (homogene) Realist, sondern wählt nur eine ziemlich ungewöhnliche Sprache, um empirische Tatsachen auszudrücken.
Das heißt jedoch nicht, daß die beiden Theorien gleichwertig sind, denn es gibt einen Unterschied im Ausdrucksreichtum der verwendeten Sprachen: die Sprache des Realisten ist reicher als die des Positivisten. Dieser Unterschied ist für Reichenbach entscheidend, würde aber sicher den Positivisten ungerührt lassen. Ein bloßer Überschuß an Ausdrucksreichtum ist noch kein Anlaß zur Begeisterung, solange man nicht zeigen kann, daß dieser Überschuß sinnvoll ist. Schließlich hat die Sprache der Theologie einen größeren Ausdrucksreichtum als die der Physik, und dennoch ist es nicht wahrscheinlich, daß Reichenbach die erstere der letzteren vorgezogen hätte. Was fehlt, ist ein Beweis, daß die zusätzlichen Ausdrücke, über die der Realist verfügt, tatsächlich echte Informationen enthalten. Es ist nicht klar, wie das geschehen soll, ohne gerade das als bewiesen vorauszusetzen, nach dem hier gefragt wird.
Dies sei noch einmal zusammengefaßt: Im ersten Teil von Reichenbachs Argument wird der heterogene Realismus einem Positivismus gegenübergestellt, der Reichenbachs Kausalitätspostulate vertritt. Aufgrund der vom Positivisten (aber nicht von Reichenbach) vertretenen Annahmen wird gezeigt, daß induktiv der heterogene Realismus vorzuziehen ist. Im zweiten Teil des Arguments wird ein Positivismus, der die kausalen Annahmen verwirft, einem homogenen Realismus gegenübergestellt. Hier wird mit Hilfe von Gründen, die von Reichenbach akzeptiert werden, gezeigt, daß der Meinungsunterschied nicht über Tatsachen, sondern über Sprachformen geht.
Obwohl die Ansicht, daß Reichenbach glaubte, es bestünden induktive Erfahrungsgründe für den heterogenen Realismus, weit verbreitet ist, läßt die vorliegende Analyse an dieser Ansicht zweifeln und legt es nahe, daß nach Reichenbachs Ansicht der homogene (nicht der heterogene) Realismus wahr ist, und daß Induktion bei der Rechtfertigung dieser Theorie keine Rolle spielt.

Übersicht über Kapitel 3: „Eine Untersuchung der Sinneseindrücke"

Wir lassen nun die Annahme fallen, daß Empfindungen oder Sinnesdaten in irgendeinem Sinn gegeben seien. Unter den wenigen, die dazu gelangt sind, diesen „materialistischen" Standpunkt zu vertreten, erwähnt Reichenbach Avenarius, Neurath, Carnap (seit 1932) und die Pragmatisten. Empfindungen werden erschlossen und der Schluß auf Empfindungen ist von derselben Art wie derjenige, der zur Annahme theoretischer Entitäten in der Physik führt. Was gegeben ist, sind nicht Empfindungen, sondern Dinge oder Zustände von Dingen (§ 19). Das heißt nicht, daß es unbezweifelbare Aussagen über physikalische Gegenstände gibt. Tatsächlich werden Empfindungsaussagen oder Basissätze als inhaltsärmer gegenüber den entsprechenden physikalischen Aussagen konstruiert, so daß ihre Wahrscheinlichkeit in der Regel größer ist als die von physikalischen Aussagen, aber sie erreicht nie den Wert 1 der absoluten Sicherheit (§ 20). Wir können den Weg zur Sicherheit einen Schritt weitergehen und Basissätze in einem eingeschränkten Sinn erzeugen, die sich nicht auf die Erinnerung stützen. Solche Aussagen könnten mit Sicherheit ausgesprochen werden, wenn das Urteil keine Zeit in Anspruch nähme, was es aber tut (§ 21). Es gibt daher keine Sicherheit in der Erkenntnis. „Wahrheit" (d.h., Sicherheit) ist eine rein fiktive Größe, die durch das Prädikat des Gewichts ersetzt werden muß. Da auch die Bedeutung auf das Gewicht reduziert werden kann, erscheint die Wahrscheinlichkeit als der grundlegende semantische und erkenntnistheoretische Begriff (§ 22).

Übersicht über Kapitel 4: „Der projektive Aufbau der Welt auf der Grundlage der Konkreta"

Nachdem wir das Weltbild des Positivismus zum Einsturz gebracht haben, brauchen wir jetzt eine neue „logische Konstruktion der Welt" aus realistischer Sicht. Die Basis wird aus *Konkreta* bestehen, physikalischen Gegenständen, von denen alles andere sich ergeben wird. Die Analyse unserer Konstruktion wird eine neue Theorie der Existenz zeitigen, d.h. eine darüber, woraus Dinge bestehen. Wir beginnen mit der rein grammatikalischen (Russellschen) Analyse der Existenz, nach der Existenzzuschreibungen als Aussagen darüber verstanden werden sollen, daß ein gewisser Allgemeinbegriff erfüllt wird (§ 23). Indem wir uns über die Grammatik hinaus bewegen, bemerken wir zwei Unterbegriffe der Existenz: die unmittelbare gegenüber der mittelbaren und die subjektive gegenüber der objektiven Existenz. Wir konzentrieren uns auf die mittelbare Existenz und versuchen zu verstehen, wie objektive Existenz als eine logische Funktion daraus folgt (§ 24). Die Welt unmittelbar existierender Dinge ist in dreierlei Hinsicht ursprünglich:
1. *historisch*, sie war die Weltanschauung des Primitiven;
2. *individuell*, sie ist die Welt der frühen Kindheit;
3. *psychologisch*, sie ist die Grundlage allen Schließens und nicht selber mit Hilfe von Schlüssen konstruiert. Wir betrachten diese ursprüngliche Welt und den Weg, auf dem wir uns davon freimachen. Als erste wichtige brauchbare Unterscheidung muß die zwischen objektiver und subjektiver Existenz eingeführt werden. Die Unterscheidung wird aus statistischen Gründen getroffen, indem jener Teil der unmittelbaren Existenz abgesondert wird, der, allgemein gesprochen, einer Gesetzmäßigkeit unterworfen ist. Die als objektiv bezeichneten unmittelbaren Existenzen sind die *Konkreta*. Aus unmittelbar beobachtbaren *Konkreta* erschließen wir projektiv andere *Konkreta*; *Abstrakta* werden dann als reduzierbare Komplexe von *Konkreta* konstruiert; schließlich konstruieren (erschließen) wir die *Illata* (Individuen, die keiner unmittelbaren Existenz fähig sind) als projektive Komplexe. Die Erscheinungen der *Konkreta* und ihre objektive Gestalt verhalten sich zueinander wie Eddingtons zwei Tische, wie der makroskopische seh- und tastbare Tisch zu der Wolke von mikroskopischen Atomen, aus denen er besteht (A. S. Eddington 1928, S. XI). Unsere unmittelbare Welt ist streng genommen subjektiv (§ 25). Nachdem wir die Außenwelt auf der Grundlage der Konkreta konstruiert haben, gehen wir dazu über, die Innenwelt zu konstruieren. Diese Welt befindet sich

zwischen folgenden Bestandteilen der Außenwelt: den Reizen, die auf unseren Körper einwirken, und dessen Reaktionen. Die Konstruktion der Innenwelt wird mit Hilfe von Schlüssen aus Daten der Außenwelt, entweder Reizen oder Reaktionen, durchgeführt. Die herkömmliche Psychologie hat die Reizmethode (Introspektion) vorgezogen, aber im Prinzip besteht kein Unterschied zum behavioristischen Ansatz mittels Reaktionssprache. Die inneren psychischen Objekte müssen daher als projektive Komplexe von Reizen oder Reaktionen konstruiert werden (§ 26). Diese Ergebnisse werden auf die Theorie angewandt, daß der Inhalt unserer Erfahrung nicht mittelbar ist, so daß wir z.B. nicht wirklich sagen können, ob die Erfahrungen, die andere als „rot" bezeichnen, denen ähnlich sind, auf die ich dasselbe Wort anwende. Diese Theorie enthält ein Scheinproblem, denn immer wenn man zwei Gegenstände (wie Meterstäbe, Zeitintervalle oder Empfindungen) nicht direkt vergleichen kann, braucht man eine Zuordnungsdefinition, um der Frage nach ihrem Vergleich einen Sinn zu geben. Dies ist eine Frage der Konvention und nicht von Tatsachen (§ 27). Das führt zum Problem des Ich. In Übereinstimmung mit einer langen empiristischen Tradition sehen wir das Ich nicht als direkt erkennbar oder gegeben an, sondern als ein aus *Konkreta* und *Illata* konstruiertes *Abstraktum* an (§ 28). Unsere Konstruktion der Welt nimmt ihren Ausgang von den *Konkreta*, aber es gibt wenigstens drei alternative Grundlagen, die man wählen könnte: die Basis der Empfindungen (wie bei Carnaps Konstruktion der Welt im *Aufbau*), die Basis der Sätze (wie bei Carnaps Konstruktion der Welt in der *Logischen Syntax*), und schließlich die Basis der Atome (wie bei, so vermutet man, Gottes Konstruktion der Welt) (§ 29). Um unsere Konstruktion vollständig zu machen, müssen wir nun den Aussagen der von uns erzeugten Sprache ein System von Gewichten zuordnen. Alles Wissen leitet sich tatsächlich aus unserem Wissen über die Konkreta her. Unmittelbare Beobachtungen können in Sätzen beschrieben werden, denen wir gewöhnlich ein sehr hohes Gewicht zuordnen. Diese Gewichte werden ihnen nicht nur durch Vergleich mit anderen Aussagen zugeordnet, sondern im Grunde durch Vergleich mit der Wirklichkeit. Auf der Grundlage dieser Gewichte, das sich mit der Zeit verändert, da die höchsten Gewichte gegenwärtigen Protokollen zugeordnet werden, die leicht in Konflikt mit solchen aus der Vergangenheit geraten können (§ 30). Wie kommen wir von Dingen zu Basissätzen? Wie entdecken wir unmittelbare Wahrheiten? Es gibt zwei Kriterien unmittelbarer Wahrheit: Evidenz (in einem nicht-absoluten Sinn) und Korrespondenz. Gegeben ein unmittelbarer Satz S, untersuchen wir, wenn wir S durch Korrespondenz kontrollieren wollen, die Aussage, daß „S" wahr ist, die eine Korrespondenz zwischen dem Satz und einer Tatsache behauptet. Aber diese Kontrolle erfolgt tatsächlich, indem man feststellt, daß „‚S' ist wahr" evident ist; daher bleibt das Evidenzkriterium das einzige Wahrheitskriterium. Weder Evidenz noch Korrespondenz sind unfehlbare Wahrheitskriterien (§ 31).

Bemerkungen und Verweise zu § 27–28: Reichenbach und Schlick

Diese beiden Abschnitte erscheinen als unerwartete Unterbrechung in einer ansonsten stetigen Entwicklung eines realistischen Gegenstücks zu Carnaps *Aufbau* (1928a). Anscheinend soll hier eine Stellungnahme zu Themen abgegeben werden, die bis vor kurzem vor allem im Vordergrund der philosophischen Spekulationen des Wiener Kreises lagen.

§ 27 betrifft die Lehre der Unterscheidung von Form und Inhalt, die einen der Hauptzüge von der Philosophie Schlicks und der von Neurath als „rechter Flügel" des Wiener Kreises bezeichneten Gruppe darstellte (grob, seiner Untergruppe um Wittgenstein). Nach Schlick „kann die grundlegende Bedeutung dieser Unterscheidung für die Philosophie kaum übertrieben werden" (Schlick 1932a, S. 159). Die jüngste Entdeckung der Notwendigkeit, diese Unterscheidung ganz genau zu treffen, war, sagte er, „die größte Leistung der modernen Erkenntnistheorie" (S. 200). Die Annahme, daß Schlick das Angriffsziel dieser Überlegungen sei, wird durch die Tatsache bestärkt, daß der zweite Absatz dieses Abschnitts, wo kurz jene Ansicht beschrieben wird, die zurückgewiesen werden soll, genau Schlicks Position beschreibt, abgesehen vom Gebrauch des Wortes „wissen" in seinem letzten Satz. Für Schlick war Inhalt „unabdingbar für jegliches Wissen" und „das unverzichtbare, immer anwesende Fundament alles anderen; auch des Wissens" (Schlick 1932a, S. 194).

Aber auch dann ist der Konflikt zwischen Reichenbach und Schlick nicht so leicht auszumachen, da Schlick wie Reichenbach ein überzeugter Anhänger der These war: „Was nicht gesagt werden kann, können wir nicht wissen" (dieser Band, S. 160). In seiner *Allgemeinen Erkenntnislehre* (1925) und anderswo bekämpfte Schlick erbittert Russells Ausdruck „Wissen durch Vertrautsein" [knowledge by aquaintance], da er Leute – Russell nicht ausgeschlossen – fälschlicherweise dazu verleiten konnte, zu glauben, daß der so bezeichnete intellektuelle Vorgang selber eine Art von Wissen darstellte. Vertrautsein, das Bewußtsein eines Inhalts, mit irgendeiner Form des Wissens zu verwechseln, war für Schlick kein kleiner Fehler. Es war „der grundlegendste Fehler der Philosophie aller Zeiten" (Schlick 1932a, S. 190). Nach Schlick (wie für Carnap im *Aufbau*) können wir nur um die Struktureigenschaften der Wirklichkeit wissen.

Worin liegt nun der Streitpunkt? Schlick und seine Anhänger glaubten, daß Inhalt nicht mitteilbar wäre, und schlossen dies daraus, daß das Ich eine Rolle bei der Erkenntnis spielte, die vergleichbar zu der, die es im Idealismus des 19. Jahrhunderts hatte, höchst eigenartig war. Obwohl Wissen als strukturell angesehen wurde, dachten Schlick und seine Anhänger in idealistischer Manier, daß „Inhalt Wirklichkeit" wäre (Schlick 1932a, S. 206), und daß „Beobachtung Inhalt einschließt ... und gerade weil sie dies tut, kann sie unsere Symbole mit der (wirklichen) Welt verknüpfen" (Schlick 1932a, S. 207). Im Gegensatz dazu findet Reichenbach, daß die Vorstellung von der Nichtmitteilbarkeit des Inhalts auf dem gleichen Mißverständnis beruht, das einen dazu führen kann, die Unvergleichbarkeit voneinander entfernter räumlicher Abstände zu behaupten. In beiden Fällen kommen wir nur deshalb zu einem Scheitern des Versuchs, Information zu übertragen, weil eine notwendige Konvention noch nicht eingeführt worden ist. Das Problem, die Empfindungen zweier Personen zu vergleichen, ist nicht größer als das, einen Längenvergleich zwischen voneinander entfernten Gegenständen durchzuführen.

Erläuterungen zu § 29–31: Die Kontroverse über Protokollsätze

Vieles von dem, was in diesen Abschnitten gesagt wird, sollte auf dem Hintergrund einer wichtigen Diskussion unter den Positivisten gesehen werden, die um 1930 begann und um 1935 endete. Der vordergründige Gegenstand dieser Diskussion waren die Protokollsätze; aber hinter diesem scheinbar so harmlosen Thema verbarg sich eine der wichtigsten Fragen der Erkenntnistheorie. Die Wortführer der einander bekämpfenden Lager stimmten in dieser Diskussion wenigstens bezüglich der Wichtigkeit des diskutierten Themas überein:

> „Die Frage nach den Protokollsätzen, nach ihrer Funktion und Struktur, ist die neuste Form, in welche die Philosophie ... das Problem des letzten Wissensgrundes kleidet." (Schlick 1934, S. 290)
>
> „... die *Frage der Protokollsätze* ... bildet das Kernproblem der Wissenschaftslogik (Erkenntnistheorie); in ihr stecken auch die Fragen, die man unter den Schlagworten ‚empirische Begründung', ‚Nachprüfung' oder ‚Verifikation' zu behandeln pflegt." (Carnap 1932e, S. 215)

Dabei ging es ungefähr um Folgendes. Während eine Anzahl von Positivisten und die meisten anderen analytischen Philosophen dem fundamentalistischen Glauben verhaftet blieben, daß alles Wissen auf dem „Gegebenen" beruhen müsse, d.h. auf der soliden Basis des Beobachtungswissens, entschlossen sich in den frühen dreißiger Jahren einige Angehörige und Freunde des Wiener Kreises (Neurath, Popper, Carnap, Hempel) dieser Theorie eine Version des Fallibilismus gegenüberzustellen, nach der im menschlichen Wissen niemals Sicherheit erlangt werden kann.

Völlig unerwarteterweise führte die Dialektik der Situation die Fallibilisten dazu, ihre Ansichten über Wahrheit und Wissen in Richtung einer Kohärenztheorie zu ändern. Die Reihe von Gründen, die zu diesem überraschenden Schluß führte, und die entsetzte Reaktion der Fundamentalisten bilden den Hintergrund der Situation, von dem wir glauben, daß er eine einigermaßen eingehende Betrachtung verdient.

Protokollsätze erscheinen um 1931, kurz nach Carnaps Entdeckung der These über Metalogik (Carnap 1963, S. 53 f.), d.h., der Behauptung, jegliche philosophische Untersuchung betreffe eher Sprache als außersprachliche Gegenstände, so daß es ratsam ist, die irreführende „materiale" Sprechweise durch ihre „formale" Entsprechung zu ersetzen.

Zwei der wichtigsten philosophischen Theorien des Wiener Kreises zu diesem Zeitpunkt waren der Verifikationismus und eine Art der Korrespondenztheorie der Wahrheit. Als diese Thesen aus ihren üblichen materialen Versionen in die formale Sprechweise übersetzt wurden, entstanden die Protokollsätze als das formale Gegenstück zu dem, was in der materialen Sprechweise als „Tatsachen" oder „Sachverhalte" beschrieben worden war. Der Verifikationismus wurde zu der Lehre, daß „eine Wortreihe nur dann einen Sinn hat, wenn ihre Ableitungsbeziehungen aus Protokollsätzen feststehen" (Carnap

1932a, S. 222–223); „die *Nachprüfung* (Verifikation) von Systemsätzen durch ein Subjekt *S* geschieht dadurch, daß aus diesen Sätzen Sätze der Protokollsprache des *S* abgeleitet und mit den Sätzen des Protokolls des *S* verglichen werden“ (Carnap 1932c, S. 108). Die Korrespondenztheorie wurde zur Behauptung, daß für einen Satz, der weder eine Kontradiktion noch eine Tautologie ist, „die Entscheidung über Wahrheit oder Falschheit in den Protokollsätzen“ liegt (Carnap 1932a, S. 236). Tatsächlich wurde aus der alten Einteilung in Sprache und Welt die Unterscheidung zwischen der Sprache des Wissenschaftssystems oder Systemsprache und der Protokollsprache (Carnap 1932b, S. 439).

Zunächst wird die Unterscheidung zwischen den beiden Sprachen klar getroffen. Systemsprache und Protokollsprache sollten nach Carnap klar getrennt werden, auch dann, wenn die erstere den Bereich des Psychischen betrifft:

> „Bei einem Satz über *gegenwärtiges Eigenpsychisches*, z.B. P_1 „Ich bin jetzt aufgeregt“ muß deutlich unterschieden werden zwischen dem Systemsatz P_1 und dem Protokollsatz p_2, der ebenfalls lauten kann „Ich bin jetzt aufgeregt“. Der Unterschied liegt darin, daß der Systemsatz P_1 unter Umständen widerrufen werden kann, während ein Protokollsatz als Ausgangssatz bestehen bleibt. Die Protokollsätze p_1, durch die P_1 rational gestützt wird, haben hier etwa die Form „Ich spüre meine Hände zittern“, „Ich sehe meine Hände zittern“, „Ich höre meine Stimme zittern“ oder dergl. Auch hier geht wieder der Gehalt von P_1 über den von p_1 und p_2 hinaus, indem er alle möglichen Sätze dieser Art umfaßt.“ (Carnap 1932c, S. 136)

Eine ungenaue aber anschauliche Charakterisierung der Protokollsprache beschreibt sie als die Sprache, in der das „ursprüngliche Protokoll“ geschrieben ist. Wie sieht dieses Protokoll aus?

> „Hierunter sind die Sätze verstanden, die das ursprüngliche Protokoll etwa eines Physikers oder Psychologen enthält. Wir stellen uns hierbei das Verfahren so schematisiert vor, als würden alle unsere Erlebnisse, Wahrnehmungen, aber auch Gefühle, Gedanken usw. sowohl in der Wissenschaft als auch im gewöhnlichen Leben zunächst schriftlich protokolliert, so daß die weitere Verarbeitung immer an ein Protokoll als Ausgangspunkt anknüpft. Mit dem „ursprünglichen“ Protokoll ist dasjenige gemeint, das wir erhalten würden, wenn wir Protokollaufnahme und Verarbeitung der Protokollsätze im wissenschaftlichen Verfahren scharf voneinander trennen würden, also in das Protokoll keine indirekt gewonnenen Sätze aufnehmen würde.“ (Carnap 1932b, S. 437)

Ein Protokollsatz kann nun als derjenige definiert werden, der in einem ursprünglichen Protokoll vorkommt (Carnap 1932b, S. 438), vermutlich nicht notwendigerweise in einem vorliegenden sondern auch in einem möglichen Protokoll.

Die Sätze der Systemsprache – Hypothesen und singuläre Aussagen – sind alle revidierbar, weil keiner von ihnen „im strengen Sinne ‚verifiziert‘“ werden kann (Carnap 1932b, S. 440; 1932c, S. 136). Elemente des Protokolls sind auf der anderen Seite „die Sätze, die selbst nicht einer Bewährung bedürfen, sondern als Grundlage für alle übrigen Sätze der Wissenschaft dienen“ (Carnap

1932b, S. 438). Gleichzeitig mit der Entwicklung dieser Ansichten vertrat Carnap auch die Universalität der physikalistischen Sprache, d.h. die Behauptung, daß jeder sinnvolle Satz in die Sprache der Physik übersetzt werden kann. Deshalb muß die Kluft zwischen System- und Protokollsprache irgendwie überwunden werden, da es eine Übersetzung von jedem Protokollsatz in die universelle physikalistische Sprache geben muß (Carnap 1932b, § 6).

Diese Ansichten waren offensichtlich nicht gleichzeitig haltbar. Carnap konnte nicht lange vertreten, daß (1) Protokolle nicht revidierbar sind, (2) alle Sätze der physikalistischen Sprache revidierbar sind und (3) Protokolle in die physikalistische Sprache übersetzt werden können. Unter der Last von Neuraths und Poppers Argumenten wurde (1) bald aufgegeben.

In Erwiderung auf Carnap (1932b) vertrat Neurath die Auffassung, daß Protokollsätze keine Aussagen sein können, „die keiner Bewährung bedürfen", weil in der Wissenschaft alle Sätze revidierbar sind.

> „Das Schicksal, gestrichen zu werden, kann auch einem Protokollsatz widerfahren. Es gibt für keinen Satz ein ‚Noli me tangere' wie es Carnap für die Protokollsätze statuiert." (Neurath 1932, S. 209)

Das Wissen ruht nicht auf dem soliden Fundament der Protokolle, sondern auf der Bestätigung, die seine Sätze in ihrem Zusammenhang einander geben:

> „Wie Schiffer sind wir, die ihr Schiff auf offner See umbauen müssen, ohne es jemals in einem Dock zerlegen und aus besten Bestandteilen neu errichten zu können." (Neurath 1932, S. 206)

Zuvor hatte Neurath die Berufung auf eine Korrespondenz mit den Tatsachen als Charakterisierung wahren Wissens abgelehnt.

> „*Aussagen werden mit Aussagen* verglichen, nicht mit „Erlebnissen", nicht mit einer Welt, noch mit sonst etwas. Alle diese sinnleeren *Verdoppelungen* gehören einer mehr oder minder verfeinerten Metaphysik an und sind deshalb abzulehnen. Jede neue Aussage wird mit der Gesamtheit der vorhandenen, bereits miteinander in Einklang gebrachten, Aussagen konfrontiert. *Richtig heißt eine Aussage dann, wenn man sie eingliedern kann.* Was man nicht eingliedern kann, wird als unrichtig abgelehnt. Statt die neue Aussage abzulehnen, kann man auch, wozu man sich im allgemeinen schwer entschließt, das ganze bisherige Aussagensystem abändern, bis sich die neue Aussage eingliedern läßt." (Neurath 1931, S. 403)

Bei der Gestalt der Protokolle bestand Neurath darauf, daß sie den Namen des Protokollanten enthalten müßten. Ein typischer Protokollsatz wäre: „Ottos Protokoll um 3 Uhr 17 Minuten: [Ottos Sprechdenken war um 3 Uhr 16 Minuten: (Im Zimmer war um 3 Uhr 15 Minuten ein von Otto wahrgenommener Tisch)]." (Neurath 1932, S. 207)

Popper unternahm einen entschiedeneren Angriff auf die traditionelle Vorstellung des Protokolls im Kapitel III seiner *Logik der Forschung*. Der „empirische Gehalt" (der „Sinn" des Positivisten") definiert: eine Aussage sagt nichts über die Welt (ist „sinnlos" im Sinne des Positivisten), wenn es keinen Basissatz gibt, der zu ihr im Widerspruch steht (vgl. z.B. Popper 1933, S. 427; 1966, S. 255, siehe auch 1966, S. 84). In späteren Jahren stritt Popper häufig ab, daß er je die Widerlegbarkeit als Sinnkriterium angeboten habe; aber er tat es genau in der Weise, in dem die Positivisten Sinnkriterien anboten. Poppers Vorschlag, könnte man hinzufügen, war nicht erfolgreicher als die der Verifikationisten, denn er beinhaltet, daß rein existentielle Aussagen wie „Es gibt menschliche Wesen" nichts über „die Wirklichkeit aussagen". Aber Poppers Protokolltheorie unterscheidet sich drastisch von der Carnaps.

Popper war wie Neurath zu der Auffassung gelangt, daß alle Sätze unter geeigneten Bedingungen revidierbar sind (Carnap 1963, S. 32). Aber er entdeckte in den psychologischen Begriffen, die in Neuraths Protokollen vorkamen, einen unannehmbaren Rest von Psychologismus. Sein bezeichnendster Einwand gegen Neuraths Theorie war folgender:

> „Aber dieser Schritt muß durch Angabe eines Verfahrens ergänzt werden, das die Willkür der ‚Streichungen' einschränkt; Neurath, der das unterläßt, wirft damit, ohne es zu wollen, den Empirismus über Bord: Empirische Sätze sind gegenüber beliebigen Satzsystemen nicht mehr ausgezeichnet; *jedes* System kann vertreten werden, wenn man Protokollsätze, die einem nicht passen, einfach streichen kann. Nicht nur, daß man so, etwa nach konventionalistischer Manier, jedes System retten kann; man wird es sogar, wenn man nur einen hinreichenden Vorrat an Protokollsätzen hat, mit Leichtigkeit durch Augen- und Ohrenzeugen erhärten können." (Popper 1934, S. 55; 1966, S. 63)

Dieser Einwand ist vernichtend, aber er betrifft Poppers Vorschlag nicht weniger als den Neuraths.

Poppers eigene positive Darstellung geht folgendermaßen:

> „Logisch betrachtet geht die Prüfung der Theorie auf Basissätze zurück, und diese werden durch Festsetzungen anerkannt. *Festsetzungen* sind es somit, die über das Schicksal einer Theorie entscheiden." (1934, S. 64; 1966, S. 73)

Daher besteht der Unterschied zwischen Poppers Standpunkt und dem des Konventionalisten darin, daß er „das Charakteristikum der empirischen Methode darin" sieht, „daß es nicht die allgemeinen Sätze, sondern die besonderen, die Basissätze sind, die wir durch Beschluß anerkennen, festsetzen" (1934, S. 64; 1966, S. 73). Der Hauptunterschied zum Positivismus andererseits besteht darin, daß „die Entscheidungen über die Basissätze nicht durch unsere Erlebnisse ‚begründet' werden, sondern, logisch betrachtet, *willkürliche* Festsetzungen sind (psychologisch betrachtet, zweckmäßige Reaktionen)." (1934, S. 65; 1966, S. 74) Über die Gründe dafür, daß man die eine Menge von Ba-Basissätzen für wahrer halten soll als irgendeine andere, ist Popper nicht mitteilsamer als Neurath. Wie wir sehen werden, sollten die Fundamentalisten bei den Vertretern der neuen Protokolltheorie bald in diese Kerbe hauen.

Carnaps frühe Vorstellung von Protokollen als Elementen einer eigenen Sprache passen sehr gut zu den Lehren des alten Positivismus, die er Anfang 1932 noch nicht aufgegeben hatte. Selbst Schlick war gern dazu bereit, die Ansicht zu vertreten, daß alle Aussagen der Wissenschaftssprache Hypothesen und daher revidierbar sind (Schlick 1934, S. 293–294; 1935b, S. 4–5). Aber er konnte nicht verstehen, wie eine Unterscheidung zwischen echtem Wissen und Pseudowissenschaft getroffen werden konnte, ohne daß man auf das Vorhandensein

von singulären Aussagen (Protokolle oder, wie Schlick sie nannte, „Konstatierungen“) zurückgriff, die absolut sicher sind und die Grundlage allen empirischen Wissens darstellen. Unter der Voraussetzung der Unabänderlichkeit der Grundbestandteile war es angemessen, sie als Aussagen einer mit der Wissenschaftssprache disjunkten Sprache zu betrachten.
Aber bald (Carnap 1932e) gelangte Carnap zu der Einsicht, daß es neben seiner alten Vorstellung von der Protokollsprache noch eine andere (Neurath und Popper zugeschriebene) Auffassung gibt, nach der die Protokolle Elemente der Systemsprache sind. (Diese Idee ist natürlich in der These der Universalität der physikalistischen Sprache bei (Carnap 1932b) enthalten.) Die Entscheidung zwischen diesen beiden Sprachformen ist, wie Carnap jetzt denkt, konventionell. Außerdem ist selbst innerhalb der zweiten Form die Entscheidung für eine bestimmte syntaktische Form der Protokolle, sei es nun die Neuraths oder Poppers oder eine andere, ebenfalls konventionell. Diese scheinbar so harmlose Meinungsänderung hatte zwei wichtige Folgen.
Wie wir schon zu Beginn dieses Abschnittes der Erläuterungen sahen, wählten die Positivisten Carnapscher Prägung die Aufstellung von Protokollen als Lösung des Verifikationismus und der Korrespondenztheorie für die Probleme von Wahrheit und Bedeutung. Aber die Neuformulierung dieser beiden Thesen in formaler Gestalt brachte ein unerwartetes Problem; denn sie machte es deutlich, daß diese beide Theorien das Problem von Wahrheit und Bedeutung nur unter der Voraussetzung lösten, daß diese Probleme für Protokolle *schon* gelöst waren. Das neue Problem war: Was sind die Sinnkriterien für Protokolle und wie charakterisiert man ihre Wahrheit? Sicher haben wegen der Gefahr der Zirkularität (die formalen Spielarten von) Verifikationismus und Korrespondenztheorie nichts zu diesen Themen beizutragen. Die Neuformulierung dieser beiden positivistischen Dogmen in formaler Gestalt hatte ihre begrenzte Anwendbarkeit aufgezeigt.
Die Sinnfrage für Protokolle konnte für Carnap nur eine syntaktische Lösung haben. Das ist der Grund für seine Bemühungen zum Thema der Gestalt der Protokolle. Das Sinnproblem der Protokolle zu lösen, hieß, die logische Form zu finden, bei der jeder Satz dieser Form ein (sinnvolles) Protokoll darstellt. Die merkwürdige Lösung in (Carnap 1932e) ist, daß fast jede Form dies leistet, weil es sich um eine Frage der Konvention handelt.
Carnaps Antwort zum Wahrheitsproblem ist sogar noch überraschender und zeigt, in welchem Ausmaß die Dialektik der Situation bei konsistenter Anwendung die Fallibilisten einem deskriptivistischen Standpunkt zuführte (im Gegensatz zum Präskriptivismus der positivistischen Tradition).
Carnaps Auffassung in dieser Sache wurde zuerst in der Antwort formuliert, die er auf den von Zilsel (E. Zilsel 1932) vorgebrachten Einwand gab. Die Hauptfrage, die von Zilsel gestellt wurde, faßte Carnap richtig wie folgt zusammen:

> „Logisch betrachtet ist jede denkbare Protokollsatzmenge mit jeder andern gleichberechtigt. Und zu jeder derartigen Protokollsatzmenge kann man Wissenschaftssysteme konstruieren, die erstens in sich widerspruchs-

frei sind, und die sich zweitens an der betreffenden Protokollsatzmenge in hinreichendem Maß bestätigen. *Wie ist unsere Wissenschaft, die ,wirkliche', die ,wahre' Wissenschaft*, die wir vor allen Phantasie-Wissenschaften mit Entschiedenheit bevorzugen, vor den übrigen denkbaren Systemen *ausgezeichnet*?" (Carnap 1932d, S. 179)

Darauf antwortete Carnap:

„Zwar werden als ,wirkliche Protokollsätze' diejenigen Aussagen oder schriftlichen Aufzeichnungen (als physikalisch-historische Gebilde) bezeichnet, die von irgendwelchen Menschen, insbesondere von den Wissenschaftlern unseres Kulturkreises, stammen ... Es wäre der Fall denkbar, daß jeder Mensch seine Protokollsätze nur schlecht oder gar nicht mit den Protokollsätzen eines anderen Menschen in Einklang bringen, d.h. ein durch beide gestütztes Wissenschaftssystem aufbauen könnte. Zum Glück liegt in Wirklichkeit die Sache so, daß wir imstande sind, mit hundert anderen Personen die Protokollsätze zu gemeinsamer Verarbeitung zu verknüpfen. Kommt nur ein Einzelner, der auf Grund seines Protokolles eine Wissenschaft aufbaut, die mit der von uns hundert Leuten aufgebauten nicht in Einklang zu bringen ist, so wird er von uns überstimmt; wir sagen von ihm (je nach den besonderen Umständen), er sei farbenblind oder ein Lügner oder geisteskrank. Fänden sich gegen uns hundert Andere mit einer gemeinsamen Wissenschaft, die mit unsrer Wissenschaft nicht vereinbar ist, so könnten wir nicht überstimmen; falls nicht die nähere Untersuchung zur Einigung führen würde, so müßten wir eben die Tatsache hinnehmen, daß verschiedene Gruppen unaufhebbar verschiedene Wissenschaftssysteme besitzen. Zum Glück liegt in der Wirklichkeit dieser Fall nicht vor ... Es gibt keine andere Auszeichnung für ,unsere' Wissenschaft, als die historische Auszeichnung, daß sie die Wissenschaft unseres Kulturkreises ist." (Carnap 1932d, S. 180)

Wenig später zog Hempel, der kurz zuvor der Garde der Revolutionäre beigetreten war, die offensichtlichen Folgerungen: Wahrheit ist Kohärenz, und (dies ist das Echo auf Neurath):

„Aussagen werden nie mit einer „Wirklichkeit" verglichen, mit „Tatsachen". Keiner von denen, die eine Aufspaltung zwischen Aussagen und Wirklichkeit befürworten, kann genau angeben, wie ein Vergleich zwischen Aussagen und Tatsachen möglich sein soll ..." (Hempel 1935, S. 50–51).

Schlicks Antwort auf Hempel zeigt klar, wie stark diese Frage die Fundamentalisten bewegte:

„Man hat mich der Auffassung bezichtigt, daß Aussagen mit Tatsachen verglichen werden können. Ich plädiere auf schuldig. Ich habe diese Auffassung vertreten. Aber ich protestiere gegen meine Bestrafung: Ich weigere mich, mich auf den Stuhl der Metaphysiker zu setzen. Ich habe oft Aussagen mit Tatsachen verglichen; daher hatte ich keinen Grund zu sagen, daß es nicht geschehen könne. Ich fand zum Beispiel in meinem Baedeker die Aussage: ,Diese Kathedrale hat zwei Türme'; ich war in der Lage, sie mit der ,Wirklichkeit' zu vergleichen, indem ich die Kathedrale anschaute, und dieser Vergleich überzeugte mich davon, daß die Aussage Baedekers wahr war. Sicher kann man mir nicht erzählen, daß ein solcher Vorgang unmöglich und eine abscheuliche Metaphysik dabei im Spiel ist." (Schlick 1935a, S. 65–66; 1935b, S. 36)

Diese Ironie war sanft im Vergleich zu dem Spott, mit dem die fallibilistische Protokolltheorie im allgemeinen durch die philosophische Gemeinschaft aufgenommen wurde. Um 1935 kursierte ein Witz, daß die Fallibilisten in einem Restaurant Schwierigkeiten haben würden, weil sie nicht nachprüfen könnten, ob das, was der Kellner ihnen bringt, dem entspricht, was sie auf der Karte bestellt haben (vgl. etwa (Rougier 1936, S. 88–89)). Lukasiewicz bemerkte einmal, die polnischen Philosophen wären „zu nüchtern", um mit den Wiener Lehren übereinzustimmen (1970, S. 233), und einige Jahre später sollte Russell ihre Auffassung der Protokollwahrheit in der Bemerkung zusammenfassen, daß nach ihr „die empirische Wahrheit durch die Polizei festgestellt werden kann" (Russell 1962, S. 140). Es war leicht, sich über die Fallibilisten lustig zu machen; aber es war nicht so leicht, festzustellen, was an ihren Überlegungen nicht richtig war. Um zu sehen warum, wollen wir noch einmal den Gang der Entwicklung betrachten, die zu ihrer Kohärenzauffassung führte.

Am Anfang stand die scheinbar harmlose und allgemein akzeptierte These der Metalogik. Nach ihr wurden Protokolle zur ehrlichen Angabe von Tatsachen oder Sachverhalten, die die Definition von Wahrheit und Bedeutung für *andere* Aussagen mittels Verifikationismus und Korrespondenztheorie erlaubten. Aber wie wir bereits sahen, warfen auch die Protokolle die wesentliche Frage auf, wie *ihre* Bedeutung und Wahrheit charakterisiert werden sollte. Die Bedeutungsfrage von Protokollen wurde von den modernen Positivisten als syntaktisch und von Carnap als Frage der Konvention behandelt. Im Gegensatz dazu war die Frage der Protokollwahrheit nicht so leicht zu lösen.

In den frühen Stadien dieser Entwicklung, als Protokolle nur als Neuformulierungen der materialen Sprechweise angesehen wurden, gab es immer noch eine enge Verbindung zwischen Sachverhalten und Protokollen, welche die unverbrüchliche Wahrheit jener Protokolle erklärte, die wir ehrlich annehmen. Diese Verbindung war nicht bloße Wahrheit sondern Sicherheit: Protokolle waren die Botschafter der Sachverhalte in der sprachlichen Welt des Wissens, nicht nur, weil sie Sachverhalte getreu abbildeten, sondern weil wir *wissen*, daß sie das tun. Der Grund für ihren Sonderstatus unter den Sätzen war, daß unser Wissen über Protokolle das beste erreichbare Wissen ist. Interessanterweise kann man bemerken, daß die meisten, die sich über die Nöte der Fallibilisten amüsierten, bereit gewesen waren, ihnen bis zu diesem Punkt zu folgen. Sie verfehlten es zu bemerken, daß von *diesem* Punkt an das Argument für eine Kohärenztheorie bereits ziemlich feststeht.

Denn nach unserer heutigen Ansicht war der Einwand der modernen Positivisten gegen die Sicherheit gültig. Als der Glaube an die Sicherheit schwächer wurde, wurde die einzige allgemein akzeptierte Verbindung zwischen Protokollen und Tatsachen lockerer. Wahrheit und Bedeutung blieben, wie zuvor, eine Art von Übereinstimmung mit Protokollen, aber jetzt hatten die Protokolle keinen bestimmt behaupteten Zusammenhang mit der Wirklichkeit mehr. Als die Gestalt der Protokolle eine Frage der Konvention wurde (Carnap 1932e), wurde Wahrheit die Übereinstimmung zwischen Sätzen und anderen Sätzen, deren Gestalt durch Konvention festgelegt war, oder, äquivalent dazu, eine gewisse Art der Übereinstimmung innerhalb der Klasse aller akzeptierten Sätze. Zur Entscheidung, welche Sätze als Ausgangspunkt des Vergleichs oder als Protokoll gewählt werden sollten, konnte keine andere vernünftige Regel angegeben werden als: Höre auf das, was die Wissenschaftler dir sagen. Die Wissenschaft ist gut so, wie sie ist. Wie Neurath sagte: es gibt keine philosophischen Probleme, „in denen die wissenschaftliche Erkenntnis selbst zum Problem erhoben wurde“ (Neurath 1934, S. 347). Schließlich hatten Carnaps formaler Ansatz und die Aufgabe der Sicherheit die Korrespondenztheorie in die Kohärenztheorie verwandelt, und sie hatten damit den Positivismus von seinem früheren präskriptiven zu einem radikal deskriptiven Standpunkt geführt.

Nicht jeder Wiener Positivist ließ sich zur neuen Lehre der Protokolle bekehren. Wir hatten schon gesehen, daß Schlick, der Begründer des Wiener Kreises, die neue Entwicklung mit wachsendem Unbehagen betrachtete. Seine Verteidigung der fundamentalistischen Position wurde in einer Reihe von Veröffentlichungen (Schlick 1934, 1935a und b) entwickelt. Bezeichnenderweise berief sich Schlicks Verteidigung der Korrespondenztheorie der Wahrheit auf die Existenz absolut sicheren Wissens, das in Protokollen („Konstatierungen“) ausgedrückt war. Denn wie alle Fundamentalisten stimmte Schlick mit den meisten Fallibilisten in der stillschweigenden Annahme überein, daß über Wissen nur dann gesagt werden kann, es gebe die Wirklichkeit wieder, wenn es mit Sicherheit bekannte Aussagen gibt, die eine Verbindung zwischen Wissen und Wirklichkeit herstellen können (vgl. etwa Schlick 1934, 1935a, 1935b). Ironischerweise waren um 1935 einige der Fallibilisten zu der Erkenntnis gelangt, daß die Gründe für diese gemeinsame Annahme durch Tarskis Untersuchungen über die Wahrheit ernstlich erschüttert worden waren. Es ist bezeichnend, daß, während Fundamentalisten wie Russell und Schlick Tarskis Theorie nur mit höflichem Interesse an der technischen Leistung begrüßten, die meisten Fallibilisten darin bald einen befreienden Durchbruch sahen.

Tarskis bedeutende Untersuchung war auf Polnisch 1933 veröffentlicht worden, aber ihre deutsche Übersetzung erschien erst 1936. Als Carnap die Grundvorstellungen kennenlernte, fiel es ihm wie Schuppen von den Augen. Es wurde dann klar, daß die fallibilistische Wendung zur Kohärenztheorie auf der Verwechslung von Wahrheit und Sicherheit beruhte, daß es keinen Grund für die Annahme gibt, daß Sicherheit die einzige Verbindung zwischen Protokollen und der Welt darstellt, und daß daher der Fallibilismus mit einer nichtmetaphysischen Variante der Korrespondenztheorie der Wahrheit konsistent ist. Anfang 1935 drängte Carnap den zögernden Tarski, seine neue Auffassung der Semantik auf der Pariser Konferenz 1935 vorzustellen (Carnap 1963, S. 61), und Carnap selber schrieb zu diesem Anlaß seinen berühmten Kongreßbeitrag „Wahrheit und Bewährung“ (1936), in dem der Papst des neuen Fallibilismus endlich den Bann auf die Ketzerei der Kohärenztheorie schleudert.

Es gibt, sagt uns Carnap in diesem Vortrag, zwei Vorgehensweisen, um einen Satz zu verifizieren oder zu überprüfen: die „Konfrontation des Satzes mit schon vorher anerkannten Sätzen“ (die einzige von Kohärenzlern zugelassene

Methode) und die „Konfrontation des Satzes mit der Beobachtung". Letzterer Vorgang wird manchmal als Vergleich zwischen einer Aussage und der Wirklichkeit beschrieben, und diese Ausdrucksweise ist wegen der metaphysischen Bedeutungen, die in sie hineingelesen werden können, verwerflich. Doch:

> „Wenn wir hier Bedenken gegen die Behauptung ‚Der Satz wird mit der Tatsache (oder: mit der Wirklichkeit) verglichen' erhoben haben, so muß man aber beachten, daß diese Bedenken sich nicht gegen den Inhalt, sondern nur gegen die Form dieser Behauptung richten. Die Behauptung ist nicht falsch ... sondern nur in einer bedenklichen Weise formuliert. Man darf also nicht, anstatt diese Formulierung abzulehnen, ihre Negation behaupten: ‚Man kann einen Satz nicht mit einer Tatsache (oder: mit der Wirklichkeit) vergleichen'; denn diese negierte Formulierung ist ebenso bedenklich wie die ursprüngliche. Man muß sich auch hüten, wenn man die genannte Formulierung ablehnt, nicht das mit ihr vermutlich gemeinte Verfahren, nämlich die Konfrontation mit der Beobachtung, zu verwerfen oder seine Bedeutung und Notwendigkeit zu übersehen und nur die zweite Operation allein in den Vordergrund zu stellen." (Carnap, 1936, S. 22–23)

Von da an werden Bekenntnisse zur Kohärenztheorie unter Positivisten zunehmend seltener, und die Unterscheidung zwischen Wahrheit und Sicherheit regt Carnap und andere dazu an, Semantik und induktive Logik als verschiedene Zweige der Philosophie zu entwickeln. Ein anderes Ergebnis war die Abschwächung des radikalen Deskriptivismus (siehe 1932d). Außer bei einigen Starrköpfen (Popper, Neurath) erscheint wieder das Problem der Gründe für unsere Annahme, daß das Wissen mit der Wirklichkeit übereinstimmt, unter den Fallibilisten als ein echtes, tatsächlich das wesentliche Problem der Erkenntnistheorie.

Reichenbach nahm nicht aktiv an diesen Auseinandersetzungen teil, aber sie waren ihm natürlich vollständig bekannt. An verschiedenen Stellen dieses Buches reagiert er offensichtlich auf verschiedene Aspekte der Kontroverse über die Protokollsprache. Zum Beispiel ist die Aussagenbasis zur Konstruktion des Wissens in § 29 natürlich eine Variante von Carnaps altem Protokoll, obwohl auch die Unterschiede offensichtlich sind, insbesondere der fallibilistische Hintergrund und die Rolle, welche hier die Wahrscheinlichkeit spielt. Am Ende von § 29 wendet sich Reichenbach dem Thema der Konventionalität der Protokollbasis zu.

§ 30 und § 31 enthalten Reichenbachs wesentlichen Beitrag zur Kontroverse über Protokollsätze. Vieles davon scheint eine Verteidigung von Schlicks Protokollauffassung zu sein: es wird angenommen, daß das Protokoll Aussagen enthält, die „unmittelbar wahr sein müssen, d.h., mit den unmittelbar beobachteten Gegenständen übereinstimmen müssen" (S. 173). Neurath und Hempel werden nicht erwähnt, aber die kritische Stellungnahme zu ihrer Theorie wird auf den folgenden Seiten (S. 174 ff.) deutlich; wir erfahren, daß „unmittelbare Wahrheit... durch ihre *Evidenz* gekennzeichnet" ist (S. 179), und daß der Protokollant „weiß, ob die rote Lampe der unmittelbaren Wahrheit während seiner Rede brennt oder nicht" (S. 179). Das scheint Schlicks Aussage wiederzuspiegeln, daß die einzige Möglichkeit unserer Äußerung eines falschen Protokolls (Konstatierung) darin besteht, daß wir absichtlich lügen (Schlick 1935b, S. 48). Außerdem ist es von den beiden Kriterien der Korrespondenz und der Evidenz das letztere, das „immer unsere letzte Instanz [bleibt]; wir müssen einen Tatbestand mit eigenen Augen sehen, wenn wir die Wahrheit eines Satzes prüfen wollen" (S. 181); „das Gefühl unmittelbarer Wahrheit [ist] entscheidend dafür ..., welche Grundlagen für das ganze Erkenntnissystem gewählt werden sollen" (S. 182) (vgl. Schlick 1934, S. 310). Aus Schlicks Kathedrale mit den zwei Türmen könnte die Sultan-Achmed-Moschee mit den sechs Minaretten (S. 174f.) geworden sein; wobei die Absicht jedoch dieselbe bleibt. Das ist aber nicht der Fall; denn letzten Endes ist die Wahrscheinlichkeit „der Kern des Systems der Erkenntnis" (S. 184) und nichts ist mit Sicherheit bekannt, nicht einmal der evidenteste aller Protokollsätze: „ein evidenter Beobachtungssatz kann objektiv falsch sein; ja er kann schon einen Augenblick später, bei einer zweiten Beobachtung seine Evidenz verlieren und durch einen entgegengesetzten Satz ersetzt werden, der nun die rote Lampe der Evidenz zeigt" (S. 179). Selbst die sehr hohen Gewichte, die wir Protokollen beimessen, sollten uns nicht irreführen. Denn solche Gewichte sind Bewertungen aufgrund von Setzungen und selber Setzungen, deren Bewertung ad infinitum mit völlig unvorhersehbaren Ergebnissen wiederholt werden kann. Das Bild von Wissen, das Reichenbach entwirft, ist dem Schlicks entgegengesetzt: „... die Setzungen der höchsten Ebene [sind] immer blinde Setzungen; damit ist das System der Erkenntnis als Ganzes eine blinde Setzung... Die Ungewißheit der Erkenntnis als ganzer wirkt sich daher noch auf die einfachsten Setzungen aus, die wir machen können – auf die, die sich auf die Ereignisse des täglichen Lebens beziehen" (S. 251).

Übersicht über Kapitel 5: „Wahrscheinlichkeit und Induktion"

Es scheint zwei verschiedene Wahrscheinlichkeitsbegriffe zu geben: den mathematischen Begriff der statistischen Wahrscheinlichkeit, und den logischen Begriff der Wahrscheinlichkeit, der auf Aussagen und Theorien angewendet wird. Ein Hauptproblem in der Philosophie der Wahrscheinlichkeit besteht in der Frage, ob es sich wirklich um zwei verschiedene Begriffe handelt oder nicht. Der Anschein, daß sie sich unterscheiden, rührt daher, daß der erstere deutlich ein Häufigkeitsbegriff ist, während der letztere sich auf Einzelfälle oder singuläre Hypothesen zu beziehen scheint, wo anscheinend Häufigkeiten keine Rolle spielen (§ 32). Tatsächlich besteht ein „Isomorphismus" oder eine strukturelle Identität zwischen den beiden Wahrscheinlichkeitsbegriffen, die sich aus der Tatsache ergibt, daß die Häufigkeitsinterpretation auf beide angewendet werden kann. Daher kann das in § 32 formulierte Problem innerhalb der Häufigkeitsinterpretation gelöst werden , indem gezeigt wird, daß der Häufigkeitsbegriff immer angewendet werden kann. Die Lösung beruht auf der Beobachtung, daß bei jeder gerechtfertigten Zuweisung einer Einzelfallwahrscheinlichkeit die Alltagssprache gewöhnlich den Bezug auf eine Klasse unterdrückt hat und fälschlicherweise von einem Einzelfall spricht, wo eine Folge von Ereignissen betrachtet werden sollte (§ 33). Bei Voraussagen über Einzelfälle weiß man tatsächlich nie, ob sie wahr oder falsch oder auch nur wahrscheinlich sind. Jene Einzelaussagen, in denen wir Sachverhalten die höchste Wahrscheinlichkeit zuschreiben, werden als *Setzungen* oder Wetten angenommen (§ 34). Wir gehen zur Konstruktion einer „Wahrscheinlichkeitslogik" über, die sich als Verallgemeinerung aus der klassischen „Wahrheitslogik" ergibt. Ihre Gesetze müssen dem Kalkül der Wahrscheinlichkeitstheorie gehorchen, und dadurch wird ihre Struktur vollständig bestimmt.

Die Häufigkeitsinterpretation wird verwendet, um Folgen von Aussagen (in der Logik der Aussagenfolgen) „Wahrheitswerte" zuzuordnen oder – auf dem Wege der Erweiterung – ihren Elementen (in der Logik der Gewichte). Das letztere ist die *logische* Wahrscheinlichkeit, während es sich beim ersteren um *statistische* Wahrscheinlichkeit handelt. Daher gilt wieder ihre strukturelle Identität (§ 35). Ein Weg, die klassische Logik aus der Wahrscheinlichkeitslogik zu erzeugen, besteht darin, die möglichen Wahrheitswerte auf 0 und 1 einzuschränken..Da Wahrheit und Falschheit nie vorliegen, können wir andere Wege der Einschränkung auf die zweiwertige Logik versuchen. Die Methode der *Einteilung der Wahrscheinlichkeitswerte* (S. 204 f.) teilt die Wahrscheinlichkeitsskala in zwei (oder mehr) Abschnitte ein. In diesem Fall gibt es keine Wahrheitstafel für die Konjunktion. Die Methode der *Definition* (S. 205 f.) beruft sich auf die Tatsache, daß die Definition der Gewichte auf der Annahme beruhte, daß alle Atomsätze entweder wahr oder falsch sind. Aber diese Annahme gilt nur als grobe Annäherung (§ 36). Die Wahrscheinlichkeitslogik stellt uns vor ein Begründungsproblem: können wir sie in Übereinstimmung mit der formalistischen Auffassung als inhaltsleere Theorie interpretieren? Die bejahende Antwort leitet sich von dem Beweis her, daß unter der Häufigkeitsinterpretation die Wahrscheinlichkeitsaxiome mathematische Wahrheiten werden (§ 37). Ein wesentliches Problem bleibt: wie rechtfertigen wir die Zuordnung von Gewichten mit Hilfe der Induktion? Hume wies nach, daß es keinen logischen und keinen Beweis a posteriori für die Gültigkeit induktiver Schlüsse gibt. Die Empiristen haben es versäumt, der dringenden Forderung der Suche nach einer Art Rechtfertigung für die Induktion zu begegnen (§ 38). Es gibt keine bekannte hinreichende Bedingung für die erfolgreiche Prognose, aber es kann gezeigt werden, daß die Induktionsregel eine notwendige Bedingung darstellt, da die Induktionsregel schließlich zum Wahrscheinlichkeitslimes einer Folge führen wird, falls er existiert (§ 39). Tatsächlich brauchen nicht alle Folgen gegen einen Häufigkeitslimes zu konvergieren, um Prognosen möglich zu machen. Außerdem kann auch für Fälle mit rascher Konvergenz – was für einen raschen Erfolg der Prognose nötig ist – gezeigt werden, daß die Induktionsregel genauso oft wie jedes andere Vorgehen zum Erfolg führen wird (§ 40). Das Induktionsprinzip ist die einzige Schlußart, die in den Wissenschaften verwendet wird. Ein scheinbarer Widerspruch zu dieser Behauptung besteht nur, weil wir es in der Wissenschaft gewöhnlich mit einem komplizierten Netzwerk verketteter Induktionen zu tun haben (§ 41). Die Ansicht, daß Fälle verketteter Induktionen nur mit Einfachheitsbetrachtungen und nicht mit

Wahrheitsansprüchen zu tun haben, entstammt einer Verwechslung von induktiver und deskriptiver Einfachheit (§ 42). Die Struktur des wissenschaftlichen Schließens muß als Hintereinanderschaltung von induktiven Schlüssen erkannt werden. Alle wissenschaftlichen Schlüsse lassen sich auf Induktion durch Aufzählung reduzieren, die das Gewicht von Aussagen bestimmt. Solche Aussagen werden nie als wahr behauptet, sondern gesetzt. Alles Wissen ist schließlich eine blinde Setzung. Aber die blinden Setzungen, die wir aufgrund der Induktionsregel erhalten, sind unsere besten Wetten, wenn die Entdeckung der Wahrheit unser Ziel ist (§ 43).

Erläuterungen zu § 35 und § 36: Wahrscheinlichkeitslogik

Auf dem schwierigen Gebiet der Wahrscheinlichkeitslogik möchten wir auf Reichenbach seinen eigenen Vorschlag anwenden, wie kreative Physiker behandelt werden sollen: „Wenn wir die Bedeutung eines physikalischen Grundbegriffs untersuchen wollen ... glaube ich nicht, daß wir Physiker fragen sollten, was *sie* mit diesem Begriff *meinen*; wir sollten sie fragen, was *sie tun*, wenn sie diese Begriffe verwenden" (Reichenbach 1938a, S. 33–34).
Reichenbachs eigene Aussagen darüber, was *er* unter Wahrscheinlichkeitslogik *versteht*, lassen keinen Zweifel daran, daß er darin eine Form der Logik sieht, tatsächlich eine Verallgemeinerung der klassischen, zweiwertigen Logik, die Zwecken dienen soll, für welche die klassische Logik ungeeignet ist. Eine Anzahl von Kritikern (Tarski 1935, Hosiasson 1936, Nagel 1939, 1950) nahm Reichenbach beim Wort und schloß, daß seine Arbeit auf ernsten logischen Verwechslungen beruhte und daher verworfen werden mußte. Beim Versuch, darin einen Beitrag zum Gebiet der Logik zu sehen, stellte z.B. Tarski fest, daß „H. Reichenbachs sogenannte Wahrscheinlichkeitslogik überhaupt keine mehrwertige Logik [ist], sondern ein Kapitel der gewöhnlichen zweiwertigen Logik" (Tarski 1935, S. 174).
Reichenbach hat die Einwände Tarskis und der anderen Kritiker gekannt. In der Tat ist § 36 eine Entgegnung darauf. (Zu weiteren Einzelheiten siehe Reichenbach 1939b, S. 67.)
Es könnte tatsächlich besser sein, Reichenbachs eigene Beschreibung seiner Arbeit als eines Teils der Logik völlig zu vernachlässigen und zu versuchen, sie zu beurteilen, ohne eine bestimmte vorgefaßte Meinung über ihre richtige Klassifikation zu haben. Tun wir das, entdecken wir, daß der Zusammenhang zwischen dem, was Reichenbach tut, und der Logik recht lose ist, aber daß Reichenbachs „Logik" dennoch innerhalb seines philosophischen Systems ihren Zweck erfüllt, denn sie rundet das Bild der Erkenntnis, das in seinem Buch entworfen wird, elegant ab und liefert eine treffende Charakterisierung der beiden widerstreitenden Erkenntnistheorien, die nach Reichenbachs Ansicht die Aufmerksamkeit seiner Zeitgenossen beanspruchten. Es ist daher wichtig, genauer zu untersuchen, was Reichenbach bei seiner Entwicklung einer Wahrscheinlichkeitslogik tat, und warum sie nicht als eine Logik gelten kann. Das wird den Weg zu einem Verständnis von Reichenbachs Wahrscheinlichkeitskonstruktion und ihrem Verhältnis zu seinem erkenntnistheoretischen Standpunkt freimachen.

Eine Aussagenlogik kann syntaktisch als eine Menge von Theoremen eines bestimmten Axiomensystems oder semantisch als die Menge von Formeln interpretiert werden, die einen bestimmten Wahrheitswert (wahr) unter allen Wahrheitszuordnungen ihrer Atomsätze erhalten. Die Wahrheitstafeln werden genauso wie die Axiome und Regeln eines Axiomensystems eingeführt, um eine Teilmenge (die Tautologien) aus der Menge aller aussagenlogischen Formeln auszusondern. Daher erwarten wir z.B. in einer semantischen Verallgemeinerung der klassischen Logik eine andersartige Methode der Zuordnung von Wahrheitswerten zu finden (üblicherweise durch eine Vergrößerung der Anzahl von Wahrheitswerten) und ein anderes Verfahren, um aus der Klasse aller Sätze die Klasse „logischer Wahrheiten“ auszusondern (z.B., indem eine Anzahl „designierter Wahrheitswerte“ festgesetzt wird und man alle diejenigen Formeln als logische Wahrheiten definiert, die einen designierten Wahrheitswert unter allen Zuordnungen von Wahrheitswerten erhalten).

In auffälligem Gegensatz zur semantischen Analyse eines Logiksystems versucht Reichenbachs Wahrscheinlichkeitslogik nicht einmal, eine Klasse logischer Wahrheiten oder eine Klasse logisch gültiger Schlußregeln festzulegen. Was sie wirklich festlegt und was wahrscheinlich den Eindruck einer Verwandtschaft zur Logik erzeugt hat, ist eine Verallgemeinerung der ersten Stufe in der semantischen Bestimmung eines Logiksystems: das Verfahren, durch das „Wahrheitswerte“ Ausdrücken zugeordnet werden. Wir wollen sehen, wie das geschieht.

Man stelle sich vor, die Sprache L, die wir untersuchen, sei keine Sprache mit Aussagen, sondern mit Wahrheitsfunktionen *ohne* Quantoren. Reichenbach schlägt eine Verallgemeinerung des klassischen Bewertungsbegriffs in zweifacher Weise vor: (1) die Entitäten, denen ursprünglich Wahrheitswerte zugeordnet werden, sind nicht die Atomsätze von L, sondern die Elemente einer Struktur S, die als eine Klasse von Folgen der Länge n ($\omega = n = 1$) von Atomsätzen aus L definiert wird; (2) die Wahrheitswerte, die diesen Entitäten zugeordnet werden, sind die reellen Zahlen aus dem abgeschlossenen Intervall zwischen 0 und 1. Die Formeln in L sollen nun Wahrheitswerte erhalten, die sich von jenen aus S durch eine gewisse Korrelation zwischen den Formeln beider Sprachen herleiten. (Dahinter steht die Absicht, daß die Wahrheitswerte auf S die Wahrscheinlichkeiten oder relativen Häufigkeiten der entsprechenden Folgen sein sollen, die Wahrheitswerte auf L hingegen die Gewichte der „Einzelfall“-Atomsätze von L.)

Die sprachliche Struktur S hat gewisse Folgen von n atomaren Formel aus L als Formeln, bei denen dasselbe Prädikat auf ein unterschiedliches Individuum angewendet wird. Wir verwenden ‚(ϕa_i)‘ als Abkürzung von ‚$\langle \phi a_1, \ldots, \phi a_n \rangle$‘. Die „Molekular“formeln aus S sind bestimmte Folgen von n Molekularformeln aus L. Sind z.B. (ϕa_i) und (ψb_i) Folgen von n Atomformeln aus L, ist ihre Disjunktion $(\phi a_i) \vee (\psi b_i)$ die Folge von Molekularformeln aus L $\langle \phi a_1 \vee \psi b_1, \ldots, \phi a_n \vee \psi b_n \rangle$. Reichenbachs Bemerkungen zu S legen ihre Struktur nicht vollständig fest; aber sie geben eine bestimmte Vorstellung von dem sprachlichen Objekt, das Gegenstand seiner ursprünglichen Bewertung ist. An diesem Punkt stoßen wir auf die entscheidende Abweichung vom üblichen logischen Vorgehen.

Reichenbachs Bewertungen, haben wir gesagt, sind Zuordnungen der Zahlen von 0 bis 1 zu allen Atomformeln von *S*, die irgendwie auf die Gesamtheit von *S* und dann nach *L* abgebildet werden sollen. Der semantische Ansatz der Logik führt nun die Vorstellung einer Bewertung oder Interpretation nicht ein, um die eine richtige Zuordnung von Bedeutungen oder Wahrheitswerten unter den vielen möglichen auszusondern, sondern um bestimmte unter allen Bewertungen oder Interpretationen invariante Aussagen zu entdecken. Soweit die Logik von den Ergebnissen einer impirischen Untersuchung unterschieden werden muß, können die als Formeln der „Logik" ausgewählten nicht bloß die wahren sein, sondern vielmehr solche, die sich eher durch *stärkere* als schwächere semantische Eigenschaften auszeichnen. Darum werden unabhängig von der von uns betrachteten Logik und unabhängig von der Festlegung der Bewertungen die logischen Wahrheiten als diejenigen Formeln angesehen, die bei *allen* zulässigen Bewertungen bestimmte semantische Eigenschaften beibehalten. Im Gegensatz dazu bestimmte Reichenbachs „Logik" eine Methode, um unter allen möglichen Bewertungen der Atome aus *S* die „richtige" auszuwählen. An dieser Stelle spielt die Häufigkeitsinterpretation eine entscheidende Rolle, denn der Wahrheitswert $W(\phi a_i)$, der einer Folge (ϕa_i) von n Atomen aus L zugeordnet werden soll, ist

$$W(\phi a_i) = \frac{1}{n} N\phi a_i$$

wobei $N\phi a_i$ die Anzahl der wahren Sätze in (ϕa_i) darstellt. (Man beachte das Auftreten der Wahrheit an dieser Stelle im semantischen Vorgehen; das führt zu einer gewissen Zirkularität, die Reichenbach in § 36 zu beseitigen versucht.) Der Zusammenhang mit der Häufigkeitsinterpretation ergibt sich aus der Tatsache, daß diese Zahl die Häufigkeitswahrscheinlichkeit von ϕ in der Folge der a_i darstellte (und ebenso das Gewicht der ϕa_i).

Nachdem er die Wahrheitswerte der Atome in *S* definiert hat, geht Reichenbach dazu über, die gewählte Bewertung auf alle Ausdrücke in S zu erweitern. Das geschieht mit Hilfe von Wahrheitstafeln, die sich wiederum auf Wahrscheinlichkeiten stützen. Der $a \vee b$ zugeordnete Wert soll z.B. die Wahrscheinlichkeit dieses Ausdrucks, d.h., $P(a \vee b)$ sein, die nach der Wahrscheinlichkeitsrechnung

$$P(a \vee b) = P(a) + P(b) - P(a\ .\ b)$$

betragen sollte.

Da $P(a\ .\ b)$ nicht durch $P(a)$ und $P(b)$ bestimmt wird, wird der Wahrheitswert von $a \vee b$ offensichtlich nicht durch die von a und b bestimmt, so daß Reichenbachs Verknüpfungen keine Wahrheitsfunktionen entsprechen. Die sie definierenden Wahrheitstafeln müssen in ihren „Eingangs"spalten Informationen enthalten, die über die Wahrheitswerte hinausgehen, die den Atomformeln des zu bewertenden Ausdrucks zukommen. In „Wahrscheinlichkeitslogik" (1932d) stehen z.B. in den Wahrheitstafeln der zweistelligen Verknüpfungen wie $p \vee q$ in der Eingangsspalte nicht nur die Wahrheitswerte von p und q, sondern auch die von $p \ni q$. Unter Voraussetzung dieser drei Wahrheitswerte, und vorausgesetzt, daß die Zuordnungen die Axiome der Wahrscheinlichkeitstheorie erfüllen, ist der Wahrheitswert von $p \vee q$ bestimmt. Die ursprünglichen Wahrheitstafeln enthalten dann folgende Gestalt:

IIa Negation

$W(\varphi x_i)$	$W(\overline{\varphi x_i})$
p	$1-p$

IIb Summe, Produkt, Implikation; Äquivalenz, Wahrscheinlichkeitsimplikation

$W(\varphi x_i)$	$W(\psi y_i)$	$W(\varphi x_i \ni \psi y_i)$	$W(\varphi x_i \vee \psi y_i)$	$W(\varphi x_i . \psi y_i)$	$W(\varphi x_i \supset \psi y_i)$	$W(\varphi x_i \equiv \psi y_i)$	$W(\psi y_i \ni \varphi x_i)$
p	q	u	$p+q-p \cdot u$	$p \cdot u$	$1-p+p \cdot u$	$1-p-q+2p \cdot u$	$\frac{p \cdot u}{q}$

Man muß bemerken, daß in Reichenbachs semantischer Konstruktion Wahrscheinlichkeiten in zwei verschiedenen Formen auftreten: zunächst in der Häufigkeitsinterpretation, wo sie die einzige *adäquate* Zuordnung von Wahrheitswerten zu den Atomausdrücken von S definieren; dann in ihrer rein axiomatischen (uninterpretierten) Gestalt, wo sie die Bedingungen definieren, die es uns erlauben, die Bewertung von Atomen aus S auf dessen molekulare Elemente zu erweitern. In keinem Fall beschäftigen wir uns mit „Gesetzen der Wahrscheinlichkeitslogik" in irgendeinem vernünftigen Sinn dieses Ausdrucks. Es ist jedoch diese zweifache Rolle von Wahrscheinlichkeiten bei Bewertungen, die Reichenbach irreführenderweise in Aussagen beschreibt, wie „daß die Gesetze der Wahrscheinlichkeitslogik den Gesetzen der mathematischen Wahrscheinlichkeitsrechnung entsprechen müssen" (dieser Band, S. 200).

Es gibt einen vagen Sinn, in dem die entstehenden Wahrheitstafeln die klassischen Wahrheitstafeln als Spezialfälle enthalten (vgl. Tafel IIc auf S. 482, 1932d), und das mag ebenfalls zu der irrigen Vorstellung beigetragen haben, daß Reichenbachs System eine Verallgemeinerung der zweiwertigen Logik darstellt. Aber, wie schon gesagt, sollte uns das nicht über die grundlegend verschiedenen Rollen hinwegtäuschen, welche die Wahrheitstafeln in diesen beiden Konstruktionen spielen: Reichenbachs Wahrheitstafeln sagen uns lediglich, wie die „richtige" Zuordnung von den Atomen auf die Moleküle von S erweitert werden soll, während die klassischen Wahrheitstafeln sich nicht auf diese Rolle beschränken.

Kurz, wenn Reichenbach von „Logik" sprach, dachte er an ein System der Zuordnung von Wahrheitswerten. Der Logiker spricht auch über die Zuord-

nung von Wahrheitswerten, aber er kümmert sich nicht um irgendeine besondere Zuordnung; im Gegensatz dazu wollte Reichenbach eine Zuordnung unter allen möglichen auszeichnen; nicht die „wahre", das kümmerte ihn nicht, sondern jene, die am besten den Wissensstand zu einer gegebenen Zeit beschreibt. Doch einmal abgesehen von seiner Fehldeutung der Logik war doch dies Reichenbachs Ziel: nicht etwas anzugreifen, was die Logiker einmal gesagt hatten, sondern etwas, was Erkenntnistheoretiker gesagt oder aufgrund einer mißverstandenen Logik gefolgert haben könnten. Reichenbachs Wahrscheinlichkeitslogik wendet sich nicht so sehr gegen eine enge Auffassung der Logik, als gegen eine enge Auffassung des Wissens: jene, die es als Zweiteilung der Sätze einer Sprache auffaßt – den wahren auf der einen, und den falschen auf der anderen Seite. Reichenbachs Punkt ist, daß dieses Bild für Engel richtig sein mag, aber daß Menschen nie in der Lage sein werden, Zutritt zu dieser Auffassung der Dinge zu erlangen. Für uns erscheint das Aussagensystem, das unser Wissen darstellt, nie wirklich als zweigeteilt, sondern als ein bemerkenswert komplexes und verzweigtes Netz von Aussagen, die nach der Grundeigenschaft des Gewichts geordnet sind. Während die Vorstellung der Zuordnung von Wahrheitswerten erhalten bleiben soll, versucht Reichenbachs Wahrscheinlichkeits-"Logik", die Vorstellung der Bewertung auf den Boden zurückzubringen, und das erzwingt die Ersetzung der Wahrheitswerte „Wahr" und „Falsch" durch Wahrscheinlichkeiten. Während das geschieht, bemerken wir, daß die Basiselemente des Wissens nicht wirklich Atomsätze von Sprachen wie *L* sind, sondern Folgen aus *S*, für die wir Wahrscheinlichkeiten definieren können. Den Sätzen von *L*, den „Prognosen" oder Setzungen, die unser Handeln anleiten, können wir nur ein Gewicht zuordnen, das die Wahrscheinlichkeit irgendeiner damit zusammenhängenden Folge sein wird. Das war die grundlegende Vorstellung, die hinter Reichenbachs Wahrscheinlichkeitslogik stand.
Unter dieser Interpretation erweist sich Reichenbachs „logischer" Vorschlag als übereinstimmend mit seiner Auffassung von Erkenntnistheorie und als zwingende Alternative zu dem Bild der Erkenntnis, das im vorliegenden Buch umgestürzt werden soll: nicht zur klassischen Anschauung der Logik, sondern zur Auffassung, daß Wissen durch bloße Anwendung der Prädikate „wahr" und „falsch" vollständig beschrieben werden könne. Sein Ziel liegt nicht darin, die Standardauffassung der Wahrheit (der es – vgl. die Definition auf S. 19 – trotz Reichenbachs Bemerkungen auf S. 206 f., die den Zweig absägen, auf dem seine eigene Theorie sitzt, verpflichtet ist) anzugreifen oder irgendeine logische Auffassung zu verallgemeinern. Reichenbachs Ansicht, daß sein Vorschlag in irgendeiner wichtigen Weise der klassischen Logik widerspräche, ist ein weiteres Zeugnis für seine Vernachlässigung rein logischer und semantischer Fragen; sie ist auch ein anderer Grund dafür, warum seine einwandfreien Beobachtungen hinter seiner eigenen falschen Darstellung derselben unbemerkt blieben.

Erläuterungen zu § 39–42: Zu Reichenbachs Gründen der Wahl $c_n = 0$

Reichenbachs Überlegungen in § 39 scheinen zunächst zu zeigen, daß sein Induktionsprinzip, in seinen anderen Veröffentlichungen meist „Induktionsregel" genannt, eine notwendige Bedingung für jeden prognostischen Erfolg darstellt. Er glaubt zwar seine Gültigkeit nicht *bewiesen* zu haben, meint jedoch, er könne es – wie es H. Feigl ausgedrückt hat, der eine sehr ähnliche Auffassung vertrat (1950b) – durch den Nachweis seiner Notwendigkeit für Prognosen erfolgreich *verteidigen* [vindicate]. Doch, wie er selbst bemerkt, läßt sich das gleiche für jede andere Regel zeigen, die aus seiner Induktionsregel dadurch hervorgeht, daß man zu h^n eine asymptotische Funktion c_n (d. h., eine Funktion mit $\lim_{n \to \infty} c_n = 0$) addiert. Daraus folgt, daß ungeachtet irreführenden anderen Anscheins, Reichenbachs Verteidigung der Induktion der Art von Gewichten, die vernünftigerweise aufgrund gegebenen Erfahrungsmaterials einer Aussage zugeordnet werden, keine Einschränkung auferlegt. Denn, wie Salmon bemerkt hat, gilt folgendes:

> „Die Klasse asymptotischer Regeln ist so reich, daß sie eine *völlige* Beliebigkeit der Schlüsse zuläßt. Obwohl alle Regeln dieses Typs Ergebnisse zeitigen, die gegeneinander konvergieren, konvergieren sie nicht gleichmäßig. Daraus ergibt sich, daß sie für jede endliche Menge an Erfahrungsmaterial, die wir haben können, in Wirklichkeit vollständig divergieren. Gegeben sei eine Stichprobe *von beliebiger* endlicher Größe und *irgendeine* beobachtete Häufigkeit in dieser Stichprobe; dann kann man eine *beliebige* Zahl im abgeschlossenen Intervall von 0 und 1 wählen, so daß es eine asymptotische Regel gibt, die den Schluß rechtfertigt, daß diese beliebig gewählte Zahl die Wahrscheinlichkeit darstellt. Die Klasse asymptotischer Regeln als Ganzes genommen läßt bezüglich des Grenzwerts der relativen Häufigkeit jeden beliebigen Schluß zu." (Salmon 1966, S. 88)

Grob gesprochen, wenn es uns nicht gelingt, eine große Anzahl von asymptotischen Regeln zu eliminieren, gibt uns Reichenbachs Verteidigung der Induktion keinen Anlaß, Verhalten, das sich nach seiner Induktionsregel (der sogenannten „straight rule") richtet, einem prognostischen Zufallsverhalten innerhalb eines endlichen Erfahrungsabschnittes vorzuziehen. Offensichtlich muß etwas mehr darüber gesagt werden, wie man eine große Anzahl – bestenfalls alle bis auf eine – von den asymptotischen Funktionen eliminiert.

Das einzige Argument dafür im vorliegenden Buch erscheint auf S. 222 und ist offensichtlich unhaltbar. Sein grundlegender Mangel ist von Friedman in einer kürzlich erschienenen Diskussion dieser Passage festgestellt worden:

> „Offensichtlich ist die Situation bezüglich des relativen Wagnisses zwischen dem Wert $c_n = 0$ und jedem anderen Wert vollständig symmetrisch. Zugegeben, jeder andere Wert kann die Konvergenz schlechter machen, der zu einem späteren Punkt im Vergleich zu $c_n = 0$ zu richtigen Folgerungen führen kann. Gleichermaßen kann jedoch der Wert $c_n = 0$ die Konvergenz im Vergleich zu irgendeinem anderen Wert schlechtermachen. A priori besteht keine Möglichkeit dafür, zu wissen, welcher Wert, einschließlich des Wertes $c_n = 0$, am schnellsten zur Konvergenz führt. A priori haben alle Werte von c_n das gleiche Risiko." (Friedman 1979, S. 367)

Friedman vergißt zu sagen, daß Reichenbach dieses Argument in der englischen Fassung seiner *Wahrscheinlichkeitslehre* (1949) widerlegt hat. Dort bemerkt Reichenbach im Hinblick auf § 39 dieses Bandes:

> „Ich habe versucht, andere Gründe für die Bevorzugung der Setzung f^n anzugeben. Dr. Norman Dalkey hat mich seither davon überzeugt, daß sie ungültig sind.“ (S. 447)

Der neue Grund, der in *The Theory of Probability* angeboten wird, wird in einem Satz ausgesprochen:

> „Um das zu tun (d.h. $c_n = 0$ zu wählen), können wir jedoch nur Gründe der deskriptiven Einfachheit anführen; d.h., die induktive Setzung ist leichter zu handhaben.“ (S. 447)

Leider ist diese Verteidigung nicht erfolgreicher als ihr Vorgänger. Denn, wie Reichenbach in *Erfahrung und Prognose* erklärt hatte, kann sich die Frage deskriptiver Einfachheit nur zwischen gleichwertigen Alternativen stellen (S. 234). Aber im Hinblick auf Salmons Bemerkung ist es ziemlich offensichtlich, daß die verschieden gewählten c_n, weit davon entfernt, gleichwertige Alternativen zu sein, das ganze Spektrum einander widersprechender Gewichtszuordnungen bei endlichem Erfahrungsmaterial erfassen. Da verschiedene Möglichkeiten einander in der äußersten Weise bezüglich der Zuordnung von Gewichten zu prognostischen Aussagen widersprechen, würden sie nach Reichenbachs eigenen Voraussetzungen zu einander radikal widersprechenden Handlungsanweisungen führen und daher völlig ungleichwertig sein. Es gibt daher keinen Sinn, in dem die Betrachtung aller asymptotischen Varianten der straight rule als gleichwertig verteidigt werden kann (vgl. Salmon 1966, S. 89 und seine ausführlichere Behandlung in (Salmon 1957, S. 181–182)).

Salmon hat sich der Aufgabe unterzogen, die straight rule zu rechtfertigen. Wie wir gesehen haben, zeigt Reichenbachs Verteidigung, daß eine Induktionsregel „konvergent“ sein muß, d.h., sie muß Gewichte $h^n + c_n$ bei asymptotischem verschwindendem c_n zuordnen. Salmons Strategie besteht darin, daß er nach Überlegungen sucht, die weitere Einschränkungen der zulässigen asymptotischen Funktionen rechtfertigen könnten. Ich möchte die Art der angestellten Überlegungen erläutern.

Sooft wir nach der Wahrscheinlichkeit für eine bestimmte Eigenschaft P in einer Folge suchen, es gibt immer Alternativen zu P (vielleicht allein nicht-P, vielleicht, wie im Fall der Farbprädikate, eine Menge von Prädikaten, die einander wechselseitig ausschließen und erschöpfend sind), nach deren Wahrscheinlichkeit in derselben Folge ebenso gut gefragt werden kann. Angenommen, wir betrachten eine Folge mit Würfen von einer Münze, wobei wir zuerst die Wahrscheinlichkeit für Kopf und dann die für Zahl untersuchen. Nach k Würfen finden wir heraus, daß die Häufigkeit von Kopf, sagen wir, 0,45 betrug; nach unserer Induktionsregel sollten wir dem Ereignis „Kopf“ das Gewicht $0{,}45 + c_k$ zuordnen. Wenden wir uns nun der Wahrscheinlichkeit für Zahl zu, bemerken wir, daß wir wegen der Häufigkeit für Zahl von 0,55 beim k-ten Wurf nach der Induktionsregel auf $0{,}55 + c_k$ für das Gewicht von Zahl schließen sollten. Ist c_n nichts weiter als eine Funktion der Stelle n mit $c_n = 0$, hat uns die Zuordnung von Gewichten zu den beiden möglichen Ergebnissen in eine äußerst unangenehme Lage gebracht, weil der Wert n in beiden Fällen der gleiche ist. Wollen wir nämlich in Übereinstimmung zu den zugeordneten Gewichten handeln, könnten Wetten gegen uns eingegangen werden, die wir rational akzeptieren müßten und die unabhängig vom Ergebnis unweigerlich zum Verlust führen würden – eine klassische Zwickmühle [Dutch booking]. Ist etwa $c_k = 0{,}25$, müßten wir bereit sein, *sowohl* eine Wette von zwei gegen einen Dollar gegen das Auftreten von Kopf *als auch* eine Wette von zwei gegen einen Dollar gegen das Auftreten von Zahl zu akzeptieren: unabhängig vom jeweiligen Ergebnis verlieren wir einen Dollar. Es scheint äußerst vernünftig zu sein, zu verlangen, daß wir alle asymptotischen Funktionen eliminieren sollten, die zu einer solchen Zwickmühle führen, falls Gewichte unser Handeln bestimmen sollen. Nach einem Theorem von de Finetti und Shimony ist die Forderung nach der Vermeidung einer solchen Zwickmühle letzten Endes äquivalent mit der Forderung, daß die Gewichtszuordnungen die Wahrscheinlichkeitsaxiome erfüllen. Daher kann die Funktion c_n nicht bloß eine Funktion der Stelle n sein, sondern muß andere Faktoren wie etwa das Prädikat, für das ein Gewicht gesucht wird, einschließen. Z.B. könnte c_n an der Stelle k einen positiven Wert bezüglich der Eigenschaft „Kopf" annehmen, aber dann müßte sie die Negative von diesem Wert bei k für „Zahl" annehmen, um zu ermöglichen, daß sich die Gewichte zu 1 aufaddieren.

Die vorhergehenden Überlegungen zur Notwendigkeit, eine Zwickmühle zu vermeiden, setzen nicht voraus, daß das einem möglichen Ereignis zugeordnete Gewicht eine Schätzung der relativen Häufigkeit dieses Ereignisses auf lange Sicht darstellt. Für Reichenbach ist es natürlich das, was von Gewichten angenommen wird. Unter dieser Interpretation können wir eine andere Überlegung anstellen, die zu einem ähnlichen Ergebnis führt. Salmon hat bemerkt, daß die folgenden „Normalbedingungen" von Häufigkeiten trivial erfüllt werden (wobei $F^n(A, B_i)$ die Häufigkeit ist, mit der B_i unter den ersten n Elementen einer Folge von A aufgetreten ist):

$$\lim_{n \to \infty} F^n(A, B_i) > 0 \quad ; \quad \sum_{i=1}^{k} \lim_{n \to \infty} F^n(A, B_i) = 1$$

Falls die Gewichte, welche wir den Ereignissen zuordnen, als Wahrscheinlichkeiten im Sinne der relativen Häufigkeit verstanden werden sollen, dann müssen diese Bedingungen erfüllt werden, und wir sind wieder in der Lage, eine große Anzahl der c_n zu eliminieren, wie etwa jene, die Funktionen der Stelle oder der Häufigkeit der Eigenschaft auf einem Anfangsstück der Folge darstellen (Salmon 1966, Kapitel VI; 1963). c_n könnte jedoch als Funktion der Prädikate konstruiert werden; aber Salmon formuliert 1961 ein Prinzip der sprachlichen Invarianz, nach dem die Induktionsregeln nicht von den Eigenschaften irgendeiner Sprache abhängen dürfen (Salmon 1961).

Später (1963) nahm Salmon an, daß Reichenbachs Konvergenzbedingung zusammen mit seinen Normalbedingungen und der sprachlichen Invarianz genügten, um zu zeigen, daß c_n identisch mit Null sein müsse. Hacking zeigte jedoch in „Salmons Vindication of Induction" (1965), daß dies nicht der Fall ist, indem er eine Regel formulierte, bei der $c_n \neq 0$ ist und die Salmons drei Bedingungen erfüllt. Hacking fand schließlich notwendige und hinreichende Bedingungen für eine bestimmte Variante der straight rule (1968, S. 57–59). Hackings Arbeit enthält eine sehr gründliche Kritik von Reichenbachs Ansatz zur Induktion. (Vgl. auch Salmon 1968, zu dem Hacking 1968 einen Kommentar darstellt, und Salmons Antwort, ebenfalls in Salmon 1968.)

Die Verteidigung [vindication] von $c_n = 0$ ist mit Reichenbachs Verteidigung der induktiven Einfachheit (§ 42) eng verwandt, und das Versagen der ersteren wirft einigen Schatten auf die letztere.

Der besondere Terminus („induktive" Einfachheit) mag durch die Tatsache angeregt worden sein, daß Reichenbach ursprünglich annahm, die Behauptung, daß eine induktiv einfachere Hypothese eine bessere als eine ist, der diese Eigenschaft fehlt, könne auf dieselbe Weise gerechtfertigt werden, in der die Induktion verteidigt wird: indem man zeigt, daß die induktiv einfachere Hypothese schließlich zu einem Gesetz führen wird, das einen bestimmten physikalischen Vorgang ausdrückt, wenn die Entdeckung dieses Gesetzes überhaupt Erfolg haben kann (vgl. Reichenbach 1932a, § 5). Im Einklang mit dieser Auffassung erfahren wir jetzt: „Wir haben den Induktionsschluß mit dem Beweis gerechtfertigt, daß er einem Verfahren entspricht, dessen fortgesetzte Anwendung zum Erfolg führen muß, wenn Erfolg überhaupt möglich ist. Dieselbe Überlegung gilt für das Prinzip der einfachsten Kurve" (S. 236). Aber zur Zeit von *Erfahrung und Prognose* muß Reichenbach zu der Erkenntnis gelangt sein, daß, wie im Fall der Induktion, seine Verteidigung unendlich viele einander ausschließende Methoden rechtfertigte, um die Lücken in irgendeiner endlichen Menge von Beobachtungsdaten auszufüllen. Daher wurde eine weitere Prämisse benötigt, um zu zeigen, daß die induktiv einfachere Hypothese tatsächlich auch die vernünftigere war. Das ist die Ansicht des „Verfahrens der glattesten Interpolation" (S. 237), dessen Beschreibung unklar bleibt. Vermutlich werden nach diesem Verfahren die physikalischen Größen so durch Funktionen dargestellt, daß alle ihre Ableitungen durch Streckenzüge ohne Unstetigkeiten angenähert werden können. Dieses Verfahren scheint eher eine Neuformulierung der These zu sein, daß die glatteste Kurve unsere beste Wahl darstellt, als eine Begründung für den Glauben an die induktive Einfachheit. Warum man dieses Verfahren akzeptiert, bleibt weiterhin unklar. (Weitere Erläuterungen zu dem Unterschied zwischen deskriptiver und induktiver Einfachheit finden sich in Bd. 2 dieser Ausgabe, S. 408–409).

Literaturverzeichnis

Einschlägige Schriften Hans Reichenbachs

Schriften, die in diese Gesamtausgabe aufgenommen worden sind oder werden sollen, sind durch die voraussichtliche Bandnummer als Ziffer hinter der Jahreszahl gekennzeichnet.

1921 g (3) „Der gegenwärtige Stand der Relativitätsdiskussion", *Logos, Internationale Zeitschrift für Philosophie der Kultur*, 10, 316–378. Engl. Übers. in Reichenbach 1958.

1924 (3) *Axiomatik der Relativistischen Raum-Zeit-Lehre*, Braunschweig: Vieweg.

1924 b (3) „Die Bewegungslehre bei Newton, Leibniz und Huyghens." *Kantstudien*, 29, 416–38.

1928 (2) *Philosophie der Raum-Zeit-Lehre*. Berlin-Leipzig: de Gruyter, Engl. Übersetzung: *The Philosophy of Space and Time*, Übers. von Maria Reichenbach und John Freund, New York 1958: Dover.

1929 a „Ziele und Wege der physikalischen Erkenntnis." *Handbuch der Physik* (hrsg. von H. Geiger und K. Scheel), Bd. 4, *Allgemeine Grundlagen der Physik*. Berlin: Springer, 1–80.

1930 b (8) „Kausalität und Wahrscheinlichkeit." *Erkenntnis*, 1, 158–188. Engl. Übers. in Reichenbach 1958.

1930 g Mit E. Zilsel, W. Dubislav, H. Härlen, R. Carnap, R. v. Mises, O. Neurath, Tornier, K. Grelling, Hostinsky: „Diskussion über Wahrscheinlichkeit." *Erkenntnis* 1, 260–285.

1931 (9) *Ziele und Wege der heutigen Naturphilosophie*. Leipzig: Meiner. Engl. Übers. in Reichenbach 1958.

1931 d (9) „Der physikalische Wahrheitsbegriff." *Erkenntnis*, 2, 156–171.

1932 a (8) „Die Kausalbehauptung und die Möglichkeit ihrer empirischen Nachprüfung." *Erkenntnis*, 3, 32–64. Schlußbemerkung, 71–72. Dieser Aufsatz entstand 1923 und konnte damals nicht publiziert werden. Engl. Übers. in Reichenbach 1958.

1932 c „Axiomatik der Wahrscheinlichkeitsrechnung", *Mathematische Zeitschrift* 34, 568–619.

1932 d „Wahrscheinlichkeitslogik", *Sitzungsberichte, Preußische Akademie der Wissenschaften, Phys.-Math. Klasse* 29, 476–490.

1932 h „Bemerkung (Karl Popper, ‚Ein Kriterium des empirischen Charakters theoretischer Systeme')", *Erkenntnis* 3, 427–428.

1933 b (5) „Die logischen Grundlagen des Wahrscheinlichkeitsbegriffs." *Erkenntnis*, 3, 401–425.

1933 e „Rudolf Carnap, *Der logische Aufbau der Welt*", (Rezension) *Kantstudien* 38, 199–201.

1935 (7) *Wahrscheinlichkeitslehre. Eine Untersuchung über die logischen und mathematischen Grundlagen der Wahrscheinlichkeitsrechnung.* Leiden: Sijthoff. Die engl. Übers. davon ist Reichenbach 1949.

1935 e „Über Induktion und Wahrscheinlichkeit. Bemerkungen zu Karl Poppers *Logik der Forschung*", *Erkenntnis* 5, 267–284.

1936 e „Wahrscheinlichkeitslogik als Form des wissenschaftlichen Denkens", *Actes du Congrès international de philosophie scientifique*, Paris 1935, Bd. 4 (Hermann, Paris, 1936) 24–30.

1936 f (9) „Logistic Empiricism in Germany and the Present State of its Problems." *The Journal of Philosophy*, 33, 141–160.

1936 g „Warum ist die Anwendung der Induktionsregel für uns notwendige Bedingung von Voraussagen?", *Erkenntnis* 6, 32–40 (1936).

1938 (4) *Experience and Prediction. An Analysis of the Foundations and the Structure of Knowledge.* Chicago: Univ. of Chicago Pr.

1938 a „On Probability and Induction", *Philosophy of Science* 5, 21–45 (1938).

1939 b „Über die semantische und die Objektauffassung von Wahrscheinlichkeitsausdrücken", *The Journal of Unified Science (Erkenntnis)* 8, 50–68.

1944 (5) *Philosophic Foundations of Quantum Mechanics.* Berkeley – Los Angeles: Univ. of California Pr., Deutsche Übers.: 1949 ü.

1948 a (1) „Rationalism and Empiricism. An Inquiry into the Roots of Philosophical Error." *The Philosophical Review*, 57, 330–346. Abgedruckt in Reichenbach 1958.

1949 (7) *The Theory of Probability – An Inquiry into the Logical and Mathematical Foundations of the Calculus of Probability.* Engl. Übers. der *Wahrscheinlichkeitslehre* (1935) von E. H. Hutten und Maria Reichenbach (2. Ausg.), Berkeley-Los Angeles: University of California Press.

1949 ü (5) *Philosophische Grundlagen der Quantenmechanik*, (Übers. von Reichenbach 1944, übers. von Maria Reichenbach), Basel: Birkhäuser.

1951 (1) *The Rise of Scientific Philosophy.* Berkeley-Los Angeles: Univ. of California Pr., Deutsche Übersetzung: 1953 ü.

1951 b (9) „The Verifiability Theory of Meaning." *Proceedings of the American Academy of Arts and Sciences*, 80, 46–60. Mit Ausnahme von Abschnitt I (S. 46–48) abgedruckt in H. Feigl, M. Brodbeck (Hrsg.): *Readings in the Philosophy of Science*, New York 1953: Appleton Century Crofts, 93–102.

1953 ü (1) *Der Aufstieg der wissenschaftlichen Philosophie*, (Übers. von Reichenbach 1951, übers. von Maria Reichenbach), Berlin Grunewald: Herbig; 2. Aufl. Braunschweig 1968: Vieweg.

1958 *Modern Philosophy of Science: Selected Essays.* Hrsg. und übers. von Maria Reichenbach. London: Routledge & Kegan Paul, Inhalt: Übersetzungen von (1921 g), (1924 b), (1930 b), (1931), (1932 a), Abdruck von (1948 a), ferner neu aus dem Nachlaß herausgegeben:
1. „The Freedom of the Will."
2. „On the Explication of Ethical Utterances."
(Alle Beiträge zu diesem Band voraussichtlich auch in dieser Ausgabe, die letzten beiden in Bd. 9).

1977 *Gesammelte Werke in 9 Bänden*, Bd. 1: *Der Aufstieg der wissenschaftlichen Philosophie* (enthält 1953 ü, 1948 a übers. von M. Reichenbach, ein Vorwort zur Gesamtausgabe von W. C. Salmon und Erläuterungen von A. Kamlah), Bd. 2: *Philosophie der Raum-Zeit-Lehre* (enthält 1928 mit Erläuterungen von A. Kamlah), Braunschweig/Wiesbaden: Vieweg.

1978 *Selected Writings: 1909–1953* (Hrsg. von M. Reichenbach und R. S. Cohen), 2 Bde. (enthält unter anderem in englischer Sprache alle Arbeiten aus 1958, ferner 1929 a, 1930 b, 1931, 1931 d, 1933 e und 1939 b), Dordrecht (Holland)/ Boston/London: Reidel.

1979 *Gesammelte Werke in 9 Bänden*, Bd. 3: *Die philosophische Bedeutung der Relativitätstheorie* (enthält unter anderem 1921 g, 1924, 1924 b und Erläuterungen von A. Kamlah), Braunschweig/Wiesbaden: Vieweg.

Literatur zu den Erläuterungen und zu „Erfahrung und Prognose", andere Autoren als Reichenbach

Das Verzeichnis enthält neben den Literaturangaben zu den Erläuterungen Titel, die bereits in den Fußnoten von Erfahrung und Prognose genannt worden sind und von denen Nachdrucke oder Neuausgaben existieren.

R. Carnap 1928 a *Der logische Aufbau der Welt*, Berlin-Schlachtensee: Weltkreisverl.; Nachdruck in R. Carnap 1961.

R. Carnap 1928 b *Scheinprobleme der Philosophie*, Berlin-Schlachtensee: Weltkreisverl.; Nachdruck in R. Carnap 1961.

R. Carnap 1930 Mit E. Zilsel, W. Dubislaw, H. Härlen, H. Reichenbach, R. v. Mises, O. Neurath, Tornier, K. Grelling, Hostinsky: „Diskussion über Wahrscheinlichkeit", *Erkenntnis*, 1, 260–285.

R. Carnap 1932 a „Überwindung der Metaphysik durch die logische Analyse der Sprache", *Erkenntnis*, 2, 219–241; Nachdruck in H. Schleichert (Hrsg.) 1975, 149–171.

R. Carnap 1932 b „Die physikalische Sprache als Universalsprache der Wissenschaft", *Erkenntnis*, 2, 432–465.

R. Carnap 1932 c „Psychologie in physikalischer Sprache", *Erkenntnis*, 3, 107–142.

R. Carnap 1932 d „Erwiderung auf die vorstehenden Aufsätze von E. Zilsel und K. Duncker", *Erkenntnis*, 3, 177–188.

R. Carnap 1932 e „Über Protokollsätze", *Erkenntnis*, 3, 215–228; Nachdruck in H. Schleichert 1975, 81–94.

R. Carnap 1934 *Die logische Syntax der Sprache*. Wien: Springer; Nachdruck Wien 1968: Springer.

R. Carnap 1936 „Wahrheit und Bewährung", *Actes du Congrès international de philosophie scientifique, Sorbonne, Paris 1935*, Paris: Hermann; Bd. 4, 18–23; Nachdruck in G. Skirbekk (Hrsg.) 1977, 89–95.

R. Carnap 1961 *Der logische Aufbau der Welt. Scheinprobleme der Philosophie* (Nachdruck von R. Carnap 1928a und 1928b mit einem Vorwort des Verfassers), Hamburg: Meiner.

R. Carnap 1963 „Carnaps Intellectual Autobiography", in P. A. Schilpp (Hrsg.): *The Philosophy of Rudolf Carnap*, Bd. XI der *Library of Living Philosophers*, La Salle (Illinois)/London: Open Court und Cambridge Univ. Pr.

R. Carnap 1969 *The Logical Structure of the World. Pseudoproblems in Philosophy* (engl. Übers. von R. Carnap 1961), Los Angeles: Univ. of California Pr.

J. Dewey 1958 *Experience and Nature*, (unveränderter Nachdruck der Erstausgabe Chicago 1925), New York: Dover.

A. S. Eddington 1928 *The Nature of the Physical World*, New York: Macmillan.

H. Feigl 1950a „Existential Hypotheses", *Philosophy of Science*, 16, 35–62.

H. Feigl 1950b „De Principiis non disputandum...?" in M. Black (Hrsg.): *Philosophical Analysis*, Ithaka, Cornell Univ. Pr.

G. Frege 1879 *Begriffsschrift*, Halle: Nebert; Nachdruck in G. Frege: *Begriffsschrift und andere Aufsätze*, Darmstadt 1964: Wiss. Buchgesell.

G. Frege 1966 *Logische Untersuchungen*, Göttingen: Vandenhoeck & Ruprecht.

M. Friedman 1979 „Truth and Confirmation", *The Journal of Philosophy*, 76, 361–382.

I. Hacking 1965 „Salmon's Vindication of Induction", *The Journal of Philosophy*, 62, 260–266.

I. Hacking 1968 „One Problem About Induction", in I. Lakatos (Hrsg.): *The Problem of Induction*, Amsterdam: North Holland; 44–59.

C. G. Hempel 1935 „On the Logical Positivists' Theory of Truth", *Analysis*, 2, 49–59; deutsch: „Zur Wahrheitstheorie des logischen Positivismus" in G. Skirbekk (Hrsg.) 1977, 96–108.

P. Hertz 1936 „Kritische Bemerkungen zu Reichenbachs Behandlung des Humeschen Problems", *Erkenntnis*, 6, 25–31.

J. Hosiasson 1936 „La theorie des probabilites est-elle une logique generalisee?", *Actes du Congrès international de philosophie scientifique, Sorbonne, Paris 1935*, Paris: Hermann; Bd. 4, 58–64.

W. James 1907 *Pragmatism, A New Name for some Old Ways of Thinking*, New York 1907: Longman's, Green & Co., deutsche Übers.: *Der Pragmatismus. Ein neuer Name für alte Denkmethoden*, Hamburg 1977: Meiner.

J. M. Keynes 1973 *A Treatise on Probability (The Collected Writings of J. M. Keynes*, Bd. VIII, 2. Ausg. der Erstausg. von 1921), New York: St. Martin's Pr.

C. I. Lewis 1934 „Experience and Meaning", *The Philosophical Review*, 43, 125 ff.; Nachdruck in H. Feigl, W. Sellars (Hrsg.): *Readings in Philosophical Analysis*, New York 1949: Appleton Century Crofts; 128–145.

H. Löwy 1933 „Commentar zu Joseph Poppers Abhandlung ‚Über die Grundbegriffe der Philosophie und die Gewißheit unserer Erkenntnisse'", *Erkenntnis*, 3, 324–347.

J. Lukasiewicz 1970 *Selected Works* (hrsg. von L. Borkowski und übers. von O. Wojtasiewicz), Amsterdam: North Holland.

E. Nagel 1936 „H. Reichenbach: Wahrscheinlichkeitslehre" (Rezension), *Mind*, 45, 501–514.

E. Nagel 1939 „Probability and the Theory of Knowledge", *Philosophy of Science*, 6, 212–253.

E. Nagel 1950 „H. Reichenbach: The Theory of Probability" (Rezension), *The Journal of Philosophy*, 47, 551–555.

E. J. Nelson 1936 „The Inductive Argument for an External World", *Philosophy of Science*, 3, 237–249.

O. Neurath 1931 „Soziologie im Physikalismus", *Erkenntnis*, 2, 393–431.

O. Neurath 1932 „Protokollsätze", *Erkenntnis*, 3, 204–214; Nachdruck in H. Schleichert (Hrsg.) 1975, 70–80.

O. Neurath 1934 „Radikaler Physikalismus und ‚wirkliche Welt'", *Erkenntnis*, 4, 346–362; Nachdruck in O. Neurath 1979, 102–119.

O. Neurath 1979 *Wissenschaftliche Weltauffassung, Sozialismus und logischer Empirismus* (hrsg. von R. Hegselmann), Frankfurt: Suhrkamp.

C. S. Peirce 1934 *Collected Papers of Charles Sanders Peirce*, Bd. 5: *Pragmatism and Pragmaticism*, Cambridge (Mass.): Belknap Pr.; 4. Abdruck 1978.

K. Popper 1933 „Ein Kriterium des empirischen Charakters theoretischer Systeme", *Erkenntnis*, 3, 426–427; abgedruckt in K. Popper 1966, 254–256.

K. Popper 1934 *Logik der Forschung*, Wien: Springer; 2. Aufl. K. Popper 1966.

K. Popper 1965 *Conjectures and Refutations*, 2. veränderte Aufl., London: Routledge & Kegan Paul.

K. Popper 1966 *Logik der Forschung*, 2. erw. Aufl., Tübingen: Mohr.

W. v. O. Quine 1960 *Word and Object*, New York: Wiley; deutsche Übers. W. v. O. Quine 1976.

W. v. O. Qhine 1976 *Wort und Objekt*, Übers. von W. v. O. Quine 1960. Stuttgart: Reclam.

B. Russell 1910 „On the Nature of Truth and Falsehood", in *Philosophical Essays*, London/New York/Bombay/Calcutta: Longmans, Green & Co.; Nachdruck in B. Russell 1966.

B. Russell 1913 *Theory of Knowledge*, unveröffentlichtes Manuskript in den Russell Archives der McMaster University, Hamilton, Ontario.

B. Russell 1927 *Analysis of Matter*, London: Kegan Paul; deutsche Übers.: *Philosophie der Materie*, Leipzig 1929: Teubner.

B. Russell 1940 *An Inquiry into Meaning and Truth*, London: Allen & Unwin; Nachdruck 1962.

B. Russell 1966 *Philosophical Essays*, London: Allen & Unwin.

L. Rougier 1936 „Allocution finale", *Actes du Congrès international de philosophie scientifique, Sorbonne, Paris 1935*, Paris: Hermann; Bd. 8, 88–91.

W. C. Salmon 1957 „The Predictive Inference", *Philosophy of Science*, 24, 180–190.

W. C. Salmon 1961 „Vindication of Induction", in H. Feigl, G. Maxwell (Hrsg.): *Current Issues in the Philosophy of Science*, New York: Holt, Rinehart and Winston, 245–256.

W. C. Salmon 1963 „On Vindicating Induction", *Philosophy of Science*, 30, 252–261.

W. C. Salmon 1966 *The Foundations of Scientific Inference*, Pittsburgh: Pittsburgh Univ. Pr.

W. C. Salmon 1968 „The Justification of Inductive Rules of Inference", in I. Lakatos (Hrsg.): *The Problem of Inductive Logic*", Amsterdam: North Holland; 24–43, 74–97.

H. Schleichert (Hrsg.) 1975 *Logischer Empirismus – der Wiener Kreis*, München: Fink.

M. Schlick 1925 *Allgemeine Erkenntnislehre*, 2. Aufl., Wien: Springer.

M. Schlick 1932a „Form and Content, an Introduction to Philosophical Thinking", in M. Schlick 1938, 152–249.

M. Schlick 1932b „The Future of Philosophy", in M. Schlick 1938, 118–133.

M. Schlick 1934 „Über das Fundament der Erkenntnis", *Erkenntnis*, 4, 79–99; Nachdruck in M. Schlick 1938, 289–310.

M. Schlick 1935a „Facts and Propositions", *Analysis*, 2, 65–70.

M. Schlick 1935b *Sur la fondement de la connaissance*, (*Actualités scientifiques et industrielles*, Bd. 289), Paris: Hermann.

M. Schlick 1936 „Meaning and Verification", *The Philosophical Review*, 44; Nachdruck in M. Schlick 1938, 337–367; ferner in H. Schleichert (Hrsg.) 1975, 118–147.

M. Schlick 1938 *Gesammelte Aufsätze* (mit einem Vorwort von F. Waismann), Wien: Gerold; Nachdruck 1969, Hildesheim: Olms.

G. Skirbekk (Hrsg.) 1977 *Wahrheitstheorien*, Frankfurt: Suhrkamp.

W. T. Stace	1934	„The Refutation of Realism“, *Mind*, 53, 215–237; Nachdruck in H. Feigl, W. Sellars (Hrsg.): *Readings in Philosophical Analysis*, New York: Appleton-Century-Crofts; 364–372.
A. Tarski	1935	„Wahrscheinlichkeitslehre und mehrwertige Logik“, *Erkenntnis*, 5, 174–175.
A. Tarski	1936	„Der Wahrheitsbegriff in den formalisierten Sprachen“, *Studia Philosophica*, 1, 261–405; Nachdruck in K. Berka, L. Kreiser (Hrsg.): *Logik-Texte, Kommentierte Auswahl aus der Geschichte der modernen Logik*, Berlin 1973: Akademie Verl.; 445–559.
D. Williams	1934	„The Argument for Realism“, *The Monist*, 44, 186–209.
J. Winnie	1970	„Special Relativity Without One-Way Velocity Assuption“, *Philosophy of Science*, 37, 81–99, 223–238.
J. Winnie	1978	„The Causal Theory of Space-Time“, in J. Earman, C. Glymour, J. Stachel (Hrsg.): *Foundations of Space-Time Theories*, Minneapolis (Minn.): Univ. of Minnesota Pr.; 134–205.
J. Winnie	im Ersch.	„Special Relativity Without Distant Simultaneity“, erscheint demnächst.
L. Wittgenstein	1922	*Tractatus Logico-Philosophicus*, London: Routledge & Kegan Paul; Neuausgabe in L. Wittgenstein: *Schriften*, Bd. 1, Frankfurt 1960: Suhrkamp; 7–83.
E. Zilsel	1932	„Bemerkungen zur Wissenschaftslogik“, *Erkenntnis*, 3, 143–161.

Seitenzahlvergleich der deutschen und der englischen Ausgabe

Die folgende Seitenzahltabelle enthält nur diejenigen Seitenzahlen, die sich eindeutig einander zuordnen lassen. Der Leser entnimmt die übrigen Zahlen der Tabelle leicht durch Interpolation. Die Seiten der englischen Originalausgabe sind kürzer und sofern sie in der Tabelle aufgeführt sind, jeweils in der entsprechenden Seite der deutschen Übersetzung enthalten.

englisch	deutsch	englisch	deutsch	englisch	deutsch	englisch	deutsch
		102	64	208	130	310	193
		105	66	211	132	311	194
3	1	108	68	214	134	313	195
5	2	110	69	216	135	315	196
6	3	113	71	219	137	319	199
8	4	115	72	221	138	322	201
11	6	116	73	222	139	325	203
14	8	117	74	226	140	328	205
17	10	118	74	227	142	330	206
20	12	120	75	230	144	333	208
22	13	121	76	232	145	335	209
23	14	124	78	235	147	336	210
25	15	126	79	238	149	338	211
28	17	130	82	240	150	339	212
31	19	133	84	243	152	341	213
34	21	136	86	246	154	344	215
36	22	139	88	248	155	346	216
40	25	143	91	249	156	352	220
42	26	146	93	251	157	354	221
43	27	148	94	254	159	355	222
45	28	151	96	258	162	357	223
48	30	154	98	260	163	360	225
51	32	157	100	263	165	363	227
54	34	160	102	264	166	365	228
57	36	163	103	266	167	368	230
59	37	166	105	269	169	370	231
63	40	169	107	272	171	371	232
65	41	172	109	274	172	374	234
68	43	175	111	277	174	377	236
70	44	178	113	280	176	379	237
73	46	180	114	282	177	382	239
76	48	182	115	285	179	385	241
79	50	185	117	287	180	388	243
80	51	187	118	288	181	390	244
83	52	190	120	290	182	393	246
85	53	192	121	293	184	396	248
89	56	195	122	297	185	399	250
92	58	197	123	299	186	402	252
94	59	200	125	302	188	404	253
97	61	203	127	305	190		
100	63	206	129	308	192		

Sachwortverzeichnis